烤烟清香型风格形成的生态基础

李志宏　张云贵　李军营　刘青丽 等　著

科学出版社

北京

内 容 简 介

本书是国家烟草专卖局行业科技重大专项"清香型特色优质烟叶开发"之课题二"清香型特色优质烟叶生态基础研究"的最新研究成果，本书以清香型特色烟叶产区为研究对象，论述了清香型烟叶产区分布、地理位置及地形地貌等概况，系统分析了清香型烟叶产区气候特征、土壤特征、地质背景等生态条件。详尽阐述了温度、光照、水分、土壤等生态因子对烟叶风格形成的影响机制，明确了影响清香型风格的关键因子。依据生态因子与香型风格关系，构建了烟叶香型风格判别模型，将清香型产区划分为5个亚区，并详述了不同亚区的区位、产能、生态特征和烟叶特色，提出了进一步优化清香型产区布局和彰显特色的建议。

本书可供烟草农业科研、生产管理和技术推广人员阅读参考，也可作为大专院校教学参考用书。

图书在版编目(CIP)数据

烤烟清香型风格形成的生态基础/李志宏等著. ——北京：科学出版社，2015.11

(科技创新工程系列专著)

ISBN 978-7-03-045706-6

Ⅰ. ①烤⋯　Ⅱ. ①李⋯　Ⅲ. ①烤烟叶-研究　Ⅳ. ①TS424

中国版本图书馆 CIP 数据核字(2015)第 220608 号

责任编辑：李秀伟　白　雪/责任校对：郑金红
责任印制：肖　兴/封面设计：北京铭轩堂广告设计有限公司

科 学 出 版 社 出版
北京东黄城根北街 16 号
邮政编码：100717
http://www.sciencep.com

中国科学院印刷厂 印刷

科学出版社发行　各地新华书店经销

*

2015 年 11 月第　一　版　　开本：787×1092　1/16
2015 年 11 月第一次印刷　　印张：18 1/4　插页：8
字数：430 000

定价：108.00 元

(如有印装质量问题，我社负责调换)

前　言

为打造中式卷烟核心技术，夯实中式卷烟原料基础，提高中式卷烟市场竞争力，《烟草行业中长期科技发展规划纲要（2006—2020年）》将"特色优质烟叶开发"列为重大科技专项。通过特色优质烟叶开发的实施，可以解决制约我国烟叶发展的关键问题，优化原料结构与布局，提升烟叶整体质量水平和供应能力，为发展名优卷烟品牌提供了多种选择，满足中式卷烟优质原料的需求，减少对外依赖，可显著提高我国卷烟重点骨干品牌原料安全保障能力。

生态条件对烟叶风格特色形成有着重要影响，不同生态区域的烟叶具有不同的风格特色。据国外研究，生态环境、品种、栽培烘烤技术分别对烟叶质量的贡献率为56%、32%、10%左右，生态条件是决定烟叶品质最重要的影响因素。目前，清香型烟叶产区面积占我国烟区面积的一半左右，主要集中在云南、福建，以及四川、贵州靠近云南的部分地区，所产烟叶清香型风格特色较为突出、产量稳定、质量较好，是中式卷烟的主体原料。这与清香型产区得天独厚的生态条件密不可分，但是我们也应该清醒地认识到，目前的清香型烟叶质量稳定性方面略显不足，部分区域清香型特色仍不够鲜明。清香型产区以山地地形为主，海拔跨度较大，立体气候明显，气候、土壤类型丰富多样，为生产风格特色明显的清香型烟叶提供了优越的自然生态条件，但是如果不能明确影响风格特色的主导生态因子，探明生态条件对清香型风格特色的影响机制，进一步优化布局，就无法充分利用生态优势促进烟叶进一步提升质量、彰显特色，满足卷烟品牌发展需求。因此，通过研究不同香型典型产区及清香型产区不同区域的气候、农业地质背景、土壤性质等生态环境条件，分析生态条件与烟叶风格特色的关系，明确清香型产区典型生态特征及清香型产区不同区域的生态特征，确定影响清香型风格特色形成的关键生态因子，并探明其对清香型风格特色的影响机制，从而明确清香型生态优势产区和适宜产区，优化区域布局，是"清香型特色优质烟叶开发"项目顺利实施的重要基础，也对促进清香型产区持续、健康发展具有重要意义。

在"清香型特色优质烟叶生态基础研究"课题研究成果基础上，经进一步查阅、整理相关资料，撰写了本书。全书共分7章，各章主要撰写人员如下：第一章为李志宏、刘青丽、龙怀玉；第二章为李军营、卢秀萍、邓建华；第三章为杨利云、龚明；第四章为毛自朝、林春、张柳、张鹏、瞿晓东；第五章为李志宏、龙怀玉、刘青丽、张云贵；第六章为刘青丽、李文卿、李志宏、张云贵；第七章为张云贵、刘青丽、李志宏。全书由李志宏、刘青丽、张云贵统稿，李志宏审核定稿。

　　在此特别感谢国家烟草专卖局科技司和中国烟叶公司相关领导在研究实施期间给予的指导和协调工作。感谢研究实施区域云南、四川、福建和贵州等省烟叶管理及科研单位提供优越的工作条件和帮助。感谢"清香型特色优质烟叶开发"专项首席专家卢秀萍研究员的信任，感谢她在课题实施过程中的帮助和多次亲临试验基地的指导。感谢烟草行业重大科技专项的经费支持。

李志宏
2015 年 8 月 26 日

目　录

彩图

第一章　烤烟清香型产区生态特征

烟草是世界上种植最广泛的商业性非食物作物,也是一种特殊的叶用经济作物,在文明世界传播已有 500 多年的历史。烤烟的香型是卷烟风格的重要构成因素,是烟叶风格特色的重要表征,是进行烟叶品质区域划分的重要依据,是制订生产技术措施、实施标准化生产的重要指标。所谓香型即烟叶燃吸时产生的香气风格,由香气和香韵共同组成。其中烤烟香气包括香气量、香气质和香型,香韵是用来描述发香物质或加香制品所带有的某种香气的韵调。目前关于香型划分的研究较多,但是关于烟叶香型的定位和划分依据存在着一定的差异性。丁瑞康等(1958)把烤烟香型划分为清香型、中间香型和浓香型三大类。2009 年朱尊权院士在《"中华"卷烟的研制和生产》一文中,又对三大香型的主要特征作了简明的叙述。清香型有烤烟本身香味,但不浓郁,同时具有怡人的突出香气。以云南烟为代表,福建永定烟叶具有另一特征的清香,邓县烤烟具有较独特的清香。浓香型烤烟本身具有的浓郁香味是卷(烤)烟的基本香味,以许昌烟叶为代表。中间香型既有烤烟本身较浓的香味,同时又有突出的气味特征。这些气味特征有些是怡人的,有些是不受欢迎的,如花粉气等,以贵州、青州烟叶为代表。李志刚(2011)研究发现我国烤烟的香型分布表现出明显的地域特点,南方主要表现出清香型及中间偏清香型风格,其中清香型主要分布在西南烟区和华南烟区;北方则主要表现为浓香型及中间香型,其中黄淮烟区为典型浓香型风格。

第一节　清香型产区概述

一、清香型烟叶产量

2012 年,我国烟叶种植面积 2118 万亩[①],烟叶产量 5474 万担。清香型烟叶种植面积 1086.0 万亩,烟叶产量 2868.3 万担。清香型烟叶种植面积占全国种植总面积的 51.3%,清香型烟叶产量占烟叶总产量的 52.4%。其中云南省清香型烟叶种植面积最大、产量最高,分别为 777.8 万亩、2080.7 万担,其占清香型烟叶总产量的 72.5%。四川清香型烟叶种植面积 116.2 万亩,烟叶产量 322.3 万担;福建清香型烟叶种植面积 104.5 万亩,烟叶产量 294.5 万担;贵州清香型烟叶种植面积 87.5 万亩,烟叶产量 170.8 万担。2013 年清香型烟叶种植面积 1076.6 万亩,清香型烟叶总产量 2675.0 万担,与 2012 年相比种植规模略有降低。云南和贵州清香型烟叶种植规模稍有下降,云南清香型烟叶种植面积和产量分别为 769.2 万亩和 1923.9 万担,贵州清香型烟叶种植面积和产量分别为 79.5 万亩和 187.0 万担。福建和四川清香型烟叶种植规模略有增加,但产量却有小幅下降,福建

---

①1 亩≈666.7m²

清香型烟叶种植面积和产量分别为 109.7 万亩和 264.3 万担,四川清香型烟叶种植面积和产量分别为 118.3 万亩和 299.8 万担。清香型烟叶产量具体分布见表 1-1。

表 1-1 清香型烟叶产量及分布

省	市	2012 年		2013 年	
		种植面积/万亩	产量/万担	种植面积/万亩	产量/万担
福建	龙岩	27.5	77.0	28.1	66.4
	南平	30.0	90.5	33.4	85.3
	三明	47.0	127.0	48.2	112.6
	合计	104.5	294.5	109.7	264.3
贵州	毕节	42.1	74.1	35.0	86.6
	六盘水	13.1	29.8	13.0	29.7
	黔西南	32.2	66.9	31.4	70.8
	合计	87.5	170.8	79.5	187.0
四川	凉山州	101.1	281.9	104.3	263.6
	攀枝花	15.1	40.4	14.0	36.2
	合计	116.2	322.3	118.3	299.8
云南	保山	58.8	155.0	58.3	143.4
	楚雄	81.1	220.0	80.4	203.5
	大理	65.0	165.0	64.1	152.6
	德宏	3.8	10.0	3.8	9.3
	红河	68.3	180.0	67.5	166.5
	昆明	64.5	170.0	63.6	156.7
	丽江	28.0	75.0	27.5	69.4
	临沧	40.5	110.0	40.0	101.7
	普洱	46.1	125.7	45.4	116.2
	曲靖	157.7	430.0	156.4	397.7
	文山	55.0	150.0	54.3	138.7
	玉溪	72.2	190.0	71.4	175.7
	昭通	36.8	100.0	36.5	92.5
	合计	777.8	2080.7	769.2	1923.9
总计		1086.0	2868.3	1076.6	2675.0

二、清香型烟叶质量

清香型烤烟外观质量各指标较优,烤烟颜色纯正,成熟度好,叶片结构疏松、富有弹性,身份适中、内含物质充实,富油分,色度较强。烟叶物理特性较好,各指标均在优质烟叶物理特性指标的适宜区间。烟叶总植物碱、淀粉、石油醚提取物总量相对较低,总糖、pH 相对较高，总氮、还原糖、钾、氯等成分适中。清香明显，香气质较好，香气量尚足，余味较舒适，杂气和刺激性较轻，烟气浓度和劲头中等。总体来说，清香型烟叶质量好于全国平均水平。《中国烟叶质量白皮书》（2013）对 2009～2013 年清香型烟叶质量变化进行了详细分析，具体如下。

（一）外观质量

　　清香型产区烟叶的外观质量好于全国平均水平，尤其是上部烟叶，2012～2013年呈较明显的改善趋势（表1-2）。中部叶片结构相对疏松，油润感相对较强；从年度变化来看，总体外观质量年度间呈波动趋势，2009年、2012～2013年明显好于2010～2011年，2012年相对好于2009年和2013年；从各指标的年度变化来看，油分和色度相对其他指标其年度变异稍大（变异系数大于2%），2012～2013年烟叶的颜色、成熟度、叶片结构和油分相对好于2009～2011年，身份和色度指标年度间呈波动趋势。上部烟叶叶片结构相对疏松，身份相对适中；从年度变化来看，2012～2013年外观质量明显好于2009～2011年，2013年上部烟叶外观质量处于2009～2013年最好水平；从各指标的年度变化来看，叶片结构和身份相对其他指标其年度变异稍大，2012～2013年烟叶的叶片结构和身份相对于2009～2011年明显改善，其他指标年度间略有波动。

表 1-2　2009～2013 年清香型产区烟叶外观质量变化

部位	年份	颜色	成熟度	叶片结构	身份	油分	色度	总分
中部	2009	8.30	8.31	8.27	7.86	6.54	6.29	79.11
	2010	8.08	8.04	8.04	7.60	6.32	5.82	76.51
	2011	8.28	8.22	8.07	7.85	6.52	5.88	77.18
	2012	8.43	8.43	8.37	7.83	6.67	6.06	79.84
	2013	8.40	8.34	8.33	7.89	6.66	5.79	79.30
	年度变异系数	1.64	1.79	1.83	1.49	2.17	3.49	1.85
	5 年均值	8.30	8.27	8.22	7.81	6.54	5.97	78.39
	全国 5 年均值	8.23	8.19	8.10	7.78	6.43	5.87	77.77
上部	2009	8.32	8.20	6.32	6.90	6.64	6.49	75.04
	2010	8.11	8.08	6.01	7.08	6.56	6.45	73.75
	2011	8.04	8.14	6.16	7.11	6.55	6.40	73.89
	2012	8.20	8.18	6.88	7.30	6.71	6.49	76.03
	2013	8.23	8.29	6.98	7.50	6.51	6.41	76.54
	年度变异系数	1.34	0.95	6.79	3.15	1.25	0.68	1.67
	5 年均值	8.18	8.18	6.47	7.18	6.59	6.45	75.05
	全国 5 年均值	8.06	8.05	6.24	7.00	6.48	6.32	73.60

数据来源：郑州烟草研究院.2013.《中国烟叶质量白皮书》

（二）物理特性

1）清香型产区中部烟叶物理特性见表 1-3。其叶面密度整体适宜，年度间略有波动，以 2010 年最低，2011 年相对较高，大部分年份略低于全国均值。烟叶吸湿性和填充性较好，中部烟叶平衡含水率和填充值年度间变化较小，与全国均值相当，填充值略有增加趋势。烟叶拉力和伸长率适宜，中部烟叶拉力适宜，韧性较好，年度间有一定变化，拉力与全国均值相当，伸长率以 2013 年最高，略高于全国均值。含梗率年度间存在一定波动，清香型中部烟叶含梗率总体适宜，大体与全国均值相当，2011～2013 年含梗率略呈下降趋势。

表 1-3　2009～2013 年不同香型烤烟中部烟叶物理特性统计

指　标	香　型	2009 年	2010 年	2011 年	2012 年	2013 年
叶面密度/ (g/m^2)	清香型	71.04	69.86	80.35	73.57	75.60
	全国均值	73.18	69.93	79.93	75.29	77.01
平衡含水率/%	清香型	13.99	14.32	13.47	14.40	14.35
	全国均值	14.04	14.11	13.40	14.34	14.25
拉力/N	清香型	1.55	1.53	1.63	1.44	1.64
	全国均值	1.56	1.54	1.63	1.46	1.62
伸长率/%	清香型	18.12	17.15	15.67	15.11	18.28
	全国均值	18.09	16.97	15.48	15.00	17.57
填充值/ (cm^3/g)	清香型	4.02	4.01	4.03	4.05	4.10
	全国均值	4.02	4.01	4.04	4.05	4.10
含梗率/%	清香型	31.89	31.05	32.74	31.72	30.11
	全国均值	31.37	31.40	32.55	30.74	29.74

数据来源：郑州烟草研究院.2013.《中国烟叶质量白皮书》

2）清香型烤烟上部烟叶物理特性见表 1-4。上部烟叶叶面密度整体适宜，大部分年份略低于全国均值，年度间略有波动，以 2011 年相对较高。烟叶吸湿性和填充性较好，平衡含水率和填充值年度间比较稳定，与全国均值相当，近几年平衡含水率略有增加。烟叶拉力和伸长率适宜，上部烟叶拉力年度间变化较小，接近全国平均值；烟叶韧性较好，伸长率高于全国均值，以 2013 年相对最高。烟叶含梗率适中，与全国均值相当，2011～2013 年含梗率呈逐渐下降趋势。

表 1-4　2009～2013 年不同香型烤烟上部烟叶物理特性统计

指　标	香　型	2009 年	2010 年	2011 年	2012 年	2013 年
叶面密度/ (g/m^2)	清香型	90.02	91.23	94.26	90.49	91.58
	全国均值	91.31	89.67	94.83	91.62	92.92
平衡含水率/%	清香型	13.40	13.42	13.28	13.91	13.94
	全国均值	13.45	13.27	13.07	13.69	13.78

续表

指　标	香　型	2009 年	2010 年	2011 年	2012 年	2013 年
拉力/N	清香型	1.77	1.74	1.90	1.67	1.90
	全国均值	1.79	1.73	1.88	1.68	1.88
伸长率/%	清香型	17.80	16.84	16.46	15.09	19.67
	全国均值	17.74	16.53	15.90	14.77	18.80
填充值/ (cm^3/g)	清香型	3.75	3.77	3.81	3.95	3.87
	全国均值	3.74	3.78	3.81	3.83	3.87
含梗率/%	清香型	29.17	28.74	30.68	28.41	27.16
	全国均值	28.71	28.79	30.69	28.10	27.20

数据来源：郑州烟草研究院.2013.《中国烟叶质量白皮书》

（三）化学成分

清香型烟叶化学成分协调性评价分值年度间略有波动（表 1-5）。中部、上部烟叶化学成分协调性评价分值以 2009 年最高，2013 年比 2012 年有所改善。与全国相比，中部烟叶化学成分协调性与全国相当，上部烟叶优于全国平均水平。清香型烤烟中部烟叶总植物碱含量基本稳定，以 2011 年略高，其他年份相当；上部烟叶总植物碱含量总体适宜，年度间以 2011 年较高，2013 年相对较低。总氮含量总体适宜，中部、上部烟叶总氮含量变化表现相似的规律，年度间以 2009 年较高，2010 年下降，2010～2013 年呈稳定上升趋势。还原糖含量略有波动，还原糖含量以 2012 年最高，2013 年较 2012 年有所降低。烟叶钾含量年度间略有波动，2012 年钾含量相对较高，其次是 2009 年，2013 年烟叶钾含量略有下降。淀粉含量年度间有一定差异，2010 年烟叶淀粉含量较高，2013 年较 2012 年略有上升。氮碱比值年度间小幅波动，多数年份较适宜；糖碱比值以 2011 年相对稍低，2011～2013 年呈上升趋势，中部烟叶糖碱比值偏高，上部烟叶较适宜；钾氯比值较高，年度间波动较大，2013 年下降幅度较大。

表 1-5　2009～2013 年清香型烤烟烟叶化学成分年度变化

指　标	部位	2009 年	2010 年	2011 年	2012 年	2013 年	香型 5 年均值	全国 5 年均值
总植物碱/%	中部	2.22	2.21	2.45	2.25	2.20	2.27	2.29
	上部	3.04	3.08	3.28	3.20	2.97	3.11	3.11
总氮/%	中部	2.02	1.83	1.92	1.92	2.05	1.94	1.90
	上部	2.37	2.20	2.21	2.34	2.44	2.32	2.27
还原糖/%	中部	25.71	26.64	26.29	28.17	27.66	26.86	26.50
	上部	24.25	23.79	24.48	25.66	24.76	24.61	23.88
总糖/%	中部	30.91	32.05	31.91	33.55	33.79	32.38	31.21
	上部	28.34	27.91	28.88	29.70	29.66	28.92	27.57

续表

指　标	部位	2009 年	2010 年	2011 年	2012 年	2013 年	香型 5 年均值	全国 5 年均值
钾/%	中部	2.12	1.93	1.93	2.12	1.94	2.01	1.99
	上部	1.86	1.73	1.76	1.77	1.73	1.77	1.75
淀粉%	中部	4.41	5.01	4.49	3.99	4.06	4.41	4.81
	上部	4.22	5.19	4.79	3.79	4.12	4.41	4.53
石油醚提取物总量/%	中部	4.75	4.89	5.19	4.91	4.44	4.84	5.09
	上部	5.54	5.76	5.84	5.66	5.00	5.55	5.95
氮碱比值	中部	0.93	0.85	0.81	0.89	0.96	0.89	0.86
	上部	0.79	0.73	0.69	0.75	0.84	0.76	0.75
糖碱比值	中部	12.03	12.87	11.63	13.24	13.33	12.61	12.46
	上部	8.22	8.02	7.83	8.26	8.67	8.21	8.17
钾氯比值	中部	8.50	9.26	12.20	12.83	8.63	10.25	10.14
	上部	7.17	7.49	10.81	9.28	7.00	8.29	7.80
还原糖/总糖	中部	0.84	0.83	0.83	0.84	0.82	0.83	0.85
	上部	0.86	0.86	0.85	0.87	0.84	0.86	0.87
评价分值	中部	86.20	79.75	79.74	79.86	80.81	81.31	81.33
	上部	87.62	84.06	79.90	82.91	84.62	83.86	81.91

数据来源：郑州烟草研究院.2013.《中国烟叶质量白皮书》

（四）感官质量

清香型烤烟烟叶感官质量变化见表 1-6。清香型烤烟中部和上部烟叶 2009～2013 年香气质"中偏上"，中部烟叶香气质分值 6.2～6.5，上部烟叶 5.9～6.2；中部和上部烟叶香气量"尚足"，中部和上部烟叶香气量分值均为 6.2～6.4；中部和上部烟叶烟气浓度"较浓"，中部烟叶浓度分值 6.2～6.3，上部烟叶 6.5～6.6；中部烟叶杂气"较轻"，分值 6.0～6.1，上部烟叶杂气分值 5.7～5.9，高于全国均值；中部和上部烟叶刺激性与全国平均水平相当，中部烟叶刺激性分值 5.9～6.1，上部烟叶 5.7～6.0；中部烟叶余味分值 6.1～6.2，上部烟叶余味分值 5.9～6.0。清香型烤烟烟叶感官质量总分中部烟叶 68.4～70.4，上部烟叶 66.6～68.8，高于全国平均水平，2009～2013 年清香型烤烟烟叶整体感官质量呈稳步提升趋势。

表 1-6　2009～2013 年清香型烤烟烟叶感官质量变化

指　标	部位	2009 年	2010 年	2011 年	2012 年	2013 年	香型 5 年均值	全国 5 年均值
香气质	上部	6.1	5.9	6.2	6.2	6.2	6.1	6.0
	中部	6.3	6.2	6.4	6.4	6.5	6.4	6.3
香气量	上部	6.4	6.2	6.4	6.4	6.4	6.4	6.3
	中部	6.3	6.2	6.3	6.4	6.4	6.3	6.3

续表

指　标	部位	2009 年	2010 年	2011 年	2012 年	2013 年	香型 5 年均值	全国 5 年均值
浓　度	上部	6.5	6.6	6.5	6.5	6.5	6.5	6.5
	中部	6.2	6.3	6.2	6.2	6.3	6.3	6.2
杂　气	上部	5.7	5.9	5.9	5.8	5.9	5.9	5.8
	中部	6.0	6.1	6.1	6.1	6.1	6.1	6.0
刺激性	上部	5.7	5.8	5.9	5.9	6.0	5.8	5.8
	中部	5.9	6.0	6.0	6.0	6.1	6.0	6.0
余　味	上部	5.9	6.0	5.9	5.9	6.0	6.0	5.9
	中部	6.1	6.2	6.1	6.1	6.2	6.1	6.1
感官质量总分	上部	67.2	66.6	68.3	68.0	68.8	67.8	67.1
	中部	68.6	68.4	69.4	69.4	70.4	69.2	68.4

数据来源：郑州烟草研究院.2013.《中国烟叶质量白皮书》

三、清香型产区区位分布

清香型风格烤烟分布相对集中，主要位于中国的南部，分布在第二次烟草种植区划的西南烟草种植区和东南烟草种植区，包括云南省，福建省，四川省西南部和贵州省西部的威宁、兴义部分产区。

（一）云南省烤烟种植区

云南省位于东经 97°31′～106°12′、北纬 21°08′～29°15′，地处青藏高原东南部、云贵高原西部，山地高原占了全省总面积的 94% 左右，是一个以山地高原为主的省份。云南省处于多种构造带交织的地区，各个时代的地层都有分布，地质条件复杂，地形地貌特征和土壤类型多样，地貌总体格局呈现块状隆起的山地与断陷沉降的条带状河谷盆地相间分布。地形一般以元江谷地和云岭山脉南段的宽谷为界，分为东西两大地区，地形波状起伏，平均海拔 2000m 左右，海拔 1200～2100m 的山间盆地、丘陵和坡地是烤烟的主要栽种区域。

由于云南省地处低纬度高原，地理位置特殊，地形地貌复杂。受大气环流的影响，冬季盛行干燥大陆季风，夏季盛行湿润的海洋季风，属低纬度高原季风气候兼具山地气候、低纬度气候、季风气候的特点。该省气候类型丰富多样，有北热带、南亚热带、中亚热带、北亚热带、南温带、中温带和高原气候带。全省年平均温度 16.4℃，年均日照时数 2093.5h，年均降水量 1106.7mm。

云南省气候温和，雨量充沛，光照充足，阳光和煦，土地资源较为充足，土壤为微酸性或中性，是比较适宜种植烤烟的地区之一，是我国烟草生产面积最大、产量最多的省份。自 1914 年种植烤烟以来，经过 100 多年的发展，云南省烟草已成为较为成熟的产业。云南省烤烟以"色泽金黄、油润丰满、香气浓郁、劲头适中、吃味醇和、余味舒适"的质量风格特点，在国内外享有盛誉。

（二）福建省烤烟种植区

福建省是我国主要清香型烟叶产区之一，地处中国东南部、东海之滨，陆域为北纬 23°30′～28°22′，东经 115°50′～120°40′，境内峰岭耸峙，丘陵连绵，河谷、盆地穿插其间，山地、丘陵占全省总面积的 80% 以上，素有"八山一水一分田"之称。地势总体上西北高东南低，横断面略呈马鞍形。因受新华夏构造的控制，在西部和中部形成北（北）东向斜贯全省的闽西大山带和闽中大山带。两大山带之间为互不贯通的河谷、盆地，东部沿海为丘陵、台地和滨海平原。

福建省靠近北回归线，受季风环流和地形的影响，形成暖热湿润的亚热带海洋性季风气候，热量丰富，全省 70% 的区域 ≥10℃ 的积温为 5000～7600℃，雨量充沛，光照充足，年平均气温 17～21℃，平均降雨量 1400～2000mm，是中国雨量最丰富的省份之一。

该区生产的烤烟颜色金黄（稍深），身份相对较薄，外观质量和物理特性较好，化学成分协调性较好。烟叶清香型特征明显，香气质好，香气量足，杂气较轻，配伍性和耐加工性均好，是我国主要的主料型烟叶之一。

（三）川西南烤烟种植区

该区包括四川省攀枝花市和凉山州。川西南山地位于青藏高原东部横断山系中段，地貌类型为中山峡谷。全区 94% 的面积为山地，且多为南北走向的两山夹一谷。山地海拔多在 3000m 左右，该区东部的大凉山山地为山原地貌。攀枝花市地貌类型复杂多样，可分为平坝、台地、高丘陵、低中山、中山和山原 6 类，以低中山和中山为主。主要烟区海拔在 1000～1800m。

该区是 20 世纪 70 年代发展起来的烤烟产区，烟叶色泽橘黄、金黄，具有明显香气特征，油分充足，品质优良，配伍性好，可用性高，是我国主要的主料型烟叶原料。目前常年烤烟种植面积 60 万亩，年产烟叶 180 万担以上。该区较大的烟叶主产县会理和会东，年产烟叶 40 万～50 万担，德昌、冕宁、米易和宁南年产烟叶也均在 10 万担以上。该区生产的烤烟颜色金黄至深黄，叶片结构疏松，油润性好，外观质量和物理特性较好，化学成分协调。烟叶兼有中间香型和清香型特征，香气质好，香气量较足，烟气细腻柔和，配伍性和耐加工性较好。

（四）贵州省西部烤烟种植区

该区主要包括贵州省的黔西南烟草种植区和贵州西北部的威宁、赫章等烟草种植区。中国烟草种植区划（王彦亭等，2010）分析显示，黔西南州位于贵州省西南部，属于贵州省高原向云南省高原及广西壮族自治区丘陵过渡的地带，地势北高南低、西高东低。烤烟主要分布在 800～1500m 的高山及丘陵旱地，春暖、秋寒早，夏季温凉，年均气温 13～17℃，≥10℃ 的年均积温 4000～5200℃，年日照时数 1300～1600h，太阳年总辐射量 4103.4～4397.4MJ/m²。黔西北等地海拔 1400～1800m，高低悬殊，相对高差 500～600m，气温变化大，春暖迟，秋寒早，夏季温凉，年均气温 13.5℃，≥10℃ 的年均积温 3373～4403℃，年日照时数 1089～1549h，太阳年总辐射量 3351.6～3771.6MJ/m²。该区生产的烤烟颜色金黄至深黄，成熟度高，结构疏松，身份适中，油分足，外观质量和物理特性好，化学成分协调。烟叶清香型特征明显，香气质好，香气量足，余味舒适。

第二节　清香型产区气候特征

目前，清香型烟叶产区面积占我国烟区面积的一半左右，主要集中在云南、福建及四川、贵州靠近云南的部分地区（图 1-1），所产烟叶清香型风格特色较为突出、产量稳定、质量较好，是中式卷烟的主体原料。清香型产区以山地地形为主，海拔跨度较大，立体气候明显，气候、土壤类型丰富多样，为生产风格特色明显的清香型烟叶提供了优越的自然生态条件。根据云南、贵州、四川、福建的 80 个植烟县 30 年（1981～2011 年）的历史气象数据，明确清香型烟叶分布的气候特征，可为清香型特色烟叶开发提供理论基础。

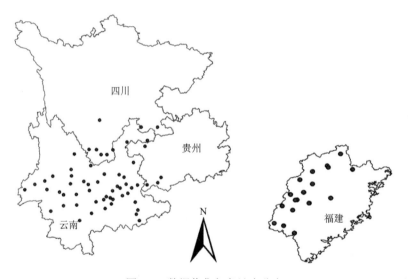

图 1-1　数据收集气象站点分布

根据烤烟生长特性，烤烟大田期以移栽后 150d 来计算，将烤烟生长发育过程分为移栽伸根期（0～30d）、旺长期（30～60d）、成熟前期（60～90d）、成熟中期（90～120d）、成熟后期（120～150d）。通过调查研究，各主产区烟叶传统移栽期见表 1-7。

表 1-7　清香型烟叶典型产区传统移栽期

省份	地州	移栽时间	省份	地州	移栽时间	省份	地州	移栽时间
福建	龙岩	2 月 1 日	贵州	黔西南	5 月 1 日	云南	保山	4 月 21 日
福建	南平	2 月 1 日	云南	昭通	5 月 1 日	云南	红河	4 月 21 日
福建	三明	1 月 21 日	云南	普洱	4 月 11 日	云南	曲靖	4 月 21 日
四川	宜宾	4 月 21 日	云南	昆明	4 月 21 日	云南	玉溪	4 月 21 日

省份	地州	移栽时间	省份	地州	移栽时间	省份	地州	移栽时间
四川	凉山	4月21日	云南	德宏	5月1日	云南	楚雄	5月1日
四川	泸州	4月21日	云南	临沧	4月11日	云南	文山	5月1日
四川	攀枝花	4月21日	云南	大理	5月1日	云南	丽江	5月1日

一、清香型烟叶产区全年气象条件特征

清香型烟区全年气象条件见表1-8。全年平均温度11.70～20.90℃，日均温度17.08℃。昼夜温差分布在6.90～14.90℃，平均昼夜温差10.65℃。年积温3627.00～7516.30℃，平均为5854.22℃。年降雨量为558.40～1909.50mm，平均为1190.19mm，变异幅度较大，变异系数达到了29.56%。相对湿度平均为74.81%，变幅较小，变异系数仅为7.52%。清香型特色烟叶产区气压稳定，平均为879.90hPa；风速变化较大，最低平均0.70m/s，最高达到了3.90m/s，平均为1.74m/s，变异系数达到了38.54%。清香型特色烟叶产区年日照时数1069.90～2639.70h，平均为1964.17h。

表1-8　清香型烟叶产区全年气象条件

	N	极小值	极大值	均值	标准差	方差	变异系数/%
气压/hPa	80	762.80	998.20	879.90	67.70	4 583.40	7.69
风速/（m/s）	80	0.70	3.90	1.74	0.67	0.45	38.54
日均气温/℃	80	11.70	20.90	17.08	2.00	3.99	11.70
昼夜温差/℃	80	6.90	14.90	10.65	1.62	2.62	15.20
积温/℃	80	3 627.00	7 516.30	5 854.22	894.39	799 931.92	15.28
降雨量/mm	80	558.40	1 909.50	1 190.19	351.82	123 779.93	29.56
相对湿度/%	80	59.20	84.10	74.81	5.63	31.69	7.52
日照时数/h	80	1 069.90	2 639.70	1964.17	347.32	120 627.80	17.68

注：N表示数量

二、清香型烟产区大田期气象特征

（一）日均温度

烤烟对温度的反应比较敏感，温度是决定烤烟品质的一个重要因素。有效积温、日平均温度、昼夜温差对烟叶品质均有影响。清香型特色烟区温度适宜，大田期日均温度16.1～25.6℃，平均20.31℃。从频率分布来看（图1-2A），18～22℃分布频率最高，较烟草最适宜生长温度（22～24℃）低。从不同区域温度来看（图1-2B），福建清香型烟区温度较低，日均温度为16.1～19.9℃，平均为17.9℃。贵州黔西南烟区温度分布在20.7～22.3℃，平均为21.4℃。四川平均温度较高，日均温度变化幅度为19.2～24.7℃，平均为

22.2℃。云南温度变化幅度最大，主要分布在 17.4～25.6℃，平均为 21.9℃；其中巧家县日均温度偏高，平均达到了 25.6℃。

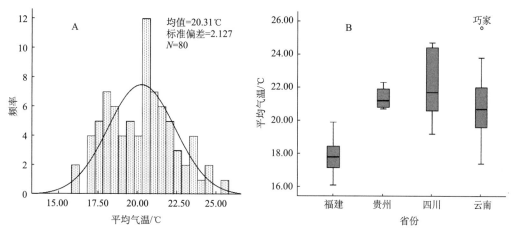

图 1-2　大田期日均温度

（二）昼夜温差

清香型烟区昼夜温差为 7.0～11.7℃，变异系数为 10.0%，变化幅度较小，平均为（9.1±0.85）℃。从昼夜温差的频率分布（图 1-3A）来看，清香型烟区昼夜温差主要分布在 8～10℃。昼夜温差小于 8℃的清香型烟区主要分布在贵州（图 1-3B），其平均昼夜温差为 7.6℃。昼夜温差大于 10℃的主要分布在四川，其昼夜平均温差为 10.2℃。云南和福建昼夜温差主要分布在 8～10℃，云南昼夜温差平均为 9.2℃，福建昼夜温差平均为 8.8℃。

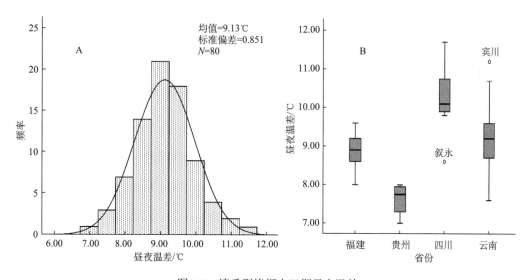

图 1-3　清香型烤烟大田期昼夜温差

（三）积温

　　烤烟大田期累积有效积温 2367.0～3214.8℃，平均 3079.18℃。从频率分布（图 1-4A）来看，积温虽然呈正态分布，但分布较为分散，峰度系数为−0.45，烤烟大田期积温集中在 2500～3500℃。不同区域烤烟大田期积温如图 1-4B 所示，福建积温 2367.0～2945.8℃，平均为 2619.7℃；贵州积温 3165.2～3416.7℃，平均为 3269.6℃；四川清香型烟区大田期积温 2940.7～3785.2℃，平均为 3399.3℃；云南烤烟大田期积温变幅较大，分布在 2659.7～3918.6℃，平均为 3193.7℃。

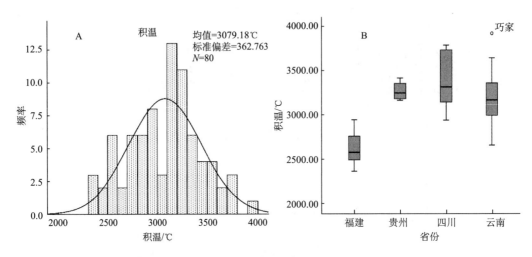

图 1-4　清香型烤烟大田期积温

（四）降雨量

　　烤烟大田期总耗水量约为 5010m³/hm²，约 500mm 降雨量。清香型产区大田期总降雨量 468.7～1249.5mm（图 1-5A），平均为 857.87mm。不同区域降雨总量差异较大（图 1-5B），变异系数达到了 21.6%。其中福建和贵州清香型烟区降雨量较大，福建清香型烟叶产区降雨量 959.6～1249.5mm，平均为 1114.1mm；贵州黔西南大田期降雨量为 887.6～1106.4mm，平均为 994.6mm；四川清香型烟叶产区降水量 730.2～937.6mm，平均为 857.5mm；云南清香型烟区降雨量变化幅度较大，为 468.7～1216.7mm，平均为 749.6mm。福建、贵州清香型烟产区总降雨量高于云南、四川清香型烟叶产区。

（五）相对湿度

　　清香型烟区相对湿度为 67.7%～86.0%，平均为 77.93%。如图 1-6 所示，清香型烟区相对湿度主要分布在 70%～85%，其占总样点数的 88.8%，表明清香型烟叶产区空气较湿润。其中福建和贵州清香型烟区空气相对湿度最高，平均分别为 81.8% 和 80.8%；云南和四川清香型烟区相对湿度较低，平均分别为 77.1% 和 71.9%，其中巧家、宾川、南涧、盐边、米易、会东、永仁、楚雄八个点的空气相对湿度小于 70%。

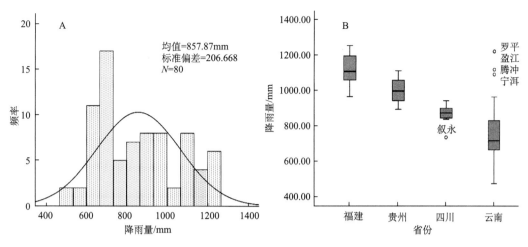

图 1-5 清香型烤烟大田期降雨量

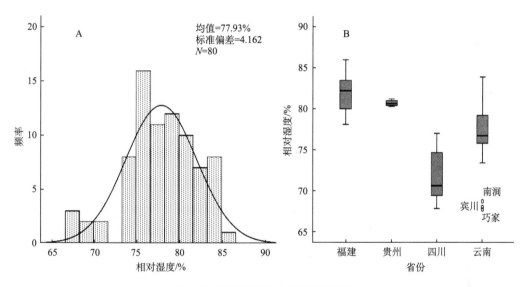

图 1-6 清香型烤烟大田期空气湿度

（六）风速

清香型烟区风速变化幅度较大（图 1-7A），其变幅为 0.7～3.3m/s，主要分布在 1.0～2.5m/s，变异系数达到了 35.2%，其不同区域风速分布如图 1-7B 所示。

（七）日照时数

烟草大多数品种为"中性"或"弱短日性"反应，在一定范围内，光照时间长，可以增加有机物的合成，但当日照时数低于 8h，烟株生长缓慢，叶色减淡，并引起花芽分化。烟草在大田期的日照时数要达到 500～700h。清香型烟叶产区大田期年日照时数 471.9～942.1h，平均为 722.55h，不同日照时数的频率分布如图 1-8A 所示。不同区域日

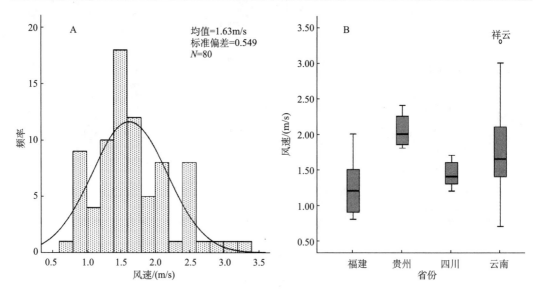

图 1-7　清香型烤烟大田期风速

照时数的差异较大（图 1-8B），福建大田期日照时数 471.9～594.0h，平均 526.9h；贵州烤烟大田期日照时数 700.6～795.1h，平均为 747.7h；四川烤烟大田期日照时数 717.4～928.8h，平均为 841.9h；云南烤烟大田期日照时数 595.1～942.1h，平均 778.2h。

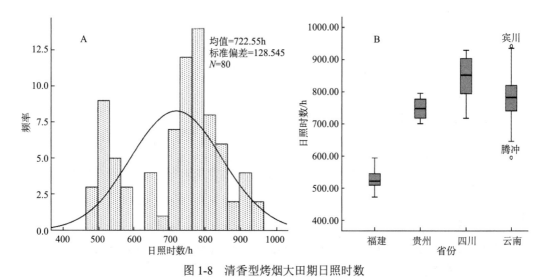

图 1-8　清香型烤烟大田期日照时数

三、　清香型烟叶产区大田期气象因子变化趋势

（一）清香型烟叶产区温度特征

1. 日均温度

从品质形成分析，烤烟对气温条件的要求是前期较低、中期较高，成熟期不低于 20℃

为宜。在清香型烟区成熟期温度大于 20℃，且 24～25℃下持续 30d 左右，易形成优质烟叶。从图 1-9 可以看出，云、贵、川清香型烟区移栽伸根期温度较低，平均为 20.1℃；旺长期温度小幅增加，日均温度达到了 21.4℃；成熟前期的温度达到最高，平均为 21.9℃；成熟中期温度略有下降，成熟后期下降至 20.2℃。从移栽期到成熟中期，日均温度不断升高，烤烟成熟后期温度略有下降，但整个生育期温度变化较为平稳。就清香型烟区大田期气象条件的变化趋势而言，云、贵、川清香型烟区与福建清香型烟区有显著不同。福建清香型烟区移栽伸根期的温度显著低于云贵川烟区，平均仅为 11.0℃，旺长期温度增加，但温度仍然较低，平均仅为 12.4℃；成熟期温度大幅增加，成熟前期温度平均为 18.3℃，成熟中期日均温度达到了 22.5℃；成熟后期温度仍在升高，平均为 25.4℃，随着烤烟生育期的推迟，日均温度不断升高。

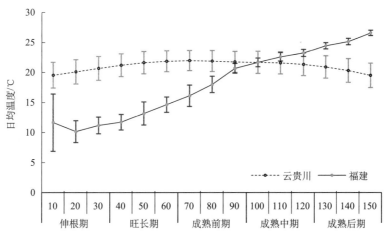

图 1-9　清香型烤烟大田期日均温度变化

2. 昼夜温差

昼夜温差也是影响烤烟品质的一个重要因素，主要体现在昼夜温差对烟株体内同化物质的运输和转移影响上。在大田生育期前期，昼夜温差大，会加剧光合产物向根、茎的转移，虽不利于在烟叶中的积累，但有利于根系的发育和迅速开片，促进烟株的生长和发育；在旺长成熟期，昼夜温差小，有机物质的转移变慢，有利于叶内同化物的积累和转化，对提高烟叶品质有利。从整个清香型烟区来看（图 1-10A），移栽伸根期昼夜温差较高，平均为（11.0±2.1）℃；旺长期、成熟前期昼夜温差缩小，分别为（8.9±1.1）℃、（8.2±1.0）℃；成熟中、后期昼夜温差又略有增加，平均为（8.8±0.9）℃和（8.7±0.7）℃。不同区域昼夜温差变化存在显著差异（图 1-10B），云贵川清香型烟叶产区昼夜温差从移栽期到成熟期呈逐渐下降的趋势，昼夜温差大小表现为四川＞云南＞贵州；福建清香型烟叶产区从移栽期到成熟期呈逐渐上升的趋势。不同区域昼夜温差的差异主要在于移栽伸根期和旺长期，成熟期差异较小。

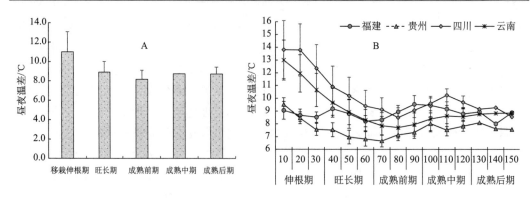

图 1-10　清香型烤烟大田期昼夜温差变化趋势

3. 积温

云贵川清香型烟叶产区烤烟大田期温度变化如图 1-11 所示。移栽伸根期积温相对较少，平均为 611.2℃，旺长期、成熟前期、成熟中期积温较多，分别为 659.7℃、664.3℃和 667.2℃，成熟后期积温略有减少，平均 619.8℃。全生育期不同生长阶段积温分布较为均匀。福建清香型烟叶产区积温较云贵川清香型烟叶产区低，积温分布不均，移栽伸根期温度较低，积温仅 223.4℃；旺长期、成熟前期、成熟中期、成熟后期温度不断升高，积温不断增加，其积温分别为 349.3℃、550.7℃、698.1℃、761.8℃，随着生育期推迟积温不断增加。

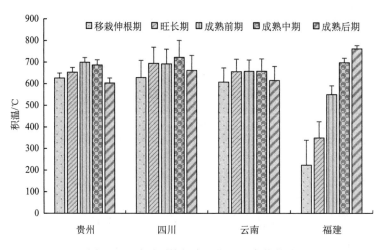

图 1-11　清香型烤烟大田期积温变化趋势

（二）清香型烟叶产区光照特征

1. 清香型烟叶产区日照时数

烤烟生长最合适的光照条件为：大田生长期日照时数 500～700h，采烤期日照时数达 288～300h。由于云贵川清香型烟区移栽伸根期的降雨量较小，光照充足，日照时数为 207.9h；进入旺长期后，降雨量增加，日照时数锐减为 158.7h，成熟期日照时数为 416.9h，随着生育期的推迟，日照时长缩短。福建清香型烟叶产区日照时长低于云贵川清香型产区，平均为 381.4h；日照时数在不同生育期的分布与云贵川清香型产区呈现相反的趋势，移栽伸根期平均为 82.5h，旺长期 78.4h，成熟前期 95.7h，成熟中期 124.8h，成熟后期 132.4h，随着生育期的推迟，日照时数呈增加趋势（图 1-12）。

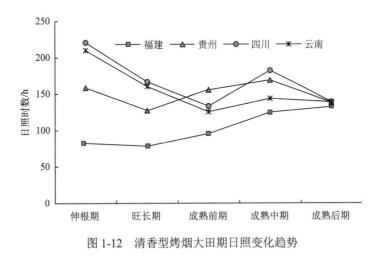

图 1-12　清香型烤烟大田期日照变化趋势

2. 清香型烟区光质特征

清香型烟叶产区 7 个光辐射监测点可以看出（图 1-13），清香型烟叶产区成熟期日辐射总量（350～1100nm）为 67.3～100.5W/cm²，其中 350～400nm（紫外）日辐射量 2.41～4.17W/cm²，可见光辐射量 39.26～61.62W/cm²，红外辐射量 25.68～34.67W/cm²。

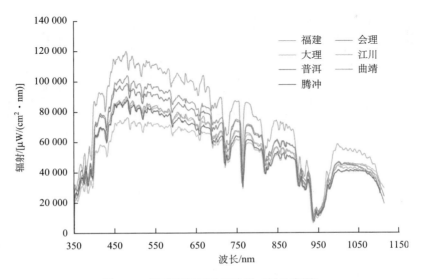

图 1-13　清香型烟区光质特征（另见彩图）

不同区域辐射量有显著差异，福建宁化、建阳的紫外辐射量显著高于四川会理和云南，云南普洱紫外辐射量显著高于云南玉溪，云南玉溪的紫外辐射量最低；福建的可见光辐射量显著高于云南。从光质来看，UV-A（350～400nm）、紫光（400～420nm）、蓝光（420～492nm）、绿光（492～577nm）、黄光（577～597nm）、橙光（597～622nm）、红光（622～750nm）、红外（750～1100nm）分别占总辐射量的 3.9%、3.1%、13.2%、16.2%、3.5%、4.5%、20.1%、35.5%。

（三）清香型特色烟产区降雨特征

烤烟生长需水特点是前期少，中期多，后期又少。一般认为，大田期间平均月降雨量 100～130mm 为适宜。云贵川清香型烟区降雨符合烤烟的生长需求，随着烤烟的生长，降雨量呈前低中高后降的分布趋势（图 1-14）。其中云南烤烟移栽伸根期降雨量较低，平均 75.4mm，旺长期 155.1mm，成熟前期 189.5mm，成熟中期 189.2mm，成熟后期 140.4mm。四川烤烟移栽伸根期降雨量较低，平均 60.0mm，旺长期 154.8mm，成熟前期 252.9mm，成熟中期 194.8mm，成熟后期 195.1mm。移栽伸根期降雨量低，不利于烤烟移栽和缓苗。贵州清香型产区移栽伸根期降雨量较充足，平均为 157.3mm；旺长期、成熟前期和成熟中期降雨量较高，分别为 266.9mm、252.4mm 和 197.0mm；成熟后期降雨量较低，仅为 121.1mm。福建清香清香型烟叶产区降雨量在不同生育期的降雨量都很丰富，且随着生育期的推迟，降雨量不断增加。移栽伸根期、旺长期降雨量占整个生育期降雨总量的 25.0%～42.6%，而成熟期降雨量占生育期降水总量的 57.3%～75.0%。

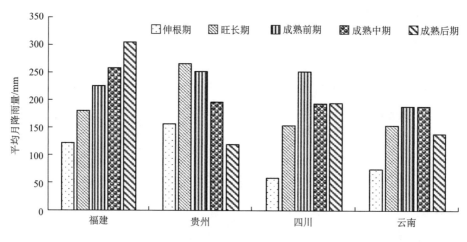

图 1-14　清香型烟区降雨特征

清香型烟叶年日均温度为 17.08℃，平均昼夜温差为 10.65℃，年积温为 5854.22℃，年降水量为 1190.19mm，相对湿度平均为 74.81%，风速变化较大，平均为 1.74m/s，年日照时数 1964.17h。清香型特色烟区温度适宜，大田期日均温度为 16.1～25.6℃，平均为 20.31℃。云贵川大田期日均温度从移栽期到成熟中期不断升高，烤烟成熟后期温度略有下降，但福建清香烟区随着烤烟生育期的推迟，日均温度不断升高。清香型烟区昼夜温差为 7.0～11.7℃，平均为（9.1±0.85）℃，大田期昼夜温差从移栽到成熟呈逐渐下降的趋势。烤烟大田期累积有效积温 2367.0～3214.8℃，平均 3079.18℃，大田积温在不同生育阶段的分布趋势与日均温度一致。清香型产区大田期总降雨量 468.7～1249.5mm，平均为 857.87mm。随着烤烟的生长，云贵川清香型烟区降雨量呈前低中高后降的分布趋势，但福建烟区随着烤烟生育期的推迟降雨量逐渐增大。清香型特色烟叶产区大田期日照时数 471.9～942.1h，平均为 722.6h，云贵川清香型烟区，烤烟移栽伸根期日照充足，随着生育期的推迟，日照时长缩短；福建清香型烟区呈相反趋势。从光质来看，UV-A（350～400nm）、紫光（400～420nm）、蓝光（420～492nm）、绿光（492～577nm）、黄光（577～597nm）、橙光（597～622nm）、红光（622～750nm）、红外（750～1100nm）分别占总辐射量的 3.9%、3.1%、13.2%、16.2%、3.5%、4.5%、20.1%、35.5%。

第三节　清香型特色烟区土壤特征

一、清香型产区地质背景分析

（一）清香型产区地质概况

依据日均相对湿度、极端温差、日均风速、昼夜温差、日均气温、全期降雨，将清香型产区划分成 5 类，将清香型烟区划分为 5 个亚区。清香型Ⅰ区包括：云南的宾川、永仁、云县、建水、巧家、南涧，以及四川的叙永、盐边、米易，共计 9 个县。清香型Ⅱ区包括：福建的泰宁、长汀、政和、松溪、邵武、建阳、武夷山、清流、将乐、明溪、宁化、浦城、建宁等 13 个县。清香型Ⅲ区包括：云南的宣威、师宗、双柏、腾冲、寻甸、永胜、祥云、泸西、陆良、马龙、南华、澄江、楚雄、凤庆、峨山、华宁、施甸、石林、砚山、宜良、永平、罗平、江川、隆阳、丘北、禄劝、弥渡、红塔、禄丰、新平等 30 县（市），以及四川的冕宁、会理、会东，贵州的赫章、兴仁、盘县、安龙，共计 37 个县。清香型Ⅳ区包括：云南的文山、耿马、盈江、镇沅、景东、临翔、马关、石屏、宁洱、弥勒、墨江等 11 个县，以及四川的筠连、西昌、剑阁，贵州的天柱、兴义、贞丰，共计 17 个县。清香型Ⅴ区除了包含永定、上杭、尤溪、永安、武平、连城等福建的 6 个产区外，还包括云南的镇雄、玉龙、昭阳及贵州的威宁，共计 10 个县。本书针对这 5 个亚区分析清香型烟叶的地质概况。

1. 清香型烟叶产区的地质年代

清香型的地质年代类型跨度均较大，覆盖了新生代、中生代、古生代、新元古代和中元古代中的10个纪、12个世，集中分布在中生代。从图1-15来看，不同亚区的地质年代分布还是有较明显差别的，清香型Ⅰ从1.2万年的新生代全新世到25亿年的元古代均有分布，在晚古生代和中生代分布较多，其中250百万年的三叠纪、290百万年的二叠纪、208百万年的侏罗纪、135百万年的白垩纪分布较多，各自占总面积的27.4%、11.6%、10.9%、10.0%，这4个年代总计占了59.9%。清香型Ⅱ从1.2万年的新生代全新世到25亿年的元古代均有分布，在晚古生代和中生代分布较多，其中135百万年的白垩纪、250百万年的三叠纪、290百万年的二叠纪分布较多，各自占总面积的22.5%、

17.3%、11.9%，25亿年的古元古代亦有10.1%，这4个年代总计占了61.8%。清香型Ⅲ从1.2万年的新生代全新世到25亿年的元古代均有分布，在晚古生代—中生代、元古代分别存在两个明显的分布高峰，其中晚古生代—中生代250百万年的三叠纪、290百万年的二叠纪各自占总面积的21.6%、13.6%，新元古代8亿年的震旦纪、25亿年的元古代各自占总面积的13.6%、9.8%，这4个年代总计占了58.5%。清香型Ⅳ尽管也是从1.2万年的新生代全新世到25亿年的元古代均有分布，但在晚古生代—中生代呈现出明显的分布高峰，其中晚古生代—中生代290百万年的二叠纪、250百万年的三叠纪、362百万年的石炭纪各自占总面积的47.0%、17.0%、13.2%，这3个年代总计占了77.2%。清香型Ⅴ有别于其他亚区的一个显著特点，即在30亿年的新太古代也有少量分布，但分布高峰仍然在晚古生代—中生代，其中晚中生代208百万年的侏罗纪、439百万年的下古生代志留纪、25亿年的元古代、135百万年的中生代白垩纪各自占总面积的41.6%、10.3%、9.5%、9.2%，这4个年代总计占了70.6%。

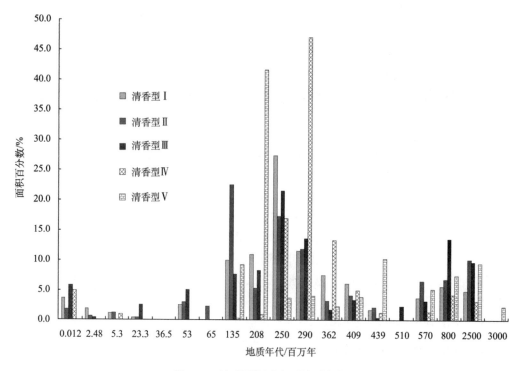

图1-15　清香型烟叶产区地质年代

2. 清香型烟叶产区的岩石露头

从图 1-16 上看来，清香型Ⅴ的岩石露头与清香型Ⅰ、清香型Ⅱ、清香型Ⅲ、清香型Ⅳ有着明显差别，而后4者之间的差异则不甚明显。5个亚区的岩石露头情况分别如下。

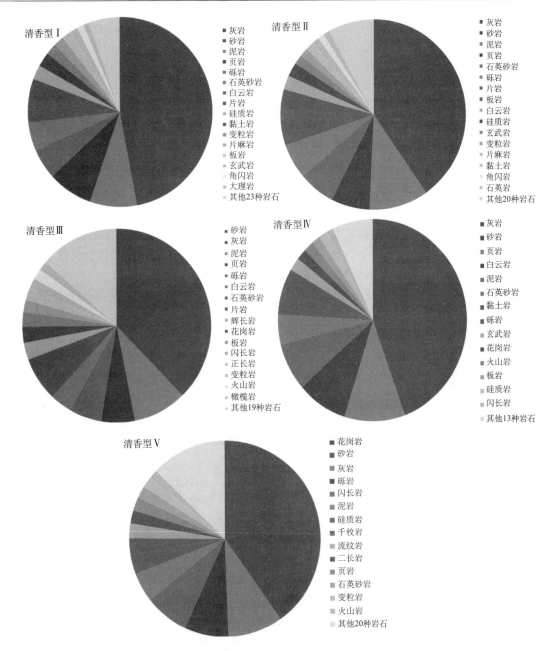

图 1-16 清香型烟叶产区的岩石露头（另见彩图）

清香型Ⅰ，在本区域内共发现 1km² 以上的岩石 771 处，包含 39 种岩石，然而频率超过 1%的只有 16 种岩石，分别是灰岩 26.1%、砂岩 21%、泥岩 8.3%、页岩 7.8%、砾岩 5.2%、石英砂岩 4.9%、白云岩 3.9%、片岩 3.5%、硅质岩 2.5%、黏土岩 2.5%、变粒岩 1.9%、片麻岩 1.8%、板岩 1.7%、玄武岩 1.3%、角闪岩 1.2%、大理岩 1%。可以看出，在清香型Ⅰ内，沉积岩是最多的，占了 75%以上，其次是变质岩，约占 20%，而岩浆岩的分布微乎其微。

清香型Ⅱ，在本区域内共发现 1km² 以上的岩石 547 处，包含 36 种岩石，然而频率超过 1%的只有 16 种岩石，分别是灰岩 21.9%、砂岩 18.5%、泥岩 10.4%、页岩 6.6%、石英砂岩 6.4%、砾岩 6%、片岩 6%、板岩 3.5%、白云岩 2.4%、硅质岩 2.4%、玄武岩 1.6%、变粒岩 1.5%、片麻岩 1.5%、黏土岩 1.3%、角闪岩 1.1%、石英岩 1.1%。可以看出，在清香型Ⅱ内，沉积岩也是最多的，占了 61%以上，其次是变质岩，约占 33%，岩浆岩的分布 6%以上。

清香型Ⅲ，在本区域内共发现 1km² 以上的岩石 450 处，包含 35 种岩石，频率超过 1%的只有 21 种岩石，分别是砂岩 19.1%、灰岩 18.7%、泥岩 9.1%、页岩 5.8%、砾岩 5.6%、白云岩 3.8%、石英砂岩 3.8%、片岩 3.6%、辉长岩 2.9%、花岗岩 2.7%、板岩 2.4%、闪长岩 2%、正长岩 2%、变粒岩 1.8%、火山岩 1.8%、橄榄岩 1.6%、硅质岩 1.6%、玄武岩 1.6%、黏土岩 1.6%、片麻岩 1.3%、碳酸盐岩 1.1%。可以看出，在清香型Ⅲ内，沉积岩还是最多的，占了 65%以上，其次是变质岩，约占 20%，和清香型Ⅱ、清香型Ⅰ相比，清香型Ⅲ岩浆岩的分布明显增加，达到了 15%以上。

清香型Ⅳ，在本区域内共发现 1km² 以上的岩石 337 处，包含 27 种岩石，频率超过 1%的只有 14 种岩石，分别是灰岩 23.7%、砂岩 20.8%、页岩 10.4%、白云岩 8.6%、泥岩 7.7%、石英砂岩 4.7%、黏土岩 3.9%、砾岩 3.6%、玄武岩 2.1%、花岗岩 1.8%、火山岩 1.8%、板岩 1.5%、硅质岩 1.5%、闪长岩 1.2%。可以看出，在清香型Ⅳ内，沉积岩是最多的，占了 79%以上，其次是变质岩，约占 11%，和清香型Ⅱ、清香型Ⅰ相比，清香型Ⅳ岩浆岩的分布明显增加，达到了 10%左右。

清香型Ⅴ，在本区域内共发现 1km² 以上的岩石 455 处，包含 34 种岩石，频率超过 1%的达到 20 种，分别是花岗岩 20.4%、砂岩 19.8%、灰岩 9.2%、砾岩 7.5%、闪长岩 7.5%、泥岩 4.8%、硅质岩 3.3%、千枚岩 2.6%、流纹岩 2.4%、二长岩 2.2%、页岩 2.2%、石英砂岩 2%、变粒岩 1.8%、火山岩 1.5%、片岩 1.3%、玄武岩 1.3%、英安岩 1.3%、安山岩 1.1%、角闪岩 1.1%、正长岩 1.1%。可以看出，清香型Ⅴ内的岩石分布与其他 4 个清香型区明显不同，沉积岩的分布频率显著地降低到了 43%以上，而岩浆岩的分布频率显著地增加到了 42%，变质岩的分布频率显著地降低到了 15%左右。

3. 清香型烟叶产区的成土母质特征

我国清香型烟区的成土母岩类型主要包括碎屑类沉积岩、酸性岩浆岩、区域变质岩和沼泽沉积物。其中，碎屑类沉积岩主要有砂岩、紫砂岩、石英砂岩、粉砂岩、青砂岩和砾岩，酸性岩浆岩有花岗岩，区域变质岩有千枚岩，以及有机成土母质中的沼泽沉积物。从图 1-17 中可以清楚地看到，所选取的烟田样点数中，砂岩的样点数为 9 个，约占 26%，紫砂岩的样点数为 9 个，约占 26%，石英砂岩的样点数为 5 个，约占 15%，粉砂岩的样点数为 3 个，约占 9%，青砂岩的样点数为 1 个，约占 3%，砾岩的样点数为 2 个，约占 6%，所以碎屑类沉积岩的比例达到总数的 85%；酸性岩浆岩中的花岗岩样点数为 2 个，约占 6%；而变质岩中的千枚岩的样点数仅为 1 个，约占 3%，有机成土母质中的沼泽沉积物的样点数为 2 个，约占 6%。由上面分析可知，清香型烟区碎屑类沉积岩在总体中所占比例较高，而花岗岩、千枚岩和沼泽沉积物比例较小。

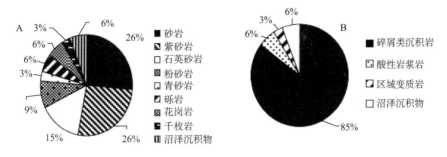

图 1-17　清香型烟区的成土母岩类型的比例图

（二）清香型烟区土壤稀土元素含量分布特征

稀土元素共有 16 种，包括化学元素周期表中的 14 个镧系元素[镧（La）、铈（Ce）、镨（Pr）、钕（Nd）、钐（Sm）、铕（Eu）、钆（Gd）、铽（Tb）、镝（Dy）、钬（Ho）、铒（Er）、铥（Tm）、镱（Yb）、镥（Lu）]及与镧系元素密切相关的 2 个元素[钪（Sc）、钇（Y）]。依据化学性质，稀土元素可分为轻稀土和重稀土。稀土元素具有特殊性，一是具有非常相近的离子半径和非常相似的化学性状，使其在自然界中总以共生的方式参与地球化学过程；二是不同稀土元素的化学性质只有微小且系统的差异，造成在一些地球化学过程中相互之间会产生有规律的分异。

1. 土壤稀土元素含量特征

由表 1-9 可知，清香型烟区土壤稀土总量（ΣREE）为 151.91～607.06mg/kg，平均 273.87mg/kg；轻稀土总量（ΣLREE）为 120.86～458.05mg/kg，平均 213.81mg/kg；重稀土总量（ΣHREE）为 31.05～149.01mg/kg，平均 60.07mg/kg。变异系数 CV 反映数据的离散程度，一般认为 CV≤10% 为弱变异；10%＜CV≤100% 为中等变异；CV＞100% 为强变异（祖艳群等，2009）。表 1-9 中数据表明稀土元素均为中等变异，变异系数为 26.86%～62.60%，最大的是 Sc，最小的是 Yb，除元素 Sc 外，其他元素变异系数均小于 40%。

表 1-9　清香型烟区土壤稀土元素含量的基本统计量

稀土元素	清香型烟区					全国土壤背景值	
	平均值/（mg/kg）	最小值/（mg/kg）	最大值/（mg/kg）	标准差	变异系数/%	平均值/（mg/kg）	范围值/（mg/kg）
Sc	16.13	3.37	52.4	10.10	62.60	11.10	5.52～20.17
La	49.05	28.20	115.00	16.85	34.35	39.70	18.50～75.30
Y	36.03	18.70	104.00	13.18	36.57	22.90	11.40～41.60
Yb	3.42	1.51	5.91	0.92	26.86	2.44	1.25～4.32

稀土元素	清香型烟区					全国土壤背景值	
	平均值/(mg/kg)	最小值/(mg/kg)	最大值/(mg/kg)	标准差	变异系数/%	平均值/(mg/kg)	范围值/(mg/kg)
Ce	102.40	56.8	221.00	40.15	39.21	68.40	33.00~126.60
Pr	11.16	6.58	22.90	3.58	32.05	7.17	3.11~14.30
Nd	41.54	24.20	79.50	13.24	31.86	26.40	13.00~48.40
Sm	8.01	4.33	16.00	2.66	33.24	5.22	2.53~9.65
Eu	1.64	0.75	3.65	0.65	39.43	1.03	0.52~1.86
Gd	6.98	3.63	12.80	2.27	32.51	4.60	2.31~8.30
Tb	1.11	0.61	2.01	0.34	30.84	0.63	0.25~1.33
Dy	6.39	3.44	12.50	1.89	29.61	4.13	2.08~7.43
Ho	1.27	0.71	2.57	0.37	28.85	0.87	0.44~1.56
Er	3.84	2.01	7.36	1.09	28.46	2.54	1.29~4.55
Tm	0.51	0.23	0.92	0.14	27.69	0.37	0.19~0.65
Lu	0.52	0.21	0.94	0.14	27.19	0.36	0.19~0.62
ΣREE	273.87	151.91	607.06	97.47	31.91	187.60	97.10~330.20
ΣLREE	213.81	120.86	458.05	77.13	35.02	147.92	74.00~253.30
ΣHREE	60.07	31.05	149.01	20.34	29.84	38.84	19.80~65.80

注：稀土总量（ΣREE）代表 La 到 Lu 及 Y 的 15 个元素含量之和；轻稀土总量（ΣLREE）代表 La、Ce、Pr、Nd、Sm、Eu 含量之和；重稀土总量（ΣHREE）代表 Gd、Tb、Dy、Ho、Er、Tm、Yb、Lu、Y 含量之和；全国土壤背景值参照 1990 年中国环境监测总站出版的《中国土壤元素背景值》

在 16 种稀土元素中，Ce 的含量最高，平均为 102.40mg/kg，其次是 La 和 Nd，分别为 49.05mg/kg 和 41.54mg/kg；Tm 的含量最低，平均为 0.51mg/kg，Lu 和 Tb 的含量略高，分别为 0.52mg/kg 和 1.11mg/kg。从总体看来，土壤稀土元素含量从高到低为：Ce＞La＞Nd＞Y＞Sc＞Pr＞Sm＞Gd＞Dy＞Er＞Yb＞Eu＞Ho＞Tb＞Lu＞Tm。与全国土壤（A 层）背景值比较，清香烤烟土壤稀土元素总量、轻稀土元素总量、重稀土元素总量平均值均大于全国土壤，且 16 种稀土元素平均值及变幅范围普遍大于全国土壤平均水平。稀土元素在土壤中分布不均匀，其含量服从 Oddo-Harkins（奥多-哈根斯）规则，即原子序数为偶数的元素，其丰度要比相邻奇数元素的丰度大，如 Dy 的原子序数为 66，其含量（6.39mg/kg）大于原子序数分别为 65 和 67 的元素 Tb（1.11mg/kg）和 Ho（1.27mg/kg）。

2. 土壤稀土元素概率分布类型

从表 1-10、图 1-18 中可以看出，绝大部分稀土元素均为正态分布，只有 Ce 为对数正态分布。

表 1-10　清香型烟区稀土元素的参数估计及总体分布的 KS 检验结果

稀土元素	正态分布			对数正态分布			概率分布类型（Dn<$D_{0.05,50}$=0.1884）	95%置信区间
	μ	δ	Dn	μ	δ	Dn		
Sc	16.13	10.10	0.17				正态	[13.26，19.00]
La	49.05	16.85	0.15				正态	[44.26，53.84]
Y	36.03	13.18	0.15				正态	[32.28，39.77]
Yb	3.42	0.92	0.11				正态	[3.16，3.68]
Ce	102.40	40.15	0.21	4.57	0.34	0.18	对数正态	[90.99，113.81]
Pr	11.16	3.58	0.17				正态	[10.15，12.18]
Nd	41.54	13.24	0.14				正态	[37.78，45.30]
Sm	8.01	2.66	0.14				正态	[7.26，8.77]
Eu	1.64	0.65	0.13				正态	[1.46，1.83]
Gd	6.98	2.27	0.11				正态	[6.33，7.62]
Tb	1.11	0.34	0.12				正态	[1.02，1.21]
Dy	6.39	1.89	0.10				正态	[5.85，6.93]
Ho	1.27	0.37	0.11				正态	[1.16，1.37]
Er	3.84	1.09	0.10				正态	[3.53，4.15]
Tm	0.51	0.14	0.11				正态	[0.47，0.55]
Lu	0.52	0.14	0.12				正态	[0.48，0.56]

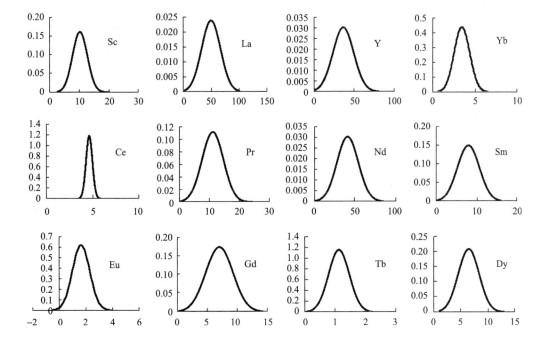

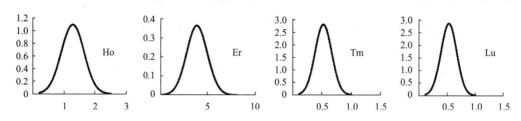

图 1-18　清香型烟区土壤稀土元素概率分布曲线

3. 稀土元素的分布模式及分馏

在表生环境下，随着温湿度、酸度等的增强，矿物质化学分解作用、淋溶和元素的迁移也随之增强，稀土元素的赋存状态也发生改变，从而引起分馏（陈莹和彭安，1999）。Boyton（1984）提出以球粒陨石丰度值为标准物质，用图示法来说明稀土元素的分布模式，即将土壤样品中的稀土元素含量除以球粒陨石中各稀土元素丰度值，得到标准化数据，并以标准化数据的对数为纵轴，原子序数为横轴作图。稀土元素的分布模式可以反映所研究样品相对于原始地球稀土组成的地球化学分异作用。

表 1-11 中 LREE/HREE 是轻稀土与重稀土的比值，反映轻、重稀土元素之间的分馏程度，若 LREE/HREE≥1，说明轻稀土元素富集，若 LREE/HREE＜1，说明重稀土元素富集。$(La/Sm)_N$ 反映轻稀土元素之间的分馏程度，该值越大，轻稀土元素越富集；$(Gd/Yb)_N$ 反映重稀土元素之间的分馏程度，该值越小，重稀土元素越富集。$\delta(Ce)$ 与 $\delta(Eu)$ 分别表示 Ce、Eu 的异常程度，若 $\delta(Ce)＞1.05$，Ce 为正异常，$\delta(Ce)＜0.95$，Ce 为负异常，$\delta(Eu)＞1.05$，Eu 为正异常，$\delta(Eu)＜0.95$，Eu 为负异常（王中刚等，1989）。

表 1-11　清香型烟区土壤稀土元素特征值

特征值	清香型烟区	全国	世界
LREE/HREE	3.56	3.85	2.44
$(La/Sm)_N$	3.85	4.78	5.59
$(Gd/Yb)_N$	1.65	1.52	1.08
$\delta(Ce)$	1.05	0.98	0.72
$\delta(Eu)$	0.67	0.64	0.72

注：$(La/Sm)_N$ 是 La 与 Sm 球粒陨石标准化值的比值，即 $[(La)_S/(La)_C]/[(Sm)_S/(Sm)_C]$；$(Gd/Yb)_N$ 是 Gd 与 Yb 球粒陨石标准化值的比值，即 $[(Gd)_S/(Gd)_C]/[(Yb)_S/(Yb)_C]$，式中 S 为土壤样品中的稀土元素含量，C 为球粒陨石中的稀土元素含量。$\delta(Ce)=(Ce)_N/[(La)_N(Pr)_N]^{1/2}$，$\delta(Eu)=(Eu)_N/[(Sm)_N(Gd)_N]^{1/2}$。全国土壤背景值、世界土壤中值均参照 1990 年中国环境监测总站出版的《中国土壤元素背景值》

由表 1-11 可知，LREE/HREE＞1，说明烤烟区轻重稀土发生分馏作用，轻稀土有富集现象，$(La/Sm)_N$ 值大于 $(Gd/Yb)_N$ 值，说明轻稀土元素中各元素分馏程度大于重稀土元素。轻稀土富集程度从高到低为：世界土壤＞全国土壤＞清香型烟区土壤。烤烟区 $\delta(Ce)$ 为 1.05，略大于 1，近似于无异常，与全国土壤基本一致，而世界

土壤 δ（Ce）小于 0.95，为负异常。烤烟区 δ（Eu）为 0.67，小于 0.95，为负异常，说明 Eu 有损失，与全国土壤和世界土壤一致。从图 1-19 中也可以看出，清香型烟区土壤中稀土元素分布曲线向右倾斜，为轻稀土富集型，其中轻稀土元素的曲线稍微陡峭，重稀土元素的曲线非常平缓，曲线在 Eu 处呈现"谷"，Eu 有亏损，呈负异常，Ce 基本正常，与全国土壤稀土元素分布模式基本一致，同王玉琦和孙景信（1991）的研究结果也基本一致。

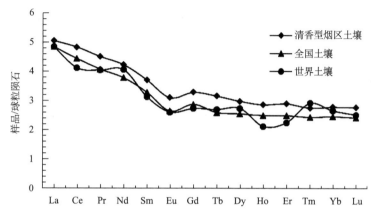

图 1-19　清香型烟区土壤球粒陨石标准化稀土元素分布模式

不同的气候环境条件下，稀土元素的分馏程度不同，特别是在我国南方高温多雨地区，化学风化强烈，硅酸盐类矿物强烈分解，硅和盐基遭到淋失，铁铝等氧化物有明显聚积，黏粒和次生矿物不断形成，轻稀土元素从稀土组分元素中分馏出来，并向黏粒中富集（丁维新，1990），造成轻稀土元素的富集。而 Eu 负异常主要是由于 Eu 有二价离子和三价离子，在湿热的还原环境中，三价 Eu 被还原为二价离子，活性较强的二价离子易被淋洗而与其他稀土元素三价阳离子分异，导致了 Eu 的负异常（黄镇国等，1996）。

4. 稀土元素含量在地域之间的差异

福建 ΣREE 在 179.15～523.25mg/kg，平均 343.41mg/kg，变异系数 35.19%，中等变异程度；其中 ΣLREE 平均为 280.96mg/kg，ΣHREE 平均为 62.46mg/kg，Ce 的含量最高，平均为 136.72mg/kg，Tm 和 Lu 的含量最低，平均值均为 0.54mg/kg。云南 ΣREE 为 158.36～426.71mg/kg，平均 270.25mg/kg，变异系数 28.23%，中等变异；其中 ΣLREE 平均为 208.49mg/kg，ΣHREE 平均为 61.76mg/kg，Ce 的含量最高，平均为 100.46mg/kg，Tm 和 Lu 的含量最低，平均值均为 0.53mg/kg。四川 ΣREE 为 181.89～280.71mg/kg，平均 227.89mg/kg，变异系数 13.21%，近似于弱变异；其中 ΣLREE 平均为 173.21mg/kg，ΣHREE 平均为 54.68mg/kg，Ce 平均值为 80.04mg/kg，Tm 和 Lu 平均值均为 0.46mg/kg（表 1-12）。

表 1-12 不同省份间稀土元素含量的多重比较

稀土元素	Sc	La	Y	Yb	Ce	Pr	Nd	Sm	Eu	Gd
	四川	福建	云南	福建	福建	福建	福建	福建	福建	福建
	（22.08）	（64.04）	（37.52）	（3.55）	（136.72）	（14.58）	（53.64）	（10.11）	（1.87）	（7.95）
	a	a	a	a	a	a	a	a	a	a
含量	云南	云南	福建	云南	云南	云南	云南	云南	四川	云南
高低	（15.88）	（48.46）	（36.32）	（3.53）	（100.46）	（10.72）	（39.69）	（7.64）	（1.72）	（6.85）
次序	ab	b	a	a	b	b	b	b	a	a
	福建	四川	四川	四川	四川	四川	四川	四川	云南	四川
	（9.09）	（32.69）	（32.69）	（3.08）	（80.04）	（9.45）	（36.08）	（7.18）	（1.52）	（6.49）
	b	c	a	a	b	b	b	b	a	a

稀土元素	Tb	Dy	Ho	Er	Tm	Lu	ΣREE	ΣLREE	ΣHREE
	福建	福建	福建	福建	福建	福建	福建	福建	福建
	（1.24）	（6.97）	（1.34）	（4.01）	（0.54）	（0.54）	（343.41）	（280.96）	（62.46）
	a	a	a	a	a	a	a	a	a
含量	云南	云南	云南	云南	云南	云南	云南	云南	云南
高低	（1.11）	（6.44）	（1.29）	（3.94）	（0.53）	（0.53）	（270.25）	（208.49）	（61.76）
次序	a	a	a	a	a	a	b	b	a
	四川	四川	四川	四川	四川	四川	四川	四川	四川
	（1.02）	（5.84）	（1.15）	（3.50）	（0.46）	（0.46）	（227.89）	（173.21）	（54.68）
	a	a	a	a	a	a	b	b	a

注：括号中的数据为各稀土元素含量的平均值，单位为 mg/kg；针对某个元素，若任意两个省份所标注的字母完全不相同，则两个省份的稀土含量差异达到了 5% 的显著水平

由上述分析可知，稀土总量、轻重稀土总量均以福建为最高，16 种稀土元素中除 Sc 和 Y 外，其余稀土元素也均以福建为最高。由方差分析表明，稀土总量、轻稀土总量在不同省份之间存在显著差异，重稀土总量差异不显著，稀土元素 Sc、La、Ce、Pr、Nd、Sm 也存在显著差异，Yb、Eu、Gd、Tb、Dy、Ho、Er、Tm、Lu 在不同省份之间差异不显著。经观察发现，不同省份之间差异显著的元素 Ce、La、Nd、Sc、Pr、Sm 正是土壤中稀土元素含量大小排序靠前的元素，由此可见，元素含量越高，其在不同省份间的差异越明显，而轻稀土总量在不同省份之间的显著性差异可能与 Ce、La、Nd、Pr、Sm 均为轻稀土元素有关。表 1-12 多重比较结果表明，福建稀土总量、轻稀土总量显著高于云南和四川，云南与四川之间差异不显著。四川 Sc 含量显著高于福建，而与云南差异不显著。福建 La 含量最高，显著高于云南和四川，四川也显著低于云南。Ce、Pr、Nd、Sm 在不同省份之间的含量差异规律与稀土总量和轻稀土总量相同。朱尊权（2009）认为清香型烤烟有烤烟本身香味，但不浓郁，同时具有怡人的突出香气，以云南烟为代表，而福建永定烟叶虽属于清香型烤烟，但却是具有另一特征的清香。唐远驹（2008）认为应将清香型烤烟的福建清香型和云南清香型的异同点作为烟叶香型描述的重要内容。可见，福建永定烟叶的清香特质与其他典型清香型烟叶有所不同。福建永定烟区土壤稀土总量、轻稀土总量显著高于云南和四川，而云南与四川之间差异不明显，说明稀土元素

很可能是造成清香型烟区内部烟叶香味分异的原因之一。

进一步比较样本量均大于 5 的 8 个区县植烟土壤中稀土元素含量，表明稀土总量、轻稀土总量以师宗为最高，永定其次，两县均显著高于祥云、会理、惠东及宁洱，重稀土总量差异不显著，La、Ce 在不同区县之间存在极显著差异，Sc、Yb、Pr、Nd、Tm、Lu 存在显著差异，因而说明清香型烟区土壤稀土元素含量存在地域性差异。

5. 稀土元素含量在土壤类型之间的差异

为了探讨不同类型土壤中稀土元素含量，对样本数相对较多的土壤类型（水稻土 21 个样本，红壤 14 个样本，紫色土 3 个样本）稀土元素含量进行统计分析，由表 1-13 可知，水稻土 $\sum REE$ 为 179.15~523.25mg/kg，平均 280.66mg/kg，变异系数 37.88%，中等变异；$\sum LREE$ 平均为 224.37mg/kg，占全部稀土的 79.94%；$\sum HREE$ 平均为 56.29mg/kg。红壤 $\sum REE$ 为 181.89~413.81mg/kg，平均 281.90mg/kg，变异系数 28.16%，中等变异；$\sum LREE$ 平均为 218.59mg/kg，占全部稀土的 77.54%；$\sum HREE$ 平均为 63.31mg/kg。紫色土 $\sum REE$ 为 158.36~251.69mg/kg，平均 209.61mg/kg，变异系数 22.58%；$\sum LREE$ 平均为 159.42mg/kg，占全部稀土的 76.06%；$\sum HREE$ 平均为 50.18mg/kg。

表 1-13 不同土壤类型稀土元素含量

稀土元素	水稻土				红壤				紫色土			
	平均值/(mg/kg)	最小值/(mg/kg)	最大值/(mg/kg)	CV/%	平均值/(mg/kg)	最小值/(mg/kg)	最大值/(mg/kg)	CV/%	平均值/(mg/kg)	最小值/(mg/kg)	最大值/(mg/kg)	CV/%
Sc	11.79	3.37	26.40	44.90	24.04	4.59	52.40	57.26	10.96	6.73	17.70	53.80
La	51.89	31.90	115.00	41.87	47.13	29.30	68.50	28.59	36.40	28.2	45.40	23.70
Y	33.32	18.70	57.20	29.82	37.13	20.40	49.20	25.44	30.27	22.00	36.30	24.47
Yb	3.25	1.87	5.91	27.81	3.80	1.51	4.88	27.00	2.64	2.05	3.34	24.70
Ce	107.23	69.00	221.00	42.78	109.69	65.40	202.00	40.77	72.23	56.80	89.40	22.66
Pr	11.82	6.65	22.90	41.12	10.86	7.43	14.60	22.04	8.92	6.58	10.50	23.18
Nd	43.57	24.20	79.50	40.98	40.99	26.70	54.50	22.48	33.77	24.50	38.50	23.77
Sm	8.29	4.33	16.00	41.91	8.03	4.82	11.70	25.31	6.65	4.74	8.11	26.00
Eu	1.57	0.79	3.65	41.72	1.89	0.84	3.32	41.67	1.46	0.98	1.93	32.61
Gd	6.75	3.63	12.10	37.00	7.58	3.76	10.70	30.15	5.97	4.12	7.44	28.35
Tb	1.07	0.61	1.80	34.50	1.22	0.63	1.73	29.63	0.95	0.69	1.13	24.19
Dy	6.11	3.44	9.88	32.01	6.89	3.74	9.77	27.01	5.38	3.95	6.14	23.00
Ho	1.20	0.71	1.89	29.16	1.37	0.77	1.91	26.33	1.04	0.77	1.24	23.34
Er	3.61	2.11	5.87	28.87	4.20	2.01	5.50	26.94	3.15	2.36	3.93	24.95
Tm	0.49	0.30	0.86	28.23	0.56	0.23	0.73	26.63	0.40	0.30	0.51	26.72
Lu	0.49	0.31	0.94	28.45	0.58	0.21	0.72	28.05	0.40	0.32	0.50	23.42
$\sum REE$	280.66	179.15	523.25	37.88	281.90	181.89	413.81	28.16	209.61	158.36	251.69	22.58
$\sum LREE$	224.37	147.47	436.31	40.75	218.59	142.01	345.39	31.39	159.42	121.80	192.35	22.27
$\sum HREE$	56.29	31.68	94.40	30.30	63.31	36.38	84.78	25.67	50.18	36.56	59.34	23.97

表 1-13 可以看出，稀土总量、重稀土总量均为红壤＞水稻土＞紫色土，轻稀土总量为水稻土＞红壤＞紫色土。除元素 Pr、Nd、Sm、La 为水稻土＞红壤＞紫色土以外，其余元素均为红壤＞水稻土＞紫色土，红壤中的稀土总量略高，可能与红壤表生成土过程中相对于其他土类中盐基的淋失程度更高有关（黄成敏和龚子同，2000）。虽然稀土元素含量在土壤类型之间存在大小差别，但并无显著性差异，说明土壤类型并不是影响稀土元素含量差异的主要原因。

丁维新等（1990）对具有代表性的成土母质及其发育土壤中的稀土元素含量进行回归分析，表明土壤稀土含量与其母质的稀土含量密切相关，两者具有极显著的相关性（$r=0.975$）。成土母质是土壤形成的物质基础，土壤的属性继承了母质的性质。清香型烟区水稻土的母质主要是花岗岩、白云岩、紫色砂岩、黄色砂岩、石英砂岩、河流冲积物；红壤的母质主要是白云岩、玄武岩、紫色砂岩、第四纪红土；紫色土的母质主要是紫色砂岩、紫色页岩，通过对清香型烟区不同土壤类型稀土含量分析表明，稀土总量最高的是花岗岩发育的潴育型水稻土，最低的是紫色砂岩发育的石灰性紫色土，同样是水稻土，但花岗岩发育的水稻土稀土含量却高于石英砂岩发育的；同样是红壤，但第四纪红土发育的红壤稀土含量却远高于紫色砂岩发育的；同样是紫色土，紫色页岩发育的紫色土稀土含量却高于紫色砂岩发育的。可见，土壤类型不同，稀土含量不同，土壤类型相同，稀土含量也不同。这在某种程度上说明成土母质对土壤稀土元素含量影响很大，不同的母质中富含稀土元素的矿物特征不同，其发育而来的土壤稀土含量则不同。

二、清香型烟区的土壤特征分析

（一）清香型烟区土壤概况

1. 土壤有机质

清香型烟区土壤有机质含量变异幅度较大，为 2.81～75.00g/kg，平均为（30.60±11.978）g/kg，变异系数达到了 39.14%。清香型烟区土壤有机质含量的频率分布如图 1-20 所示，土壤有机质含量＜15g/kg 的样品占样品总数的 6.4%，土壤有机质含量 15～25g/kg 的样品占 26.1%，土壤有机质含量 25～35g/kg 的样品占 37.2%，土壤有机质含量 35～45g/kg 的样品占 20.9%，土壤有机质含量＞45g/kg 的样品占 9.4%。

2. 土壤 pH

清香型烟区土壤 pH 分布在 4.57～7.82，变异系数 13.1%，平均为 6.35±0.831。不同 pH 的频率分布如图 1-21 所示，其中 pH＜5.5 的样品占总样品量的 18.2%，pH5.5～7.0 的样品占 54.7%，pH＞7.0 的样品占 27.1%。pH 虽然是正态分布（偏度为 0.015），但分布较为分散（峰度为-1.124）。

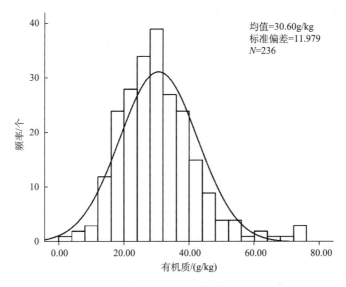

图 1-20　清香型烟区土壤有机质含量频率分布

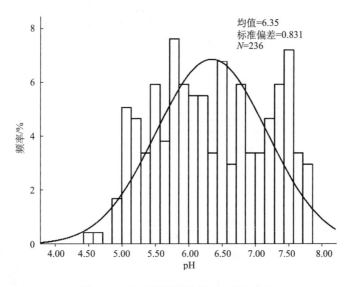

图 1-21　清香型烟区土壤 pH 频率分布

3. 土壤质地

统计分析显示（图 1-22），清香型烟区中壤土比例占 22.11%，重壤土比例占 50.53%，轻黏土比例占 25.26%，中黏土比例占 2.11%。

4. 土壤大量元素

清香型烟区土壤全氮含量为 0.03~4.68g/kg，平均为（1.68±0.685）g/kg，变异系数为 40.85%。土壤全氮含量的频率分布如图 1-23A 所示，其中土壤全氮含量＜1g/kg 样品占样品总量的 11.1%，1~2g/kg 的样品占 67.9%，2~3g/kg 的样品占 17.1%，3~4g/kg

的样品占 3.4%，＞4g/kg 的样品占 1.3%。土壤全磷含量为 0.17～8.4g/kg，平均为（1.03±0.953）g/kg，变异系数达到了 92.9%，虽然土壤全磷的变异幅度较大，但分布较为集中，峰度系数达到了 33.47，其中 65.8%的土壤全磷含量＜1g/kg，30.8%的土壤全磷含量为 1～2g/kg，具体频率分布如图 1-23B 所示。清香型烟区土壤全钾含量为 0.71～29.02g/kg，平均为（13.15±6.521）g/kg，变异系数为 49.58%。土壤全钾含量的频率分布如图 1-23C 所示，其中土壤全钾含量＜5g/kg 的样品占样品总量的 9.7%，5～10g/kg 的样品占 27.1%，10～15g/kg 的样品占 25.8%，15～20g/kg 的样品占 13.6%，20～25g/kg 的样品占 19.6%，＞25g/kg 的样品占 4.2%。

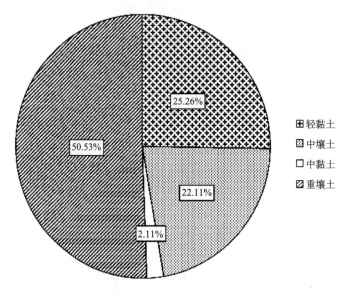

图 1-22　清香型烟区土壤质地

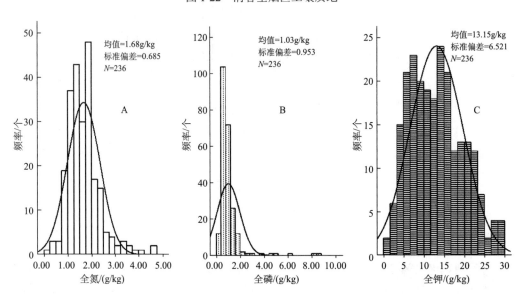

图 1-23　清香型烟区土壤全氮、全磷、全钾含量频率分布

5. 土壤中微量元素

土壤有效铁含量为5.28～637.63mg/kg，平均值为85.19mg/kg。从土壤有效铁含量频率分布（图1-24A）可以看出，土壤有效铁含量＜100mg/kg的土壤占79.2%，有效铁含量100～200mg/kg的占12.7%，有效铁含量＞200mg/kg的占8.1%。土壤有效锰含量为1.29～201.83mg/kg，平均值为35.19mg/kg。土壤有效锰含量频率分布如图1-24B所示，土壤有效锰含量＜50mg/kg土壤占79.2%，50～100mg/kg土壤占14.0%，＞100mg/kg土壤占6.8%。土壤有效硫含量频率分布如图1-24C所示，土壤有效硫含量7.78～973.71mg/kg，平均52.93mg/kg，其中有效硫含量＜50mg/kg的土壤占73.3%，有效硫含量50～100mg/kg的占16.1%，有效硫含量＞100mg/kg的占10.6%。

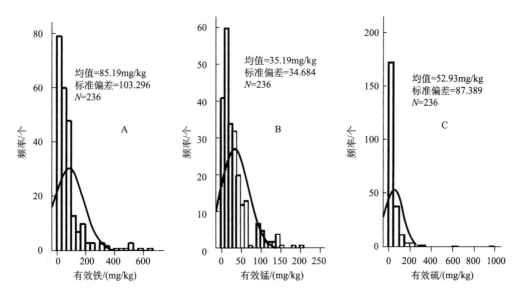

图1-24　土壤有效铁、有效锰和有效硫含量频率分布

土壤有效硼含量0.02～1.81mg/kg，平均0.42mg/kg。从土壤有效硼含量频率分布（图1-25A）可以看出，土壤有效硼含量＜0.5mg/kg的土壤占70.8%，0.5～1.0mg/kg的土壤占22.9%，有效硼含量＞1.00mg/kg的土壤占6.4%。土壤有效钼含量0.00～2.57mg/kg，平均为0.23mg/kg。土壤有效钼含量频率分布如图1-25B所示，土壤有效钼含量＜0.5mg/kg的土壤占91.1%，有效钼含量0.5～1.0mg/kg的土壤占5.9%，有效钼含量＞1mg/kg的土壤占3.0%。

（二）清香型烟区土壤形成过程

1. 清香型烟区土壤腐殖质积累过程分析

（1）清香型烟区耕作层土壤腐殖质及其组分含量特征

土壤腐殖质是土壤有机质的重要组成部分，是土壤固相中对土壤性质最有影响且能

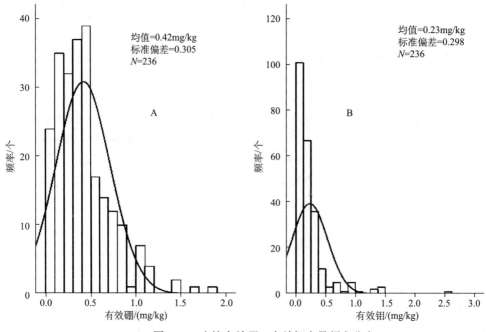

图 1-25　土壤有效硼、有效钼含量频率分布

反映土壤形成过程的活跃部分，它在土壤中积累、迁移和分解的过程是土壤形成作用中最重要的过程之一，广泛存在于各种土壤中。腐殖质组分主要有胡敏素、胡敏酸和富里酸，其含量及比例特征体现了土壤腐殖化的程度，从而影响土壤肥力及理化性质（Stevenson et al.，1994；Piccolo，2002）。对于农田来说，土壤腐殖质的积累主要以表层为主，并且与人类的长期施肥耕作有关，随着施肥水平和施肥措施的日趋精细，土壤腐殖质含量不断增加。

由表 1-14 可知，清香型烟区表层土壤腐殖质碳量范围在 4.4～36.6g/kg，平均为 17.3g/kg，变异系数为 35.05%。从腐殖质组分绝对含量来看，可提取腐殖质（腐殖酸）碳量范围为 1.2～7.7g/kg，平均为 4.3g/kg，变异系数 35.05%。土壤胡敏素碳量范围为 3.2～30.1g/kg，平均为 13.0g/kg，相对于腐殖酸，胡敏素的变异系数要大些，为 39.92%，这可能是由于胡敏素在不同的环境条件影响下的结果。表层胡敏酸、富里酸平均碳量分别为 1.9g/kg、2.5g/kg。其中胡敏酸碳量变异系数达 46.39%，这可能与土壤样本组成有关，清香型烟区土壤以水稻土所占比例较大，有研究表明（李学恒，2012；杨继松等，2006），水稻土在季节性渍水条件下，输入到土壤中的肥料及土壤中的植物物质首先形成相对分子质量大的胡敏酸，之后在微生物的作用下分解成富里酸，最后矿化成 CO_2，而淹水还原条件又会阻碍微生物对有机质的进一步分解，因此有利于胡敏酸的形成。

相对于腐殖质各组分碳量来看，清香型烟区土壤腐殖质各组分相对碳量的变异系数较小，为 9.8%～36.2%，从腐殖质各组分的比例来看，清香型烟区表层土壤胡敏素占腐殖质比例最大，为 74.3%，腐殖酸比例相对较低，只有 25.7%，其中又以富里酸碳量＞胡敏酸碳量，整体表现为富里酸型，胡富比平均为 0.8。

表 1-14　清香型烟区土壤腐殖质及其组分基本统计量

指标	均值	中值	极小值	极大值	标准差	变异系数/%
腐殖质碳量/（g/kg）	17.3	16.3	4.4	36.6	6.07	35.05
胡敏素碳量/（g/kg）	13.0	12.0	3.2	30.1	5.14	39.52
腐殖酸碳量/（g/kg）	4.3	4.3	1.2	7.7	1.60	36.89
胡敏酸碳量/（g/kg）	1.9	1.9	0.2	4.1	0.86	46.39
富里酸碳量/（g/kg）	2.5	2.4	1.0	5.2	0.93	37.27
胡敏素比例/%	74.3	75.9	57.8	84.1	7.27	9.78
腐殖酸比例/%	25.7	24.1	15.9	42.2	7.27	28.24
胡敏酸比例/%	10.6	9.6	4.6	21.8	3.83	36.17
富里酸比例/%	15.1	14.4	7.5	28.5	5.02	33.14
胡富比	0.8	0.7	0.2	1.4	0.28	37.02

　　根据变异系数 CV 的大小可粗略地估计变量的变异程度：CV≤10%时变异性弱，10%～100%时变异性中等，CV>100%是变异性强。可知清香型烟区土壤腐殖质及其组分碳量变异系数集中在 28%～37%，均为中等变异。

　　（2）清香型烟区土壤腐殖质及其组分含量剖面分布特征

　　同一土壤剖面，土壤腐殖质在发生层的含量变化是不一样的，表层腐殖质含量/底层腐殖质含量（A/C 值）和表层腐殖质含量/心土层腐殖质含量（A/B 值）可以直接反映出腐殖质在剖面的分异程度，从图 1-26A 可以看出，清香型烟区土壤腐殖质 A/C 值为 3～5 的比例最多，占土壤样本总数的 39%；<1 的比例最少，仅占土壤样本总数的 7%；分布在 1～3、5～7 及>7 三个范围的各占土壤样本总数的 24%、20%和 10%，且 A/C 最大值达 12.2。相对于 A/C 值，腐殖质在表层与心土层（A/B）之间的分异要小（图 1-26B），比值主要集中在 1～3，占土壤样本总数的 56%。说明清香型烟区土壤腐殖质在剖面不同发生层间分异程度较大，并且表层含量高于下部各层，出现腐殖质积累过程。

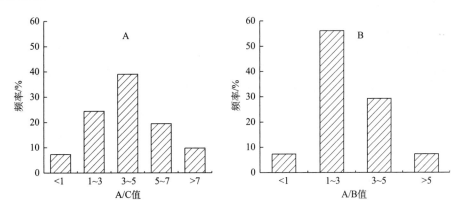

图 1-26　清香型烟区土壤 A/C 值、A/B 值频率分布直方图

　　不同土壤剖面,受作物根系分布和耕作制度的影响,土壤腐殖质含量通常呈现出从土体表层向下逐渐降低的特征(沈永明等,2008),但下降的趋势不同。图 1-27 是清香型烟区 3 个代表性土壤腐殖质剖面分布特征图,显示了清香型烟区 3 个典型腐殖质含量随土层深度增加的不同变化趋势,从图 1-27 中可以看出,清香型烟区土壤腐殖质含量随剖面深度增加而减小。锐减型剖面表层腐殖质含量较高,随深度增加下降剧烈,到 40cm 以下则变化缓慢;表明此类土壤腐殖质向下淋溶作用几乎没有;中部过渡型剖面总体来讲腐殖质随深度增加而减小,但是表下层到心土层变化不大,表明此类土壤腐殖质具有向下淋溶过程,但仅仅在表下层至心土层淀积;逐渐下降型剖面是比较常见的腐殖质含量分布类型,腐殖质含量由表层向下随深度增加而逐渐降低,整个剖面均有一定的腐殖质淋溶。

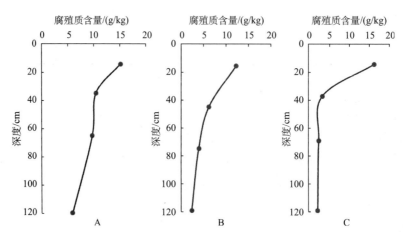

图 1-27　清香型烟区 3 种代表性腐殖质含量剖面分布特征

A.中部过渡型；B.逐渐下降型；C.锐减型

2. 清香型烟区土壤黏化过程分析

(1)清香型烟区土壤机械组成特征

　　土壤颗粒(土粒)是构成土壤固相骨架的基本颗粒,各种大小不同的土壤颗粒在土壤中所占的比例或质量百分数,称为土壤机械组成,也称土壤颗粒组成。土壤机械组成既可以影响土壤松紧度、通透性、耕性及养分含量,同时也是反映土壤发育程度的标志之一。通过分析土壤颗粒组成,可以确定土壤质地。而土壤质地是分析土壤其他属性的前提条件,也是土壤调查和土壤分类中不可缺少的指标。从一定程度上说,土壤的形成就是黏粒的形成与机械组成的变化(顾也萍等,1991)。一般认为,土体各层的粉粒与黏粒的比值可以反映矿质土粒的风化程度,随着粉黏比越高,土壤风化程度也越高,反之越低(俞震豫,1984)。

　　清香型烟区土壤剖面各粒级含量的变化范围较大(图 1-28),砂粒含量 1.57%～72.10%,平均为 23.34%;粉粒含量 6.36%～66.19%,平均为 36.95%;黏粒含量 12.33%～87.72%,平均为 39.05%。各粒级含量显示,清香型烟区土壤机械组成差异较大。其中母质是十分重要的影响因素之一,由于不同母质的化学特性、矿物类型不同,其风化难易程度也不同。例如，清香型烟区发育在花岗岩母质的土壤，由于花岗岩抗风化能力强，所以在其冲积物和洪积物上发育的土壤质地普遍较粗；而由紫色砂泥岩、第四纪红土母质发育的土壤，质地往往较黏重。

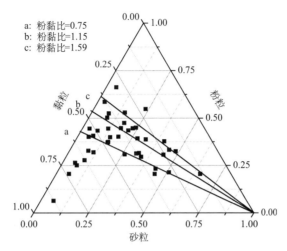

图 1-28　清香型烟区土壤机械组成三角图解

　　土壤机械组成中主要以黏粒为主，而砂粒含量最少，粉粒含量居中，表明清香型烟区土壤风化发育程度较高。质地频率分布如图 1-29 所示，清香型烟区土壤质地中超过10%的有粉砂质黏壤土、黏壤土、粉砂黏土和黏土，其中黏土所占样本比例最大，达30%，表明清香型烟区土壤整体质地较为黏重。

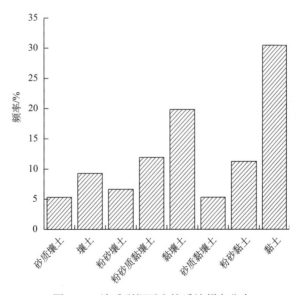

图 1-29　清香型烟区土壤质地频率分布

　　由于土壤粉砂含量一般代表未彻底风化的原生矿物，而黏粒代表强烈化学风化形成的次生矿物，因此，风化程度可用粉黏比来反映。即粉黏比越大，表明土壤的风化程度越低。清香型烟区土壤剖面粉黏比为 0.1～3.4，平均为 1.1。历仁安于 1986 年在浙江的研究结果（张建林提供）显示，红壤、黄红壤和黄壤的粉黏比均值分别为 0.75（N=26）、1.15（N=19）和 1.59（N=19）（图 1-28 中的直线 a、b、c），清香型烟区土壤粉黏比大部分位于 0.75～1.59。因此，单从粉黏比来看，清香型烟区土壤风化程度普遍较高，大多处于东部地区的红壤与黄壤之间。

（2）清香型烟区剖面黏粒分布特征

如图 1-30 所示为清香型烟区 3 种代表性土壤黏粒的剖面分布图，从图 1-30 可以看出，前两个剖面均有不同程度的黏化现象。中部淀积型剖面的黏粒分布以心土层最高，表层与底层黏粒含量相对较低，黏化过程主要存在于心土层；底部淀积型这类土壤在剖面上黏粒从表层向下产生了淋移，并且随深度增加黏粒淀积逐渐增加，表层与表下层黏粒含量相差不大，黏化过程主要存在于心土层和底层；不难看出，直线型这类土壤黏粒含量随深度增加变幅不大，基本成一条直线分布，表明，此类土壤由于发育较弱，未出现黏化现象。

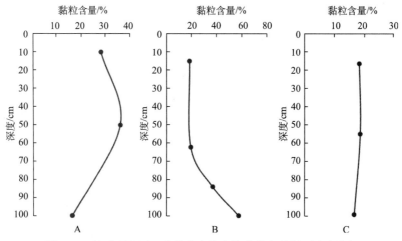

图 1-30　清香型烟区 3 种的代表性土壤黏粒含量剖面分布特征

A.中部淀积型；B.底部淀积型；C.直线型

3. 清香型烟区土壤复盐基过程分析

复盐基过程是酸性盐基不饱和土壤形成熟化的一个重要过程（曹升赓，1964），其形成原因主要包括以下两种情况下，一是海岛地区由于长期受到含盐基雨水、雾点和浪花水滴的影响，将盐分带至土壤表层，造成复盐基现象（周静等，2003）；二是发生在农田土壤中，由于灌溉水、地下水或是施用石灰和有机肥料，表层的盐基不断增加，并且随着耕作年限的增加，水分的渗透，盐基的淋失和淀积而逐渐向剖面下部扩展，导致土壤出现复盐基现象（朱祖祥，1983）。本书复盐基现象主要是由于后者导致。

一般我国土壤由于受气候、降雨、人为因素等成土条件影响，土壤交换性盐基含量从南向北逐渐增加，交换性酸逐渐减少，盐基饱和度逐渐增加。对清香型烟区土壤交换性的研究发现，云南烟区红壤因表层受人为耕作、灌溉的影响，盐基饱和度在表层增高，并大于淀积层,这与相同地域普通红壤 YW 的交换性形成鲜明的对比。

由表 1-15 可以看出,供试土壤交换性钙在复盐基过程中起主导作用。普通红壤中交换性钙的含量只有 0.29~4.85cmol(+)/kg,而在供试土壤中,其含量在 2.07~21.31cmol(+)/kg。代换性镁的增加同样十分显著,普通红壤的代换性镁含量均在 1cmol(+)/kg 以下,供试土壤的代换性镁含量在 0.2~5.16cmol(+)/kg。从剖面总体来看,交换性钙、镁含量随深度的增加均表现出降低的趋势。这些说明复盐基作用首先开始于表层,因而其交换性盐基含量相对要高于底层。

表 1-15　清香型烟区交换性盐基

剖面	发生层	pH	CaCO₃/（g/kg）	交换性盐基/[cmol（+）/kg] 总量	Ca²⁺	Mg²⁺	交换性酸/[cmol（+）/kg]	阳离子交换量/[cmol（+）/kg]	盐基饱和度/%	比值
YH1	Ap	7.46	29.73	22.63	18.03	3.82	—	24.34	92.94	1.17
	AB	7.15	13.04	19.42	14.37	3.65	0.40	24.34	79.77	
	Bts2	6.17	7.14	9.32	5.63	3.03	0.66	15.16	61.49	
	C	5.17	5.90	6.55	3.44	2.26	0.89	13.38	48.97	
YH2	Apu	7.76	23.40	24.62	21.31	2.59	0.00	25.39	96.96	1.10
	Ap	7.60	18.25	21.30	18.23	2.29	0.00	24.14	88.25	
	Bt	7.56	13.84	18.15	14.63	2.31	0.00	23.03	78.82	
	2Cl	7.05	13.03	19.11	15.43	3.12	0.38	23.69	80.67	
YH3	Ap	6.86	—	21.36	13.88	5.16	0.33	24.83	86.04	1.17
	BtsAp	6.70	—	19.69	14.66	4.40	0.33	26.68	73.81	
	Bts	6.59	—	19.05	14.17	3.98	0.38	24.69	77.16	
	C	6.57	—	22.12	16.33	5.01	0.40	28.78	76.85	
YQ1	Ap	6.45	8.81	14.14	10.19	2.77	0.50	15.09	93.68	1.44
	Bt	6.55	6.38	7.31	4.19	1.68	0.40	11.23	65.09	
	Ct	6.56	7.87	6.44	3.27	1.89	0.37	12.04	53.48	
YQ2	Ap1	7.06	11.18	14.26	9.53	3.76	0.36	15.24	93.57	1.34
	Bt1	6.75	7.66	8.75	5.48	2.30	0.29	12.50	69.99	
	Bt2	6.94	6.17	5.85	2.93	1.51	0.30	9.29	62.99	
	Ct	6.88	5.51	4.33	2.34	1.26	0.49	7.53	57.50	
YQ3	Ap	7.24	14.89	12.28	8.90	3.04	0.30	12.67	96.90	1.52
	Bt1	7.09	5.01	4.27	2.33	1.01	0.28	6.70	63.73	
	Ct	6.86	6.11	4.05	2.07	0.94	0.30	7.12	56.87	
YQ4	Ap1	7.36	18.15	17.87	14.48	0.94	0.00	18.70	95.57	1.15
	Ap2	6.47	10.87	12.69	9.85	2.00	0.33	15.32	82.86	
	Bt	6.31	13.20	14.16	11.09	1.82	0.42	18.89	74.94	
	Btl	6.65	12.42	14.41	12.28	0.66	0.46	21.00	68.62	
	Ctl	7.17	7.58	10.79	9.63	0.20	0.29	16.78	64.29	

续表

剖面	发生层	pH	CaCO₃/(g/kg)	交换性盐基/[cmol（+）/kg]			交换性酸/[cmol（+）/kg]	阳离子交换量/[cmol（+）/kg]	盐基饱和度/%	比值
				总量	Ca²⁺	Mg²⁺				
YW	Ap	4.74	—	6.14	4.85	1.00	1.07	13.57	45.25	0.91
	Bts	4.64	—	6.49	4.79	0.84	1.01	13.08	49.62	
	Btl	4.26	—	2.78	1.23	0.41	5.19	6.33	43.91	
	Cl	4.19	—	1.33	0.29	0.26	5.20	3.35	39.76	

注 "—" 表示无数据

　　清香型烟区供试土壤 CaCO₃ 含量变幅较小，变化范围为 5.01～29.73g/kg，并且土体表层具有石灰反应，同一剖面，土壤 CaCO₃ 含量表层较高，随深度的增加有降低趋势。土壤 CaCO₃ 含量在 10g/kg 以内，则说明该剖面不具有石灰性，清香型烟区供试土壤除个别剖面表层外，均不具有石灰性，但有石灰反应。

　　复盐基过程的结果，使得红壤发育成盐基饱和度相当高的土壤，供试土壤盐基饱和度变化于 48.97%～96.96%，其中表层盐基饱和度均高于 86%，而普通红壤盐基饱和度最高仅为 49.62%，表层盐基饱和度为 45.98%，供试土壤表层比普通红壤平均高出 40% 以上。普通红壤剖面盐基饱和度上下层次分异不明显，并且表层低于表下层，反映了盐基淋溶的一般性规律。供试土壤剖面盐基饱和度随深度的增加而有降低的趋势，并且表层明显高于心土层。不能够反映盐基向下淋溶淀积的一般趋势。因此，上述作用使得供试土壤产生复盐基作用。

　　为了进一步阐述复盐基作用，通常用复盐基土壤盐基饱和度高出所在区域起源土壤的百分点来说明，比值越大，复盐基作用越强烈。本书通过对供试土壤 A 层与 B 层盐基饱和度的比值进行比较，从表 1-15 可以看出，盐基饱和度在土壤 A 层与 B 层间的比值均在 1 以上，最高为 YQ3 土壤（1.52），供试土壤比值平均为 1.25。而普通红壤则小于 1，为 0.91。表明供试红壤均具有较强的复盐基作用，这与周静等（2003）的研究结果一致。

4. 清香型烟区土壤富铝化过程分析

　　脱硅富铝化过程也称为富铝化过程，是富铝化土壤形成的基本过程，我国的富铝化土壤主要包括红壤、砖红壤、黄壤等土类，这些土壤都反映了不同程度的富铝化过程。富铝化土壤的具体特点是：土体中铝硅酸岩类矿物受湿热气候作用，发生强烈分解，盐基离子和硅遭到淋失，而铁氧化物相对明显地聚积的地球化学过程及黏粒和次生矿物不断形成。

　　供试土壤化学组成中以 SiO₂、Al₂O₃ 和 Fe₂O₃ 三种氧化物为主，它们的含量分别达 23.82%～77.65%、10.10%～36.2% 和 4.52%～22.45%。图 1-31 是这三种主要化学成分的相对含量三角图解，由其可知，三种全量元素在图 1-31 上的投影集中区域呈长矩形分布，并且主要沿着 Al₂O₃/Fe₂O₃=2 的方向延伸，表明 Al₂O₃ 和 Fe₂O₃ 在成土过程中的积累基本是同步的，具有脱硅富铝化过程（李德文和崔之久，2002）。并且箭头方向为脱硅富铝化程度加强。土壤硅铝率分子比值（Sa）是表征土壤风化和成土作用强弱的常用指标之一。我国富铝化土壤黏粒硅铝率一般为 1.5～2.2，Sa＜2 表示该土壤具有明显的富铝化趋势（图 1-31 中 Sa=2 左侧），清香型烟区供试土壤土体硅铝率比值分布范围为 0.65～7.69，大多＞2.2，平均为 2.8，其比值多达到黏粒硅铝率的比值标准。可见，供试土壤样品总体脱硅富铝化程度较强，仅个别剖面表现出较弱的脱硅富铝化特征。

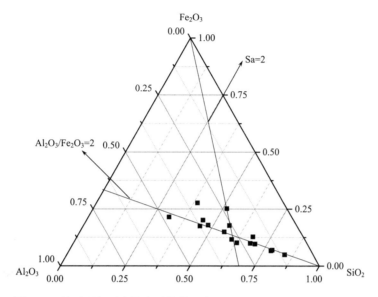

图 1-31　清香型烟区土壤主要化学元素（SiO₂-Al₂O₃-Fe₂O₃）三角图解

土壤或黏粒中的铁主要是以氧化铁及其水合物的形态出现，使用强氧化剂能提取的那部分铁，统称为游离铁。游离铁是表征土壤脱硅富铝化强弱的一项重要指标，其含量越高，土壤富铁特征越明显。清香型烟区供试土样游离铁含量均大于 30g/kg，平均为 50.89g/kg，并且 YQ1 剖面表层与过渡层游离铁含量达 110g/kg 以上。可见，供试土壤发育程度较高，均具有高富铁特征。游离铁在剖面上多有随剖面深度增加而降低的趋势。游离氧化铁可存在于黏粒和非黏粒部分，但以黏粒部分为主，并且有随黏粒移动的趋势，游离铁的水合系数（Fed/Clay）大小及其在剖面的变化可以解释土壤分化特征。由表 1-16 可见，供试土壤铁化系数分布在 0.39～2.68，土壤铁化系数分布范围较小，各剖面平均水合系数无明显差别，同样随着剖面深度增加有降低的趋势。

表 1-16　清香型烟区富铝化土壤中铁特性

编号	发生层	深度/cm	Fed/（g/kg）	Feo/（g/kg）	Clay/%	铁活化度/%	铁化系数（Fed/Clay）
YH1	Ap	0～32	116.27	6.74	55.14	5.80	2.11
	AB	32～60	121.23	7.53	45.28	6.21	2.68
	Bts	60～132	67.64	7.44	56.76	11.01	1.19
	C	＞132	33.56	7.72	55.83	23.01	0.60

编号	发生层	深度/cm	Fed/（g/kg）	Feo/（g/kg）	Clay/%	铁活化度/%	铁化系数（Fed/Clay）
YH2	Ap1	0～25	46.97	5.54	31.05	11.80	1.51
	Ap2	25～50	43.48	5.11	30.65	11.74	1.42
	Bt	50～90	40.70	7.58	34.86	18.64	1.17
	C	＞90	33.18	7.30	45.04	22.01	0.74
YH3	Ap	0～30	48.76	7.58	34.31	15.55	1.42
	Bts	30～60	33.32	6.85	34.59	20.56	0.96
	Bt	60～100	33.45	6.21	47.85	18.57	0.70
	C	＞100	33.52	6.35	62.71	18.94	0.53
YH4	Ap	0～28	67.11	10.19	42.98	15.19	1.56
	AB	28～50	66.42	12.25	45.56	18.45	1.46
	Bts	50～70	66.54	9.90	47.24	14.88	1.41
	C	＞70	66.51	10.63	41.33	15.98	1.61
YP	Ap	0～20	45.31	12.24	45.22	27.02	1.00
	Bst1	20～50	33.16	9.63	48.92	29.05	0.68
	Bst2	50～75	33.00	8.81	49.32	26.69	0.67
	C	＞75	33.06	6.36	43.88	19.24	0.75
YQ1	Ap	0～30	68.12	12.66	56.99	18.58	1.20
	Bt	30～55	33.91	10.63	87.72	31.34	0.39
	C	＞55	33.88	14.78	48.26	43.62	0.70
YQ2	Ap	0～30	67.40	12.33	55.44	18.30	1.22
	Bt1	30～45	67.84	15.44	67.83	22.77	1.00
	Bt2	45～70	33.66	22.61	70.35	67.18	0.48
	C	＞70	33.27	12.67	82.53	38.08	0.40
YQ3	Ap	0～38	65.77	13.29	59.30	20.20	1.11
	Bt	38～70	66.19	11.26	73.53	17.01	0.90
	C	＞70	33.16	6.67	62.42	20.12	0.53
YQ4	Ap1	0～30	58.72	6.17	45.67	10.51	1.29
	Ap2	30～46	46.64	7.42	43.42	15.91	1.07
	Bt1	46～60	49.65	10.28	52.25	20.71	0.95
	Bt2	60～75	52.81	7.19	52.28	13.61	1.01
	C	＞75	33.10	6.24	53.23	18.85	0.62
YK1	Ap	0～35	35.06	6.51	27.49	18.57	1.28
	Bt	35～70	38.15	4.18	37.59	10.94	1.01
	Ys	70～120	33.17	3.67	38.49	11.05	0.86
	C	＞120	33.35	5.50	49.29	16.49	0.68

编号	发生层	深度/cm	Fed/（g/kg）	Feo/（g/kg）	Clay/%	铁活化度/%	铁化系数（Fed/Clay）
YK2	A	0～20	54.54	27.25	52.10	49.97	1.05
	Bt	20～90	32.77	22.78	58.69	69.50	0.56
	C	90～110	33.10	23.98	46.19	72.44	0.72
YK3	Ap	0～25	48.23	4.95	57.47	10.26	0.84
	Bt	25～45	47.23	3.93	54.77	8.32	0.86
	C	>45	62.66	6.79	56.83	10.83	1.10
SP1	Ap	0～20	65.47	8.60	55.07	13.13	1.19
	Bt	20～100	32.72	14.02	62.90	42.85	0.52
	C	100～140	33.30	8.66	67.54	26.00	0.49
SP2	Ap	0～38	65.53	17.48	47.26	26.67	1.39
	Bts	38～110	65.30	17.56	43.05	26.90	1.52
	C	110～140	65.94	32.55	66.92	49.36	0.99
SL	Apu1	0～70	65.11	7.48	55.85	11.49	1.17
	A	70～85	66.01	14.19	44.21	21.49	1.49
	Bt1	85～115	65.48	16.75	45.09	25.58	1.45
	Bt2	115～150	66.18	16.20	39.27	24.48	1.69
	C	150～165	33.08	9.90	41.82	29.94	0.79

土壤活性铁（Feo）是指土壤中的无定形铁，清香型烟区供试土壤活性铁含量在3.67～32.55g/kg，平均为10.80g/kg。土壤中的活性铁含量多少可以揭示土壤的风化程度及近代成土过程的强弱，因此可以作为鉴别土壤的发生特征。活性铁占游离铁的百分比称为铁的活化度，它反映氧化铁形态的差异，土壤活化度低，表明土壤氧化铁的老化程度高。供试土壤活化度YK2剖面高达49%～72%，表明土壤剖面发育程度相对较低。其余剖面活化度均小于30%，说明供试土壤氧化铁老化程度普遍较高。

游离铁、氧化铁及其相关的铁化系数和活化度可以作为判断土壤风化发育阶段的标志，常庆瑞和冯立孝（1999）列出相应的定量化标准，针对清香型烟区土壤氧化物形态分析表明，供试土壤游离铁含量均>30g/kg，铁活化度除YK2剖面外均<30%，说明这些土壤处于脱硅富铝化阶段，而YK2剖面活化度为40%～72%，仍处于脱硅富铁阶段。

土壤黏土矿物是土壤风化和成土过程的产物，与土壤发生过程及其理化性质密切相关，反映土壤的形成特征，常被用来作为鉴定富铝化土壤风化程度的指标之一（章明奎等，1999）。根据供试土壤的X射线衍射表分析，剖面YH2、YH3、YK2、YK3以2：1型黏土矿物为主，以伊蒙混层矿物为主，具有明显的硅铝化特征。其他剖面黏土矿物以高岭石为主，其中剖面SP1和SP2高岭石含量高达90%以上（表1-17）。

根据剖面中碱及碱土金属元素基本淋失殆尽，土体游离铁含量大于 30g/kg 和全剖面含大量黏粒等特点，这些剖面风化成土作用均较强，土壤发育均处于铁铝化阶段。

表 1-17　清香型烟区富铝化土壤＜2μm 的黏土矿物组成

编号	发生层	深度/cm	X 射线衍射及红外光谱鉴定/%				
			伊蒙混层	伊利石	高岭石	蛭石	伊利石/蛭石混层
YH1	Bts2	60～132	—	3	82	15	—
YH2	Bt	50～90	53	20	22	5	—
YH3	Bts	30～60	51	14	30	5	—
YH4	Bts	50～70	—	15	78	7	—
YP	Bst1	20～50	—	—	55	20	25
YW	Bts	25～52	—	7	64	13	16
YQ1	Bt	30～55	—	26	65	9	—
YQ2	Bt1	30～45	—	17	72	11	—
YQ3	Bt1	38～70	—	28	57	14	—
YQ4	Bt	46～60	30	19	33	18	—
YK1	Bt	35～70	—	12	26	44	18
YK2	Bts	20～90	44	17	29	10	—
YK3	Bt	25～45	58	25	15	2	—
SP1	Bt	20～100	—	3	94	3	—
SP2	Bts	38～110	—	5	92	3	—
SL	Bt	85～115	—	19	75	6	—

5. 清香型烟区土壤氧化还原过程分析

土壤是一个复杂的氧化还原体系，存在的氧化态与还原态物之间相互转化的过程，称为氧化还原过程，是土壤的基本过程之一。这一过程与水分条件密切相关。季节性干湿交替及地下水位升降活动均可以引起不同程度的氧化还原过程。结果使铁、锰氧化物发生淋溶淀积而在剖面中重新分配。其具体特点表现为：土壤长期或间歇性淹水，使得土壤氧化还原电位（Eh 值）显著下降，有大量的铁、锰等氧化物由晶质态还原为无定形态（于天仁，1982；邓铁金等，1980），使得无定形态在表层占优势，无定形铁、锰的移动性很强，受下渗水的作用会由表层向剖面下部迁移，当铁、锰迁移到一定深度后，由于氧化还原电位和 pH 的改变，铁、锰的相对浓度增加或者由于黏粒的吸持，铁、锰就会氧化淀积下来，以锈纹锈斑或结核形式存在。土壤系统分类中对具有氧化还原特征的土层定义为厚度≥10cm 的铁、锰就地氧化还原形成的斑纹亚层；或者厚度≥10cm 的有铁、锰淀积斑块，质软铁、锰结核新生体亚层；或者厚度≥10cm 的铁淋失亚层或淀积亚层；或厚度≥10cm 的铁强度淋失漂白层（中国科学院南京土壤研究所，2001）。可见，这些诊断层和诊断特征的定义及表述都与铁锰氧化物在剖面中的形态变化和迁移密不可分。

　　土壤剖面中铁锰锈纹锈斑及铁锰结核是土壤氧化还原过程的产物，在进行野外土壤剖面观察时发现，清香型烟区大部分氧化还原土壤中，一般从犁底层开始出现铁锰锈纹锈斑及铁锰结核等新生体，在心土层出现量最大。铁锰锈纹锈斑，并且丰度多集中在20%～80%，对比度多为清晰，边界明显，大小差异较大，大到整个土体均为锈纹锈斑，小的也有 1cm² 左右。铁锰结核颜色多以黑色、黑褐色为主，表明结核中锰含量相对较高，大小集中在 0.5～2mm 豆腐渣及 1cm³ 次圆，最大为 3cm×5cm 的块状结构。硬度在 1～5，多集中于 1～2。

　　表 1-18 所示是清香型烟区具有氧化还原过程土壤剖面铁、锰氧化物不同形态含量基本统计，可以看出，铁、锰氧化物的各形态含量在剖面中的变异系数均很大，其中铁氧化物各形态含量变异系数相对较低，在 53.32%～66.95%，而锰氧化物各形态含量变异系数均在 95% 以上，游离锰含量更是达 112.35%。对于铁锰活化度及铁晶胶比来说，变异系数较大，由于不同水型水稻土晶胶比差异较大，导致供试土壤铁的晶胶比变异系数达到 104.29%，而锰的活化度变异系数较小，只有 28.14%，说明无定形锰与游离锰的剖面分异性较一致。由表 1-18 可以看出，总体来讲，清香型烟区供试土壤铁氧化物的各形态含量变异系数均小于锰氧化物的各形态含量。

表 1-18　浓香型烟区具有氧化还原过程土壤铁、锰特性

统计量	铁氧化物					锰氧化物		
	游离铁/(g/kg)	无定形铁/(g/kg)	晶质铁/(g/kg)	活化度%	晶胶比	游离锰/(mg/kg)	无定形锰/(mg/kg)	活化度/%
最大值	66.89	24.34	64.04	80.52	28.91	2069.94	1105.85	99.21
最小值	4.75	0.74	1.40	3.34	0.24	30.93	5.48	2.59
平均值	26.24	5.13	21.11	26.32	5.97	326.06	218.46	73.15
标准差	13.99	3.43	14.13	19.77	6.23	366.33	213.29	20.59
变异系数/%	53.32	66.90	66.95	75.14	104.29	112.35	97.63	28.14

　　图 1-32 显示的是清香型烟区 4 个典型的土壤游离铁、锰的剖面分布特征图，剖面 11 游离铁、锰在剖面的淋溶淀积深度是一致的，且游离铁、锰在剖面的变化幅度不大；剖面 6 可以看出，游离铁在剖面 40～60cm 有明显的淀积，而游离锰在剖面出现两次淀积，即 20～40cm 和 60～80cm；剖面 26 中，土壤游离铁与游离锰随剖面深度增加有着相反的变化趋势，游离锰的淀积深度高于游离铁；剖面 37 中游离铁锰的淀积深度正好与剖面 26 的相反。以上分析可以看出清香型烟区土壤总体游离铁、锰在剖面的变化幅度较大，在剖面中淋溶淀积较强，各剖面之间游离铁、锰含量的变化有一定的差异性，可能说明清香型烟区供试土壤的发育程度差异较大。

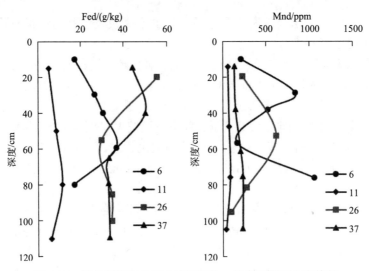

图 1-32　清香型烟区典型土壤游离铁、游离锰剖面分布特征

1ppm=10⁻⁶

　　土壤中无定形氧化铁（Feo）和无定形锰（Mno），即为草酸-草酸盐浸提出来的氧化铁和氧化锰（何群等，1983）。图 1-33 中，4 个典型土壤的无定形铁、锰含量在剖面总体上随深度的增加而降低，4 个剖面的无定形铁、锰在剖面的分布大致可以分为 2 种类型，剖面 3、8、39 无定形铁、锰在剖面的分布表现为铁淀积在上，而锰淀积在下，而剖面 20 无定形铁、锰在剖面的淀积是同步的，可能由于土壤发育程度较弱，还没有产生铁、锰分异。

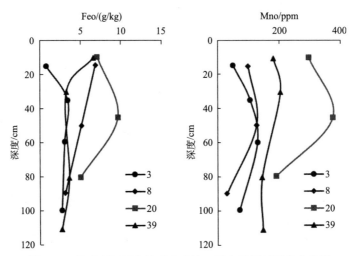

图 1-33　清香型烟区土壤无定形铁、无定形锰剖面分布特征

　　土壤活化度是指无定形态铁（锰）占游离态铁（锰）百分比，图 1-34 中，铁活化度总体随深度的增加而增加，而锰活化度没有一定规律性，但还是可以看出，总体上铁、锰活化度在剖面的分布与无定形铁、锰相同，即土壤上层以铁活化度高，下层以锰活化度较高，进一步说明锰的活性较铁要高。

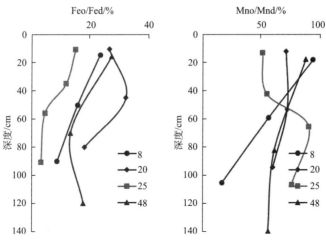

图 1-34 清香型烟区土壤铁活化度、锰活化度剖面分布特征

晶质铁是游离铁与无定形铁之差所得，而晶胶比是晶质铁与无定形铁之比，能够反映二者之间相互转化的过程。图 1-35 中，4 个典型土壤的晶质铁含量与晶胶比在剖面中具有十分一致的分布特征，但剖面间其变化特征差异较大，总体上随剖面深度增加而增加，这与游离铁的变化特征相同。

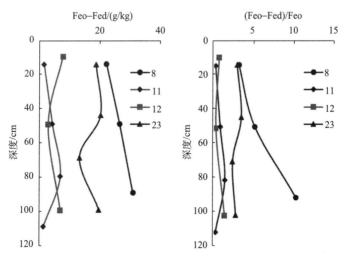

图 1-35 清香型烟区土壤晶质铁、晶胶比剖面分布特征

第四节 清香型与其他产区生态条件比较

根据清香型、中间香型、浓香型典型烟叶产区的生态数据，明确不同烟区之间生态条件的相似性和差异之处，为烤烟种植区划和特色烟叶风格的开发提供理论依据。清香型典型烟叶产区包括福建的宁化和建阳，云南的江川、罗平、宣威、弥渡、楚雄、弥勒、文山、隆阳、临翔，四川的仁和、会理、会东，贵州的兴义和道真；中间香型典型烟叶产区包括贵州的遵义和毕节，山东的诸城和莒县，重庆的武隆和彭水，辽宁的宽甸，湖

北的咸丰、宣恩和房县；浓香型典型烟叶产区包括河南的襄城和郏县，安徽的芜湖和宣州，湖南的桂阳和宁远，广东的南雄。

一、气象条件

1. 温度

典型浓香型、中间香型、清香型烟叶产区全生育期日均温度分别为 23.02℃、21.80℃、20.22℃，由浓香型、中间香型、清香型转变过程中，日均温度逐渐降低。从不同生育阶段温度的变化趋势看（图 1-36），典型浓香型烟区烤烟生长前期温度低，成熟期温度高，全生育期温度差异较大。移栽期日均温度平均为 14.17℃，之后温度上升快，团棵期日均温度达到了 20.05℃，旺长期日均温度为 24.36℃，成熟前期日平均温度为 27.08℃，成熟中期气温最高，平均为 27.62℃，成熟后期温度略有下降，平均为 24.73℃。典型中间香型烟区，烤烟生育期内的温度变化趋势与浓香型一致，但与浓香型烟区相比，其移栽期温度略高 1.15℃，团棵期、旺长期、成熟前期、成熟中期、成熟后期分别下降 0.25℃、1.21℃、1.55℃、2.21℃、3.24℃，全生育期日均温度下降了 1.22℃。典型清香型烟叶产区移栽期温度高，成熟期期温度低，整个生育期温度变化平稳；与浓香型典型产区相比，移栽期温度提高了 3.60℃，团棵期高了 0.15℃，旺长期、成熟前期、成熟中期、成熟后期分别下降 2.93℃、5.61℃、6.58℃、5.41℃。

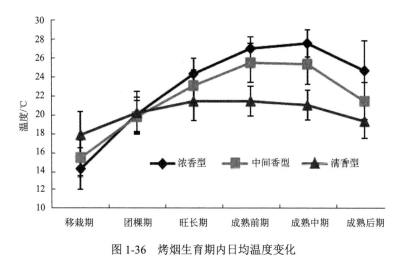

图 1-36　烤烟生育期内日均温度变化

2. 水分

（1）降雨量

不同风格烟叶产区烤烟全生育期降雨量差异不大，浓香型、中间香型、清香型典型烟区三者大田期总降雨量分别为 858.09mm、846.92mm、848.71mm。三个香型产区降雨时期分布趋势相同（图 1-37），烟叶生长前期降雨量逐渐增加，成熟前期降雨量最大，之后降雨量逐渐减小。如浓香型烟叶产区移栽期降雨量 109.77mm，团棵期降雨量

139.70mm，旺长期降雨量 177.54mm，成熟前期降雨量最高，达到了 189.79mm，成熟中期降雨量下降至 136.47mm，成熟后期降雨量下降至 104.81mm。三种香型烟叶产区不同生育阶段降雨量差异较大，浓香型烟区降雨分布平衡，烤烟生长前期、成熟期降雨量分别占全生育期降水总量的 49.8%和 50.2%；中间香型烟区降雨分布偏成熟期，烤烟生长前期、成熟期降雨量分别占全生育期降水总量的 43.6%和 56.4%；清香型烟区烤烟生长前期、成熟期降雨量分别占全生育期降雨总量的 38.0%和 62.0%。

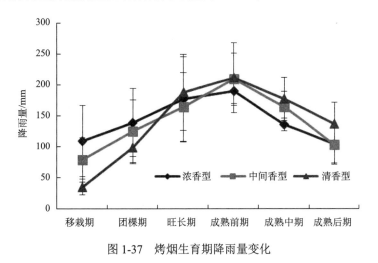

图 1-37　烤烟生育期降雨量变化

（2）空气湿度

浓香型、中间香型、清香型典型烟区三者相对湿度分别为 77.06%、76.74%、74.22%，不同风格烟叶产区烤烟全生育期相对湿度没有显著差异（图 1-38）。三个香型产区相对湿度分布趋势相同，烤烟生长前期相对湿度较低，随着生育期推迟相对湿度逐渐增大，成熟期相对湿度最大。浓香型和中间香型烟叶产区移栽期相对湿度高于清香型，清香型移栽期湿度仅 60.1%。

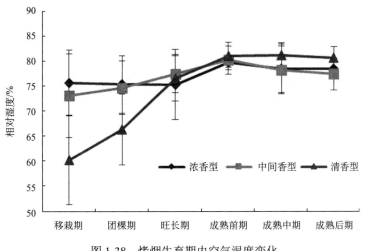

图 1-38　烤烟生育期内空气湿度变化

3. 日照时数

清香型产区的日照时数前期较高、后期较低。移栽期日照最充足,日照时数达到了222.15h,团棵期的日照时数较高,累积达到 424.72h,占整个生育期的 42.5%,进入旺长期日照时数大幅降低,旺长期至成熟期日照时数累积达到 575.41h。中间香型烟叶产区日照前期少后期充足,移栽期、团棵期日照时数分别为 142.06h 和 160.27h,为清香型烟区日照时数的 63.9% 和 79.1%,进入旺长期后日照时数多于清香型烟区,旺长期至成熟期日照时数累积达到 713.09h,为清香型烟区日照时数的 123.93%。浓香型烟叶产区日照前期少后期充足,团棵期累计日照时数 291.2h,为生育期总日照时数的 28.0%,旺长期至成熟期日照时数累积达到 750.64h,为生育期总日照时数的 72.0%。清香型、中间香型和浓香型烟叶产区生育期日照时数累积分别为 1000.14h、1015.43h、1041.84h,烟叶香型风格由清香型向浓香型转变,日照时数逐渐增加(图 1-39)。

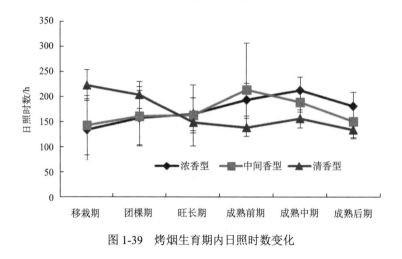

图 1-39　烤烟生育期内日照时数变化

4. 结论

典型浓香型和中间香型烟区烤烟生长前期温度低,成熟期温度高;典型清香型烟叶产区整个生育期温度变化平稳。三种香型烟叶产区烤烟生长前期和成熟期降雨量差异较大,浓香型烟区降雨分布平衡;中间香型烟区降雨分布成熟期偏多;清香型烟区烤烟生长前期降雨少、成熟期降雨多。清香型产区的日照时数前期较高、后期较低;中间香型和浓香型烟叶产区日照前期少后期充足。典型浓香型、中间香型、清香型烟叶产区生育期平均温度分别为 23.02℃、21.80℃、20.22℃,昼夜温差分别为 11.88℃、11.54℃、9.80℃;降雨量分别为 858.09mm、846.92mm、848.71mm;日照时数分别为 1041.84h、1015.43h、1000.14h。由浓香型、中间香型、清香型转变过程中,烤烟生育期平均温度逐渐降低,降雨量差异不大,日照时数逐渐减少。

二、太阳辐射

获取距浓香型、清香型、中间香型典型产地河南襄城、云南江川、贵州遵义较近的郑州、昆明、贵阳三个气象站点的太阳辐射数据并进行了比较。

1. 总辐射

总辐射指单位水平表面上接受的直接太阳辐射和天空散射辐射的总量。三个站点以昆明的总辐射最高,郑州次之,贵阳最低(图1-40)。在移栽集中的5月,贵阳的总辐射明显低于昆明和郑州,总辐射的绝对差达到176MJ/m²,相对差为30%。6月是烤烟营养生长集中的旺长期,郑州总辐射最高,贵阳总辐射最低,总辐射的绝对差为174MJ/m²,相对差为31%。烤烟成熟前期的8月,贵阳和郑州的总辐射相对较高,昆明最低,总辐射的绝对差为45MJ/m²,相对差为9%。9月为烤烟成熟期后期,昆明总辐射最高、贵阳总辐射最低,总辐射的绝对差为35MJ/m²,相对差为8%。从总辐射来看,烤烟生长季的差异相对较小。

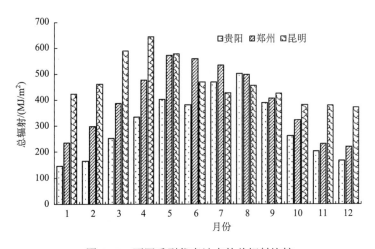

图1-40　不同香型代表站点的总辐射比较

2. 净全辐射

由天空(包括太阳和大气)向下投射与由地表(包括土壤、植物、水面)向上投射的全波段辐射量之差称为净全辐射,简称净辐射。净辐射是研究地球热量收支状况的主要资料。净辐射为正表示地表增热,即地表接收到的辐射大于发射的辐射,净辐射为负表示地表损失热量。从图1-41可以看出,在移栽集中的5月,贵阳的净辐射明显低于昆明和郑州,净辐射的绝对差达到73MJ/m²,相对差为26%。6月是烤烟营养生长集中的旺长期,郑州净辐射最高,贵阳净辐射最低,绝对差为49MJ/m²,相对差为17%。8月烤烟成熟期的前期,昆明和郑州的净辐射相对较高,贵阳最低,净全辐射的绝对差为30MJ/m²,相对差为11%。9月为烤烟成熟期的后期,昆明净辐射最高,郑州和贵阳的净辐射较低。

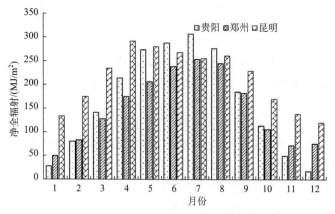

图 1-41　不同香型代表站点的净全辐射比较

3. 太阳光谱组成

我国烟叶产区地理跨度较大，一般认为云南等地理位置偏南、海拔较高的产区太阳光谱组成中紫外等短波光较强，而山东、东北等位置偏北、海拔较低的产区太阳光谱组成中短波光比例较小。烟叶品质特征、香型风格与太阳光谱的关系研究几乎为空白，光谱组成对烟叶香型形成和凸显的影响缺乏必要的数据支撑。项目对不同香型烟叶产区之间的太阳光谱组成差异进行测定和分析，旨在为明确太阳光谱组成与烟叶香型的关系奠定基础。

（1）典型产区太阳光谱组成特征

三种香型典型产区烟叶打顶期太阳光谱中 350～1100nm 的辐射能量值、不同波段光谱能量占总辐射能量比例（紫外、紫、青蓝、绿、黄、橙、红、近红外）的分析结果表明（图 1-42），三种香型产区烟叶打顶期太阳光谱曲线线形基本一致。光谱辐射能量在紫外波段较低，在紫光-红光范围内的能量值最高，峰值出现在 450nm 和 480nm 附近。从不同波段占总辐射能量的比例来看，350～1100nm 波段中可见光所占比例最高，紫外最低，而近红外波段居中，紫外波段所占比例为 2%～3%，紫光-红光范围的比例约占 63%，而近红外波段所占比例占 34%。

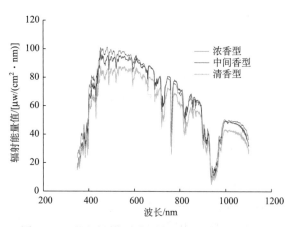

图 1-42　不同香型烟叶典型产区太阳光谱组成特征

（2）三种香型产区太阳光谱组成比较

从光谱能量值看，在 350～650nm、680～770nm、900～1100nm 内清香型产区最大，浓香型产区最小；在 650～680nm 内，清香型和中间香型产区相当且均高于浓香型产区；770～900nm 内，中间香型产区最大，浓香型产区最小。这说明在紫外、多数可见光和近红外范围内，清香型产区烟叶打顶期太阳辐射能量值相对较高，浓香型产区相对较低；在近红外波段 770～900nm 内，中间香型产区高于清香型和浓香型产区。

不同波段光占总辐照度比例的分析结果显示（图 1-43），清香型产区波长较短的紫外、紫光和青蓝光波段占总辐射能量的比例明显高于其他两类产区，其中紫外波段比例分别比中间香型和浓香型产区高 17% 和 19%；浓香型产区波长较长的近红外、红光波段占总辐射能量的比例相对高于其他两类产区；橙光、黄光和绿光波段占总辐射能量的比例在不同香型典型产区间差异不大。

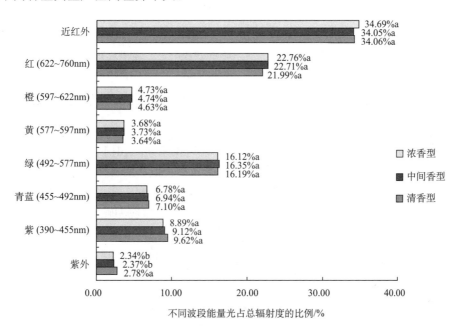

图 1-43　不同香型典型产地太阳光谱组成特征

总结三种香型烟叶典型产区太阳光谱组成研究结果，从浓香型向中间香型、清香型过渡，太阳光谱组成中紫外等短波光比例呈增加趋势，红光、近红外等长波光组成比例呈减少趋势。清香型不同产地间太阳光谱组成差异较小，而浓香型和中间型烟叶同一香型不同产地之间太阳光谱组成差异相对较大，可能影响两香型烟叶的区内品质及风格形成。

三、土壤特性分析

不同香型烟叶典型产区土壤 pH 4.78～8.13，pH 小于 5.0 的占全部样品数的 9.09%，pH 5.0～7.5 的样品占 86.36%，pH>7.5 的样品只占 4.55%，说明绝大多数的土壤 pH 适宜种植烤烟。有机质含量 14.31～46.29g/kg，含量低于 15g/kg 的土壤只占 4.55%，高于 30g/kg 的占 22.72%，多数土壤有机质含量在 15～30g/kg，有机质含量适宜。碱解氮、速效磷、速效钾等与施肥水平密切相关的速效养分含量变幅均较大，分别为 6.20～234.38mg/kg、8.28～43.79mg/kg 和 70.41～277.18mg/kg。

（一）三种香型烟叶土壤主要养分性质比较

对比分析三种香型烟叶典型产地主要土壤性质 pH、有机质、速效氮、速效磷、速效钾等的差异（表 1-19）。结果显示，除清香型产区土壤速效钾含量显著高于浓香型产区外，其他指标在三种香型产区间没有显著差异，说明土壤主要养分性质与烟叶香型关系不大。

表 1-19　不同香型烟叶产区土壤基本性质

香型	pH	有机质/（g/kg）	碱解氮/（mg/kg）	速效磷/（mg/kg）	速效钾/（mg/kg）
浓香型	6.49±1.24a	24.55±12.66a	126.16±70.70a	20.29±7.86a	103.95±22.00b
中间香型	6.15±0.39a	26.59±5.06a	79.66±42.22a	19.10±11.78a	144.57±35.05ab
清香型	6.34±0.89a	27.62±4.72a	107.50±54.24a	24.78±9.02a	182.39±63.52a

注：同列不同字母表示 5%显著差异

表 1-20 显示，浓香型产区组内变异最大，宣州和芜湖的 pH 明显低于其他浓香型产地；襄城、郏县、宣州、芜湖及南雄等地有机质含量较低，而桂阳和宁远两地的土壤有机质含量较高；碱解氮含量以襄城和郏县最低（50mg/kg 左右），桂阳和宁远的碱解氮含量显著较高，超过 200mg/kg。中间香型组内差异主要体现为碱解氮含量差异，遵义、贵定、武隆、彭水的碱解氮含量相对较低，而湖北三产地的碱解氮含量相对较高。清香型产区的组内差异主要体现为宁化和建阳土壤 pH 明显低于其他产区，弥渡碱解氮含量也明显较低，其他指标产区间差异不明显。

表 1-20　不同产地土壤基本性质

香型	县名	pH	有机质/（g/kg）	碱解氮/（mg/kg）	速效磷/（mg/kg）	速效钾/（mg/kg）
浓香型	襄城	8.13	15.43	48.96	8.28	137.72
	郏县	7.03	14.31	69.28	10.96	107.31
	芜湖	4.93	16.26	98.11	24.14	121.07
	宣州	5.00	18.75	101.84	22.92	96.32
	桂阳	7.44	46.29	234.38	30.68	107.15
	宁远	7.04	38.48	213.49	22.88	87.65
	南雄	5.84	22.34	117.09	22.13	70.41
中间香型	遵义	6.55	27.88	41.42	23.79	131.96
	贵定	5.92	29.21	41.55	17.09	121.39
	武隆	5.67	21.88	58.01	11.88	135.39

续表

香型	县名	pH	有机质/（g/kg）	碱解氮/（mg/kg）	速效磷/（mg/kg）	速效钾/（mg/kg）
中间香型	彭水	6.25	26.67	51.21	13.55	201.74
	兴山	6.59	25.55	129.76	13.75	187.00
	保康	6.39	35.23	141.02	43.79	120.91
	竹山	5.67	19.72	94.67	9.87	113.58
清香型	宁化	5.08	26.19	147.16	27.61	107.17
	建阳	4.78	36.62	184.59	9.07	157.00
	江川	6.86	28.84	133.63	27.73	207.50
	弥渡	6.87	24.09	62.05	31.69	126.37
	楚雄	6.37	32.00	112.37	24.22	277.18
	文山	6.79	26.50	111.67	38.93	199.97
	保山	7.04	22.33	102.33	20.41	257.90

可见，虽然三种香型烟叶产区间土壤主要性质差异不大，同种香型如浓香型烟叶不同产区之间土壤性质的差异却十分明显。这进一步说明，土壤基本性质如pH、有机质及养分含量等与烟叶香型形成关系不大。

（二）三种香型烟叶典型产区土壤腐殖质组成比较

浓香型、清香型和中间香型三种香型产区的比较分析结果显示（表1-21），三类产区土壤腐殖质水平和组成均存在显著差异。土壤腐殖质总碳量、胡敏酸碳量、富里酸碳量和胡敏素碳量以清香型产区最高，中间香型最低，清香型和浓香型产区土壤腐殖质水平差异不大，显著高于中间香型产区。浓香型和清香型烟叶产区土壤富里酸比例显著低于中间香型产区，胡敏素比例显著高于中间香型产区，浓香型和清香型烟叶产区土壤腐殖质组成差异不大。可见，三种香型烟叶产区相比，浓香型和清香型烟叶产区显示出较中间香型产区土壤腐殖质水平和腐殖化程度较高的趋势。

表 1-21　三种香型产区土壤腐殖质含量及比值

香型	浓香型	清香型	中间香型
总碳量/（g/kg）	15.71a	16.54a	12.13b
胡敏酸碳量/（g/kg）	3.87a	3.88a	2.88b
富里酸碳量/（g/kg）	3.40ab	3.72a	3.12b
胡敏素碳量/（g/kg）	8.44a	8.93a	6.13b
胡敏酸比例/%	23.57a	22.92a	23.23a
富里酸比例/%	23.26b	23.02b	26.03a
胡敏素比例/%	53.17a	54.06a	50.75b
胡富比值	1.07a	1.02ab	0.94b

注：同行不同字母表示5%显著差异

四、地球化学元素分析

以浓香型、清香型和中间香型烟叶典型产地河南、云南和贵州为代表，按照烟叶香型风格的渐变路线，制作了 40 个土壤剖面，分析了三种香型烟叶形成的典型地质元素组成。

1. 造岩元素

造岩元素指地壳中分布最广，组成各种岩石的最基本的元素。不同香型烟叶产区土壤造岩元素含量见表 1-22。浓香型烟叶产区 SiO_2、MgO、CaO、Na_2O 含量高，平均分别为 64.41%、1.78%、2.09%、0.98%；浓香型烟叶产区 Al_2O_3、Fe_2O_3 含量低，平均分别为 14.19%、5.00%。中间香型烟区 SiO_2、Al_2O_3、Fe_2O_3、MgO、CaO、Na_2O 含量居中，平均分别为 61.09%、14.65%、8.42%、1.33%、0.69%、0.17%。清香型烟区 SiO_2、MgO、CaO、Na_2O 含量低，平均分别为 53.75%、1.14%、1.06%、0.14%；Al_2O_3、Fe_2O_3 含量高，平均分别为 19.00%、9.62%。浓香型、中间香型、清香型烟区以上 7 种造岩元素化合物总量分别为 90.79%、88.73%、86.77%。

表 1-22 不同烟叶风格产地造岩元素含量

风格	SiO_2/%	Al_2O_3/%	Fe_2O_3/%	MgO/%	CaO/%	Na_2O/%	K_2O/%
浓香型	64.41±2.04b	14.19±0.99a	5.00±0.79a	1.78±0.21b	2.09±0.89b	0.98±0.23b	2.34±0.18a
中间香型	61.09±7.69b	14.65±3.36a	8.42±3.04b	1.33±0.52a	0.69±0.56a	0.17±0.05a	2.38±0.93a
清香型	53.75±10.82a	19.00±4.39b	9.62±5.18b	1.14±0.68a	1.06±1.54a	0.14±0.04a	2.05±1.04a

注：同列不同字母表示 5%显著差异

2. 卤族元素

不同香型烟叶土壤卤族元素含量差异显著（表 1-23）。其中浓香型烟叶产区碳含量最低，中间香型烟叶土壤碳含量居中，清香型烟叶土壤碳含量最高；P、B、Cl、I、S 与土壤碳含量一致。土壤 N、F 含量则表现为浓香型<清香型<中间香型。

表 1-23 不同烟叶风格产地卤族元素含量

风格	C/（g/kg）	N/（g/kg）	P/（g/kg）	B/（mg/kg）	F/（mg/kg）
浓香型	7.75±2.16a	1.19±0.19a	0.56±0.09a	63.89±8.95a	464.63±74.30a
中间香型	13.42±2.76b	1.95±0.37b	0.81±0.25a	134.92±86.44ab	1054.23±410.82b
清香型	17.05±7.01c	1.86±0.74b	1.19±0.54b	142.36±124.06b	917.82±725.81b

风格	Cl/（mg/kg）	Br/（mg/kg）	I/（mg/kg）	S/（mg/kg）
浓香型	68.38±9.96a	2.74±0.44a	1.80±0.46a	173.59±48.12a
中间香型	67.07±9.32a	4.00±1.28ab	3.67±1.35b	361.89±174.14ab
清香型	79.78±36.45a	3.29±1.29b	3.79±1.68b	511.36±563.15b

注：同列不同字母表示 5%显著差异

3. 铁族元素

　　浓香型、中间香型、清香型烟叶产区中，浓香型烟叶产区土壤铁族元素含量最低（表1-24），Fe、Ti、V、Mn、Cr、Co、Ni 的平均含量分别为3.50%、4.16mg/kg、85.03mg/kg、693.50mg/kg、71.27mg/kg、14.58mg/kg、35.44mg/kg。中间香型烟叶产区 Fe、Ti、V、Cr 含量居中，Mn、Co、Ni 含量最高，Fe、Ti、V、Mn、Cr、Co、Ni 的平均含量分别为5.89%、10.02mg/kg、154.60mg/kg、1186.95mg/kg、104.25mg/kg、34.10mg/kg、44.78mg/kg。清香型烟叶产区 Fe、Ti、V、Cr 含量最高，Mn、Co、Ni 含量居中，Fe、Ti、V、Mn、Cr、Co、Ni 的平均含量分别为6.74%、10.22mg/kg、182.91mg/kg、685.84mg/kg、111.36mg/kg、20.98mg/kg、43.44mg/kg。

表 1-24　不同烟叶风格产地铁族元素含量

风格	Fe/%	Ti/(mg/kg)	V/(mg/kg)	Mn/(mg/kg)	Cr/(mg/kg)	Co/(mg/kg)	Ni/(mg/kg)
浓香型	3.50±0.79a	4.16±0.37a	85.03±11.61a	693.50±117.83a	71.27±9.05a	14.58±2.93a	35.44±7.65a
中间香型	5.89±3.04b	10.02±4.88b	154.60±62.24b	1186.95±470.38b	104.25±28.53b	34.10±13.33b	44.78±18.92a
清香型	6.74±5.18b	10.22±8.77b	182.91±123.62b	685.84±589.68a	111.36±58.08b	20.98±17.86a	43.44±21.02a

注：同列不同字母表示 5%显著差异

4. 铜成矿元素

　　铜成矿元素的 8 种元素 Cu、Pb、Zn、Au、Ag、As、Sb、Hg 浓香型烟区含量较低，平均分别为25.77μg/g、27.90μg/g、68.8μg/g、2.09ng/g、83.67ng/g、13.17μg/g、1.05μg/g、37.32ng/g；中间香型和清香型烟叶产区铜成矿元素含量虽然较浓香型烟区高，但由于前两者铜成矿元素含量变异较大，总体来看不同香型风格产地铜成矿元素差异较小（表1-25）。

表 1-25　不同烟叶风格产地铜成矿元素含量

风格	Cu/（μg/g）	Pb/（μg/g）	Zn/（μg/g）	Au/（ng/g）
浓香型	25.77±4.58a	27.90±2.83a	68.88±11.31a	2.09±0.53a
中间香型	69.09±67.27a	36.28±7.55ab	99.34±34.45ab	1.81±0.71a
清香型	69.15±71.12a	46.37±23.93b	119.32±68.84b	2.79±1.86a

风格	Ag/（ng/g）	As/（μg/g）	Sb/（μg/g）	Hg/（ng/g）
浓香型	83.67±10.47a	13.17±2.04a	1.05±0.17a	37.32±8.51a
中间香型	90.92±19.48ab	23.81±19.56a	0.98±0.29a	134.04±94.60b
清香型	112.62±37.64b	16.63±10.49a	1.98±1.25b	75.36±33.72a

注：同列不同字母表示 5%显著差异

5. 钨族元素

不同风格烟叶产区 W、Sn、Mo、Bi 差异均显著（表 1-26）。浓香型烟叶产区土壤 W、Sn、Mo、Bi 含量最低，平均分别为 1.74μg/g、3.45μg/g、0.71μg/g、0.37μg/g。中间香型烟叶产区土壤 W、Sn、Mo、Bi 含量平均分别为 1.96μg/g、4.01μg/g、1.84μg/g、0.47μg/g，W、Sn、Mo、Bi 含量高于浓香型，低于清香型烟叶产区。清香型烟叶产区土壤 W、Sn、Mo、Bi 含量平均分别为 2.27μg/g、4.67μg/g、1.75μg/g、0.64μg/g；其中 W、Sn、Mo、Bi 含量显著高于浓香型，Sn、Bi 含量显著高于中间香型。

表 1-26　不同风格烟叶产区土壤钨族元素含量

风格	W/（μg/g）	Sn/（μg/g）	Mo/（μg/g）	Bi/（μg/g）
浓香型	1.74±0.18a	3.45±0.32a	0.71±0.16a	0.37±0.05a
中间香型	1.96±0.46ab	4.01±0.29b	1.84±0.50b	0.47±0.14a
清香型	2.27±0.80b	4.67±1.07c	1.75±0.92b	0.64±0.25b

注：同列不同字母表示 5%显著差异

6. 稀土稀有元素

测定稀土稀有元素 8 种（表 1-27），其中不同香型风格烟叶产区土壤 Li、Zr、Nb 含量差异显著，土壤 Be、Rb、Sc、Y、La 含量差异不显著。浓香型烟叶产区土壤 Li、Zr、Nb、Rb、Sc、Y、La 的平均含量最低；中间香型烟叶产区 Li、Nb、Be 含量高于清香型烟叶产区，中间香型烟叶产区土壤 Zr、Rb、Sc、Y 含量高于浓香型低于清香型。

表 1-27　稀土稀有元素含量

风格	Li/（μg/g）	Zr/（μg/g）	Nb/（μg/g）	Be/（μg/g）
浓香型	38.33±5.43a	297.53±33.05a	15.50±1.55a	2.22±0.24a
中间香型	84.11±51.96b	356.28±112.15ab	35.35±14.87b	2.51±0.50a
清香型	43.29±18.60a	378.61±102.30b	28.07±13.03b	2.19±0.76a

风格	Rb/（μg/g）	Sc/（μg/g）	Y/（μg/g）	La/（μg/g）
浓香型	101.07±9.39a	13.32±2.01a	29.50±2.67a	37.79±3.48a
中间香型	108.73±30.74a	18.25±8.09a	29.91±13.03a	31.91±11.79a
清香型	109.55±44.64a	19.63±10.27a	36.38±12.00a	38.78±10.84a

注：同列不同字母表示 5%显著差异

7. 分散元素

浓香型烟叶产地土壤 Sr、Ba 含量高于中间香型和清香型烟叶产地，浓香型烟叶产地土壤 Cd、Ga、Ge、Tl、Se 含量低于中间香型和清香型烟叶产地。中间香型烟叶产区土壤 Sr、Ba、Cd、Ga、Ge、Tl、Se 含量与清香型烟叶产区土壤含量没有显著差异，从平均含量来看，中间香型烟叶产区土壤这 7 种分散元素的平均含量低于清香型烟叶土壤元素含量（表 1-28）。

表 1-28　分散元素含量

风格	Sr/（μg/g）	Ba/（μg/g）	Cd/（ng/g）	Ga/（μg/g）	Ge/（μg/g）	Tl/（μg/g）	Se/（μg/g）
浓香型	119.18±13.30b	502.89±30.81b	176.58±48.44a	16.86±1.96a	1.44±0.08a	0.69±0.09a	0.23±0.08a
中间香型	59.21±14.16a	262.28±41.78a	470.24±234.53ab	21.81±6.97b	1.64±0.19b	0.74±0.24b	0.42±0.12b
清香型	60.01±35.13a	295.99±115.32a	664.59±652.40b	24.33±7.13b	1.78±0.29b	0.79±0.27b	0.35±0.22ab

注：同列不同字母表示 5% 显著差异

8. 结论

浓香型烟叶产区 SiO_2、MgO、CaO、Na_2O 含量高，Al_2O_3、Fe_2O_3 含量低；中间香型烟区 SiO_2、Al_2O_3、Fe_2O_3、MgO、CaO、Na_2O 含量居中，清香型烟区 SiO_2、MgO、CaO、Na_2O 含量低，Al_2O_3、Fe_2O_3 含量高，浓香型、中间香型和清香型烟区 7 种造岩元素化合物总量分别为 90.79%、88.73%、86.77%。浓香型烟区卤族元素含量较低，中间香型次之，清香型烟区卤族元素含量最高。浓香型烟区铁族元素（Fe、Ti、V、Mn、Cr、Co、Ni）含量最低；中间香型烟叶产区 Fe、Ti、V、Cr 含量居中，Mn、Co、Ni 含量最高；清香型烟叶产区 Fe、Ti、V、Cr 含量最高，Mn、Co、Ni 含量居中。不同香型风格产地铜成矿元素变异较大，不同香型风格产地铜成矿元素差异较小。浓香型烟叶产区土壤 W、Sn、Mo、Bi 含量最低，中间香型烟叶产区土壤 W、Sn、Bi 含量低于清香型烟叶产区。浓香型烟叶产区土壤 Li、Zr、Nb、Rb、Sc、Y 的平均含量最低；中间香型烟叶产区 Li、Nb、Be 含量高于清香型烟叶产区，中间香型烟叶产区土壤 Zr、Rb、Sc、Y 含量高于浓香型低于清香型。浓香型烟叶产地土壤 Sr、Ba 含量高于中间香型和清香型烟叶产地，浓香型烟叶产地土壤 Cd、Ga、Ge、Tl、Se 含量低于于中间香型和清香型烟叶产地，从平均含量来看，中间香型烟叶产区土壤这 7 种分散元素的平均含量低于清香型烟叶土壤元素含量。

第二章 温度对清香型风格形成的影响

温度是评价热量的主要指标，烟叶生产需要一定的热量积累和时空匹配，否则叶片的生理代谢过程受抑，干物质积累不足，叶片发育不良，优良品质难以形成。

第一节 烟草生长发育所需的温度条件

烤烟生长适宜温度与优质烟叶生产所需温度不同。烤烟属普通烟草种，是喜温作物，可在8~38℃的气温范围内生存，但以25~28℃最适宜。在无霜期小于120d或≥10℃活动积温小于2000℃的地区，烤烟难以完成正常的生长发育过程（苏德成，2005）。从农业生产角度来讲，烤烟在最适宜温度下虽生长正常，但难以生产较高质量的优质烟叶。优质烟叶生产各时期所需温度条件不同，一般来讲，还苗期到伸根期气温在18~28℃，旺长期在20~28℃，成熟期在20~25℃，有利于优质烟叶的生产。国内常把气温稳定超过13℃作为烤烟可以移栽的起点，成熟期温度必须在20℃以上，一般在24~25℃下持续30d左右对烟叶优良品质形成较为有利。

烟草为了完成自己的生命周期，还需要一定的积温。在我国南方烟区，大田生育期间≥10℃活动积温为2000~2800℃，有效积温为1000~1800℃，即可以生产出品质优良的烟叶。反之，如果生长期间的平均温度较低，活动（有效）积温达不到烟草正常生长发育的需要，烟草将延伸生育期，累积其自身所需要的热量，这将直接影响烟草的产量与品质。

影响烟株生长发育和品质形成的另一温度因素是温差，在一些均温和积温差异不明显的地区，烟草生长却有较大差异，昼夜温差起着关键作用。通常情况下，较大的昼夜温差有利于烟株的生长发育和产量形成，但是，昼夜温差只有在夜间不低于一定温度时，才有良好的作用。

第二节 温度对烟草生长发育和生理生化过程的影响

一、气温对烟草生长发育的影响

气温超出适宜烟草生长的范围后，其生长发育受到明显抑制，云南省烟草农业科学研究院在人工气候室内开展了不同温度下烟株生长的观察试验，与均温23.5℃的环境相比，在较高生长温度（30.5℃）和较低生长温度（16.5℃）下生长的烟草株高较矮小，叶面积较小，叶片较狭长细窄（图2-1）。

烤烟生长的不同阶段对气温变化的响应程度不同，有研究表明，移栽-团棵期仅对烟株的高度有影响，对叶片大小影响不显著（图2-2），而团棵-现蕾期的气温变化不仅影响烟株高度，还显著影响叶片大小（图2-3）。

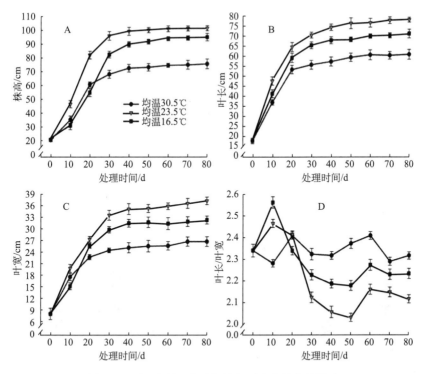

图 2-1　不同生长温度对烟株主要农艺性状的影响

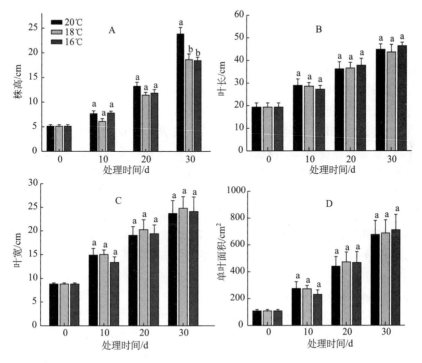

图 2-2　移栽-团棵期不同温度处理对株高、叶长、叶宽和单叶面积的影响

小写字母不同表示处理间差异达到 5%显著水平

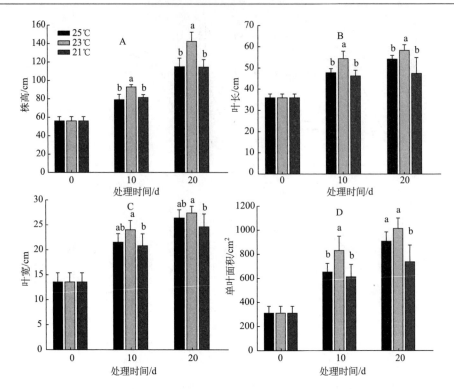

图 2-3 团棵-现蕾期不同温度处理对株高、叶长、叶宽和单叶面积的影响

小写字母不同表示处理间差异达到 5%显著水平

在烟叶生产上时常遇到低温和高温天气，对烟叶的正常生长造成不利影响。低温常发生在育苗期、移栽-伸根期和成熟期，育苗期遭遇低温，可通过额外增温的方式加以应对，而移栽到大田后的低温难以控制。移栽期气温低于 10℃，烟苗生长缓慢或停止，同时，低温是烟株发生早花最重要的诱因，有研究表明烟草 6～12 片真叶时是其低温敏感阶段，低于 12℃的气温持续 5d 以上，是造成早花现象的重要临界点，低温持续的时间越长，早花越严重。成熟期温度低于 17℃时，烟叶中致香物质积累和转化不充分，叶片僵硬，挂灰烟和青烟比例增加，品质变劣。烟草在苗期能忍受短时 0℃左右的低温，但易造成伤害，致使幼苗心叶呈现"黄瓣"，如长时间处于-3～-2℃的低温，则植株死亡。低温冷害造成细胞膜通透性突然增加，导致细胞内含物向外渗透，引起植株代谢失调，从而对植株造成危害，叶片凋萎，特别是在高湿度条件下回到非冻害温度下以后，叶片经常表现为浸水样，并出现坏死症状。对作物的伤害在有光条件下比黑暗条件下更严重（Hetherington and Öquist，1988）。

高温热害是指温度过高对烟草生长的危害，与高温的程度和持续时间长短有很大的关系。烤烟生长期气温高于 35℃时，虽然烟株生长不会完全停止，但受到严重抑制，叶片易出现早衰，叶绿素被破坏，光合作用受抑，呼吸作用反常增强，消耗贮藏的养料，时间过久，植株呈现饥饿甚至死亡。

昼夜温差在不同时期对烟草影响有不同表现（图 2-4）。在前期，昼夜温差大有利于烟草的生长发育，因为白天温度高可以促进同化产物向根、茎和种子的运输，晚上的低温可以减少呼吸作用的消耗，增加有机物质在主要经济器官中的积累，特别是糖类物质，从而促进了烟草的生长发育。在成熟期，昼夜温差大反而不利于烟草的品质形成，因为烟叶既是同化器官又是贮藏器官，昼夜温差小时有机物质的转移变慢，有利于叶内同化物的积累和转化，对提高烟叶品质有利。

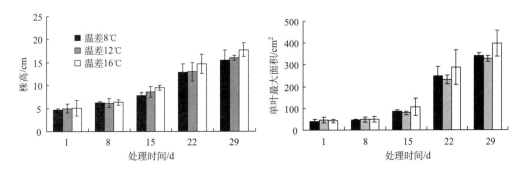

图 2-4　不同昼夜温差对烟株株高和单叶最大面积的影响

不同温差处理的均温相同，均为 20℃

二、气温对烟草生理生化过程的影响

1. 气温对烟叶光合同化能力的影响

　　光合作用是烟叶中最基础的代谢过程，受外界气温的影响较大（图 2-5）。随外界温度的升高，烟叶的光合能力和呼吸能力同步增强，当温度达到 28℃左右时，光合作用吸收 CO_2 的能力开始下降，35℃左右时光合作用吸收的 CO_2 与呼吸作用释放的 CO_2 量相同，叶片不再积累干物质，生长停止。有研究表明，在气温降至 16℃以下时，净光合速率、表观量子效率、羧化效率、核酮糖-1,5-二磷酸（RuBP）最大再生能力随温度的降低显著下降（易建华和孙在军，2004）。

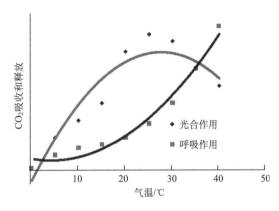

图 2-5　不同气温对烟叶光合作用和呼吸作用的影响

　　核酮糖-1,5-二磷酸羧化加氧酶（Rubisco）作为光合碳化的关键酶，其活性高低直接影响着烟叶的光合速率。在不同温度条件下，烟草叶片的 Rubisco 活性受到较大影响，温度适宜时，Rubisco 活性明显高于低温和高温条件下（图 2-6）。

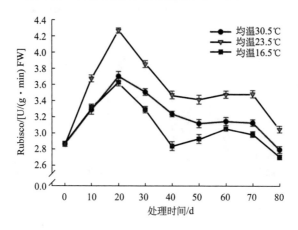

图 2-6　不同生长温度对烟叶 Rubisco 活性的影响

　　气温可能通过影响烟叶叶绿素光系统 II 光能利用率进而影响烟叶的光合作用能力，因为高温和低温条件下烟叶叶绿素光系统 II 的荧光强度和最大荧光强度的比值、光量子效率、光饱和点和 CO_2 饱和点等参数均低于适宜气温条件（图 2-7）。

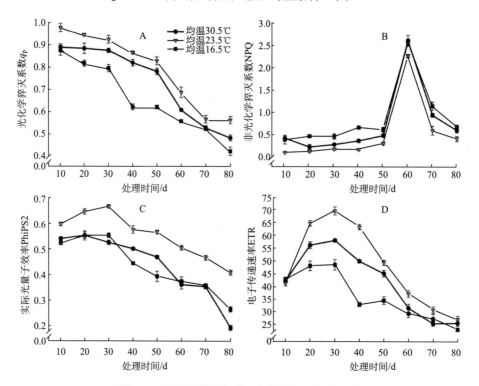

图 2-7　不同生长温度对烟叶荧光光活化的影响

　　光合作用对高温胁迫最为敏感，在其他高温诱导的伤害症状出现之前，光合作用已经受到高温的抑制。高温条件下，在主要依赖于类囊体膜上的 PSⅠ和 PSⅡ上的光反应过程中，PSⅡ更容易失活（吴韶辉等，2010）。

　　我国西南海拔较高的清香型烟叶产区，在烟苗移栽后，常会受到倒春寒带来的低温侵害，首先受到影响的也是光合作用，低温条件下烟株利用光能的能力降低，从而引起或加剧光抑制。低温对烟株光合能力的影响有一定的持续性，受到低温伤害的烟株即使恢复到适宜生长条件后仍表现出持续的较低光合能力。郭汉华等（2004）通过室内模拟低温条件，研究了低温影响光合的持续性，在烟苗遭受 3℃低温侵害 2～3 天后，叶片光合作用将出现可逆性下降，叶片核酮糖-1,5-二磷酸最大再生能力、羧化效率、气孔导度、胞间 CO_2 浓度显著下降，当气温回升到适宜生长温度后，可在短期内逐渐恢复正常。

　　昼夜温差也会对植物的光合速率产生影响，通常情况下，叶片光合速率主要受气孔因素和非气孔因素（也称叶肉因素）的综合影响，只是在不同的条件下占主导地位的因素不同。昼夜平均温度相同时，加大昼夜温差主要是降低了非气孔因素限制，增强了叶肉细胞的光合能力，提高了叶片光合机构的生理活性，使叶片吸收转化光能和固定 CO_2 的效率增加，提高了对 CO_2 的利用能力，增加了净光合速率。有研究表明，低于 30℃时叶片的光合速率随温度的升高而升高，增加昼夜温差（增加昼温），幼苗的净光合速率比对照提高 61.6%～126.6%。光合速率的提高也有可能是叶绿素的含量增加所致，有实验证明了在平均温度相同的情况下，白天温度增加，夜晚温度降低能使幼苗的单叶面积和叶绿素含量增加，从而增加了光能的捕获能力，提高了光合速率，增大光合产物的积累（Gent et al.，1983）。昼夜温差还影响植物的节间长度和株高，当温差从正差向 0 差过渡后，植株矮化非常明显，若继续降低差值，从 0 差降到负差时，株型会变得更加矮小，节间长度明显减小，但不影响节间数目和叶片数量，这可能是由于昼夜温差影响到了烟株内赤霉素（GA）含量（Moe et al.，1990）。

2. 不同气温对烟叶质体色素代谢的影响

　　烟草质体色素主要包括叶绿素（chlorophyll，Chl）和类胡萝卜素（carotenoid，Car），不仅对烟株的光合作用和生长发育起着至关重要的作用，也是影响烟叶品质和可用性的主要成分之一，其含量和性质不仅直接影响烟叶的外观质量，还直接和间接地影响烟叶的内在品质。质体色素本身不具有香味特征，但通过分解、转化可形成对烟叶香气品质有重要贡献的香气成分，是烟叶重要的香气前体物质，如在叶片成熟和烘烤过程中，叶绿素降解为新植二烯，类胡萝卜素链可在多处断裂，生成一大类挥发性芳香化合物，如大马酮、紫罗兰酮、巨豆三烯酮等，是烟叶中重要的中性香味成分。

　　烟叶质体色素含量受外界气温环境的影响较大，通常情况下，适宜温度下植物叶片中叶绿素含量较高，在高温或低温胁迫条件下叶绿素含量明显降低（马德华等，1999；曾乃燕等，2000），晋艳等（2007）对低温胁迫条件下烟草叶片中的叶绿素含量进行了研究，研究结果与在其他作物上的一致，低温会造成烤烟幼苗叶绿素总量下降。在适宜温度范围内，烟草中叶绿素含量随温度的升高呈增加趋势，云南省烟草农业科学研究院最新研究结果证实了这一结论,均温25℃处理烟草的叶绿素含量分别比均温23℃和21℃处理的烟草高出42.89%和54.1%（图2-8）。

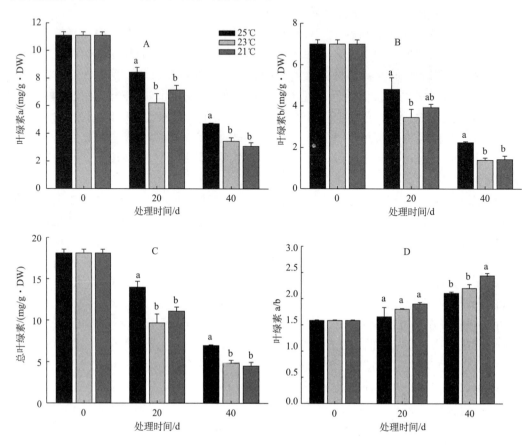

图 2-8　成熟期不同温度处理对烟叶叶绿素含量的影响

小写字母不同表示处理间差异达到 5%显著水平

叶绿素的降解途径主要有三步：第一步,叶绿素酶（chlorophyllase,Chlase）作用下叶绿素脱植基反应；第二步,脱镁螯合酶（Mg-dechelatase,MDCase）作用下脱植基叶绿酸（chlorophyllide）向脱镁叶绿酸 a（pheophorbide a）转变；第三步,在脱镁叶绿素甲酯酸 a 单加氧酶（pheophorbide a monooxygenase,PaO）作用下卟啉大环的裂解反应。气温变化可能通过调控上述酶的活性而影响到烟叶中叶绿素含量的变化,通常情况下,酶活性的大小与烟叶叶绿素含量呈明显正相关,在均温 25℃条件下的烟叶叶绿素酶和脱镁螯合酶活性显著高于均温 23℃和21℃条件（图2-9）。

在烟草的整个生育过程中,烟叶类胡萝卜素含量呈抛物线变化趋势,通常在现蕾期前后达到最高值,之后逐渐降低。气温对烟叶类胡萝卜素含量的影响在不同发育阶段不同,云南省烟草农业科学研究院的研究结果表明,成熟期的气温对类胡萝卜素含量的影响最大,现蕾期以前的温度变化对其含量影响较小（图2-10）,成熟期温度高有利于类胡萝卜素物质的积累。

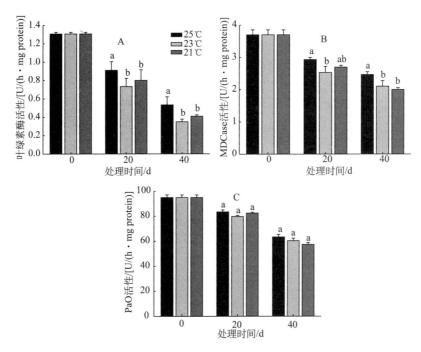

图 2-9　不同温度处理（成熟期）对烟叶叶绿素降解酶活性的影响

小写字母不同表示处理间差异达到 5%显著水平

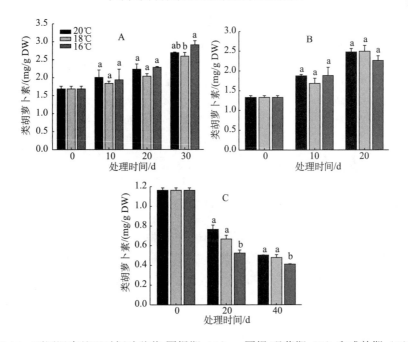

图 2-10　不同温度处理对烟叶移栽-团棵期（A）、团棵-现蕾期（B）和成熟期（C）类

胡萝卜素含量的影响

小写字母不同表示处理间差异达到 5%显著水平

适宜的温度能使烟叶光合和水分生理特性得到改善，可以有效地利用光能，提高光合作用效率，有利于烟株质体色素的积累和有效转化，增加烟叶质体色素降解产物含量和致香物质总量。在此过程中，烟草叶绿素酶、脱镁螯合酶、叶绿素甲酯酸 a 单加氧酶等质体色素代谢关键酶起着重要作用，经过适当的调制后，能充分降解转化为香气物质，最终促进烟叶品质的改善。不适宜的温度条件不利于质体色素的积累和转换，对烟叶品质产生一定程度的影响，见表 2-1，从在较高温度（均温 30.5℃）和较低温度（均温 16.5℃）时，烤后烟叶中质体色素降解产物含量明显低于适宜温度条件下（均温 23.5℃）。

表 2-1　不同温度对质体色素降解产物的影响

项目	处理	不同处理时间下质体色素降解产物含量/（μg/g）								
		0d	10d	20d	30d	40d	50d	60d	70d	80d
新植二烯（A）	均温 30.5℃		5.27	27.66	66.22	202.87	285.64	538.06	769.41	920.14
	均温 23.5℃	2.31	10.01	35.91	75.04	235.67	532.98	698.09	826.31	992.43
	均温 16.5℃		3.97	8.16	54.47	117.11	170.34	244.56	403.56	676.70
β-大马酮	均温 30.5℃		0.33	1.12	1.49	2.46	3.02	3.21	3.25	4.05
	均温 23.5℃	0.33	0.72	1.93	2.09	3.67	3.99	4.28	4.61	6.46
	均温 16.5℃		—	0.73	—	1.02	1.16	1.24	1.34	1.35
β-紫罗兰酮	均温 30.5℃		3.82	4.28	12.98	13.40	15.78	16.10	16.20	16.57
	均温 23.5℃	3.10	6.0	7.85	15.19	17.13	17.69	17.70	18.63	19.01
	均温 16.5℃		5.34	6.15	7.24	9.97	10.75	11.20	13.98	14.77
类胡萝卜素降解产物总量	均温 30.5℃		8.27	15.35	26.59	30.56	37.56	39.77	41.41	46.04
	均温 23.5℃	5.47	12.33	24.1	33.29	43.19	48.39	51.76	57.32	65.15
	均温 16.5℃		7.89	12.85	16.12	21.07	23.33	25.11	31.79	34.45
挥发性香气物质总量（B）	均温 30.5℃		352.73	600.35	678.09	876.29	968.47	1003.24	1044.26	1250.27
	均温 23.5℃	233.38	577.37	766.01	929.50	932.80	986.92	1185.71	1478.45	1573.2
	均温 16.5℃		323.63	385.61	396.70	435.27	526.06	613.78	649.99	873.25

注：表中"—"表示相应物质未检出

3. 不同生长温度对烟草叶片多酚物质代谢的影响

烟草中的多酚类物质以多种形式存在，对烟叶颜色、组织结构、烟气质量和香气特征有直接的影响。烟叶中广泛存在的类黄酮类物质属于多酚类，不仅影响其品质，还具有调节叶片生长和清除活性氧等生物学功能，参与防御和抗逆等机制；木质素是一种复杂的酚类聚合物，与纤维素及半纤维素共同构建形成了植物体的骨架，烟草中木质素含量越高，烟叶的品质越差。

烟草中各种多酚含量的变化与烟株所处的外界温度有关。研究发现，外界环境温度急剧下降，导致烟株叶片和茎中的绿原酸含量上升 4～5 倍，同时芸香苷含量也升高。云南省烟草农业科学研究院最新研究结果表明（图 2-11），经较低温度处理后（均温 16.5℃），绿原酸、芸香苷、莨菪亭、山柰酚苷、咖啡酸等多酚类物质含量显著高于常温对照（均

温 23.5℃），绿原酸最高升高了 4.1 倍，新绿原酸最高升高了 7.3 倍，芸香苷最高升高了
10 倍，莨菪亭最高升高了 85.7%，山柰酚苷最高升高了 92.9%，咖啡酸最高升高了 1.1
倍，说明以上酚类物质对低温的响应比较明显；而较高温度处理后（均温 30.5℃），以
上酚类物质除芸香苷含量高于常温对照外，其余酚含量均低于常温对照的，其中绿原酸、
新绿原酸、莨菪亭、咖啡酸在较高温度处理过程中，含量基本保持不变，且芸香苷和山
柰酚苷含量变化也不明显，说明这三种酚对较高温度的响应不明显。

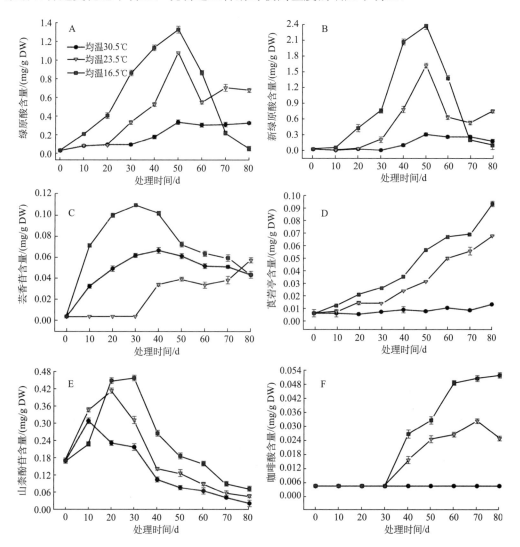

图 2-11　不同生长温度对烟叶绿原酸、新绿原酸、芸香苷、莨菪亭、山柰酚苷、咖啡酸含量的影响

　　多酚代谢途径几个关键酶活性受温度的影响较大，苯丙氨酸解氨酶是催化多酚代谢
第一步反应的酶，是多酚代谢的关键酶和限速酶，它催化苯丙氨酸脱氨生成肉桂酸。多
酚氧化酶是催化酚类物质降解的关键酶，在烟叶棕化反应中起着关键作用。在较低生长
温度（均温 16.5℃）下生长的烟草植株，苯丙氨酸解氨酶活性始终显著高于较高生长温

度下的酶活性，而多酚氧化酶活性始终显著低于较高生长温度下的酶活性，与多酚含量的结果一致。这些结果表明（图2-12），生长温度会显著影响植物体内的多酚含量，较低的生长温度有利于激活多酚的合成途径而提高植物体内的多酚含量。

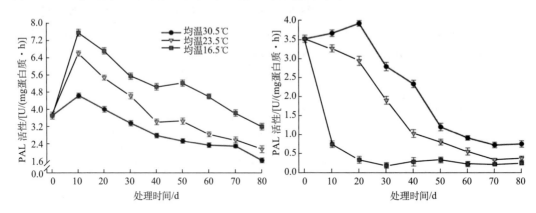

图 2-12　不同生长温度对烟叶苯丙氨酸解氨酶（PAL）和多酚氧化酶（PPO）活性的影响

不同温度处理使得烟草叶片多酚含量、相关酶活性及基因表达发生变化，适当地提高温度，多酚物质含量的变化不大，而降低温度，其含量显著提高，多酚代谢相关酶活性的变化趋势与多酚物质含量的变化基本一致，说明烟草可能对低温更敏感，低温更易造成烟叶多酚含量的升高，这从另一个侧面反映出，在烟草种植区域选择中，温度相对较低的地区，其多酚物质含量可能会较高，云南、贵州、四川等清香型烟叶产区烤烟生产季温度显著低于河南、湖南等浓香型烟叶产区，清香型烟叶多酚物质含量也明显高于浓香型烟叶。

4. 气温对烟叶生物碱类物质代谢的影响

植物生物碱是植物为抵御动物、微生物、病毒及其他植物的攻击而形成的一大类次生代谢产物，具有庞杂的结构类型和非常大的数量。烟草中的生物碱是烟叶品质形成的重要物质基础，可使烟草制品使用者产生一种愉快的生理刺激。烟草中生物碱主要包括烟碱、降烟碱、假木贼碱和新烟碱等类，其中烟碱占烟草生物碱总量的90%以上。烟碱等生物碱在烟草根系合成后通过维管组织向地上部分转移，储存在烟叶细胞的液泡中，根系和茎只是烟碱暂时滞留的组织。

成熟采烤期间平均气温、积温和≥30℃的高温天数均与烟碱的含量呈正相关，即成熟期积温越高，越有利于烟碱的积累（戴冕，1981）。烟碱在根部合成，因此，地温对烟碱含量影响较大，地表以下5cm深处地温与烟碱积累呈正相关，5cm地温每升高1℃，则烟碱含量增加1g/kg（肖金香，1989）。昼夜温差对烟碱含量也有影响，昼夜温差大可促使烟碱含量升高，反之则降低烟碱含量（王广山和陈卫华，2001）。

5. 不同温度对烟叶碳水化合物代谢的影响

烟叶中的碳水化合物是烟叶中最主要的化学成分，会随着烟叶的生长逐渐积累，含量多少对烟叶香吃味影响较大。碳水化合物含量受外界气温条件影响程度较高，全生育期均温增加 1℃，还原糖含量降低 1.3%，总糖含量降低 0.6%，表现出明显的负相关关系（韦成才等，2004）。旺长期和成熟期的温度与烟叶中的可溶性总糖关联度很高，成熟期日均气温超过 20℃ 的天数过长对烟叶糖类物质积累不利（戴冕，2000）。可溶性糖和还原性糖含量受低温的影响要大于高温的影响，气温在 16.5℃ 时，烟叶积累的可溶性糖量显著高于常温 23.5℃ 和高温 30.5℃ 的处理（图 2-13）。

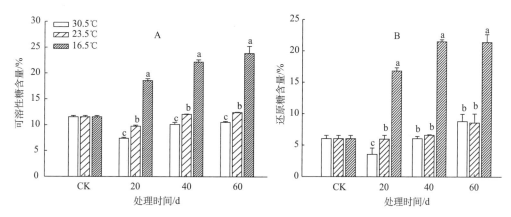

图 2-13　不同温度下叶片可溶性糖和还原糖含量的变化

小写字母不同表示处理间差异达到 5% 显著水平

　　蔗糖作为非还原性糖，是植物中碳转运的主要形态，其代谢过程的强弱影响着可溶性糖、淀粉等其他碳水化合物的变化。蔗糖含量也受到外界气温的影响，但对温度变化的响应不同于还原性糖（图 2-14）。烤烟生长的不同阶段蔗糖含量对外界气温变化的响应不同，在团棵期蔗糖含量随气温的降低而增加，到旺长期和现蕾期，烟叶中蔗糖含量以常温条件（23.5℃）下最高，高温条件（30.5℃）下最低。

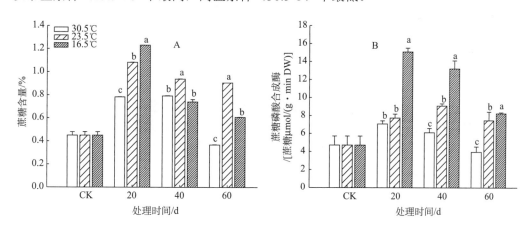

图 2-14　不同温度下叶片蔗糖含量和蔗糖磷酸合成酶活性的变化

小写字母不同表示处理间差异达到 5% 显著水平

　　淀粉是影响烟叶品质的重要碳水化合物之一，通常优质烟叶中淀粉含量相对较低。植物中淀粉的生物合成是一个复杂的生化调控过程，该过程是由多个同工酶协同催化完成的。ADPG 焦磷酸化酶（AGPase）是淀粉合成的关键酶，影响着淀粉的积累，而淀粉酶活性的升降决定着淀粉的分解速率。在烟叶中，高温下合成淀粉相关酶活性低而分解淀粉相关酶活性高，决定了高温下淀粉的积累量较低。低温下虽然淀粉酶活性较常温高，但合成淀粉相关酶活性也高，因此低温积累了较多的淀粉（图 2-15）。

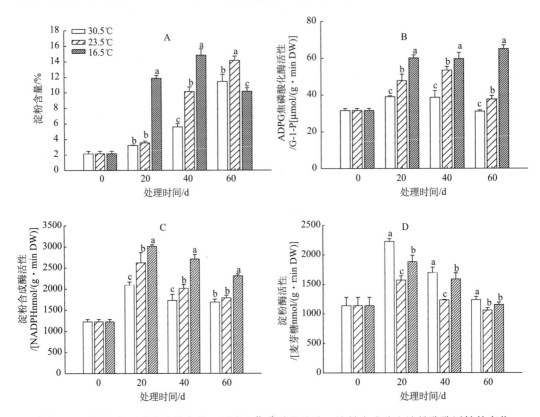

图 2-15　不同温度下叶片淀粉含量、ADPG 焦磷酸化酶酶、淀粉合成酶和淀粉酶酶活性的变化

小写字母不同表示处理间差异达到 5%显著水平

　　昼夜温差对糖代谢过程影响较大，提高团棵期至成熟期夜温，降低昼夜温差，使烟株夜间呼吸作用加强、糖分解代谢加速，糖含量则降低，云南、津巴布韦等烟区，气温白天高，夜间低，呼吸作用弱，消耗有机物质少，糖类物质积累多。

三、气温对烟叶内在化学品质的影响

　　气温影响烟叶多种致香物质的含量。成熟期温度较低的地区，烟叶中的新植二烯、酮、醛、脂类物质的含量相对较高。成熟期气温低于 18℃时，烟叶中叶绿体的分解和类胡萝卜素的降解明显受阻，不利于巨豆三烯酮等致香物质的形成（彭新辉等，2009）。

除了日平均气温外，影响烟叶品质的一个重要温度因素是昼夜温差（即日较差）。谢晏芬等的研究发现，昼夜温差大是云南盛产优质烟草，表现清香风格的一个关键因素。张家智的结果也表明，白天温度相同的情况下，随着夜间温度增加，烟叶中非蛋白氮含量增加，烟叶燃烧时会出现鸡毛臭味，烟草的吃味和品质受到严重影响。烟草致香物质的种类繁多，结构复杂，温度对烟草叶片更多致香物质及前体物的具体影响的相关报道还很少，有待更多学者进一步的探索。

四、温度对清香型烟叶风格影响

温度是烟叶清香型风格形成的重要生态基础，各时期的气温和热量条件对烟叶的清香型风格贡献率均较大，尤其是成熟前中期，可见成熟期的气温条件是影响烟叶清香型风格的主要因子，与烟叶的清香型风格呈显著负相关，意味着成熟温度稍低对烟叶清香型风格的形成有利（表 2-2）。

表 2-2　烟叶清香型风格（清香型指数）与烟叶产区不同时期温度的相关性分析

气象指标	相关系数
移栽期气温	0.245[*]
团棵期气温	−0.015
旺长期气温	−0.269[*]
成熟前期气温	−0.595[**]
成熟中期气温	−0.624[**]
成熟后期气温	−0.288[**]
营养生长期气温	0.000
成熟期气温	−0.582[**]
全生育期气温	−0.289[**]

注：*表示相关性达到 5%显著水平；**表示相关性达到 1%极显著水平

第三章　光环境对烤烟清香型风格形成的影响

第一节　烟草生长发育所需的光环境

光是影响高等植物生长发育的一个重要生态环境因子，不仅为植物进行光合作用提供能源，而且还作为一个重要的发育信号调控植物的形态建成，可通过光强、光质和日照时数三个方面来影响植物的形态建成、生长发育及其地理分布（Neff et al.，2000；Franklin，2009）。长期的进化使植物形成了复杂而精细的对光信号的感受和应答系统（Chory and Wu，2001），并通过光对相应基因表达的调控来实现植物对光信号的感受和应答（Harari et al.，2001）。

烟草（*Nicotiana tabacum* L.）不仅是我国重要的经济作物之一，也是一种重要的科研模式植物，具有喜光性，在一定的光强范围内，需较强的光强才能生长旺盛，但从对烟叶品质要求的角度出发，充足而不强烈的光照对烟叶品质较为有利（彭新辉等，2009）。本书结合作者近几年相关的研究结果（柯学等，2011，2012；文锦芬等，2011；Zhao et al.，2012；徐超华等，2013；杨利云等，2014），系统综述了光强、光质和日照时数对烟草种子萌发、植株生长发育、生理生化过程及物质代谢的影响，讨论和研究了光环境对烤烟清香型风格形成的影响，并根据目前的研究现状和不足，提出了进一步的研究展望。

第二节　光环境（光强、光质、日照时数）对烟草生长发育和生理生化过程的影响

一、光强对烟草生长发育和生理生化过程的影响

（一）光强对烟草生长发育的影响

光照是影响种子萌发的重要因素之一，光照对不同植物种子萌发的影响不同。烟草种子的萌发具有需光和光不敏感性的特点，早期的研究表明，光照对烟草种子的萌发有不同程度的促进作用（杨霞等，1991；周翼衡，1996）。用不同的光照强度处理光敏感型和光不敏感型烟草种子发现，2 个类型的种子发芽势、发芽率均随光照强度的增加而提高，当光照强度达到 3730lx 后，又逐渐降低，发芽时间则呈相反趋势，2 个品种烟草种子发芽的最适光照强度均为 3730lx（宋碧清等，2013）。也有研究表明，光照能促进种子萌发，但对最终发芽率影响不大（招启柏等，2001）。

烟草作为喜光植物，适宜而充足的光照强度对烟株的生长较为有利（彭新辉等，2009）。通常情况下，随着光强从低到高的增大，烟草幼苗茎的生长受到抑制，株高降低、茎围

减小；而随着光强从高到低，烟苗的株高增加，茎围、干鲜比、叶片厚度和单位叶面积质量均呈下降趋势，干物质含量减小，出叶速度变慢，但对叶片数影响不大，同时，叶片长宽比、节间距增加；随着光强的减弱，烟草根系不发达，根系活力降低，叶片自由水含量增加，束缚水含量降低；适宜的光照条件下生长的烟苗保水能力较强，光强越低，保水能力越差，说明较低的光强下不利于烟草幼苗的生长，降低了成苗素质（刘国顺等，2006；杨兴友等，2007a，2007b；郑明等，2009），也有研究表明，综合分析各指标后发现，≥80%的田间全光照条件下，烤烟生长指标变化不大，品质较优（刘国顺等，2007）；光强对烟草开花现蕾的研究表明，降低光强使烤烟现蕾，开花期推迟（肖金香等，2003a）。

烟叶结构反映了烟叶细胞的排列紧密程度，以及烟叶细胞的发育状况，与单位面积内的烟叶细胞数量有关，烟叶结构疏密适当的烟叶，香气质好，香气量足，杂气少，品味较好。叶片结构是由叶片的基因型决定的，同时光照环境、温度、水分是影响烟草叶片结构的主要生态因素（肖金香等，2003b）。对不同生育期的烟草降低光强处理的研究结果表明，降低光强处理增大了叶片的海绵组织比例，随着处理时期的延长影响增大，但对叶片表皮厚度的影响规律不显著（杨兴友等，2007a）。

（二）光强对烟草生理生化过程的影响

光合作用是烟叶产量、品质和风格的基础。对三个烟草品种 K326、RG11 和 GB-1 的研究结果表明，一定范围内，随着光强的增大，烟草叶片净光合速率（P_n）逐渐增大，达到最大值后又逐渐降低，但降低后的值仍高于光强较低时的净光合速率值，三个烤烟品种的光饱和点在 600～800μmol/（m^2·s），300～600μmol/（m^2·s）为烟叶光合机构运转及其酶活性的最适光强，当光强大于 900μmol/（m^2·s）时，烟草叶片光合机构发生光抑制现象（江力等，2000）。刘国顺等（2007）的研究结果表明，随着光照强度的减弱，烟叶净光合速率（P_n）、气孔导度（G_s）、蒸腾速率（T_r）均随着光照强度的减弱而逐渐减小，胞间 CO_2 浓度（C_i）、叶绿素荧光参数[最大荧光强度（F_m）、光化学猝灭系数（q_p）、PSⅡ实际光化学量子效率（$\Phi_{PSⅡ}$）、PSⅡ最大光化学量子效率（F_v/F_m）]均逐渐升高。Miyake 等（2005）的研究结果表明，与低光照强度辐射下生长的烟草相比，高光照强度辐射下的烟草具有较高的非光化学猝灭系数（NPQ）和较高的环式电子传递水平，并通过 NPQ 将多余的光能以热量的形式耗散，以此保护烟叶内光系统免于强光损伤。将低光照强度下[150μmol/（m^2·s）]生长的烟草移入高光照强度下[1100μmol/（m^2·s）]处理1d，再将其移回最初生长的光照强度下[150μmol/（m^2·s）]的研究结果表明，与低光照强度下生长的烟草相比，高光照强度下生长的烟草及高光照强度处理 1d 后移回低光照强度下生长的烟草两个处理的烟草叶片的 NPQ、PSⅡ反应中心开放程度均较高，但降低了 F_v/F_m，氧化态的质体醌通过抑制光合作用电子传递过程中电子的积累，从而调节 F_v/F_m（Miyake et al.，2009）。

Rubisco 是光合作用中决定碳同化的关键酶。研究发现，随着光强的增强，烟叶内 Rubisco 活性逐渐上升，当光强达到 400μmol/（m^2·s）时达到最大，然后随光强增加而逐渐降低，Rubisco 的总活性随光强变化不大，说明烟草叶片光合机构及 Rubisco 活性下降略早于光饱和点 600～800μmol/（m^2·s）（江力等，2000）。

蔗糖转化酶（INV）可催化细胞中的蔗糖转化为单糖，促进叶绿体内的磷酸丙糖向外转运，使叶绿体内淀粉含量减少，并通过与呼吸作用偶联的氧化磷酸化产生能量，使光合作用中碳固定的过程加强（李玉潜等，1995）。不同生育期的烟草经遮阴处理降低光强后，烟叶内 INV 活性均呈降低的趋势，当解除遮阴后 INV 活性又开始上升（杨兴友等，2007a）；同时随着光强的降低，整个生育期烟草叶片内的丙二醛（MDA）含量总体呈上升趋势，旺长期和成熟期遮光下 MDA 含量与对照比差异不大，伸根期遮光处理下的烟叶 MDA 含量小于对照和旺长期及成熟期下烟叶的 MDA 含量，解除遮阴后，与对照相比，伸根期下的烟叶 MDA 含量显著上升，旺长期与对照比差异不显著，而成熟期遮光下的烟叶 MDA 显著小于对照，说明光照强度的变化会对烟草造成一定的胁迫（杨兴友等，2007a）。

硝酸还原酶（NR）是植物氮代谢的诱导酶和限速酶，对烟草氮代谢有重要影响（许振柱和周广胜，2004）。随着光强的降低，NR 活性升高，INV 和过氧化物酶（POD）活性降低（杨兴友等，2008）。但也有研究表明，经遮光降低光强后，红大和云烟 87 的丙二醛（MDA）含量较对照明显减少，成熟期时增势变缓，脯氨酸（Pro）含量和多酚氧化酶（PPO）活性随遮光处理时间的延长显著上升并明显高于对照，遮光率越高，Pro 含量、PPO 活性上升越快（李觅等，2008），各研究中 MDA 含量变化规律与前人不一致可能是因为处理光强和烟草生育期不同所致。

二、光质对烟草生长发育和生理生化过程的影响

（一）光质对烟草生长发育的影响

光质或光谱是光的重要属性，植物的生长发育和物质代谢对红光（620～700nm）、远红光（700～800nm）、蓝光（350～380nm）、UV-A（320～400nm）、UV-B（280～320nm）、UV-C（200～280nm）较为敏感，并通过复杂的光受体系统来实现对各种光信号的感受和应答。

目前关于光质对烟草种子萌发的影响的相关研究还较少，前人仅对不同单色光对种子的萌发做了少量研究，结果表明，日光中的赤、橙、黄、紫光对烟草 NC89 种子萌发有明显的促进作用，而绿、蓝光作用较小，但仍优于无光照条件（孙坤等，1991），这是因为 NC89 品种可能为光敏感型种子。但也有研究表明，红、蓝光均能加速种子的萌发（招启柏等，2001），这与前者的研究结果有一定的矛盾，可能是因为所选烟草品种、光质或光谱范围不同、光强不同而造成的。

我们通过对生长中的烟草覆盖不同颜色的滤膜处理（图 3-1），以第 11 片烟叶为研究对象（中部叶），至该叶片完全展开后测定各项指标，结果表明，黄、蓝、紫膜处理下的叶长和叶宽都较白膜的低，其中蓝膜的叶长为 69.3cm，显著低于白膜的 72.6cm；黄、蓝膜下的叶宽分别为 21.2cm 和 21.6cm，显著低于白膜处理。黄膜下的叶长宽比显著高于白膜处理的，叶片更为狭长。不同颜色滤膜处理对叶片厚度影响较大，红、蓝膜处理下的叶厚显著高于白膜，分别比白膜的提高 9.3%和 6.9%；而黄膜处理的比白膜的低 5.6%，叶厚的不同反映了叶片生物量的不同。进一步的测定结果表明，红、蓝、紫膜处理下的

比叶面积（SLA）显著低于白膜的，黄膜的虽然与白膜的无差异，但是显著高于红、蓝、紫膜的（图 3-2），另外实验中还观察到蓝光有延缓烟叶衰老的现象。综合来看，红、蓝、紫光促进了烟叶的生长，而黄光对烟叶的生长有一定的抑制作用（柯学等，2011）。

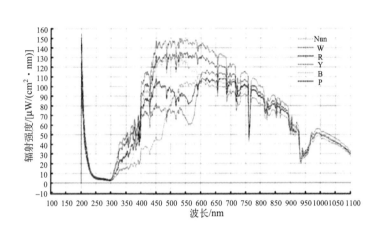

滤膜颜色	滤过波长/nm	波峰/nm	透光率/%
白 (W)	—	—	69[*]
红 (R)	600~720	670	70
黄 (Y)	540~630	590	73
蓝 (B)	450~500	470	68[*]
紫 (P)	400~470	450	72

图 3-1 不同光质处理效果图及不同颜色滤膜下的光谱参数（另见彩图）

同时，作者研究了不同光质处理对 7～70d 生长期内云烟 87 的烟叶组织结构的影响（柯学等，2012）（图 3-3～图 3-5），结果表明，各滤膜处理下生长的烟叶上表皮厚度在 9.8～19.9μm，从叶龄 7d 到 56d，一直呈逐步增加的趋势，之后到 70d，略有减小（图 3-3E，图 3-5）。42d 时，上表皮厚度在 16.9～18.5μm，除了蓝膜处理的显著小于黄膜处理外，其余处理间均无显著差异（图 3-3A）。下表皮厚度在 9.6～17.6μm，变化趋势与上表皮类似，42d 时，下表皮厚度在 15.2～16.3μm，各处理间无显著差异（图 3-3B，图 3-3F）。

不同滤膜处理下生长的烟叶的栅栏组织厚度范围在 52.0～145.9μm，从叶龄 21d 到 42d，厚度急剧增加，之后增加缓慢，从 56d 后开始减小（图 3-3G）。42d 时，蓝膜处理下烟叶的栅栏组织厚度与白膜的相比显著增加了 22.2%。红膜处理的显著大于白膜和黄膜处理（图 3-3C；图 3-5，W-42d，R-42d，Y-42d），比白膜的增加了 14.2%。白、黄、紫膜处理之间无显著差异（图 3-3C）。

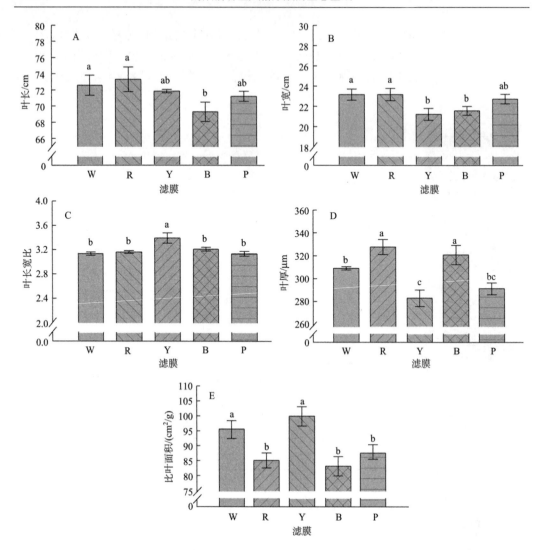

图 3-2　不同光质（滤膜）对烟叶长、叶宽、叶长宽比、叶厚及比叶面积的影响

小写字母不同表示处理间差异达到 5%显著水平

滤膜：W. 白膜；R. 红膜；Y. 黄膜；B. 蓝膜；P. 紫膜

　　烟叶生长发育过程中，各处理烟叶的海绵组织厚度在 85.8～187.9μm，其变化趋势与栅栏组织厚度的变化类似（图 3-3D，图 3-3H），只是从 42d 起，除了黄膜处理外，其余处理的海绵组织厚度均开始减小。在 42d 和 70d 时，黄膜处理的海绵组织厚度明显小于其他处理（图 3-3D；图 3-5，Y-42d，Y-70d），而且从 56d 起开始急剧减小（图 3-3H）。42d 叶龄时，红膜处理的海绵组织厚度与白膜的相比无显著差异，但是显著大于其他处理（图 3-3D；图 3-5，R-42d），黄膜处理的比白膜的显著减少 22.6%。蓝、红、紫膜处理之间无显著差异（图 3-3D）。

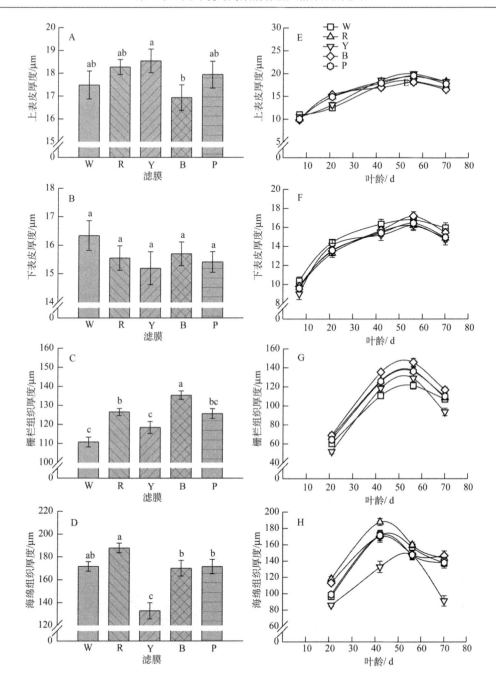

图 3-3　不同光质（滤膜）处理对烟叶上表皮、下表皮、栅栏组织和海绵组织厚度的影响

小写字母不同表示处理间差异达到 5%显著水平

滤膜：W. 白膜；R. 红膜；Y. 黄膜；B. 蓝膜；P. 紫膜

A～D. 42d 叶龄时的上表皮、下表皮、栅栏组织和海绵组织厚度；E～H. 烟叶生长过程中上表皮、下表皮、栅栏组织和海绵

组织厚度的变化；A、E. 上表皮；B、F. 下表皮；C、G. 栅栏组织；D、H. 海绵组织

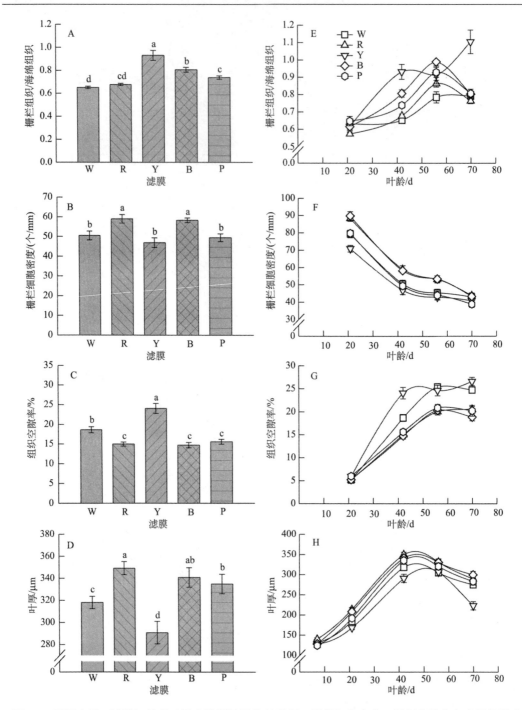

图 3-4　不同光质（滤膜）处理对烟叶栅栏组织/海绵组织、栅栏细胞密度、组织空隙率和叶厚的影响

小写字母不同表示处理间差异达到 5%显著水平

滤膜：W. 白膜；R. 红膜；Y. 黄膜；B. 蓝膜；P. 紫膜

A～D. 42d 叶龄时的栅栏组织/海绵组织、栅栏细胞密度、组织空隙率和叶厚；E～H. 烟叶生长过程中栅栏组织/海绵组织、栅栏细胞密度、组织空隙率和叶厚的变化；A、E. 栅栏组织/海绵组织；B、F. 栅栏细胞密度；C、G. 组织空隙率；D、H. 叶厚

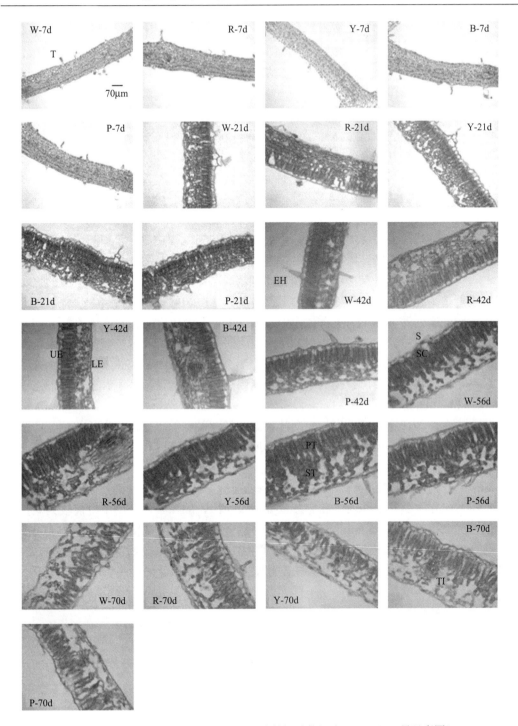

图 3-5　不同光质（滤膜）处理下不同叶龄烟叶的切片（400×）（另见彩图）

标志范例：W-7d. 表示白膜处理烟叶叶龄 7d 时的切片

T. 腺毛；EH. 表皮毛；UE. 上表皮；LE. 下表皮；S. 气孔；SC. 孔下室；PT. 栅栏组织；ST. 海绵组织；TI. 组织空隙

各滤膜处理下生长的烟叶的栅栏组织/海绵组织值在 0.57～1.11 变化。白膜处理的组织比一直呈增大的趋势；7d～70d 叶龄内，红、蓝、紫膜下的组织比先增大，从 56d 起开始减小；而黄膜处理的先增大，到 42d 略有减小，56d 后又大幅增大（图 3-4E）。42d 时，红膜处理的组织比显著小于黄膜和蓝膜的，而与白膜和紫膜的无差异。黄膜和蓝膜处理的组织比显著高于其他处理。紫膜处理的也显著高于白膜的（图 3-4A）。

叶龄 7d 时，各处理烟叶的栅栏细胞还没有分化完全，叶龄 21～42d，由于栅栏细胞在持续增大，栅栏细胞密度随时间大幅降低，从 42d 后降低变慢（图 3-4F）。42d 时，红、蓝膜处理的栅栏细胞密度显著大于其他处理（图 3-5，R-42d，B-42d），分别比白膜的增加 16.8% 和 15.2%（图 3-4B）。

各处理下生长的烟叶组织空隙率的变化范围在 4.5%～26.6%，叶龄 21～42d 时，叶片组织空隙率随时间大幅增加，42～56d 增加变慢。56d 后，白膜、蓝膜和紫膜的均有所减小，而红膜和黄膜的略有增加，其中黄膜的增加幅度较大（图 3-4G；图 3-5，Y-56d，Y-70d）。42d 时，白膜和黄膜处理的组织空隙率显著高于其他处理，同时黄膜的也显著高于白膜处理。红、蓝、紫膜处理下的无显著差异（图 3-4C）。

在不同光质处理下烟叶的生长过程中，叶厚均呈先增加后减小的趋势（图 3-4H，图 3-5）。7～21d 叶厚增加缓慢，21～42d 急剧增加，42d 之后开始有所减小。其中黄膜处理的从 56d 开始大幅减小（图 3-4H，图 3-5，Y-56d，Y-70d）。42d 叶龄时，红、蓝膜的显著高于白膜和黄膜的，红膜的显著高于紫膜的。黄膜的显著小于其他处理，比白膜的减小 15.8%（图 3-4D）。

综合来看，与黄膜处理下生长的烟叶相比，红、蓝、紫膜处理下生长的烟叶均有较大的叶片厚度、栅栏组织厚度、海绵组织厚度、栅栏细胞密度和较小的组织空隙率（柯学等，2012）。

基于以上前期的研究工作及结果，作者在光环境对烟草生长发育及物质代谢的影响的后期研究工作中做了一些改进和完善，并做了更深入的探索，应用了目前较为先进和成熟的发光二极管（light emitting diode，LED）来获取不同的光质（表 3-1，图 3-6～图 3-8），并通过人工气候舱模拟自然环境中其他生态因素[各处理光照强度 350μmol/(m² s)，昼夜湿度 65%/60%，光周期 16h/8h，昼夜温度变化与外界温度变化趋势一致]的变化，使试验条件均一化，继续深入研究了不同光质处理对烟草形态建成、生长发育、光合特性及多酚类化合物代谢的影响和调控。

表 3-1　不同颜色的 LED 下的光谱参数

LED 灯单色光颜色	波长范围/nm	波峰/nm
黄（Y）	570～630	585
紫（P）	370～430	395
红（R）	600～660	635
蓝（B）	420～480	435
绿（G）	500～560	530
白（W）	—	—

图 3-6　不同颜色的 LED 光质处理烟草效果（另见彩图）

Y. 黄膜；P. 紫膜；R. 红膜；B. 蓝膜；G.绿膜；W. 白膜

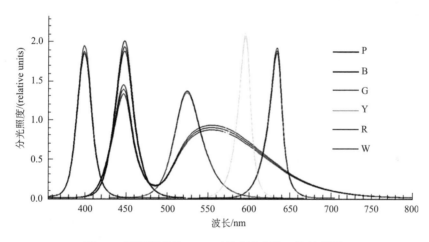

图 3-7　不同颜色的 LED 下的光谱参数（另见彩图）

　　研究结果表明，株高及烟叶长宽在一定程度上可反映烤烟生长情况，从 40d 到 60d 时，各单色光下的株高均逐渐增大，但均较白光低。40d 时白光下株高为 61.7cm，红、紫、蓝、黄、绿光处理下的分别为 52.9cm、51.4cm、50.03cm、43.43cm、37.6cm，显著低于白光，比白光处理分别降低 14%、17%、19%、30%、39%，其中黄、绿光下株高最低（图 3-8A）；60d 时白光下的株高为 73.7cm，红、紫、蓝、黄、绿光下的株高分别为 64.9cm、63.4cm、62.03cm、55.43cm、49.6cm，显著低于白光，比白光处理降低了 12%、14%、16%、25%、33%，变化规律与 40d 一致。40d 时白光处理叶长 54.63cm，红光为

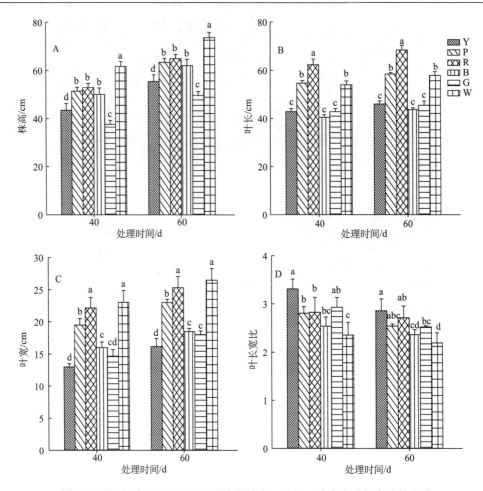

图 3-8 不同光质（LED）处理对烤烟株高、叶长、叶宽和叶长宽比的影响

小写字母不同表示处理间差异达到 5%显著水平

Y. 黄膜；P. 紫膜；R. 红膜；B. 蓝膜；G.绿膜；W. 白膜

62.33cm，显著高于白光处理，比白光处理提高了 14%，增加了叶长，黄、绿、蓝光下的叶长为 42.43cm、42.83cm、40.5cm，均显著低于比白光处理，与白光比分别降低了 21%、22%、25%（图 3-8B）；60d 时白光处理叶长为 57.86cm，红光处理为 68.43cm，显著高于白光的，黄、绿、蓝光处理分别为 46cm、45.5cm、43.67cm，均显著低于白膜下的，比白膜下的减小 20%、21%、25%，变化规律与 40d 的一致。40d 时白光下的叶宽为 23.03cm，紫、蓝、绿、黄光下的叶宽分别为 19.5cm、16cm、14.6cm、12.9cm，显著低于白光下的，比白光下的分别降低了 15%、31%、37%、44%（图 3-8C）；60d 时白光下的叶宽为 26.5cm，紫、蓝、绿、黄光下的分别为 23cm、18.5cm、18.03cm、16.17cm，显著低于白光下的，比白光下的分别减小 13%、30%、32%、39%，变化趋势与 40d 一致。从 40d 到 60d，烟叶的长宽比呈降低趋势（图 3-8D），40d 时白光下的长宽比为 2.36，黄、绿、红、紫光下的比分别为 3.31、2.93、2.82、2.81，比白光提高 40%、24%、19%、19%，显著高于白膜；60d 时白光下的叶长宽比 2.19，黄、绿、红、紫光下的比

分别为 2.86、2.71、2.54、2.52、2.36，比白光下的显著提高 30%、24%、16%、16%，变化趋势与 40d 一致，说明除蓝光外，其余处理下叶形较白光处理下的狭长，黄光下叶片则更为狭长。

综合来看，在相同的光照强度下，与包括可见光全波长范围的白光相比，各单色光处理均对烟株和烟叶的生长有一定的抑制作用（杨利云等，2014），与之相对应的是较白光低的株高及叶宽；红光处理下有较大的叶长，但黄、蓝、绿光处理下叶长较小；除蓝光处理外，各单色光处理下烟叶比具有较大的叶长宽比，叶形较为狭长（图 3-8）。

通过覆盖双转光膜将日光中对光合作用无效和低效的紫外光、绿光和黄光转变为对光合高效的蓝、红光对烟苗进行处理的研究结果表明，覆盖双转光膜后，促进了烟苗的生长，并显著增加了烟苗根、茎、叶干重，促进了烟苗的早生快发，缩短成苗时间，有利于尽早增大光合叶面积，且光合作用能力增强（孙在军等，2008；李鹏志等，2011）。另一些研究者则通过灯管、荧光灯或发光二极管（LED）获得单色光用于处理烟苗，其研究结果表明，与对照白光相比，烟苗茎秆增粗发育不受光质影响，但烟苗茎秆的伸长则受红光促进，受蓝光抑制，烟苗叶片的发育亦明显受蓝光抑制，尤其对叶片的伸长发育（时向东等，2013），这与作者关于蓝光抑制烟叶伸长的研究结果一致（柯学等，2011）。

对团棵期及打顶期的烟草覆盖不同颜色的滤膜得到不同光质处理烟株，直到采收结束的研究结果表明，蓝光有促进烟株生殖生长和延迟烟叶成熟的作用，红、黄、白光对生育期无显著影响，打顶期遮光有延迟大田生育期的趋势；光质对烟叶生长发育影响很大，红、蓝光的影响效应主要表现在烟叶生育前期，黄、白光表现在烟叶生育后期，自然光和红膜下综合农艺指标最好，红光促进了烟叶发育和茎秆的生长，蓝、黄光则抑制茎秆生长和降低叶面积（陈伟等，2011）。这与王文超等（2012）关于红膜下烟草综合生长情况最佳，绿膜下生长较差，对照和蓝光处理下生长差异不大的研究结果部分一致，说明红光环境对烟草的生长较为有利。

Kasperbauer（1971）的研究结果表明，照射在烟株上部叶片上的光线中，红、蓝光比例较高，但经上层叶片透射后，转变为含远红外光比例较高的光，在田间生长环境下，行内生长的烟株比行末生长的烟株株高更高；同时在每天光周期结束时，分别对烟草照射相同强度的红光和远红外光各 5min 处理烟草的研究结果表明，与照射红光的烟草相比，远红外光照射下的烟草，节间距增大，叶色变为浅绿色，叶片变薄，两个处理主茎上叶片数差异不显著，但红光处理下烟株下部叶位置的茎上产生较多的侧枝，而远红外光处理下的烟株下部叶位置的茎上则无侧枝发生。相似的研究表明，被遮阴的烟草叶片比不被遮阴的叶片获得更多的远红外光照射，在每天光周期结束时，分别对烟草照射红光、远红外光各 5min，两个处理对烟草净光合速率（P_n）影响不显著，但远红外光处理下烟叶单位面积的 CO_2 吸收量更高，与照射红光相比，远红外光照射下的烟草叶片叶形较狭长，单位面积质量轻，气孔数少、叶绿素含量低，说明远红光和远红外光参与了对烟草的光形态建成的调控（Kasperbauer and Peaslee，1973）。Seibert 等（1975）的研究结果表明，光质和光强对烟草培养的愈伤组织形态建成同等重要，当近紫外光光强小于 0.024mW/cm^2 时促进烟草愈伤组织的生长和发芽；当光强大于 0.15mW/cm^2 时则抑制了烟草愈伤组织的生长及发芽，说明相同光质的不同光强对烟草愈伤组织的生长发育影响不同；红光和远红外光对烟草愈伤组织生长发育及发芽作用不显著；蓝光处理也可刺激和促进烟草愈伤组织的生长及发芽，但与近紫外光相比，光照强度需要更大。

而另外一些研究则采用不同种类和不同比例的单色光组合来研究光质对烟草生长发育的影响。肖春生等（2013）研究了红、蓝光组合处理对烟苗生长发育的影响，结果表明，当红、蓝光组合为 3∶1 且光强为 7200lx 时，烟苗生长最好，有利于烟叶的生长，而红、蓝光比例为 1∶3 时，促进了根系生长和根系活力提高，说明红光有利于烟叶的生长，而蓝光则有利于烟草幼苗根系的生长，不同光质对烟草不同部位的作用不同。对打顶后生长的烤烟进行光质处理也表明，增加红光比例对叶面积增加有一定的促进作用，但使比叶重降低，叶片变薄，而较高的蓝光比例对叶片生长具有一定的抑制作用，叶长、叶宽及叶面积减小，但比叶重和干鲜比增大，叶片变厚（史宏志和韩锦峰，1999）。钟越峰等（2013）利用 LED 产生红、蓝光并按 1∶1 复合组成植物生长灯，以 3000lx、4500lx、6000lx 三个强度处理烟苗的研究结果表明，随着光照强度的增加，烟苗的出叶数减少，而叶片生长速率加快，各处理间差异显著，补光达 6000lx 时，烟苗茎粗、茎高、干鲜重、干鲜比较大，幼苗干物质积累最多。

根据波长范围，紫外光部分可细分为 UV-A（320～400nm）、UV-B（280～320nm）、UV-C（200～280nm）三个部分（左敏等，2010）。UV-B 对植物生长发育有一定的影响（Boccalandro et al.，2001），黄勇等（2009）的研究结果表明，随着 UV-B 辐射的增强，烟苗矮化变粗，叶长、叶宽和叶面积减小。而随着 UV-C 胁迫对不同烟草幼苗辐照时间的延长，各品种烟草幼苗的单株鲜重随着辐照时间的延长而降低，叶片明显出现白化、反卷、枯焦等症状，且随着每日辐照时间的延长而加剧（左敏等，2010）。不同地域的烤烟品种对 UV-C 胁迫的适应性研究表明，受 UV-C 辐照的影响，烟叶出现白化、萎蔫，受损较严重，干物质含量降低，低海拔、高纬度地区的烟草品种对辐照的适应性较弱，而高海拔、高纬度地区的品种对辐照的适应性较强（赵月等，2012）。

（二）光质对烟草生理生化过程的影响

作者前期研究工作中对不同滤膜下烟叶光合参数和荧光参数测定结果显示，白膜下的净光合速率为 20.3 mol CO$_2$/（m^2·s），红、蓝、紫膜处理分别为 21.5 mol CO$_2$/（m^2·s）、22.4 mol CO$_2$/（m^2·s）和 21.2 mol CO$_2$/（m^2·s），显著高于白膜的，比白膜的分别提高 5.9%、10.3% 和 4.4%；而黄膜的为 19.5 mol CO$_2$/（m^2·s），比白膜降低了 3.9%（图 3-9A）。与净光合速率相似的是，红、蓝、紫膜下的气孔导度、胞间 CO$_2$ 浓度和蒸腾速率均较高，而黄膜处理较低（图 3.9B～图 3.9D）。

通过对光和 CO$_2$ 响应曲线进行非线性拟合（图 3-10，表 3-2），各处理的光补偿点相差不大，但红、蓝、紫膜下的光饱和点比白膜的分别高出 13.8%、18.3% 和 8.7%。由拟合曲线估计的最大光合速率，红、蓝、紫膜下的较高，而黄膜下的较低。与之相对应的表观量子效率，不管是估计值（图 3-10A～图 3-10E），还是实测值（图 3-10F），其趋势均与光合速率相似。由 CO_2 响应拟合曲线得出的 CO_2 补偿点在 70～100μmol/mol，各处理相差不大；但对于 CO_2 饱和点，白、红、蓝、紫膜处理较高，其中蓝膜处理最高，而黄膜处理最低（表 3-2）。

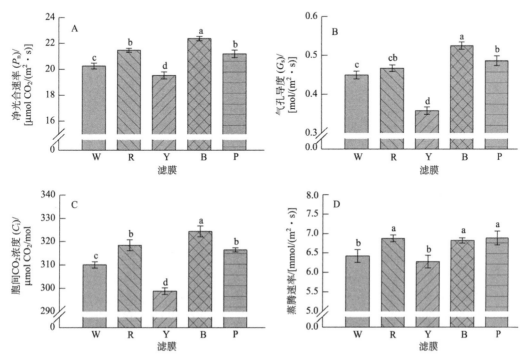

图 3-9　不同光质（滤膜）处理对 42 d 叶龄烟叶光合作用的影响

小写字母不同表示处理间差异达到 5%显著水平

滤膜：W. 白膜；R. 红膜；Y. 黄膜；B. 蓝膜；P. 紫膜

表 3-2　不同光质（滤膜）处理下 42d 叶龄烟叶的 CO_2 响应拟合曲线相关参数

滤膜	最大净光合速率 (P_{max})/[μmol CO_2/ (m^2·s)]	羧化效率 （CE）	光呼吸速率 (R_p)/[μmol CO_2/ (m^2·s)]	拟合曲线决定系数 (R^2)	CO_2 补偿点 (C_c)/[μmol CO_2/ (m^2·s)]	CO_2 饱和点 (C_{sat})/ (μmol/mol)
白膜（W）	31.2	0.0522	4.0854	0.9985	78.3	1297.5
红膜（R）	26.1	0.0410	3.4055	0.9946	83.1	1218.3
黄膜（Y）	20.4	0.0380	3.4866	0.9976	91.8	1174.9
蓝膜（B）	33.4	0.0628	6.2286	0.9968	99.2	1334.6
紫膜（P）	23.7	0.0387	3.0415	0.9936	78.6	1265.7

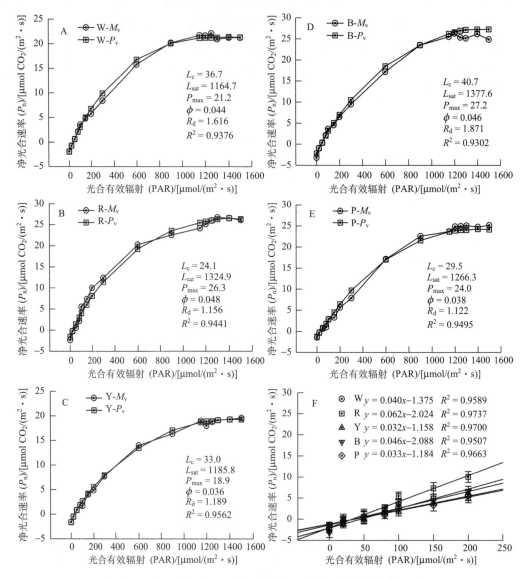

图 3-10 不同光质（滤膜）处理下 42d 叶龄烟叶的光响应曲线

A～E. 实测及拟合曲线；M_v. 实验中的实际测定值；P_v. 根据拟合曲线得出的预测值；L_c. 光补偿点；L_{sat}. 光饱和点；P_{max}. 最大净光合速率；Φ. 表观量子效率；R_d. 暗呼吸速率；R^2. 拟合曲线决定系数；F. PAR≤200 μmol/（m²·s）时实际测定值的 P_n-PAR 直线回归

对 6 个主要的叶绿素荧光参数测定的结果表明，总体上，红、蓝、紫膜下的 PS Ⅱ 最大光化学量子效率（F_v/F_m）、Φ_{PSII} 和叶绿素荧光的光化学猝灭（photochemical quenching of chlorophyll fluorescence，q_p）均较高，黄膜下的 Φ_{PSII} 和 q_p 较低，紫膜下的非光化学猝灭（non-photochemical quenching，NPQ）较高（图 3-11）。各处理的初始荧光强度（initial fluorescence intensity，F_0）无显著差异（图 3-11A）。蓝膜的 F_m 显著高于白膜处理（图 3-11B）。F_v/F_m 在 0.82～0.84，红、蓝、紫膜显著高于白膜（图 3-11C）。红、蓝膜处理

Φ_{PSII}分别比白膜提高 8.3%和 12.5%，差异显著，黄膜处理 Φ_{PSII} 较白膜显著低 29.2%（图 3-11D）。蓝膜 q_p 比白膜显著高出 7.7%，黄膜 q_p 较白膜处理的显著减少 15.4 %（图 3-11E）。红、黄、紫膜的 NPQ 均显著高于白膜处理（图 3-11F）。

综合来看，与对照白膜相比，红、蓝膜下烟叶净光合速率（P_n）、可变荧光强度（F_v）、最大荧光强度（F_m）、F_v/F_m（PSII 最大光化学量子效率）、PSII 实际光化学量子效率（Φ_{PSII}）、光饱和点和 CO_2 饱和点均较高（柯学等，2011）。

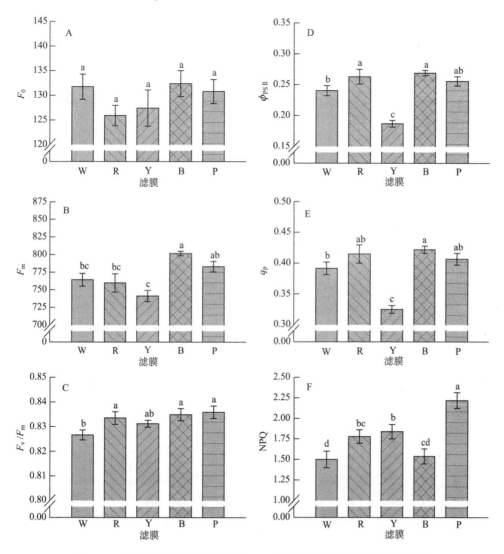

图 3-11　不同光质（滤膜）处理对 42d 叶龄烟叶叶绿素荧光参数的影响

小写字母不同表示处理间差异达到 5%显著水平

滤膜：W. 白膜；R. 红膜；Y. 黄膜；B. 蓝膜；P. 紫膜

A. 初始荧光强度（F_0）；B. 最大荧光强度（F_m）；C. PSII 最大光化学量子效率（F_v/F_m）；D. PSII 实际光化学量子效率（Φ_{PSII}）；

E. 光化学猝灭系数（q_p）；F. 非光化学猝灭系数（NPQ）

基于上述研究结果，作者在后期的研究工作中，纯化了试验所用的光质，并用人工气候舱模拟自然环境（方法同杨利云等，2014），继续深入研究了不同光质对烟叶光合特性和荧光参数的影响。

光合参数在一定程度上反映了烟叶的生长状况，从 40d 至 60d，不同光质下烟叶净光合速率、气孔导度、胞间 CO_2 浓度、蒸腾速率均呈降低的趋势（杨利云等，2014）。40d 时白光下的净光合速率为 6.52 mol CO_2/（$m^2 \cdot s$），紫、蓝、红、绿、黄光下的分别为 4.57 mol CO_2/（$m^2 \cdot s$）、2.82 mol CO_2/（$m^2 \cdot s$）、2.25 mol CO_2/（$m^2 \cdot s$）、1.48 mol CO_2/（$m^2 \cdot s$）、1.3 mol CO_2/（$m^2 \cdot s$），分别比白光的显著降低 30%、57%、65%、77%、80%；60d 时白光下的净光合速率为 2.42 mol CO_2/（$m^2 \cdot s$），紫、蓝、红、绿、黄光下的分别为 1.66 mol CO_2/（$m^2 \cdot s$）、1.55 mol CO_2/（$m^2 \cdot s$）、1.12 mol CO_2/（$m^2 \cdot s$）、0.94 mol CO_2/（$m^2 \cdot s$）、0.52 mol CO_2/（$m^2 \cdot s$），分别比白光的显著降低 31%、36%、54%、61%、79%（图 3-12A）；气孔导度、胞间 CO_2 浓度及蒸腾速率的变化趋势与净光合速率变化规律相似（图 3-12B～图 3-12D）。

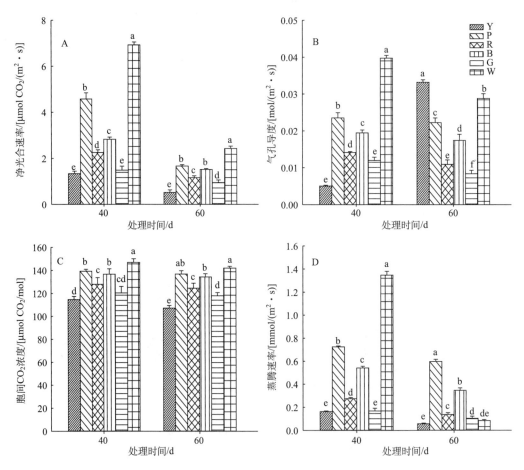

图 3-12　不同光质（LED）对烟叶光合参数的影响

小写字母不同表示处理间差异达到 5%显著水平

Y. 黄膜；P. 紫膜；R. 红膜；B. 蓝膜；G. 绿膜；W. 白膜

40d 时，白光下的初始荧光强度（initial fluorescence intensity, F_0）为 495.3，紫、蓝、红、绿、黄光下的分别为 488.21、462.55、446.74、425.3、410.58，分别比白光的显著降低 1%、7%、10%、14%、17%；60d 时，白光下的 F_0 为 483.27，蓝、红、绿、黄光下的分别为 454.83、422.62、415.32、383.69，分别比白光的显著降低 6%、13%、14%、21%，各处理下 F_0 均较白光的低（图 3-13A）。40d 时白光下的最大荧光强度 F_m 为 2280.84，紫、蓝、红、绿、黄光下的分别为 2245.84、2238.13、2233.24、2228.98、2199.97，紫、蓝、红和绿光均较白光的显著降低 2%，黄光的较白光降低 4%；60d 时白光下的 F_m 为 2280.84，蓝、红、绿、黄光下的分别为 2211.16、2203.26、2184.1、2160.24，均比白光的显著降低 3%、3%、4%、5%（图 3-13B）。40d 时白光下的 PSⅡ最大光化学量子效率（F_v/F_m）为 0.82、紫、红、蓝、绿、黄光下的分别为 0.81、0.79、0.79、0.79、0.78，均比白光的显著降低 1%、4%、4%、4%、5%；60d 时白光的（F_v/F_m）为 0.81，紫、红、蓝、绿、黄光下的分别为 0.79、0.79、0.78、0.78、0.78，均比白光的显著降低 2%、2%、4%、4%、4%（图 3-13C）。40d 时的叶绿素荧光的光化学猝灭系数（q_p）为 0.79，紫、蓝、红、绿、黄光下的分别为 0.75、0.73、0.71、0.67、0.59，均分别比白光的显著降低 5%、8%、10%、15%、25%；60d 时白光的 q_p 为 0.55，紫、蓝、红、绿、黄光下的分别为 0.45、0.36、0.3、0.25、0.16，均分别比白光的显著降低 18%、35%、45%、55%、71%（图 3-13D）。40d 时白光的 PSⅡ实际光化学量子效率（$\Phi_{PSⅡ}$）为 0.58，紫、蓝、红、绿、黄光下的分别为 0.55、0.53、0.47、0.44、0.41，均比白光的显著降低 5%、9%、19%、24%、29%；60d 时白光的 $\Phi_{PSⅡ}$ 为 0.29，紫、蓝、红、绿、黄光下的分别为 0.24、0.17、0.13、0.1、0.08，均比白光的显著降低 17%、41%、55%、66%、66%（图 3-13E）。40d 时白光下的非光化学猝灭（NPQ）为 0.34，黄、绿光的分别为 1.07、0.54，比白光的显著增加 215%、59%，红、蓝、紫光下的为 0.18、0.16、0.11，均比白光的显著降低 47%、56%、68%；60d 时白光的 NPQ 为 0.07，黄、绿、红、蓝、紫光下的分别为 0.65、0.43、0.16、0.11、0.08，均比白光的显著提高了 829%、514%、129%、57%、14%（图 3-13F）。

从整体上看，从 40d 至 60d 除了非光化学猝灭外，其余荧光参数均较白光的低，并呈降低的趋势，其变化趋势与净光合速率的变化趋势保持一致。说明与包括全波长范围的白光相比，各单色光对烟叶的净光合速率有一定的抑制作用，在黄、紫、红、蓝、绿光中，紫、红、蓝光下烟叶净光合速率较高，而黄、绿光下净光合速率最小，对烟叶的光合作用性质最大，这与紫、红、蓝光下有较高的叶绿素荧光参数，而在黄、绿光下较低且 NPQ 最大，黄、绿光处理下热耗散较高而导致净光合速率较低的结果一致（杨利云等，2014），这与作者在滤膜处理下，紫、蓝、红膜下净光合速率级主要荧光参数较高，而在黄膜下较低的结果基本一致（柯学等，2011），同时作者还增设了绿光处理，证明了绿光与黄光一样，对烟叶生长及光合性能的抑制作用最大。

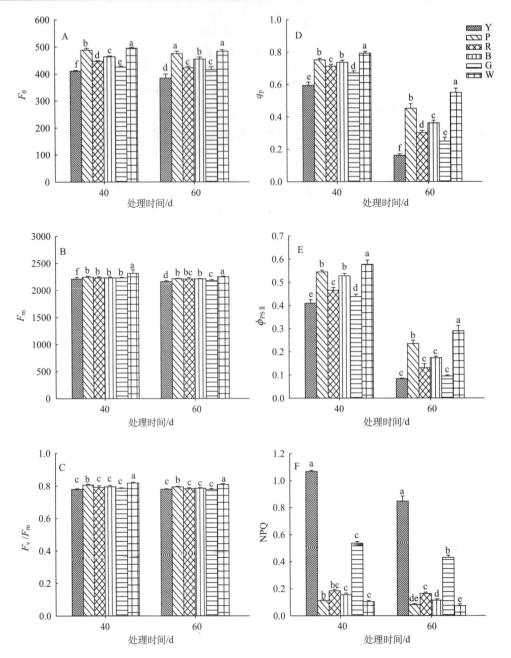

图 3-13　不同光质对烟叶叶绿素荧光参数的影响

小写字母不同表示处理间差异达到 5%显著水平

Y. 黄膜；P. 紫膜；R. 红膜；B. 蓝膜；G. 绿膜；W. 白膜

A. 初始荧光（F_0）；B. 最大荧光强度（F_m）；C. PSⅡ最大光化学量子效率（F_v/F_m）；D. 光化学猝灭系数（q_p）；E. PSⅡ实
际光化学量子效率（$\Phi_{PSⅡ}$）；F. 非光化学猝灭系数（NPQ）

通过 LED 产生不同的单色光照射烟苗的研究结果表明，红蓝复合光（400～450nm + 650～660nm）和深红光（650～660nm）可提高烟苗的光合作用速率，降低胞间 CO_2 浓度，光合性能优于其他单色光（张艳艳等，2013）。时向东等（2013）的研究也表明，蓝光处理下叶片光合速率、蒸腾速率和气孔导度显著低于白光和红光处理下的，补充白光和红光可以解决漂浮育苗前期寡照，促进烟苗早生快发，而在烟苗形态建成后补充蓝光则可抑制烟苗生长，说明不同光质对烟苗不同时期的光形态建成和生长发育影响不同。对打顶期的烟草覆盖红、蓝膜进行光质处理，结果表明，较高的红光比例处理下，烟叶净光合速率增大，而增加蓝光比例，可提高烟叶呼吸速率降低净光合速率（史宏志和韩锦峰，1999）。

UV-B 对烟草生长发育及光合作用的影响研究结果表明，与对照相比，持续不同强度的 UV-B 辐照处理下，烟草幼苗的净光合速率显著下降，说明烟草幼苗对 UV-B 较为敏感，前期 UV-B 处理，后期恢复自然光照或前期自然光照后期 UV-B 处理下，净光合速率均有一定的下降趋势，说明 UV-B 不利于烟草光合作用的提高，这可能是 UV 破坏了光合机构或者通过改变水分的运输和分布，导致气孔阻力增大，从而抑制了光合作用（黄勇等，2009）。

植物在生命代谢过程中不可避免地产生活性氧（ROS）。由于高浓度的 ROS 对植物细胞具有毒害作用，植物在长期的进化过程中，形成了较完善的包括抗氧化酶和非酶类抗氧化剂的抗氧化系统来清除细胞内的 ROS，从而维持细胞内 ROS 的平衡，当细胞内的防御系统无法阻止 ROS 自增长的自动氧化反应时，细胞将受伤和死亡。植物在不同的生长环境下产生和清除 ROS 的速率不同，为此，作者以第 11 片烟叶（中部叶）为研究对象系统地研究了不同光质对烟叶生长发育过程和抗氧化系统的影响（柯学等，2011），得到以下结果（文锦芬等，2011），在 7～70d 的生长发育过程中，21d 时是叶片生长最旺盛时期，叶片大小是最大展开叶的一半，而 42d 则是叶片最大的时期，基本达到生理成熟，56d 达到农艺成熟（生产上的采烤期）后，衰老进程加快。

植物在强光下进行光合作用时，光合电子传递常常发生电子泄漏，将电子传递给 O_2，形成超氧阴离子（$O_2^{·-}$）。植物细胞通过一套完善的抗氧化系统及时清除光合作用中产生的 ROS。$O_2^{·-}$ 经超氧化物歧化酶（SOD）歧化反应生成 H_2O_2，而 H_2O_2 的清除则是通过过氧化氢酶（CAT）、抗坏血酸过氧化物酶（APX）、谷胱甘肽过氧化物酶（GPX）催化完成。

SOD 是植物抗氧化酶中的关键一员，其功能是将 $O_2^{·-}$ 歧化为 H_2O_2。不同颜色滤膜处理对烟草叶片中 SOD 的活性有显著影响，在 7d 到 56d 期间，SOD 的酶活性呈上升趋势，56d 后活性逐渐下降；红、蓝和紫膜处理叶片的 SOD 活性低于黄膜和白膜处理，这在叶片生长后期（56d 和 70d）表现尤为明显（图 3-14A）。CAT 的功能是将胞内的 H_2O_2 直接分解生成 H_2O。不同颜色滤膜处理下烟草叶片中 CAT 的活性变化如图 3-14B 所示，在检测的 70d 的生长期中，CAT 活性保持上升趋势，且黄膜＞白膜＞红膜＞蓝膜＞紫膜，这种趋势在叶片生长后期变得更加明显（图 3-14B）。POD 存在于细胞的多个部位，利用愈创木酚为电子供体清除 H_2O_2。烟草叶片在 7～70d 的生长过程中 POD 活性逐渐升高，在生长后期（56～70d）维持在一较高的水平。不同颜色的滤膜处理下，烟草叶片中 POD

的活性总体上白膜＞红膜＞紫膜＞黄膜＞蓝膜，这在叶片生长后期表现得更为明显（图
3-14C）。谷胱甘肽过氧化物酶（GPX）通过催化还原型谷胱甘肽（GSH）生成氧化型谷
胱甘肽（GSSG），同时分解 H_2O_2。如图 3-15A 所示，GPX 活性在烟草叶片生长的前 42d
保持上升的趋势，然后逐渐下降，GPX 的活性在各处理叶片中紫膜＞白膜＞黄膜＞红
膜＞蓝膜。谷胱甘肽还原酶（GR）是植物谷胱甘肽-抗坏血酸循环中重要的酶类，可将
GSSG 还原为 GSH。在烟草叶片早期（7～21d）维持较高的 GR 活性，此后 GR 活性呈
下降趋势；与蓝膜和紫膜处理相比，黄膜和红膜处理有相对较高的 GR 活性（图 3-15B）。
APX 被认为是解毒 H_2O_2 的关键酶，它通过催化抗坏血酸-谷胱甘肽循环来发挥这一关键
作用。烟草叶片中 APX 的活性在生长前期（7～42d）变化小，而 56～70d 后活性升高，
其中蓝膜和紫膜处理的 APX 活性低于黄膜和红膜的（图 3-15C）。

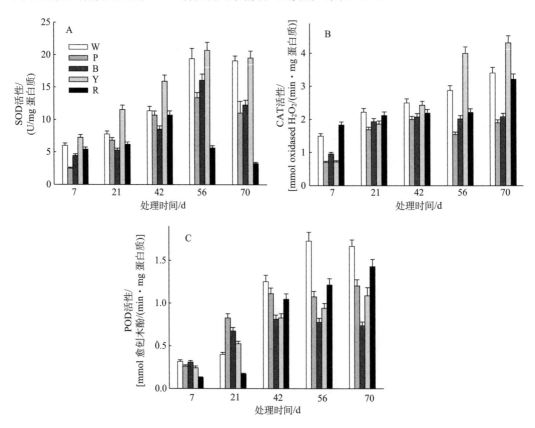

图 3-14　不同光质（滤膜）处理对烟草叶片 SOD、CAT 和 POD 活性的影响

W. 白膜；R. 红膜；Y. 黄膜；B. 蓝膜；P. 紫膜

　　GSH 广泛分布于哺乳动物、植物和微生物细胞内，是最主要的、含量最丰富的含巯
基的低分子肽，它可以直接或间接与 ROS 反应。在烟草叶片 7～70d 的生长过程中，GSH
含量和 GSH/(GSH+GSSG)值呈逐渐下降趋势，而 GSSG 含量逐渐升高。总体而言，红
膜处理下烟草叶片中的 GSH 含量、GSSG 含量和 GSH/(GSH+GSSG)值均高于其他处理
（图 3-16）。

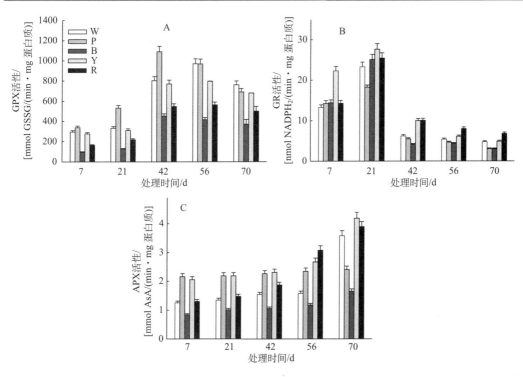

图 3-15　不同光质（滤膜）处理对烟草叶片 GPX、GR 和 APX 活性的影响

W. 白膜；R. 红膜；Y. 黄膜；B. 蓝膜；P. 紫膜

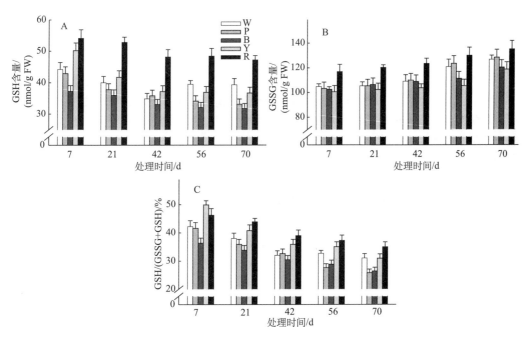

图 3-16　不同光质（滤膜）处理对烟草叶片 GSH、GSSG 含量和 GSH/（GSH+GSSG）值的影响

W. 白膜；R. 红膜；Y. 黄膜；B. 蓝膜；P. 紫膜

　　AsA 是一种普遍存在于植物组织的高丰度小分子抗氧化物质，它可以直接与 ROS 反应，在植物抵抗氧化胁迫中具有重要作用。AsA 含量和 DHA 含量、AsA/（AsA+DHA）值在烟草叶片 7～42d 的生长过程中逐渐升高，此后缓慢回落；在 42d 前白膜处理的 AsA 含量和 DHA 含量高于其他处理；而在叶片生长后期（56～70d）蓝膜处理的 AsA 含量和 AsA/（AsA+DHA）值显著高于其他处理的（$P<0.05$）（图 3-17）。

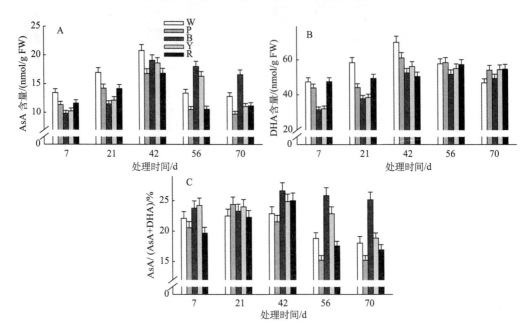

图 3-17　不同光质（滤膜）处理对烟草叶片 AsA 和 DHA 含量及 AsA/（AsA+DHA）值的影响

W. 白膜；R. 红膜；Y. 黄膜；B. 蓝膜；P. 紫膜

　　综合来看，烤烟第 11 片叶生长发育的 7～70d 抗氧化酶活性和抗氧化物质含量呈先升后降的变化趋势，与对照白光相比，黄光诱导烟草叶片超氧化物歧化酶（SOD）、过氧化氢酶（CAT）、抗坏血酸过氧化物酶（APX）、谷胱甘肽还原酶（GR）活性提高，以及抗坏血酸（AsA）、谷胱甘肽（GSH）含量增加；而红光诱导 APX、GR 活性上升，及 AsA、GSH 含量增加；但紫光处理却使 SOD、CAT、过氧化物酶（POD）、GR、谷胱甘肽过氧化物酶（GPX）活性降低，以及 AsA、GSH 含量降低；蓝光则使所有抗氧化酶活性和抗氧化物质含量降低，紫光和蓝光处理的烟草叶片 MDA 含量较高，而黄、红光下则较低，总体而言，在大田情况下，相对红光和黄光而言，紫光和蓝光处理下的烟草叶片更容易发生光氧化胁迫（文锦芬等，2011）。

　　同时，作者在后期的工作中研究了不同光质对烟草内主要致香物质之一的多酚类化合物含量及其代谢的影响和调控（材料及处理方法同杨利云等，2014）。作者主要研究了不同光质对多酚代谢途径中有重要调节作用的三个酶：苯丙氨酸解氨酶（PAL）、过氧化物酶（POD）及多酚氧化酶（PPO）活性的影响。

　　PAL 是连接初级代谢和苯丙烷类代谢、催化苯丙烷类代谢第一步反应的酶，是苯丙烷类代谢途径的关键酶和限速酶（Amrita and Brian，2001），苯丙烷类再经进一步的反应生成香豆素、绿原酸、黄酮体、木质素等次生代谢产物（欧阳光察等，1988）。由图 3-18A 可知，40d 时，白光下的 PAL 活性为 1.89/(g·h DW)，与白光下的相比，绿光下的为 1.58/(g·h DW)，比白光下的显著降低了 16%，红、黄、紫、蓝光下的分别为 2.67/(g·h DW)、2.96/(g·h DW)、2.97/(g·h DW)、4.21/(g·h DW)，比白光下的显著提高了 42%、57%、57%、123%；说明 40d 时与白光相比，黄、紫、红、蓝光均显著增加了 PAL 活性，而绿光则显著降低了 PAL 活性。60d 时白光下的 PAL 活性为 3.63/(g·h DW)，黄、红、绿光下的分别为 2.69/(g·h DW)、3.12/(g·h DW)、3.04/(g·h DW)，与白光相比分别显著降低了 26%、14%、16%，紫、蓝光下的分别为 5.05/(g·h DW)、5.39/(g·h DW)，与白光下的比显著提高了 39%、48%；说明 60d 时紫、蓝光显著提高了 PAL 活性，而其余处理则降低了 PAL 活性，光质对不同生长时期烟叶内 PAL 活性影响不同，综合来看，紫、蓝光处理显著提高了烟叶内的 PAL 活性。

POD 是一类以血红素为辅基的酶，具有不同的生物功能，主要催化 H_2O_2 和有机过氧化物，加速多种有机物和无机物的氧化，清除活性氧（Dunford et al.，1976）。从 40d 到 60d，各处理烟叶内的 POD 活性整体呈上升趋势，40d 时白光下的为 3.69/(g·h DW)，黄、蓝、绿光下的分别为 0.55/(g·h DW)、1.64/(g·h DW)、1.76/(g·h DW)，比白光的显著降低了 85%、56%、52%，红光下的为 8.75/(g·h DW)，比白光的显著增加了 1.37 倍。60d 时白光下的 POD 活性为 7.6/(g·h DW)，黄、紫、红、绿光下的分别为 3.27/(g·h DW)、3.67/(g·h DW)、3.91/(g·h DW)、3.68/(g·h DW)，比白光的显著降低了 57%、52%、48%、52%。综合来看，除 40d 时红光下的 POD 活性增大外，其余各处理与对照白光比，均显著降低了 POD 活性（图 3-18B）。

PPO 可以将烟叶内的酚类物质氧化为醌，然后发生醌的聚合和褐色化反应，对烟叶品质有重要的影响（戴亚，2001；雷东锋等，2003）。由图 3-18C 可知，从 40d 到 60d，各处理烟叶内的 PPO 活性整体呈降低趋势，40d 时白光下的为 0.49/(g·h DW)，黄光下的为 1.59/(g·h DW)，比白光的显著增加了 2.24 倍，红、蓝、绿光下的分别为 0.1/(g·h DW)、0.28/(g·h DW)、0.31/(g·h DW)，与白光下的比显著降低了 80%、43%、37%；说明 40d 时除黄光增加烟叶内 PPO 活性外，红、蓝、绿光均显著降低了 PPO 活性。60d 时白光下的 PPO 活性为 0.07/(g·h DW)，黄、紫、绿光下的分别为 0.52/(g·h DW)、0.19/(g·h DW)、0.21/(g·h DW)，与白光下的相比显著提高了 6.43 倍、1.71 倍、2.00 倍；说明 60d 时，与白光相比，黄、紫、绿光均显著增加了烟叶内 PPO 活性，不同光质对不同时期烟叶内 PPO 活性影响不同，综合来看，黄、紫光处理显著增加了烟叶内 PPO 的活性。

综合来看，紫、蓝光处理显著增大了烟叶内的 PAL 活性，除 40d 时红光下的 POD 活性增大外，其余各处理均显著减低了 POD 活性；40d 时，除黄、紫光处理外，红、蓝、绿光处理均降低了烟叶内 PPO 活性，60d 时，黄、紫、蓝光处理则显著增加了烟叶内 PPO 的活性（杨利云等，2014）。

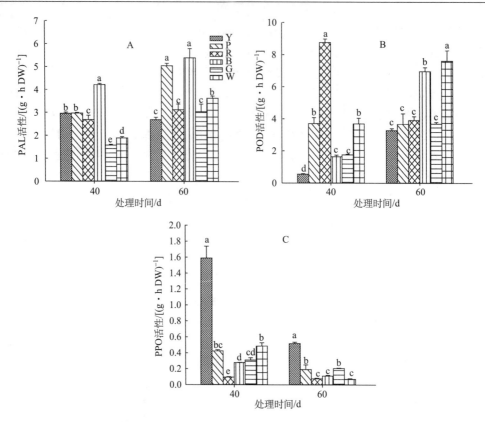

图 3-18　不同光质（LED）对烟叶片内苯丙氨酸解氨酶、过氧化物酶及多酚氧化酶活性的影响

小写字母不同表示处理间差异达到 5%显著水平

Y. 黄膜；P. 紫膜；R. 红膜；B. 蓝膜；G.绿膜；W. 白膜

类半胱氨酸蛋白酶家族（caspase-like proteases，CLP）是植物中重要的蛋白酶家族之一，广泛地参与到种子的萌发、器官分化及衰老等植物的生长发育过程中（Yamada et al.，2005；Grudaowska and Zagdanska，2004；Bonneau et al.，2008；Renier and Hoorn，2008）。近年来的研究表明，植物细胞中的类半胱氨酸蛋白酶可能包括三类：metacaspase、液泡加工酶（vacuolar processing enzyme，VPE）及丝氨酸内肽酶（sapase），这三类酶在植物生长发育过程中发挥着多重的功能（Nakaune et al.，2005；Bozhk et al.，2004），目前国内外尚未见到有关光质对植物类半胱氨酸蛋白酶的报道。

因此，作者通过覆盖不同有色滤膜获得不同光质，在大田内进行光质模拟试验，通过比较不同光质处理下的烟草叶片在生长发育及衰老过程中的叶绿素含量、类半胱氨酸蛋白酶活性变化及其相应基因表达的变化，以从一个侧面揭示光质对烟草叶片生长发育影响的生化与分子基础。

烟叶在生长发育过程中，各处理的叶片叶绿素含量（以 SPAD 值计算）变化总体趋势是相似的，都是先升高后降低（图 3-19）。21d 时叶片处于最大展开叶的一半大小，叶绿素含量最高，生长也最旺盛；42d 时叶片大小为最大，基本达到生理成熟；42d 后，叶片开始衰老，56d 达到农艺成熟（生产上的采烤期）后，衰老进程加快。70d 时蓝膜和紫膜下生长的叶片叶绿素含量显著高于白膜（$P<0.05$），分别比白膜高出 52.9%和 42.1%，而黄膜和红膜处理的与白膜无显著差异（$P>0.05$）。

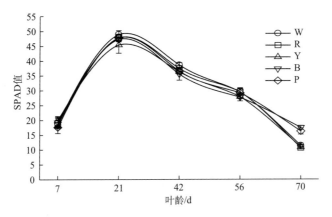

图 3-19　不同光质（滤膜）处理下烟草叶片生长发育进程中叶绿素含量的变化

W.白膜；R.红膜；Y.黄膜；B.蓝膜；P.紫膜

不同光质处理对烟草叶片的类半胱氨酸蛋白酶活性的变化有显著效应：以白膜处理为对照，在叶片的整个生长发育和衰老过程中，黄膜（图 3-20A）和红膜（图 3-20B）处理的叶片类半胱氨酸蛋白酶活性明显高于蓝膜（图 3-20C）和紫膜（图 3-20D）处理的，如以充分伸展的 42d 的叶片为例，黄膜处理的类半胱氨酸蛋白酶活性分别是白膜、蓝膜、紫膜的 206%、191%和 360%，红膜处理的分别高于白膜、蓝膜、紫膜的 73%、60%和 202%。

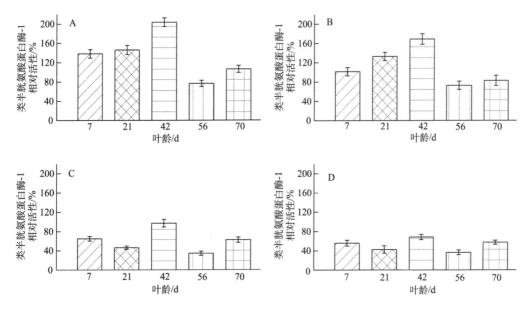

图 3-20　不同光质（滤膜）处理下的烟草叶片生长发育进程中类半胱氨酸蛋白酶-1 相对活性变化

A. 黄膜；B. 红膜；C. 蓝膜；D. 紫膜

　　此外，在叶片 7～70d 的生长发育进程中，各处理下其类半胱氨酸蛋白酶活性的总体变化趋势是：42d 前逐渐增加，此后有一回落过程，70d 开始又升高（图 3-20）。

　　液泡加工酶（VPE）是植物类半胱氨酸蛋白酶家族中的三个重要成员之一，其功能一般认为与植物组织的衰老有关。根据目前可得到的 *VPEs* 基因家族的 ESTs，作者检测了 4 个 *VPEs* 家族基因（*VPE-1a*、*VPE-1b*、*VPE-2*、*VPE-3*）在烟草叶片生长发育及衰老期间的表达变化。结果表明，不同光质处理的烟草叶片，在生长发育及衰老过程中，4 个 *VPEs* 家族基因的表达量都有不同程度的上调，但是各个基因的表达量的上调程度和时间又有不同：*VPE-1a* 基因的表达量随着叶龄的增长而逐步上调，到叶龄为 70d，表达量达到最大值。*VPE-1b* 基因在烟草叶片生长发育及衰老过程中都有表达，到叶龄为 21d 后表达量明显上调。*VPE-2*、*VPE-3* 基因在叶片的整个生长发育及衰老过程中表达相对较弱，在叶片生长发育的过程中的某些时期甚至不能检测出（图 3-21）。

　　此外，不同光质处理对烟草叶片生长发育及衰老过程中 *VPEs* 基因表达有明显的影响。以 *VPE-1b* 基因为例，从图 3-21 可以看出蓝膜和紫膜处理的烟草叶片 *VPE-1b* 基因的表达量明显低于白膜、黄膜和红膜。在其他几个基因的表达量上，蓝膜和紫膜处理的也明显低于白膜、黄膜和红膜（图 3-21）。

　　综合来看，与白、红、黄膜处理相比，蓝膜和紫膜处理延缓了烟草叶片生长后期叶绿素含量的下降和衰老进程，同时蓝、紫膜处理的烟草叶片有相对较低的类半胱氨酸蛋白酶活性和相关的几个基因的表达量，不同光质对烟草叶片的生长发育及衰老进程有不同的影响，这在某种程度上是通过影响类半胱氨酸蛋白酶及其相应的基因表达来实现的（Zhao et al.，2012）。

　　核酮糖-1,5-二磷酸羧化加氧酶（ribulose 1,5-biphosphate carboxylase oxygenase，Rubisco）（EC 4.1.1.39）是光合作用中固定 CO_2 的关键酶，而 Rubisco 活化酶（Rubisco activase，Rca）类似其分子伴侣，从稳定的核酮糖-1,5-二磷酸（ribulose 1,5-biphosphate，RuBP）分离活化 Rubisco。Rubisco 由 8 个大亚基（55kDa）和 8 个小亚基（15kDa）组成，含量非常丰富，在光合叶片中，占叶片可溶性蛋白的 65%。Rca 是核基因编码的可溶性叶绿体酶，在多个物种中，发现了两个亚型——α（43～46kDa）和 β（41～42kDa）。Rubisco 的羧化作用分两步，第一步通过形成一个酶-CO_2-Mg^{2+}复合物（E-C-M）；第二步是在活性位点结合 CO_2 或 O_2 催化 RuBP。Rca 从无活性的酶（E）上释放 RuBP 需要的催化，先形成 E-C，再形成 E-C-M 进行下一个循环（Ristic et al.，2007；Goumenaki et al.，2010）。

　　Rubisco 和 Rca 对于植物的生长和光合作用非常重要（Whitney and Andrews，2001）。Rca 不耐高温（Ristic et al.，2007），所以高温（可能也包括高光强）下光合效率变低很重要的原因是 Rca 的失活而使 Rubisco 钝化。另外，高温等产生的氧化胁迫也能使 Rubisco 降解，豌豆叶绿体中 Rubisco 能被 ROS 降解（Roulin and Feller，1998）；莴苣在臭氧胁迫下，光合效率的减小是由于 Rubisco 大亚基（*rbcL*）和小亚基基因（*rbcS1*），以及 *rca* 基因（*rca1* 和 *rca2*）表达量的减少（Goumenaki et al.，2010）。玉米中发现 Rubisco 和 Rca 两种酶基因表达的调控是转录后调控，并且白天和夜晚可能具有不同的表达模式（Ayala-Ochoa et al.，2004；DeRidder and Salvucci，

2007）。因此作者系统地研究了不同光质处理对烟叶光合速率、Rubisco 及 *rbc* 和 *rca* 基因表达的相互关系及影响。

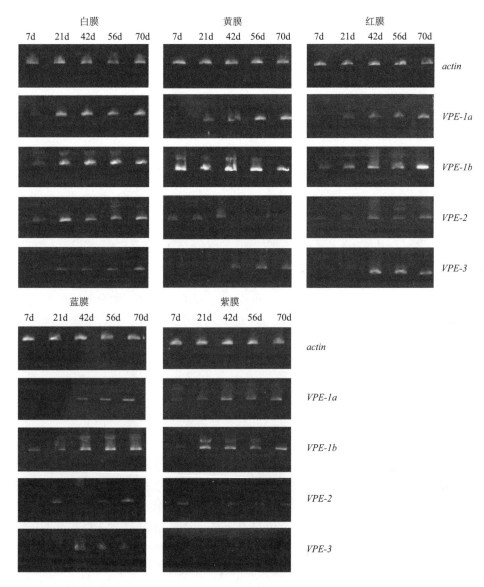

图 3-21 不同光质（滤膜）处理下的烟草叶片生长发育进程中液泡加工酶（*VPEs*）基因表达的变化

烟叶在 7～70d 的生长发育期内，Rubisco 活性先升高后降低，在 21d 和 42d 时，白膜处理下的酶活性与其余各处理相比差异显著（$P < 0.05$），而在 7d、56d 和 70d 时各处理之间无显著差异（$P > 0.05$）（图 3-22A）。21d 时，红、蓝、紫膜处理的酶活性比白膜分别高出 23.0%、31.7% 和 17.5%，而黄膜下的酶活性与白膜处理的相比降低了 12.2%。42d 时，红、蓝、紫膜处理的酶活性比白膜分别高出 20.0%、28.5% 和 19.4%，而黄膜下的酶活性与白膜处理的相比降低了 18.0%。在 7～70d 的生长发育期内，烟叶的净光合速率从叶龄 7d 到 21d 持续增大，42d 略有下降，之后迅速下降，这与 Rubisco 活性的变化情况基本相同（图 3-22B）。

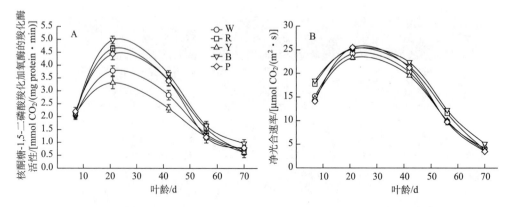

图 3-22　不同光质（滤膜）处理对烟叶 Rubisco 活性及净光合速率的影响

W. 白膜；R. 红膜；Y. 黄膜；B. 蓝膜；P. 紫膜

在烟叶生长发育过程中，*rbc* 和 *rca* 基因表达情况为，42d 前，两个基因的表达较强，而 42d 后，两基因的表达较弱。各膜处理下的表达情况为，红、蓝、紫膜处理下两基因的表达均较强；白膜和黄膜处理下，虽然 *rbc* 基因的表达也较强（特别是白膜的），但 *rca* 基因的表达较弱（特别是黄膜处理的）（图 3-23）。

光质对光合速率、Rubisco 及 *rbc* 和 *rca* 基因表达的相互关系及影响的研究表明，红、蓝、紫膜处理叶片有较高的净光合速率、Rubisco 活性和较强的 *rbc* 和 *rca* 基因表达，说明光质可通过影响 Rubisco 活性进而影响叶片光合效率（柯学等，2012）。

不同比例红蓝复合光处理对烟草幼苗生长及碳氮代谢的研究表明，随着光照强度的增加，当复合光中红光∶蓝光为 3∶1 时，烟叶内蔗糖转化酶（INV）活性显著提高；当红光∶蓝光为 1∶3 时，烟叶内硝酸还原酶（NR）活性显著提高（肖春生等，2013）。史宏志和韩锦峰（1999）的关于红、蓝光对烟草生长及碳氮代谢和品质影响的研究表明，较高的红光比例使 INV 活性提高，C/N 值显著增加，而增加蓝光比例可以提高 NR 活性，C/N 值显著降低，说明红光利于烟叶的碳代谢，而蓝光利于烟叶的氮代谢。在 K326 上通过覆盖有色膜获得单色光处理烟草的研究表明，红膜处理下烟叶 INV 活性下降，淀粉酶活性上升，蓝膜处理下烟叶 INV 和淀粉酶活性较低，绿膜处理下烟叶 INV 活性增强，淀粉酶活性减弱（王文超等，2012）。说明红光利于烟叶的碳代谢，而蓝光利于烟叶的氮代谢。

在 UV-B 辐射下，烟草叶片内可溶性蛋白呈先上升后下降的趋势，过氧化物酶（POD）活性明显上升，对类胡萝卜素合成具有重要调节功能的 GGPP 合成酶（GGPS）的基因表达量显著提高，与之对应的是类胡萝卜素含量显著提高（刘敏等，2007）。而多酚氧化酶（PPO）的活性对 UV-B 辐射的变化非常敏感，过高或过低的 UV-B 辐射强度均降低了 PPO 活性，其中高的 UV-B 辐射强度影响更大，在一定 UV-B 辐射强度范围内，降

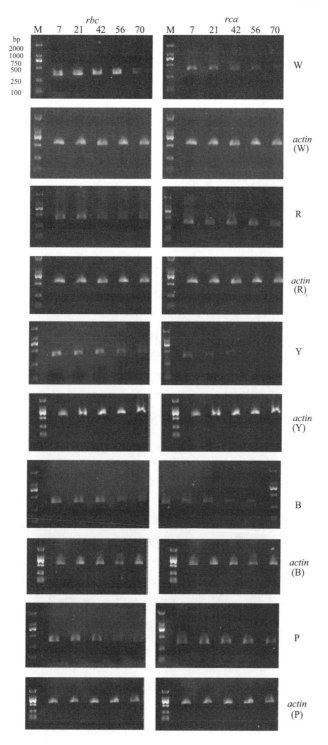

图 3-23　不同光质处理对烟叶 *rbc* 和 *rca* 基因表达的影响

7、21、42、56、70 表示叶龄（d）；M 表示 marker；*actin* 为内参

W. 白膜；R. 红膜；Y. 黄膜；B. 蓝膜；P. 紫膜

低强度可提高 PPO 活性（王毅等，2010）。不同品种对 UV-C 的适应性研究表明，随着 UV-C 胁迫时间的延长，根系脱氢酶活性和 POD 活性增加而 CAT 活性降低，变化趋势表现出品种差异性（左敏等，2010）。不同地域烤烟品种对 UV-C 胁迫处理的适应性研究也表明，经 UV-C 胁迫处理，过氧化物酶（POD）活性、丙二醛（MDA）含量呈上升趋势（赵月等，2011）。

三、日照时数对烟草生长发育和生理生化过程的影响

日照时数（或光周期）指太阳每天在垂直于其光线平面上的辐射强度超过或等于 120W/m² 的时间长度，其对植物的生长发育影响广泛，叶片是日照时数主要的感受器官之一，烟草作为喜光作物，对光照时间的变化的感受较为敏感（金磊等，2008）。

（一）日照时数对烟草生长发育的影响

目前关于日照时数对烟草种子萌发的影响的研究较少，在光照条件下，烟草种子 4d 就有萌动现象，而黑暗环境下，则需要 6d 才能萌发，且萌发势较弱，补充光照可以提高种子萌发进程和烟苗素质（周翼衡，1996）。

在我国各地均有烟草种植，因地理位置和季节性差别获得的光照时数往往不同。烟草在生长发育过程中，不同生育期常会遇到低温寡照、光照不良等天气，得不到充足的光照时间，影响烟株生长和烟叶品质形成。迄今有关光照时间对烤烟生长发育和光合特性的影响尚鲜有报道。而云南烤烟优质而独特的风味被认为是与云南烟区特殊的光照资源环境有关。为此，本试验采用夜晚人工补光的方法模拟延长光照时间，探讨了不同光照时间对烟叶生长及光合特性的影响，从一个侧面为解读云南烟叶品质形成的光环境生态基础提供理论依据。

作者利用日光灯在天黑后对烤烟进行补光试验，结果表明，延长光照时间处理会对烤烟生长发育造成不同程度的影响。各延长光照时间处理下烟株的株高、茎围、叶长、叶宽、叶宽/叶长都不同程度地高于对照（图 3-24A～图 3-24E），而比叶面积都显著低于对照（图 3-24F），并以补光 2h 处理的影响最大。其中，补光 2h 处理的株高（134.5cm）、叶长（64.9cm）、叶宽（26.0cm）及叶宽/叶长分别比对照显著提高 5.49%、7.2%、12.5% 和 10.6%，而其余补光处理与对照间均无显著差异；同时各补光处理及对照之间的茎围差异均不显著。各处理下烟叶比叶面积的表现与以上指标不同，其随补光时间的延长先降后升，但各补光处理均显著低于对照，并以补光处理 2h 最小，其比对照显著降低 23.1%。

综合来看，与对照相比，延长光照 2h 处理下，烟株的叶长、叶宽、株高均显著增加，补光 1h、3h 处理影响不显著；延长光照处理显著降低比叶面积，促进叶片生长发育和干物质积累，可见，适当的补光处理可使烟株叶片变得宽短，有利于其生长发育和干物质的积累，但补光时间过长会削弱这种效应（徐超华等，2013）。

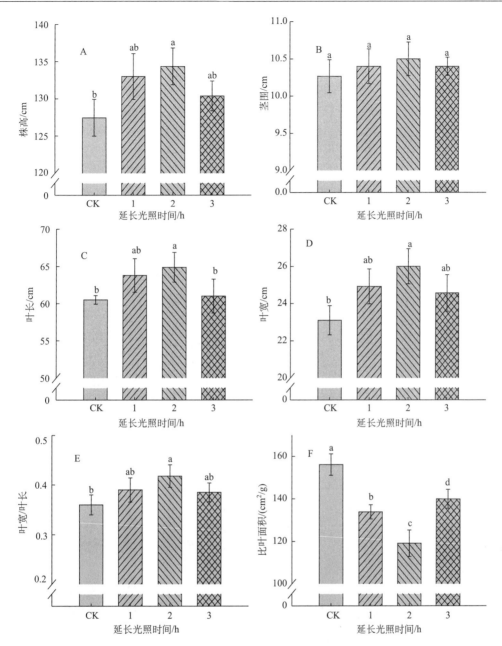

图 3-24　不同补光处理对烟株生长的影响

小写字母不同表示处理间差异达到 5% 显著水平

（二）日照时数对烟草生理生化过程的影响

光对烟草成花有重要的影响，而叶片是成花决定态建立所必需的，前人研究表明，烟草叶片需达到 10cm 后才具有诱导成花的能力（Mcdnaiel et al.，1992）。研究发现，烤烟品种 NC89、K326、G-80 和 NC82 在不同时期经历 11h/d 的短日照处理后，烟株现蕾提前，主茎生物学叶片数减少，以 11～13 叶期处理差异最显著，表明 NC89、K326、G-80 和 NC82 对光周期的反应均具有短日性（金磊等，2008；颜合洪和赵松义，2001）。段玉琪等（2011）的研究也表明，对 NC82 进行短日照处理可使烟株的现蕾期提前，表明 NC82 具有一定的短日照性。6h、8h 的短日照条件均可有效诱导烟草早花，9～13 叶期的烟株具有同等的感受花芽分化诱导信号的能力，在 9～13 叶期的烟株，接受诱导信号越早，其花芽分化越早，叶片数越少。

不同补光时间对烟株光合作用造成不同程度的影响，各光合参数均表现出先升高后降低的趋势，其叶片净光合速率（P_n）、气孔导度（G_s）、胞间 CO_2 浓度（C_i）、蒸腾速率（E）都不同程度地高于对照（图 3-25）。并以补光处理 1h、2h 较为显著。补光处理 1h、2h 叶片的 P_n 分别比对照显著提高 13.38%、20.0%，G_s、C_i、E 都与 P_n 表现出相似的规律，如 G_s 分别比对照显著提高 24.24%、39.39%，C_i 分别比对照提高 7.41%、8.51%，E 分别比对照显著提高 28.70%、32.62%，补光处理 3h 与对照间均无存在显著差异（E 除外）。可见，适当补光处理有利于提高烟叶的光合作用，以补光处理 1h、2h 较为显著，但补光时间过长会削弱这种效应（徐超华等，2013）。

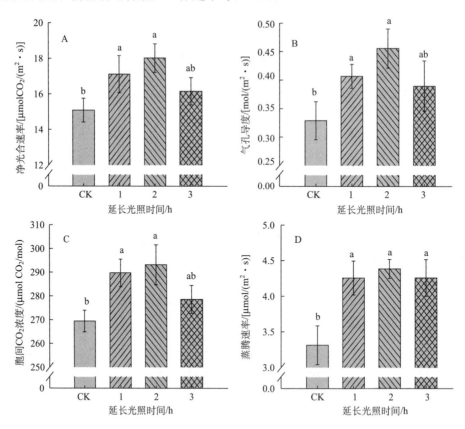

图 3-25　不同补光处理对烟叶光合作用的影响

小写字母不同表示处理间差异达到 5%显著水平

叶绿素荧光从一个侧面反映了植物的光合作用能力。F_v/F_m 反映 PSⅡ 原初光化学反应的最大光化学效率，$\Phi_{PSⅡ}$ 反映 PSⅡ 实际的光化学量子效率，q_p 反映了 PSⅡ 原初电子受体质体醌 A（Q_A）的还原状态，它由 Q_A 重新氧化形成，q_p 越大，Q_A 重新氧化的量越大，即 PSⅡ 的电子传递活性越大。通过对 7 个叶绿素荧光参数测定的结果表明，总体上补光 1h、2h、3h 处理下的 PSⅡ 最大光化学量子效率（F_v/F_m）、$\Phi_{PSⅡ}$ 和叶绿素荧光的光化学猝灭系数（q_p）均较对照高，补光 2h 下的非光化学猝灭系数（NPQ）最低。各处理之间的初始荧光强度（F_0）无显著差异（图 3-26A）；补光 2h 下的 F_m 显著高于对照（图 3-26B）；F_v/F_m 在 0.79～0.82，补光 1h 和 2h 下的显著高于对照（图 3-26C），说明烟叶在午间受到不同程度的光强抑制，对照受到光抑制较强，补光 2h 受到的抑制最弱；补光 1h、补光 2h 下的 $\Phi_{PSⅡ}$ 分别比对照高 38.0%、40.8%（3-26D）；补光 2h 下的 q_p 比对照提高了 25.58%（图 3-26E）；补光处理的 NPQ 均显著低于对照处理（图 3-26F）；补光 1h、补光 2h 的 ETR 也显著高于对照（图 3-26G）。

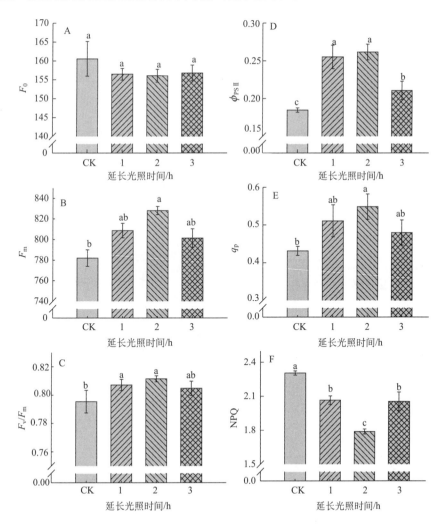

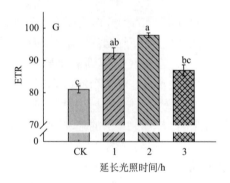

图 3-26　不同补光处理对烟叶叶绿素荧光参数的影响

小写字母不同表示处理间差异达到 5% 显著水平

A. 初始荧光强度（F_0）；B. 最大荧光强度（F_m）；C. PSⅡ最大光化学（F_v/F_m）；D. PSⅡ实际光化学量子效率（$\Phi_{PSⅡ}$）；

E. 光化学猝灭系数（q_p）；F. 非光化学猝灭系数（NPQ）；G. 电子传递效率（ETR）

　　光响应曲线的测定，选取的烟叶为打顶后一个月的中部成熟展开叶，采用叶子飘新型模型拟合得出（图 3-27）。在低光辐射强度下，净光合速率逐渐升高，当达到饱和点时，净光合速率达到最大值，当辐射强度超过饱和点且达到一定范围程度时，净光合速

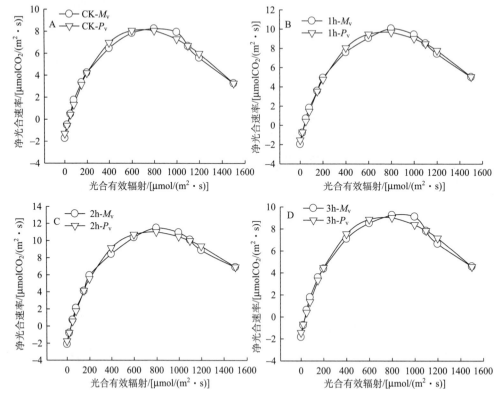

图 3-27　不同补光处理下烟叶的光响应曲线

A～D. 实测及拟合曲线；M_v. 实验中的实际测定值；P_v. 根据拟合曲线得出的预测值

率开始缓慢下降，出现了光抑制现象，其中对照受抑制较强，补光 2h 相对较弱。各处理下的光补偿点相差不大，但补光 1h、2h、3h 处理下的光饱和点较对照高，分别比对照高6.53%、9.17%、5.29%。与之相对应的最大净光合速率也高于对照（表 3-3）。

表3-3　不同补光处理下烟叶的光响应参数

延长光照时间	最大净光合速率 (P_{max}) / [μmol CO_2/（$m^2 \cdot s$）]	光饱和点 (I_{sat})	光补偿点 (I_c)	光补偿点与暗呼吸处连线的斜率	初始斜率	暗呼吸速率/ [μmol/（$m^2 \cdot s$）]	拟合曲线决定系数 (R^2)
CK	8.18c	696.6c	37.1a	0.035c	0.037c	1.30c	0.990
1h	9.71b	742.8ab	38.8a	0.040b	0.042b	1.54b	0.988
2h	11.02a	760.5a	37.2a	0.047a	0.050a	1.75a	0.993
3h	9.06bc	733.5b	38.5a	0.037c	0.039c	1.43b	0.991

注：同列不同字母表示处理间差异达到 5% 显著水平

综合来看，延长光照时间 1h 和 2h 处理下叶片净光合速率（P_n）、气孔导度（G_s）、胞间 CO_2 浓度（C_i）显著升高，3h 处理影响不大。延长光照处理显著提高了 PSⅡ 最大光化学量子效率（F_v/F_m）、PSⅡ 实际光化学量子效率（$\Phi_{PSⅡ}$）、光化学淬灭系数（q_p），降低了非光化学淬灭系数（NPQ），其中 2h 处理影响幅度最大，但对初始荧光强度 F_0 影响不显著。延长光照处理下烟草叶片的最大净光合速率（P_{max}）和光饱和点（I_{sat}）均升高，但光补偿点（I_c）没有明显的变化。研究结果表明，适当延长光照时间有利于叶片生长发育和干物质积累，提高叶绿素含量，促进光合作用，缓解光抑制现象，充分利用光能，提高叶片光合同化效率。

吴云平等（2011）的研究表明，以 K326 为实验材料，于每天日落后利用人工光源补光 4h，补光光强为 70μmol/（$m^2 \cdot s$），利用该弱光补光后，光饱和点（LSP）和最大净光合速率（P_{max}）没有显著变化，而光补偿点（LCP）明显下降，在弱光下的 P_n 和表观量子效率（AQY）明显升高。

第三节　光环境（光质、光强、日照时数）对烟叶物质代谢及其品质的影响

一、光强对烟叶物质代谢及其品质的影响

决定烤烟风格的主要因素有生态因素、基因型和栽培技术等、其中生态因素的影响较大，光作为重要的生态因子，对烟草物质代谢有重要的影响（周昆等，2008；易克等，2013）。

质体色素主要包括叶绿素 a、叶绿素 b 和类胡萝卜素，它不但是光合作用的基础，而且质体色素作为重要的致香前体物质在烤烟叶片中积累、转化和降解对烤烟香气风格形成具有重要的影响，其中叶绿素的主要降解产物新植二烯和植物呋喃尤为重要（周昆等，2008）。刘国顺等（2006）和杨兴友等（2007b）的研究结果表明，随着光照强度的

减弱，烟草幼苗叶绿素含量增加，叶绿素 a/叶绿素 b 值减小，说明叶绿素 b 的增加速率大于叶绿素 a 的增加速率。不同生育期降低光强处理烟草的研究结果表明，随着光强的降低烟叶内叶绿素含量增加（杨兴友等，2007a）。成熟期降低光强后，烤后烟叶内的 β-胡萝卜素和类胡萝卜素总量都明显增加，但在鲜烟叶中，随着光强的降低，类胡萝卜素含量降低（郑明等，2009）。光照对叶绿素的合成作用旨在转化，而光强较强时，叶绿素又会受到光氧化而破坏，在环境不适或叶片成熟衰老过程中，叶绿素合成能力减弱，分解能力增强，叶绿素逐渐降解，叶片变黄，在弱光下，植物通过形成较多的叶绿素，合成 LHCⅡ复合物等途径来适应弱光环境（周昆等，2008；左亚军，2007）。

碳水化合物是以光合产物为原料合成的，是烟叶中所有化合物中含量最高的一类。其合成和分解过程受多种因素的影响，而作为生态因素的光，主要通过影响光合作用，从而影响碳水化合物的含量。

在烟草幼苗上的研究结果表明，随着光强的减弱，烟叶内的总糖含量降低（刘国顺等，2006，2007；杨兴友等，2008），但也有研究表明，随着光强的减弱，烟叶内总糖含量增加（郑明等，2009），可能因试验处理方式不同、光照强度不同和烟草品种不同而造成。光强对不同生育期的烤烟生长发育和物质代谢的研究结果也表明，随着光强的降低，烟叶内总糖、还原糖、淀粉和蔗糖含量均降低，对葡萄糖、果糖含量变化无显著影响，对中部叶的影响比上部叶显著（刘国顺等，2007；杨兴友等，2007a，2008；杨兴友和刘国顺，2007；彭振兴等，2012）。说明通常情况下，随着光强的降低，烟叶内的总糖、还原糖、淀粉和蔗糖含量均呈降低的趋势。同时有研究表明，随着光强的降低，烟叶内总氮、蛋白质、钾、氯含量均呈增加趋势（杨兴友等，2008；杨兴友和刘国顺，2007；王峥嵘等，2011）。

烟草内主要的多酚物质包括绿原酸、芸香苷和莨菪亭，其中绿原酸占总多酚的 75%～94%，芸香苷和莨菪亭含量占总多酚的 1% 左右，是烟草叶片内重要的致香物质之一，与烟叶的香气、色泽和质量密切相关，是影响烤烟品质的重要潜香型物质（Lefingwell J C and Lefingwell D，1988）。在烟草含有的各种生物碱中，烟碱（尼古丁）占生物碱总量的 95% 以上，是对烟草品质最有影响的成分之一（Janne et al.，2005）。光强对多酚和烟碱含量有重要影响，大量研究表明，随着光强的降低，不同生育期的烟叶内多酚及其他中性致香物质和烟碱含量呈增加趋势（杨兴友和刘国顺，2007；乔新荣等，2008；彭新辉等，2009）。但其他研究却表明在苗期和其他生育期随着光强的降低，烟碱、总酚却随之降低（刘国顺等，2006，2007），这可能是因为试验处理方式不同、光照强度不同和烟草品种不同而造成。

二、光质对烟叶物质代谢及其品质的影响

光合色素是吸收和转化光能的基础。作者的研究结果表明，蓝、紫膜处理下延缓了烟草叶片生长后期叶绿素含量的下降和衰老过程（图 3-19）（Zhao et al.，2012）。柯学等（2011）的研究表明，黄、蓝膜下的叶绿素 a、叶绿素 b、类胡萝卜素和总叶绿素均较其他处理的低，其中蓝膜下的最低；但红膜、蓝膜下的叶绿素 a/叶绿素 b 值却较高。蓝膜下的叶绿素 a、叶绿素 b 分别为 0.60mg/g FW 和 0.18mg/g FW，显著低于白膜的 0.80mg/g FW

和 0.26mg/g FW（图 3-28A，图 3-28B）。红、蓝膜处理的叶绿素 a/叶绿素 b 值分别为 3.7 和 3.8，显著高于白膜的 3.1（图 3-28E）。

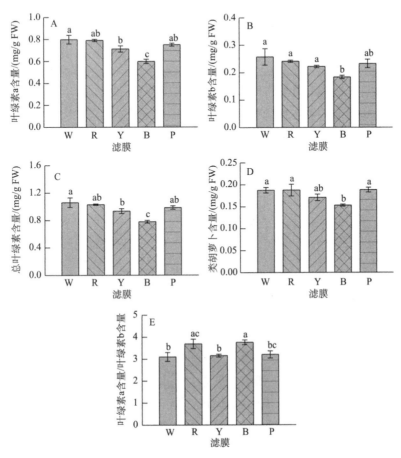

图 3-28　不同光质（滤膜）处理对 42d 叶龄烟叶光合色素含量的影响

小写字母不同表示处理间差异达到 5%显著水平

滤膜：W. 白膜；R. 红膜；Y. 黄膜；B. 蓝膜；P. 紫膜

在后期的研究工作中，作者通过 LED 获取不同的光质，研究了不同光质对烟叶质体色素含量的影响（材料方法同杨利云，2014），结果表明，各处理下光合色素含量从 40d 至 60d 呈降低趋势。40d 时白光下的叶绿素 a 含量为 2.45mg/g FW，红光下的为 2.62mg/g FW，比白光的显著提高了 6.9%，黄、紫、蓝光下叶绿素 a 含量分别为 2.42mg/g FW、1.71mg/g FW、1.62mg/g Fw，分别比白光的显著降低 10%、30%、33%；60d 时白光下的叶绿素 a 含量为 2.41mg/g FW，红光下的为 2.53mg/g FW，比白光的显著提高 5%，绿、黄、紫、蓝光下的叶绿素 a 含量分别为 2.28mg/g FW、2.25mg/g FW、1.54mg/g FW、1.46mg/g FW，均较白光的显著降低了 5%、7%、36%、39%（图 3-29A）。40d 时白光下的叶绿素 b 含量为 1.10mg/g FW，红光下的为 1.16mg/g FW，比白光下的显著提高 5%，绿、黄、紫、蓝光下的分别为 1.05mg/g FW、0.99mg/g FW、0.66mg/g FW、0.63mg/g FW，比白光下的分别显著降低 5%、10%、40%、43%；60d 时白光下的叶绿素 b 含量为 0.98mg/g FW，红光下的为 1.04mg/g FW，比白光下的显著提高 6%，黄、紫、蓝光下的分别为 0.92mg/g Fw、0.57mg/g FW、0.58mg/g FW，比白光的分别显著降低 6%、41%、43%（图 3-29B）。40d 时白光下的总叶绿素为 3.61mg/g FW，红光下的为 3.78mg/g FW，比白光的显著提高 5%，绿、黄、紫、蓝光下的分别为 3.51mg/g FW、3.4mg/g FW、2.37mg/g FW、2.24mg/g FW，比白光的分别显著降低 3%、6%、34%、38%；60d 时白光下的总叶绿素为 3.39 mg/g FW，红光下的为 3.56mg/g FW，比白光的显著提高 5%，绿、黄、紫、蓝光下的分别为 3.22mg/g FW、3.16mg/g FW、2.11mg/g FW、2.06mg/g FW，比白光的显著降低 5%、7%、38%、39%（图 3-29C）。40d 时白光下的类胡萝卜素含量为 0.85mg/g FW，红光下的为 0.97mg/g FW，比白光的显著提高 14%，黄、紫、蓝光下的分别为 0.81mg/g FW、0.59mg/g FW、0.58mg/g FW，比白光的分别显著降低 5%、31%、32%；60d 时白光下的为 0.84mg/g FW，红光下的为 0.87mg/g FW，比白光的显著提高 4%，黄、紫、蓝光下的分别为 0.8mg/g FW、0.55mg/g FW、0.51mg/g FW，比白光的分别显著降低 5%、35%、39%（图 3-29E）。40d 时白光下的叶绿素 a/叶绿素 b 值为 2.29，黄、蓝、紫光下的叶绿素 a/叶绿素 b 值分别为 2.46、2.57、2.6，分别比白光的显著提高 7%、12%、14%；60d 时白光的叶绿素 a/叶绿素 b 值为 2.45，蓝、紫光下的分别为 2.64、2.65，分别比白光的显著提高 8%、8%（图 3-29D）。40d 时白光下的含水量为 89.11%，黄光的为 91.45%，比白光的显著增加 3%；60d 时白光下含水量为 90.85%，黄光下为 92.63%，与白光比显著增加 2%（图 3-29F）。

整体上看，黄、紫、蓝光显著降低了烟叶的叶绿素 a、叶绿素 b、总叶绿素及类胡萝卜素含量，其中，紫光和蓝光下的最低，但是紫光和蓝光下却有较高的叶绿素 a/叶绿素 b 值，并显著高于白光，且黄光下烟叶组织含水量显著高于白光下的（杨利云等，2014）。

钟越峰等（2013）的研究表明，在采用 LED 红、蓝光灯按 1∶1 组合的植物生长灯照射下，随着光照强度的增加，烟叶中叶绿素 a、叶绿素 b、类胡萝卜素含量随着光强的增强而增大。邬春芳等（2011）通过对烟草覆盖有色膜处理的研究结果表明，红膜处理利于质体色素的合成，蓝膜处理对质体色素的降解有促进作用，紫膜处理对两个过程都有促进作用，黄膜处理促进作用最小，但对其降解有利，这与我们实验室关于蓝、紫膜下延缓了叶绿素的降解的结果相反，可能因质体色素中叶绿素和类胡萝卜素在蓝、紫膜下的降解速率不同所致。张艳艳等（2013）的研究结果表明，红、蓝、绿光均显著降低了烟草幼苗色素的含量，红蓝复合光与对照冷白光差异不显著。钟越峰等（2013）用不同强度的红蓝复合光处理烟苗发现，叶片中叶绿素 a、叶绿素 b、类胡萝卜素含量随光强的增强而增强。

对中烟 100 第 5～6 片真叶进行 UV-B 辐照后，烟叶内叶绿素 a、叶绿素 b、类胡萝卜素含量均呈上升趋势。但对 K326 幼苗照射 UV-B 处理后，研究表明，UV-B 处理下叶绿素含量下降幅度与辐射强度呈正相关，但适度的 UV-B 利于成苗叶绿素含量、总类胡萝卜素含量的提高（黄勇等，2009）。不同品种的烤烟随 UV-C 胁迫时间的延长，叶绿素 a、叶绿素 b 含量随着胁迫时间的延长而降低，类胡萝卜素含量虽低于对照，却表现出随着胁迫时间的延长而降低的趋势，叶绿素 a/叶绿素 b 值增大（左敏等，2010）。不同地域烤烟品种对 UV-C 胁迫适应性研究表明，经 UV-C 胁迫处理后，烟叶光合色素呈

下降趋势（赵月等，2011）。利用双转光膜处理烟苗的研究表明，双转光膜显著提高了
叶片叶绿素含量（浦文宣等，2008）。

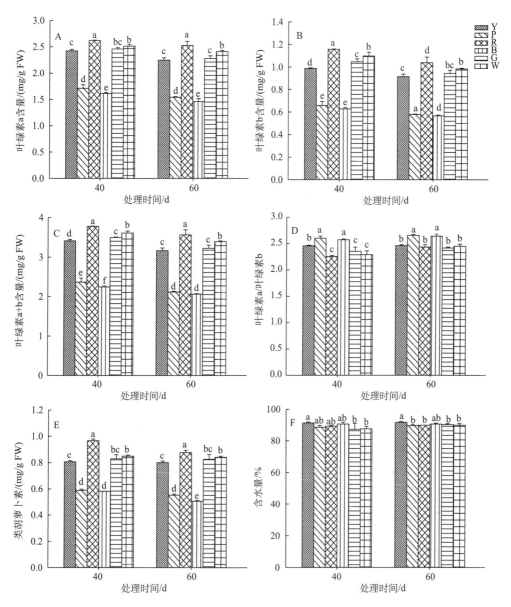

图 3-29　不同光质（LED）对烟叶质体色素含量及含水量的影响

小写字母不同表示处理间差异达到 5%显著水平

W. 白光；R. 红光；Y. 黄光；B. 蓝光；P. 紫光；G. 绿光

在烟株团棵期和打顶期用有色膜进行遮光处理的研究表明，团棵期增加红光、打顶
期补充蓝光，有利于提高烤后烟 β-胡萝卜素和叶黄素含量；光质对腺毛分泌物中的 β-西
柏三烯二醇影响最大，对降低茄二酮影响最小；相对腺毛分泌物和烷烃类蜡质而言，光

质对新植二烯影响较小；黄膜处理烤后烟叶腺毛分泌物含量及其降解产物总量最高，光质对新植二烯和烷烃类蜡质含量的影响存在多种变化，红、蓝光对烟叶表面提取物的影响效应主要表现在烟株生长前期，黄、白光的效应主要表现在烟株生长后期，烟株生长前期增加红光比例有利于增加烤后烟叶新植二烯和烷烃类蜡质成分积累，烟株生长后期补充黄光有助于提高烤后烟叶腺毛分泌物含量和降解产物总量（陈伟等，2011）。而不同光质处理的烤后烟类胡萝卜素含量与短波长光呈显著正相关，与长波光呈显著负相关（过伟民等，2011）。

经 UV-C 处理，与对照比，烟叶总糖含量提高（黄勇等，2009）。经双转光膜处理后，未对烟叶品质参数产生不良影响（孙在军等，2008）。但也有双转光膜对烟叶生长的影响研究表明，双转光膜处理后，烟草幼苗根、茎、叶内淀粉、可溶性糖、粗纤维素含量增加（浦文宣等，2008）。

多酚类化合物在烟草生长发育、抗病性、调制特性、烟叶色泽、等级、香气和生理强度等方面有着重要的作用，是衡量烟草风格和品质的一个重要因素之一。云南独特的地理位置和气候条件是形成云南特色烟叶风格的根本原因，也是清香型烟叶风格形成的基础，与其独特的光照环境密切相关。

烟草中多酚类化合物主要在叶片中合成和积累，不同部位的烟叶内多酚类化合物含量存在显著差异（Zucker and Ahrens，1958）。丹宁类中的绿原酸、黄酮类中的芸香苷、香豆素类中的莨菪亭是烟草中发现的主要酚类化合物，其中绿原酸占总多酚的 75%～90%（Kallanos，1976）。烟叶内的多酚化合物与蛋白质结合或经多酚氧化酶催化棕色反应，对烟叶品质有重要的影响，同时也是烟草叶片中抗病、抗虫害的重要物质之一，多酚类化合物的合成及分解代谢过程受遗传、光照、温度、矿质元素、植物生长调节剂等的影响（徐晓燕和孙五三，2003）。

作者通过 LED 获取不同光质，研究了不同光质对烟叶内主要多酚类物质含量的影响，结果表明，从 40d 到 60d，随着烟叶的成熟，各处理烟叶内的绿原酸含量总体呈上升趋势，其中 40d 时，白光下烟叶内的绿原酸含量为 0.11mg/g DW，紫、蓝光下分别为 0.14mg/g DW、0.15mg/g DW，与对照白光下的相比，分别显著提高了 27%、36%，60d 时白光下烟叶内的绿原酸含量为 0.17mg/g DW，黄光下的为 0.13mg/g DW，与白光下的相比显著降低了24%，蓝光下的为 0.29mg/g DW，与白光的相比显著增加了 71%。总体上看，与对照白光相比，40d 时紫、蓝光对烟叶内绿原酸的合成和积累较为有利，显著提高了烟叶内绿原酸含量，60d 时，随着烟叶的成熟，蓝光对绿原酸合成和积累的促进作用增强，蓝光下绿原酸含量显著增加，黄光下绿原酸含量减少，其余处理对绿原酸含量的积累作用不显著（图 3-30 A）。

从 40d 到 60d，各处理下烟叶内的芸香苷+莨菪亭含量总体上呈上升的趋势，其中 40d时白光下烟叶内的芸香苷+莨菪亭总含量为 0.02mg/g DW，黄、红光下的均为 0.015mg/g DW，与白光的相比均显著降低了 25%；绿、紫光下的为 0.025mg/g DW、0.17mg/g DW，与白光的显著增加了 14%和 7.5 倍。60d 时白光下烟叶内芸香苷+莨菪亭含量为 0.02mg/g DW，黄、紫、红、蓝和绿光下的分别为 0.068mg/g DW、0.195mg/g DW、0.066mg/g DW、0.095mg/g DW、0.15mg/g DW，与白光下的比增加了 2.4 倍、8.75 倍、2.3 倍、3.75 倍、

6.5 倍。总体上看，40d 时紫光处理使烟叶内芸香苷和莨菪亭含量迅速增加，黄、红光则降低了烟叶内芸香苷和莨菪亭的含量，绿光也促进了烟叶内芸香苷和莨菪亭含量的增长，但黄、红、蓝光处理对芸香苷和莨菪亭含量的影响较紫光处理则小得多。60d 时，与对照白光相比，各处理均显著增加了烟叶内芸香苷和莨菪亭的含量，变化趋势与 40d 一致，但各处理对烟叶内芸香苷和莨菪亭含量增长促进作用均显著提高，说明光质对不同生长阶段的烟叶内芸香苷和莨菪亭的合成和积累影响不同，对生长后期的烟叶影响较大(图 3-30B)。

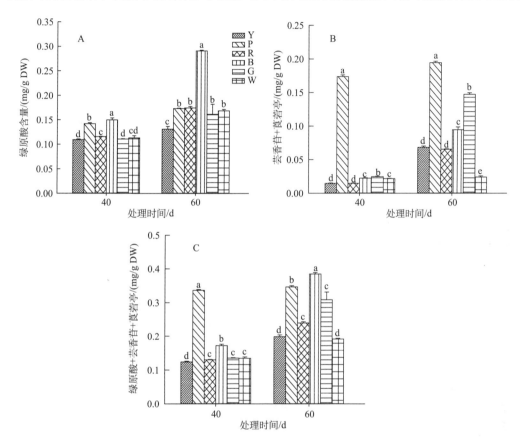

图 3-30　不同光质（LED）对烟叶内主要多酚类物质含量的影响

小写字母不同表示处理间差异达到 5%显著水平

Y. 黄光；P. 紫光；R. 红光；B. 蓝光；G. 绿光；W. 白光

从 40d 到 60d，各处理下烟叶内的主要多酚物质：绿原酸、芸香苷和莨菪亭总量整体呈上升趋势，其中 40d 时白光下的为 0.14mg/g DW，黄、紫、蓝光下的分别为 0.13mg/g DW、0.34mg/g DW、0.17mg/g DW，与白光下的比，黄光处理下显著降低了 7%、蓝光下显著提高了 21%，紫光下则提高了 1.43 倍；60d 时白光下烟叶内的主要多酚物质总量为 0.19mg/g DW，红、绿、紫、蓝光下的分别为 0.24mg/g DW、0.31mg/g DW、0.3mg/g DW、0.99mg/g DW，与白光比分别显著增加了 26%、63%、58%和 4.2 倍，综合来看，紫、蓝光更利于烟叶内主要多酚物质的合成和积累（图 3-30C）。

综合来看，从 40d 到 60d，与对照白光处理相比，紫、蓝光处理促进了烟叶内的绿原酸合成和积累，使绿原酸含量显著增加。60d 时各处理均较大程度促进了烟叶内芸香苷和莨菪亭总量。除黄光外，其余处理均促进了绿原酸、芸香苷、莨菪亭的总量的显著增加，紫、蓝、绿光作用尤为显著（杨利云，2014）。

红、蓝、绿及红蓝复合光对烟草生长发育影响的研究表明，蓝光使烤烟幼苗可溶性蛋白含量显著增加，但降低了可溶性糖含量，红光显著降低了可溶性蛋白含量，但增加了可溶性蛋白含量，红、蓝复合光处理下，可溶性蛋白和可溶性糖含量均增加（张艳艳等，2013）。用 LED 获得不同比例的红蓝光处理烟苗的结果显示，随着光照强度增加，组合光源中红光/蓝光为 3∶1 时，烟叶内可溶性糖含量显著提高，当红、蓝光比例为 1∶3 时烟叶内蛋白质含量显著提高（肖春生等，2013）。

类似的研究也表明，较高的红光比例下，叶片总碳、还原糖含量增高，总氮、蛋白质含量下降，C/N 明显下降，碳代谢增强，增加蓝光比例后，总氮、蛋白质、氨基酸含量提高，氮代谢增强，C/N 降低（史宏志和韩锦峰，1999），这与张艳艳等（2013）、肖春生等（2013）的研究结果一致，说明蓝光促进了氮代谢，从而增加了氨基酸、蛋白质含量，但抑制了糖代谢，降低了烟叶内可溶性糖含量；而红光促进了碳代谢，从而增加了烟叶中还原糖含量，抑制了氮代谢进而降低了烟叶内蛋白质含量。用有色膜处理烟苗后，红膜处理下，烟叶淀粉和还原糖含量增加，蓝膜处理下烟叶淀粉和总糖含量较高，绿膜处理下淀粉、总糖、还原糖含量均降低，研究发现红膜处理更利于烟草生长，促进淀粉还原糖的积累（王文超等，2012）。

陈伟等（2011）的研究表明，烟株生长前期增加红光比例有利于降低初烤烟叶的烟碱含量，提高糖类物质和评吸质量，但对氯化钾含量作负效应贡献，烟株生长后期提高黄光比例可使初烤烟叶化学成分更为协调，对吸食品质有较好的提升。

黄勇等（2009）的研究表明，UV-B 处理下烟叶内烟碱下降幅度与辐射呈正相关，UV-B 辐射可使与植物抗逆性有关的多酚含量得到显著提高，与处理时间，强度呈正比。较高的 UV-B 辐射强度可提高烟叶内多酚含量，但在一定范围内，对其变化趋势影响不大，过低的 UV-B 辐射不仅降低了总多酚的含量，还影响烤烟整个生长过程中多酚含量的变化（王毅等，2010）。经 UV-C 胁迫处理后，烟叶中类黄酮含量呈现下降趋势（赵月等，2011）。Andersen 和 Kasperbauer（1973）的研究结果表明，与过滤掉可见光中的近紫外光处理相比，近紫外光加可见光处理增加了烟草中绿原酸、可溶性总酚、生物碱、可溶性糖含量，但降低了烟叶内总氮含量。Tso 等（1970）的研究结果表明，在每个光周期结束后分别添加红光和远红外光处理烟草的研究结果表明，添加红光处理显著增加了烟叶内的生物碱含量；而添加远红外光则显著增加了烟叶内可溶性多酚含量，对烟叶内绿原酸含量增加的促进作用尤为显著。

三、日照时数对烟叶物质代谢及其品质的影响

作者的研究表明，延长光照时间处理下的烟叶叶绿素 a、叶绿素 b、类胡萝卜素、总叶绿素含量及叶绿素 a/叶绿素 b 值均不同程度高于对照（图 3-31A），并以补光 2h 处理表现最为突出，各指标均达到显著差异水平（$P < 0.05$）。其中，补光 2h 处理烟叶叶绿

素 a、叶绿素 b、类胡萝卜素和叶绿素 a/叶绿素 b 分别为 0.95mg/g、0.40mg/g、0.19mg/g
和 2.38，分别比对照显著提高 17.2%、14.28%、18.75%、9.2%（图 3-31A）。其余补光
处理间及他们与对照间均无显著差异（叶绿素 b 除外），补光 2h 处理影响最显著。可见，
适当补光处理有显著提高烟叶的光合色素含量，从而有利于提高烟株光合作用能力，并
以补光 2h 受到的影响较大（徐超华等，2013）。

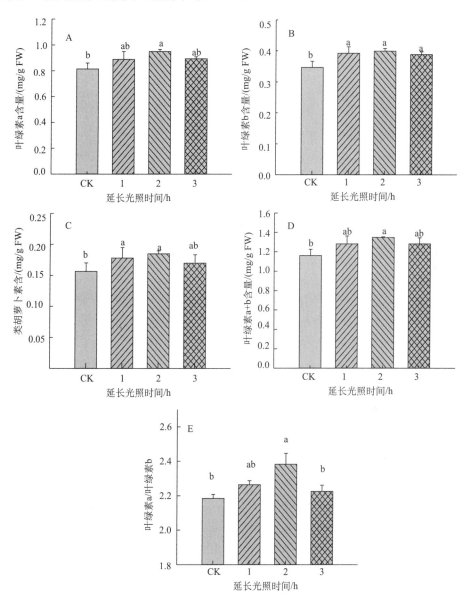

图 3-31　不同补光时间多烟叶内质体色素含量的影响

小写字母不同表示处理间差异达到 5%显著水平

吴云平等（2011）利用弱光延长光照时间补光的研究结果表明，以 70μmol/（m²·s）补光 4h 时后，叶绿素 a、叶绿素 b 含量明显升高，叶绿素 a/叶绿素 b 值下降。Huber 等（1984）的研究结果表明，与长日照时数（15h）下的相比，短日照时数（7h）处理增加了烟叶内淀粉含量，但降低了淀粉转移的速率、蔗糖含量及蔗糖磷酸化酶活性。Tso 等（1970）的研究则表明，在长日照时数（16h）下生长的烟草叶片内的总生物碱含量和可溶性总酚含量显著高于短日照时数（8h）下生长的烟草。吴丛锋等（2013）研究表明，在烤房内通过人工光源育苗和在大棚内恒温补光育苗处理的初烤烟叶总糖和还原糖含量极显著低于对照。

第四节　　光照条件对清香型烟叶风格形成的影响

光是烤烟进行光合作用、制造和积累有机物不可缺少的重要条件，也是烤烟各种生理代谢活动的能量来源，烟草干物质的 90%～95%来自于光合作用，其正常的生长发育受到光质、光强和日照时数三方面的制约和影响（邵岩，2009）。

烤烟的香气风格是遗传因素、生态因素和栽培技术共同作用的结果，其表现程度与化学成分有密切的关系。由于中国烟区生态条件的巨大差异，我国不同烟区形成了不同的烟叶品质和香味风格（许自成等，2008），因此，不同烟区的生态环境对烟叶品质和风格的影响尤为显著。烤烟根据香气特征的不同被划分为浓香型、清香型和中间香型三类，河南、湖南等产区是我国浓香型烟叶的代表，云南、福建等产区以清香型烟叶为主，贵州、东北地区烟叶多数表现为中间香型，三种不同香型风格的烟叶均是重要的中式卷烟原料，各类香型烟叶的不同使用比例赋予了各类卷烟品牌不同的风格特征（刘金霞等，2012）。清香型烟叶具有突出的清香，吸味舒适，烟气浓度较淡，生理强度柔软至适中，烟香气清新飘逸，该类烟叶以云南、福建两省所产的烤烟为代表（戴冕，2000）。

烤烟是喜光植物，充足而不强烈的光照对烟叶品质较为有利，若光照不足，光合作用减弱，干物质积累减少，烟株生长缓慢，植株纤弱，叶片较薄，质量轻，易遭受病虫危害，表现为烟叶内含物上是烟碱和淀粉含量降低，蛋白质含量和全氮含量增加，油分少而香气不足，吃味平淡，品质较差；若光照太强烈，则使烟叶的组织结构发生改变，叶片变厚，主脉变粗，形成粗筋暴叶，烟叶烟碱含量过高，吃味辛辣，烟叶烤后颜色不正，品质亦较差（彭新辉等，2009）。

云南地处低纬高原，烤烟主要种植在海拔 1400～2000m 的高原地带，空气稀薄，太阳辐照强，阳光透过率高，短波光线强，烤烟大田期主要在雨季，漫射光多，对优质烟叶生长较为有利，研究发现，烤烟在 1/2 漫射光下品质最好，3/4 漫射光次之，全部直射最差。同时较强的自然光和较多的短波光线结合在一起，在一定程度上抑制了烟叶的陡长，可避免植株长得过于繁茂，使烟株的株高和叶片大小适中，同时短波光线还有杀菌作用，可以减少病虫害的发生（张家智，2000）。

云南烟区光照较强，年总辐照量较大，干季天气晴朗少云，雨季多夜雨和过程降雨，因此除了滇东北的盐津、绥江和怒江北部外，全省大部分地区，特别是生产优质烟叶的地区光照充足，全省年平均太阳总辐射量为 5362.1MJ/m²，仅次于西藏、青海，与华北地区接近，比长江流域、华南等地多 $400 \sim 1000 MJ/m^2$，比四川和贵州的大部分地区多 $1000 \sim 1500 MJ/m^2$。全省不同地区的日照时数和日照百分率存在差异，滇中一带 $3 \sim 9$ 月日照时数较高，80%的地区 $7 \sim 9$ 月的日照百分率都达到32%以上，其中楚雄、大理、丽江交界的一些地区日照百分率达到40%以上，滇中一带光照条件较好，有利于烟叶内含物的积累，为生产优质烟叶提供了重要保障（邵岩，2006）。

黄中艳等（2007）认为，烤烟大田中后期"寡照多雨气温偏低"是云南烟叶清香型风格形成的主要气候因素。国内不同烟区（香型）烤烟大田生长期的（$5 \sim 9$ 月）日照时数，河南许昌为1016.8h，贵州遵义为704.6h，云南4个优质烟区（大理、玉溪、曲靖、楚雄）烤烟大田生长期日照时数平均为787.2h，比河南许昌少229.6h，比贵州遵义多82.6h，由此可见，云南省烤烟大田期日照适量，既能完全满足烤烟生长发育的要求，又与清香型风格的形成密切相关（张玉华等，2013）。

张家智（2000）的研究结果也表明，云南主要烟区 $3 \sim 4$ 月日照时数最多，各月可达 $200 \sim 270h$，为培养壮苗提供了较好的光照条件；5月日照时数在200h左右，比贵州遵义多，由于这段时间光照强，有利于蹲苗和根系的生长；$6 \sim 8$ 月（大田生长期）正处于云南的雨季，云量多，日照时数比 $4 \sim 5$ 月减少，合计日照时数 $430 \sim 450h$，各月日照时数都比较平均，在150h左右，日照百分率在 $35\% \sim 45\%$，能满足优质烟叶对光照条件的需求，且这段时期连续超过5d的晴天的机会不多，大部分为阴天或晴间多云天气，阳光时遮时照，漫反射光较多，形成一种和煦的光照环境，对烟叶的生长和品质均较为有利。而河南许昌 $6 \sim 8$ 月的日照时数为 $600 \sim 700h$，各月平均日照时数在200h以上，再加上许昌等地降水日数少，晴好天气较多，光照过多过强，难以形成和煦的光照条件，对烤烟生长和品质造成一定的影响。贵州遵义等地与云南主要烟区相比，$5 \sim 6$ 月的日照时数普遍偏少，光照不足，不利于烤烟蹲苗和根系的生长，并对后期的生长和产量造成一定的影响。贺升华（2001）研究也表明，河南等地由于烤烟大田后期日照充足而盛产浓香型烤烟，烤烟品种 K326 在美国种植出产的烟叶为浓香型，中国引进后，在河南种植出产的烟叶为浓香型，但在云南福建种植出产的烟叶为清香型，说明具有相同遗传背景的烟草品种，在不同的光照条件下和其他生态因素的共同作用下，形成了不同风格的烟叶品质。

综合来看，浓香型产区代表地河南许昌、中间香型代表地贵州遵义相比，云南因其独特的地理位置，拥有较强的太阳辐照总量、优质的光质环境和适宜的日照时数，这些独特而优质的光照环境对云南清香型烟叶风格的形成具有重要的影响，但在实际大田生产中，不同烤烟产区烟叶香型变化不仅受到光照环境的影响，同时还与温度、土壤理化性质、降雨、烘烤工艺等多个生态因素及其相互作用有关，对此，还需进行深入系统的研究和分析。

第四章　水分条件对烤烟清香型风格形成的影响

水分是烤烟产量与品质形成的重要生态因子。烤烟植株高大、叶面宽阔、叶面积系数大，蒸腾作用强烈，需要有较多的水分供应；水分影响肥料的溶解性与利用效率；水分能诱发叶片的形态改变，水分供应充足时，烟叶细胞膨压较大，能够充分伸展，烟叶叶片得以变长、变宽，结构疏松；水分影响烟株的基因时空表达，改变体内的生理代谢及物质流动方向；这些综合的作用导致烟叶风格的改变，影响清香烟区烟叶清香风格的形成及清香特色的彰显。

第一节　烟草生长发育所需的水分条件

烟草是我国重要的经济作物，种植面积和烟叶产量居世界第一。水分是影响烟叶生长发育和烟叶质量的重要生态因素之一，能有效调控烟叶产量、品质和香型。水分不足或过多导致的逆境胁迫都会严重影响烟叶的生长发育及其产量与质量，烟叶大田生长期降雨量不足需要适时适量的灌溉，但灌水量及时期不当也会影响烟叶的正常生长发育，甚至会加重烟草病害的发生和发展，最终降低烟叶的产量和品质。

一、烟草与水分的关系

烟草为喜湿润型旱生作物，生长期间需水较多，适宜栽培于土壤含水量和空气湿度相对较高的环境。烟株大田生长的需水规律是成熟前期需要充足的水分供应，但成熟期需求量下降。因而团棵期及旺长期供水量增加可促进烟株体内碳代谢，增加糖分的积累，成熟期水分较多，烟叶变黄较慢，物质含量如蛋白质、烟碱相对正常情况下会有所增加，因此，水分影响着烟叶成熟特性及其物质含量，如碳氮比等，导致烟叶的品质和香型的改变。水分供应不足时，烤烟根系难以吸收利用肥料或土壤中的养分，烟株生长缓慢，株小，叶片窄，结构紧密、粗糙，成熟不一致，缺水后光合效率降低导致糖类含量下降，由于缺水时烟草光合产物仅能供应生殖生长，烟株会出现早花。水分不足时，烟草生长点和上部叶片就会从下部叶片夺取养料及水分，使下部叶片提早枯黄衰老。如果严重缺水，烟株将会萎蔫并无法恢复而最终干枯死亡。

烤烟栽培中，保持合理的田间持水量（60%～80%），有利于烟株的正常生长。田间水分过多，肥料养分会流失，影响烟株生长发育，导致叶片徒长软弱，容易发病，不利于芳香物质的形成，直接导致烟叶产量和质量的损失，从不同发育阶段上看成熟期水分过多，品质影响更为显著，叶片含水量会随之增加，致使烤出的烟叶烟味淡、弹性小、品质差。

优质烟田间适宜的水分管理标准应根据烟草不同的生育阶段而作相应的调整。一般团棵期以前，烟株生长的重心在地下部根系，此阶段维持相对干旱的土壤环境可促进根系生长。土壤相对持水量应保持在60%左右；进入旺长期，烟株干物质累积最快，吸收营养物质较多，需要较多的水分，占全生育期的50%以上，因此，此阶段一般应维持土壤相对持水量在75%~85%；烟株在进入成熟期后，该时期叶面积系数最大、气温最高，烟株蒸腾作用也最强烈，而且这个时期供水不足将会严重影响烤烟产质量的形成，因此，应该供应较多的水分。成熟期土壤相对持水量保持在60%~65%是适宜的。

二、烟草的需水量和需水规律

（一）烟草的需水量

烟草的需水量一般指单位面积上烟草从移栽到采收结束一生所消耗的水分总量，主要包括地表蒸发和植株蒸腾两部分。地表蒸发是土壤水分通过物理作用从地表散失，可以调节烟田相对湿度状况称为生态需水，受土壤性状、气候条件和栽培方式和耕作质量的影响。一般认为这种耗水属于无效耗水，在生产上应尽量减少土壤水分的蒸发散失，地膜覆盖、秸秆覆盖等是有效的保水措施。叶片蒸腾是土壤水分通过叶片表皮的气孔和角质层而散失的，是烟株生长过程所必需的，称为生理需水，与种植密度、长势及气候条件密切相关。大田条件下，烟叶一生的总需水量为400~600mm，其受产量水平、栽培方式、降雨量、灌水方式等多种因素的影响，如在地膜覆盖和其他旱作栽培条件下，由于有效减少了土壤水分的无效损失，提高了土壤水分的生产率，烟叶需水量可降至400mm。采用喷灌和滴灌等节水灌溉方法，更有利于提高水分利用率，显著减少烟叶需水。

（二）烟草不同生育时期的需水规律

还苗期：这一时期烟株营养体小，烟草叶面蒸腾量少，烟田耗水以地表蒸发为主，耗水量不大。但由于移栽时根系受损伤，吸收能力下降，而地上部分的蒸腾作用仍在进行，烟株体内水分易失去平衡导致烟株萎蔫。因此，在还苗期要有充足的水分供应，减少移栽苗的凋萎现象，促使烟苗还苗成活。同时，移栽时充足的水分供应还能减轻施肥过于集中对烟苗根系产生的危害。此期土壤含水量应达最大田间持水量的70%~80%。

伸根期：在根系迅速生长的同时，茎叶也逐渐生长，蒸腾作用逐渐增强，地表蒸发逐渐减弱，耗水形式逐渐由以地表蒸发为主转向以叶面蒸腾为主；耗水量逐渐增大。如果土壤水分不足，烟株生长受阻，但供水太多，又会影响烟株根系生长，对中、后期生长发育不利。这一时期轻度干旱能够促进根系深扎，有利于旺长期烟草植株的生长，提高烟叶的产量和质量。该时期一般不需灌水，只有遇到持久干旱才进行灌溉，以保持土壤含水量为最大田间持水量的60%左右为宜。

旺长期：是烟草生长最旺盛和干物质积累最多的时期，烟株茎秆迅速长高增粗，叶片迅速增多扩大，根系进一步向纵深处生长。此期烟株生理活动旺盛，蒸腾量急剧增加，对水分的需要量最多，因此必须加强灌溉，保持土壤含水量为最大田间持水量的80%以上，以满足烟草植株对水分的需要，促进烟株生长发育。但也应防止过量灌水，以免土壤养分淋溶损失和烟田湿度过大而导致下部叶"水烘"。

成熟期：现蕾之后，烟株自下而上陆续成熟，烟株的生理活动主要是干物质的合成、积累和转化。随着采收次数增加，田间叶面积系数逐渐减少，蒸腾强度相应下降，耗水量有所减少，但此期土壤水分状况对烟叶成熟和烟叶质量有十分显著的影响。此期应保持土壤水分为田间持水量的 70%左右为宜。如果此期水分过多，易使烟叶贪青晚熟，品质下降。但也不能缺水，否则烟叶厚而粗糙，氮和烟碱含量高，糖含量低，品质不良。

根据大田期烟草的生长发育特点和需水规律，移栽时水分要充足，促使烟苗还苗成活；团棵期要适当控制水分，促使烟株根系向纵深处发展；旺长期要有充足的水分供应，满足烟草旺盛生长对水分的需要；成熟期应适当供水，促使烟叶成熟和形成优良品质，防止水分过多而造成"返青"或"底烘"。整个烟草生育期内的土壤水分管理应遵循"控"、"促"、"控"的原则。

三、灌水定额的确定

根据各烟区烟叶不同生育阶段对水分的需求量与水分亏缺，确定适宜的灌溉制度和灌水定额，对指导烟田灌溉有实际意义。灌水定额的确定，可遵循"以地定产，以产定水，以段定需，以雨定亏，以亏定灌"的原则，根据烟田的地力水平和产量目标确定总需水量，根据阶段内降雨量计算水分亏缺和补水定额。研究表明，在充分灌溉条件下，烤烟伸根期、旺长期、成熟期灌水的计划湿润土层深度分别以 20～30cm、50～60cm、30～40cm 较为适宜。

为获得烟叶优质适产，按照烟草大田生育期，通常把灌水分为移栽水、还苗水、伸根水、旺长水和圆顶水。移栽时浇水量宜大，利于还苗成活，消除因施窝肥而对根系产生的伤害。在水源充足的地区，移栽后如天气干旱可浇还苗水 1～2 次。伸根期除在追肥后或严重干旱的情况下可轻浇一次外，一般烟田土壤相对含水量在 60%左右时可以不浇伸根水，以利蹲苗，促进烟株根系发育。旺长初期如果墒情不足要适量浇水，旺长中期浇大水，而且连续进行，保持地表不干，但要注意促中有控，防止个体与群体矛盾激化；旺长后期对水分可适当控制，保持土壤相对含水量 70%～80%。打顶后，如果土壤干旱，应适当浇圆顶水，促进上部烟叶充分伸展，并利于中下部烟叶成熟烘烤。

四、水分对烟草生长和品质的影响

为获得最佳的产量和质量，烟草应保证充足的水分供应，使烟草不受限制。水分过少或过多，产量和质量都会下降。

（一）干旱对烟草生长和品质的影响

1. 干旱胁迫对烟草生长的影响

干旱胁迫下，烟株的茎和叶的生长受阻，烟草叶片面积减少，茎高降低，干物质积累减少。特别是对水分反应最敏感的旺长期，轻度干旱胁迫对该时期的根系生长有利，但干旱胁迫较重（土壤湿度40%）时，影响根系生长，导致根系体积减小。根系的发育需要较为适宜的土壤水分，土壤过干会降低根系活力，但伸根期轻度干旱（土壤湿度60%），中期水分充足可以提高根系活力。干旱情况下，烟叶含水量不足，下部烟叶易早熟，上部烟叶表皮会过厚，结构过紧，致使烘烤期间不能正常变黄。因此，严重的干旱将影响烤烟的生长发育过程和干物质积累，导致烤烟品质和风格的改变。

2. 干旱胁迫对烤烟营养物含量的影响

干旱影响烟草植株对养分的吸收。研究发现干旱可以影响烟草植株对 P、K、Ca、Mg、Fe、Mn 的吸收。魏永胜和梁宗锁（2001）研究表明，干旱胁迫下（田间持水量40%～45%），钾的影响较小，这是因为钾在叶脉和叶肉间，以及叶肉细胞的线粒体、叶绿体和液泡间存在再分配的现象，液泡中钾所占比例减小时，叶绿体和线粒体中钾所占比例增加，这有利于干旱下烟草植株生理活动的进行。

3. 干旱对烟株生理代谢的影响

干旱胁迫下，烤烟的结合水含量增加，叶片相对含水量和自由水含量下降，气孔阻力增加，叶片水势下降，蒸腾强度减弱，烟草植株对水分的蒸散量减少（汪耀富和王子杰，1994）。干旱胁迫下，叶片的叶绿素含量减少，叶绿体希尔反应活力下降，净光合速率减弱，硝酸还原酶活力下降，脯氨酸含量增加，呼吸速率先升高后下降（韩锦峰等，1994）。当土壤相对含水量低于75%时，烟叶气孔出现不均匀关闭，导致光合速率下降的气孔关闭限制现象，当土壤相对含水量低于65%时，非气孔限制成为光合作用下降的主导因子，并可能导致光合器官受到损伤（孙国荣等，2002）。干旱加剧植物体内自由基的大量累积，引起生物膜脂过氧化，丙二醛累积，细胞结构受到损伤，膜透性增加（周冀衡等，1996）。

4. 干旱对烟草品质的影响

（1）干旱和水分对叶片化学成分的影响

干旱不但影响烟叶产量，而且导致烟叶的化学成分发生变化，如总氮、烟碱、蛋白质含量增加，总糖、还原糖、钾含量减少，导致烟叶品质下降。而且在烟草生长的不同时期干旱都会使烤烟叶片中还原糖含量下降，总氮和烟碱含量上升，致使内在化学成分失调，研究同时发现，干旱发生越晚、干旱程度越重，对烟叶化学成分的影响也越大（韩锦峰等，2003）。

生长季节雨水较多，或土壤水分充足的烟草比生长季节干燥或稍缺乏水分烟草的硝态氮、总氮、烟碱和石油醚提取物含量要低一些，淀粉和还原糖要高一些。

（2）干旱和雨水对烟草致香物质的影响

干旱对烟叶香气品质产生不良影响，降低色素类降解物质，如巨豆三烯酮和部分类西柏烷类化合物的含量，而茄酮、β-大马酮等呈增加趋势，因此对香气质量有不良影响。但成熟期轻度干旱有利于烟叶香气物质的形成和转化，可以提高烟叶中大部分香气物质含量（韩锦峰等，1994）。

烟草表面的腺毛分泌的胶状分泌物作为一些烟草重要致香物质的前体与烟叶香气关系密切。Severson 等（1984）研究了水分胁迫对白肋烟、烤烟和香料烟叶表面成分的影响，与灌水相比，水分胁迫使叶片蔗糖酯、顺-冷杉醇和西柏三烯二醇的含量显著提高。大雨也可以明显冲掉烟叶表面物质，降低蔗糖酯、西柏三烯二醇、顺-冷杉醇和赖百当萜醇等物质的含量。

（二）淹涝对烟草生长和品质的影响

1. 淹涝对烟草生长的影响

烟草对淹水敏感，这是烟草起垄种植的原因之一。在淹水条件下烟草会出现发黄、凋萎的现象。主要是土壤水分过多，土壤氧气缺乏，根系有氧呼吸减弱，厌氧代谢增强，促进厌氧根际微生物活动增加，致使土壤中积累大量的有机酸和无机盐（如亚硝酸盐），增大了土壤酸度，影响根系对矿质营养的吸收，另外，厌氧微生物还可产生大量还原性的有毒物质，如乙醇、硫化氢、氨气、甲烷等，使根系腐烂死亡。

淹涝对根系损伤程度取决于积水的深度和滞留的时间，淹水 12h 就可对烟草生长有不良影响。在淹水胁迫下烤烟叶片相对含水量、水势、蒸腾强度、叶绿素含量、净光合速率、超氧化物歧化酶活性和过氧化氢酶活性下降，而叶片气孔阻力、丙二醛含量、细胞膜相对透性和过氧化物酶活性上升，表明淹水对烤烟植株的伤害可能与烟株体内活性氧代谢失调有关。烟田淹水，由于根系无氧呼吸等逆境反应，促进烟株花芽分化而导致早花现象。

2. 淹水对烟草品质的影响

淹水 12h 以上时，就可对烟叶化学成分产生影响，短期（24h 内）的淹水使烟叶还原糖含量增加，淹水超过 24h 时，还原糖含量显著下降；淹水使烟碱含量明显下降（韩锦峰等，2003）。土壤水分过高，易产生生理性病斑，造成再次营养生长，烟叶迟熟难烤，烤后色泽暗，叶肉组织疏松，叶片薄，油分少，弹性差，吸味淡，缺之芳香（史宏志和刘国顺，1995）。

第二节　水分对烟草生长发育和生理生化的影响

水分是影响作物生长发育的一个重要环境因子，在农作物的整个生育进程中，对其充足的水分供应在一定意义上决定了其产量的提高。烟草从地理位置来看，起源于雨量充沛的亚热带，喜温暖而湿润的气候，整个生育期对水分的要求都很高，只有水分适宜，烟草的生长发育才能正常进行。水分过多或过少都会使烟草的生命活动受阻，甚至停滞。烟草的植株较高，叶片较大，组织柔嫩，含水量多，需水量大，水分供应不足对烟株的生长发育、叶片厚度、根系发育、生育期、烟叶产量和品质都有很大的影响。

一、水分胁迫对烤烟生长的影响

（一）水分胁迫对根系的影响

1.烤烟根系长度的影响

根系是植物吸水的主要器官，植物的水分平衡需要根的吸水能力。根长是评价根系吸收功能最常用的参数，根系长度及其分布决定了根系吸收的范围与强度。较长的根系可以使植物在干旱胁迫下吸收更多的水分。

不同供水处理对烟草根生长的影响，从整个生育期来看，从图 4-1 可以看出，不同强度干旱胁迫条件下烟草根系总长度差异明显。团棵期主根长 A>B>C>E>D>F，旺长期为 B>A>C>E>D>F，现蕾期为 B>D>F>C>E>A，成熟期为 C>A>B>D>F>E。在团棵期，侧根数最多的是 A 处理，E 处理次之，旺长期和现蕾期侧根数多的是 A、B 两个处理，成熟期侧根数多的是 B、D 处理（图 4-2）。对照处理由于水分供应不足，主根和侧根的生长情况一直都不理想。综合主根长和侧根数的总体情况，团棵期烤烟的土壤水分含量保持在相对最大田间持水量的 35%～45%、旺长期保持在 45%～55%、现蕾期和成熟期保持在 55%～65%，都有利于主根和侧根的生长。因此，相对最大田间持水量小于 45%和大于 75%对烤烟的根部生长发育都是不利的。

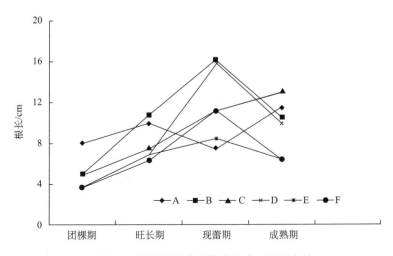

图 4-1 土壤水分对烤烟根的生长发育影响（周顺亮等，2007）

A. 田间持水量的 35%～45%；B. 田间持水量的 45%～55%；C. 田间持水量的 55%～65%；D. 田间持水量的 65%～75%；
E. 田间持水量的 75%～85%； F. 对照（不灌水处理）

2. 水分胁迫对烤烟根系体积和表面积的影响

根系体积和表面积是烟草根系发育状况的直接反映，且可以反映根系的潜在吸收能力。团棵期轻度土壤干旱有利于烤烟根系发育，土壤湿度过大或过小都会影响根系发育。在团棵期轻度土壤干旱的基础上，旺长期充足的土壤水分供应可以进一步促进烟株根系的发育，如果团棵期土壤水分大而旺长期土壤水分不足，则会进一步影响烟株根系的发育。成熟期根系生长量较小，土壤水分的高低对烟株根系生长的影响很小（郭振升等，2012）。

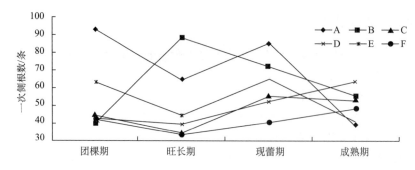

图 4-2　土壤水分对烤烟侧根的生长发育影响（周顺亮等，2007）

A. 田间持水量的 35%～45%；B. 田间持水量的 45%～55%；C. 田间持水量的 55%～65%；D. 田间持水量的 65%～75%；

E. 田间持水量的 75%～85%；　F. 对照（不灌水处理）

从不同生育时期各土壤水分处理烤烟根系体积的变化情况（图 4-3，图 4-4）可以看出，随着生育进程，不同水分处理烟草根系体积和表面积均逐渐增大。在伸根期和成熟期以轻度干旱（65%处理）根系体积和表面积最大，中度干旱（50%处理）和正常供水（80%处理）没有明显差异。在旺长期和现蕾期烟株根系进一步生长，以正常供水（80%处理）根系体积和表面积最大，轻度干旱（65%处理）次之，中度干旱（50%处理）最小。说明伸根期与成熟期适当地控水，旺长期与现蕾期充分供水有利于根系的发育。

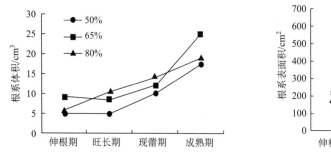

图 4-3　水分胁迫对烤烟根系体积的影响（郭振升　　图 4-4　水分胁迫对烤烟根系表面积的影响（郭振
　　　　　等，2012）　　　　　　　　　　　　　　　　　　升等，2012）

3. 水分胁迫对烤烟根系活力的影响

烤烟根系是吸收水分和矿质养分、合成氨基酸和某些激素的重要部位，其活性高低对地上部分的营养状况和生长发育都有重要的影响。在烤烟根系发育过程中，随着根系生长，根系活力逐渐增强，到旺长期，根系活力达到最高峰，旺长期到成熟期根系活力趋向下降（图 4-5）。

　　从不同生育期水分胁迫处理的烤烟根系活力变化情况来看，在伸根期和成熟期以轻度干旱（65%处理）根系活力最高，中度干旱（50%处理）次之，正常供水（80%处理）最低；在旺长期和现蕾期以正常供水（80%处理）根系活力最强，轻度干旱（65%处理）次之，中度干旱（50%处理）最低。这表明前期轻度干旱，中期水分充足可以提高根系活力。所以说，伸根期应适当控水促根，旺长期要以水促根。为获得优质

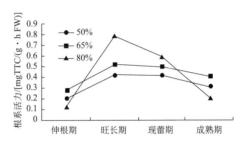

图 4-5　水分胁迫对烤烟根系活力的影响
（郭振升等，2012）

适产，伸根期、旺长期、现蕾期和成熟期土壤的适宜含水量分别为 65%、80%、80%、65%时，其根系活力最强，有利于烤烟的生长发育及后期品质的形成。

4. 水分胁迫对根系干物质的影响

　　根系干物质的积累量和日增长量是反映烤烟根系发育状况的另一指标。不同土壤水分处理对烤烟根系干物质积累的影响如图 4-6 所示（韩锦峰等，1992）。比较图 4-6A 与图 4-6B 可以看出，不同土壤水分处理烤烟根系干物质的积累量（w）和干物质生长率（WGR）的变化趋势与根系体积的变化是完全一致的，二者呈极显著正相关关系。图 4-6A 的结果进一步证明，伸根期轻度土壤干旱有利于烤烟根系的发育，土壤湿度过大或过小都会影响根系的发育。在伸根期土壤轻度干旱的基础上，旺长期充足的土壤水分供应可以进一步促进烤烟根系的发育，如果伸根期土壤水分大而旺长期土壤水分不足，则会进一步影响烤烟根的发育。

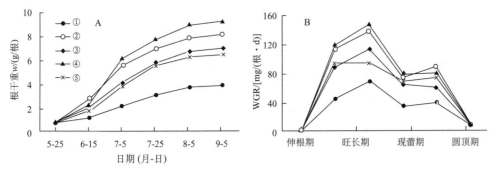

图 4-6　土壤水分对根系干物质积累的影响（韩锦峰等，1992）

伸根期-旺长期-成熟期土壤水分相对含量（%）：

①40-40-40　②60-60-60　③80-80-80　④60-80-60　⑤80-60-80

（二）水分胁迫对根冠比的影响

　　根冠比反映了植物地上、地下相互促进，又相互制约的关系，俗语说"水长苗，旱

长根"，就是这个道理。在实际生产时的蹲苗，就是利用的这个道理，促进根系的发育，以增强植物后期的抗旱能力。土壤水分过多时，通气状况不好，氧气不足，抑制了根的发育，而地上部分则由于水分供应充足，长势较好。因此，水分过多时，会使根冠比变小。当土壤轻度干旱时，根系吸收的水分，首先满足自身的需要，很少向上运输，生长受到的影响相对较小，而地上部分由于水分不足，生长受到抑制。因此，缺水时，根冠比增大。尤其在旺长期缺水对茎叶生长的影响更大。土壤严重干旱对烟株根茎叶的生长都有十分显著的影响，但对茎叶生长的影响相对较大。同时在烟草生长的整个过程中，前期或中期严重干旱，烟株根系发育不良，茎叶生长缓慢，到后期土壤水分充足，会促进茎叶的进一步生长；相反，前、中期水分充足而后期干旱，对烟株茎叶生长的影响相对较小。实践证明，根冠比大的烟株叶片油分丰实，叶大而充实，叶重增加，易烤，可有效地防止病害的发生和流行，烟株抗逆性提高。

　　由图 4-7 可以看出，生长状况在伸根期烟株的地上/地下以 80%处理为最大，60%处理次之，40%处理最小。旺长期在前一期不同土壤水分处理基础上，处理水平不变，烟株地上/地下值进一步增大；增加供水，地上/地下大幅度增大；减少供水，地上/地下增长幅度减小，表明此期土壤湿度大，烟株茎叶生长迅速，土壤干旱茎叶生长受阻。到成熟期烟株地上/地下有进一步增大的趋势，但以 60%和 80%两处理水平增长幅度较大，40%处理水平烟株地上/地下增长幅度相对较小。

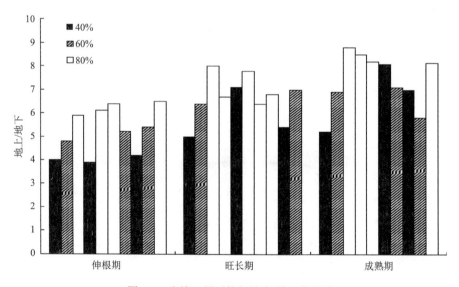

图 4-7　土壤干旱对烤烟地上/地下的影响

（三）水分胁迫对烤烟植株株高的影响

　　烤烟生长的不同阶段茎秆对干旱的反应有所不同。从茎秆的整个生长期看，大体是初期慢、中期快、后期慢，直至停止生长。崔保伟等（2008）研究认为在烤烟的不同生育期，植株高度均随土壤含水量的增加明显增高。其中，以正常供水（土壤相对含水量80%）为最高。伸根期和成熟期干旱对烟株影响不明显，旺长期和现蕾期受干旱胁迫的影响最显著（图 4-8）。因此，在烤烟生长前期和中期，应保证充足的土壤含水量，否则干旱会导致烤烟植株的矮小，节间较短，即使后期供应充足的水分也难弥补干旱造成的损失，尤其是在旺长期，干旱对烟株茎秆的影响大于根系；相反，前期和中期的水分适宜，后期干旱对烟株茎高的影响不大。

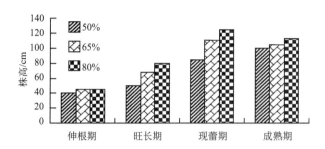

图 4-8　水分胁迫对烤烟植株高度的影响（崔保伟等，2008）

（四）水分胁迫对烤烟叶片生长的影响

烤烟是以收获叶片为生产目的的经济作物，单株叶片数和单片叶面积是影响烤烟产量的重要因素。烤烟叶片的含水量高达 80%以上，所以水分胁迫对烤烟叶面积生长的影响显著。向鹏华等研究表明，伸根期施以中等干旱（土壤相对含水量为 40%）并维持 7d，对叶长和叶面积影响最为明显；成熟期正常处理比干旱处理的叶长增加 7.84%，叶面积增大 13.43%。

从不同生育期各土壤水处理烤烟最大叶面积的生长情况来看（图 4-9），在伸根期、旺长期和现蕾期烤烟叶面积增大量为 80%＞65%＞50%，成熟期各处理影响不明显。说明在烤烟生长的前期叶面积对土壤含水量反应比较敏感，土壤缺水使叶片停止伸展，叶面积变小，土壤含水量高有利于叶片生长，叶大而薄，有助于后期品质的形成。

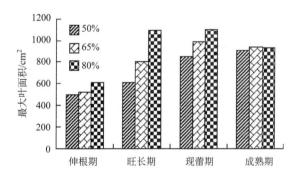

图 4-9　水分胁迫对烤烟最大叶面积的影响（崔保伟等，2008）

二、水分胁迫对烤烟叶片显微结构和超微结构的影响

（一）不同水分条件下叶肉组织的变化

烟草叶片叶肉组织由栅栏组织和海绵组织组成。栅栏组织细胞排列整齐，含有大量

的叶绿体，是叶片进行光合作用的主要组成部分，而海绵组织空隙较大，细胞排列疏松，是叶肉干物质的主要贮存场所。因此，烟叶的栅栏组织和海绵组织的发育与烟叶的品质有关系。不同水分条件对叶肉组织的结构有很大的影响。王鹏翔等认为，在烟株的整个生育阶段，叶厚、栅栏组织厚、海绵组织厚、组织比和单位长度栅栏细胞数均随成熟度的提高而减小。其中，在尚熟阶段，轻度干旱导致烟叶变厚，其他成熟阶段，干旱均导致烟叶变薄。孙梅霞等的研究证明无论是上部叶还是中部叶，随土壤含水量降低，叶片厚度明显增加，栅栏组织加厚，海绵组织变薄，单位长度栅栏细胞数快速增加，栅栏组织发达，有利于提高叶片光合作用，这是干旱条件下烟株的一种适应性反应。不同土壤含水量，细胞大小也有差异。随土壤含水量的降低，同一部位烟叶的栅栏组织细胞变细、变长，排列紧密。对于不同部位的烟叶，上部叶栅栏组织细胞较长、较粗，而中部叶相对较短、较细。如土壤含水量>80%时，上部叶栅栏组织细胞的大小为78.2μm×12.7μm，中部叶栅栏组织细胞的大小则为73.1μm×11.5μm。土壤含水量<60%时，上部叶栅栏组织细胞大小为121.7μm×11.5μm，中部叶则为97.8μm×10.3μm。

（二）水分胁迫对烟草叶片腺毛的影响

烟草叶片上腺毛的密度及发育状况与烟叶香气等品质特性密切相关。腺毛的发生发育受不同生态条件的影响，水分条件就是其中之一。同一生育时期，不同水分条件对烟叶腺毛的密度及发育均有较大影响。

移栽后60d，水分充足条件下的腺头细胞的细胞器丰富，细胞核正常，核膜清晰、完整，线粒体、内质网、质体较多，表明细胞正进行着旺盛的代谢活动，外层细胞的液泡中出现电子致密度高的黑色嗜锇颗粒。而轻度干旱条件下的腺头细胞，细胞器含量较少，液泡也相应增大，线粒体外膜局部消失，但细胞核仍然正常，内质网也丰富，其中电子致密度高的黑色嗜锇物质有增多趋势。严重干旱的腺头细胞中细胞器极少，细胞质极少或无，细胞核很难找到，但内质网易找到，且质外体空间中电子致密度高的黑色嗜锇物质较多。有些腺头细胞已基本降解，内部区域已成电子透明区，不含任何物质。

移栽后70d，干旱胁迫条件下土壤含水量对烟株正常生长发育起到明显的抑制作用。在同等条件下，水分充足的烟株长势良好，根系发达，叶面腺毛密度最大，腺头细胞轮廓开始模糊，细胞质逐渐减少，叶绿素开始降解；而严重干旱处理烟株生长发育受阻，叶片小而厚，由于叶面积未增大，腺毛密度反而略高于轻度干旱处理烟株。腺毛腺头细胞开始降解，内含物减少，叶绿素含量较少。

移栽后80d，水分充足的烟株的叶片达到定长，腺毛开始明显脱落，腺毛密度下降。腺毛腺头细胞被一层黏性物质包裹，与烟叶香气相关的分泌物分泌；而严重干旱处理和轻度干旱处理烟株因干旱成熟期延迟，叶面腺毛脱落较少，其中轻度干旱处理烟株的腺毛密度与移栽后70d相比有所增加。

移栽后90d，水分充足的烟株因水肥供应充足，烟株长势较好，叶面积较大，腺毛脱落较多，腺毛腺头细胞中有少量内含物，腺毛密度低于其他2个干旱胁迫处理，腺头细胞内部不含任何物质，只剩细胞空腔。

移栽后100d，由于生育期延迟，轻度干旱处理的长柄腺毛密度达到最大值，但3个处理的短柄腺毛均基本全部脱落。

（三）不同水分条件下烟草叶片气孔密度及开度的变化

气孔是分布在叶片上下表皮上的小孔，通过气孔调节来改变水分-光合的关系是植物适应干旱的重要机制。其大小及开闭受环境条件，尤其是土壤水分条件的影响较大。随着干旱胁迫强度的增强，气孔数量逐渐增多，气孔逐渐变小，周长和面积均随着干旱胁迫强度的增强而减小，长/宽增大，这是由于保卫细胞失水收缩，引起气孔关闭造成的。随着干旱胁迫强度的增强，气孔开度也显著减小。孙梅霞等通过试验研究证明气孔导度与土壤含水量呈极显著的正相关，当伸根期田间持水量为 61.5%，旺长期为 80.6%，成熟期为 80.0%时，气孔导度最大，有利于进行光合作用，可作为适宜的土壤水分指标；当伸根期田间持水量为 51.5%，旺长期为 67.0%，成熟期为 55.7%时，气孔导度减小，烟株的生理功能就要受到影响，可作为土壤干旱指标。气孔开度减小或关闭，是干旱条件下烟株的保护性行为，有利于减小蒸腾，在获得最大限度 CO_2 同化作用的同时，避免烟株因失水过多而使组织受伤害，但同时也限制了气体交换，从而影响光合作用的进行。

（四）细胞核的变化

细胞中，细胞核多数呈卵圆形，双层核膜结构清晰完整，内部的核质分布均匀，核仁接近细胞核的中央，核仁与核质界限明确。在水分胁迫初期，细胞核结构变化不大，仍然保持结构的完整性；但随着水分胁迫时间的延长，部分细胞核核膜发生破损，部分核质发生降解；最后核遭到破坏的情况逐渐加重，核膜从破损到消失，核质降解严重，逐渐成为凝块状。叶片处理的后期，细胞核内物质降解而核被膜依然存在，整个细胞核只能称为"类核物质"。始终没有凋亡小体的产生。这表明，在植物细胞程序性死亡的过程中，细胞核中的染色质在处理后期直接开始降解。这种现象的产生与植物细胞壁的存在有着直接的关系，可能正是由于细胞壁的存在才没有使细胞核降解为"凋亡小体"，而形成了"类核物质"（谭冬梅，2007）。

（五）水分胁迫对叶绿体和线粒体形态的影响

叶绿体是植物进行光合作用的场所，完整的叶绿体结构是保证植物进行正常光合的前提。叶绿体多数为较规则的透镜形状，形态饱满，沿细胞边缘排列，内外双层被膜清晰完整，基质浓厚；类囊体膜结构完整、清晰可见，类囊体排列规则，基粒片层结构整齐，平行分布于叶绿体长轴方向，且有多个小淀粉粒。研究表明，不同的非生物胁迫都会对植物细胞超微结构产生影响，而叶绿体是植物细胞中对干旱胁迫最敏感的细胞器。在干旱胁迫下，伤害较轻的植株的叶绿体体积增大，并移向细胞中央、类囊体片层膨胀，观察到明显的嗜锇体小球；伤害较重的植株的叶绿体的基粒片层膨胀、溶解或空泡花、破裂、基粒垛叠程度下降，嗜锇体小球数量增加、聚合、体积增大；伤害严重的植株的叶绿体的被膜破裂甚至完全解体，基质外流，仅剩排列紊乱的片层结构，最终导致细胞的不可逆死亡。叶绿体与细胞壁接触由前期的紧贴细胞壁顺向排列，而后逐渐与细胞壁脱离，最后在细胞内呈无规律随机分布。随着胁迫时间的延长淀粉粒数量逐渐减少，说明植物对胁迫采取了积极的防御措施，促进淀粉粒降解来合成更多的有机溶质，以调节渗透压。而沈嘉等却发现干旱胁迫下葡萄叶片中淀粉粒却是增加的，认为长期的干旱环境使线粒体中酶活性降低，呼吸作用减弱，产生的 ATP 减少，从而使光合产物运输所需能量供应不上，导致淀粉积累在叶绿体中。

线粒体是细胞的"动力"工厂。叶片受干旱胁迫后线粒体数目增多，嵴减少，且基质变得更加稀薄。王成栋等研究认为由于线粒体是有氧呼吸的场所，是消耗氧的细胞器，产生的活性氧较少，对活性氧诱发的膜质过氧化较不敏感。吴凯等认为，线粒体数目增多可能是对单位线粒体活性降低的补偿，从而保证胁迫过程中能量的供应。干旱胁迫下，线粒体结构的变化比叶绿体略为迟钝，但随着叶绿体的伤害加重，线粒体脊也迅速断裂、解体并空泡化而丧失功能。干旱胁迫对叶绿体和线粒体的结构造成了破坏，表明植物代谢的基础遭到破坏，这势必会影响植物的生长发育。

与耐旱作物相比，烤烟在受干旱胁迫时细胞整体结构破坏严重，叶绿体、线粒体的功能结构受到严重损伤，细胞膜稳定性下降，同时核液浓度、异染色质化程度及液泡充盈程度也发生了明显的改变，没有发现耐旱作物质壁间形成的锯齿状结构等特殊变化，说明烤烟自身对干旱胁迫的抵抗能力不强，这可能与烤烟自身的生理特性有关。

三、水分胁迫对烤烟生理生化特性的影响

（一）水分胁迫对烟草叶片水分代谢的影响

水是植物生命活动不可缺少的重要成分，过度缺水对其生长发育极为不利。因此干旱条件下植物叶片含水量及水分组成的变化是反映植物抗旱能力的重要指标。在土壤水分降低时，FWC/BWC 的值下降，有助于烟草适应水分不足的环境，以协调细胞内水分平衡和保持活性物质的稳定性。汪耀富、李进平等研究表明干旱胁迫下烟草叶片束缚水上升，气孔阻力增大，相对含水量和自由水含量下降使烟叶水势降低，导致气孔开度减小，蒸腾强度减弱，相应地烟株对水分的蒸散量也随之减小。干旱条件下，叶片水势和渗透势的降低幅度不仅取决于胁迫程度，还与烟草自身的抗旱性强弱有关。不同烤烟品种间水势、渗透势和自由水与束缚水的比（FWC/BWC）存在一定的差异。在干旱条件下，抗旱性品种相对于敏感品种能保持较高的水势和渗透势；抗旱性强的品种比抗旱性差的品种 FWC/BWC 值低，因此束缚水含量可作为选育抗旱烟草品种的一项指标。在土壤相对含水量 35%的干旱条件下，香料烟叶片水势、自由水含量和蒸腾强度均迅速下降，且吃味型的下降速度和幅度均大于芳香型（陆继锋和龚跃平，1999）。

（二）水分胁迫对矿物质代谢的影响

矿质营养是烟株生长发育和烟叶产量、质量形成的基础。土壤水分不仅直接提供烟草所需的水分，还影响烟株对肥料的吸收、氮代谢向碳代谢的转化、烟叶的糖碱协调关系及其他营养元素代谢。研究表明，正常水分条件下，烟株对大量元素的吸收和积累量具有 K>N>Ca>Mg>P 的规律性，灌水处理的烟叶中 K、Ca、Mg、P 含量高于不灌水处理，表明水分可以促进这些元素在烟叶中的分配与积累，而 N、Fe、Mn 含量降低，

这可能与水分促进叶片发育所产生的稀释效应有关。

碳氮代谢既是烤烟植株最基本的代谢过程，又是直接影响烟叶品质的过程。据在贵州的大田试验结果，烤烟施氮量为 60kg/hm²，旺长期土壤相对含水量在 70%~80%，0~60cm 的土壤贮水量和各层土壤含水量最高，水氮配合效益最为明显。硝酸还原酶（NR）在植物氮素同化过程中起到了关键作用，其活性的高低直接影响氮素代谢，但其对水分非常敏感，其活性随着水分的变化而变化。韩锦峰研究发现干旱导致 NR 活性下降，同时在干旱条件下，蛋白质水解酶活性增强引起脯氨酸、谷氨酰胺、天冬酰胺和缬氨酸等大量积累。

钾是细胞内重要的渗透调节物质，可提高原生质的水合度，从而提高细胞的保水性。并能在干旱胁迫过程中使细胞的失水速率及蒸腾速率降低，避免体内产生过多的自由基，削弱非气孔因素对光合的限制，增强气孔调节能力，提高蒸腾效率和单叶水分利用效率，有效提高烟叶含钾量。烟草植株体内钾含量在水分过饱和或干旱条件下均有较高积累，而当土壤水分含量中等时最低。因此，在干旱条件下，增施钾肥有利于烟草减轻由于干旱所带来的伤害，例如，烟叶水分损失得到控制，减缓干旱时烟叶叶绿素含量的降解速率和烟叶细胞膜的损伤，减轻膜脂过氧化和降低丙二醛生成量。干旱胁迫下，钾在体内也出现明显的再分配状况，主要是叶肉组织中钾含量升高，从而调节自身的生长。

烟叶含氮量受干旱的影响大于受水分过饱和的影响，磷含量则是在土壤水分过饱和时较高，氯的变化情况与钾较类似。随着水分胁迫加强，各生育期矿质元素积累量都呈递减趋势。

（三）光合作用与呼吸作用

水分是植物光合作用的原料，也是影响净光合速率不可少的条件。无论是干旱胁迫还是水分过饱和都会使植物的净光合速率明显下降。研究表明，水分过多造成净光合速率下降要比干旱胁迫程度严重，并且对旺长期的影响要比成熟期大。而干旱胁迫对旺长期影响最大。伍贤进研究表明保持成苗期土壤相对含水量 60% 时，可以有效地提高净光合速率，使烟苗发育具有较好的生理基础。最适宜净光合速率的土壤相对含水量在成苗期、伸根期、旺长期和成熟期分别是 60%、60%、80% 和 80%，也有报道认为伸根期土壤最适宜相对含水量为 70%、成熟期为 70%。

水分胁迫造成净光合速率低的原因主要有气孔因素（气孔导度下降）和非气孔因素（叶肉光合活性和希尔反应受到抑制）两个方面。轻度和中度胁迫下气孔限制是主要因素，水分胁迫使气孔导度下降，CO_2 进入叶片受阻而使光合下降；重度胁迫下非气孔限制是主要原因，水分胁迫使与光合有关的酶和叶绿体的活性降低，光合作用受到严重抑制，不能补偿呼吸消耗，净光合速率急剧降低。研究表明，水分胁迫导致烟草幼苗光合机构损伤，表现在叶绿素含量、PSⅡ光化学效率、希尔反应活力及类囊体膜 ATPase 活性下降。复水后，气孔限制就减弱或消失。快速水分胁迫处理时，中度水分胁迫的叶绿体放氧能力及光合暗反应受到的影响较小；严重水分胁迫时核酮糖-1,5-二磷酸羧化加氧酶、果糖-1,6-二磷酸酯酶及果糖二磷酸醛缩酶活性明显降低，叶绿体放氧能力受到强烈的抑制。

轻度干旱胁迫下烟叶呼吸作用增强，可能是线粒体膜被破坏阻碍了呼吸链的电子传递过程，使氧化磷酸化解偶联所造成，也可能与呼吸代谢途径改变有关；但在严重干旱胁迫下烟叶的呼吸作用减弱，可能是由于细胞内含水量降低，对线粒体的结构造成了破坏（罗占春等，2009）。

（四）水分胁迫对内源激素变化

植物激素是植物正常代谢产物，在低浓度时对植物生长发育产生显著的影响，在植物代谢、生长、形态建成等生理活动中起到重要的作用。植物内源激素是植物体内合成的、对植物生长发育和代谢有着重要调节作用的微量有机物质。水分胁迫下烟株体内 IAA、GA_3、iPA 的含量在胁迫初期下降，随胁迫时间的延长而增加，达到一定值后又下降。水分胁迫下烟草叶片质外体中 ABA 浓度增加，Cornish 和 Zeevaart（1986）发现水分胁迫下叶片保卫细胞中 ABA 含量是正常水分条件下含量的18倍。

脱落酸（ABA）最重要的生理效应之一是引起气孔关闭，降低蒸腾，调节植物体内水分平衡，保护质膜结构和功能，从而提高植物的抗旱能力。ABA 促使气孔关闭的原因是它使保卫细胞中的 K^+外渗，造成保卫细胞的水势高于周围细胞的水势而使保卫细胞失水所引起的。

JA 也是水分胁迫中一种重要的逆境信号物质，在水分胁迫下能诱导气孔关闭。宫长荣等研究发现，胁迫诱导烟草叶片组织 JA 的积累过程包括：由环境胁迫信号的感知，转导为胞内信号传递，再经基因启动并最终实现 JA 生物合成调控等一系列复杂的信息传递过程。

（五）渗透调节

渗透调节是植物适应缺水条件的一个显著响应，主要是使细胞溶质累积，渗透势下降，保持胞质溶胶与环境的渗透平衡，提高细胞吸水或保水能力。同时也可以保持膜结构的完整性，使植物体的代谢过程能正常进行。水分胁迫时能进行渗透调节的植物气孔导性比不能进行渗透调节的植物高，由于气孔开放，有利于气体交换，从而维持光合作用的较正常进行；膨压对细胞生长具有关键性作用，由于在水分胁迫下通过渗透调节可维持细胞的一定含水量和膨压，因而能保持细胞的持续生长。Meyer 和 Boyer 指出渗透调节有助于水分胁迫下植物缓慢生长的维持，能使细胞的扩大和生长继续进行。脯氨酸、游离氨基酸、K^+和可溶性糖等物质均参与渗透调节。张晓海等发现烤烟幼苗在干旱胁迫下，可溶性糖和可溶性蛋白质含量增加。植物受旱时，水势下降，脯氨酸急剧增加，渗透势必然下降，就能达到膨压不变。赵会杰等报道，干旱胁迫下烟叶中脯氨酸含量增加，其中芳香型品种 Basma 较吃味型品种 Samsun 增加幅度大。Kishor 利用转基因技术使合成脯氨酸的关键酶 PSCS 在烟草中过量表达，结果脯氨酸在转基因植株体内的含量增加了 10～18 倍，干旱条件下根的生长量显著高于非转基因株，而且促进花的发育。因此，脯氨酸在渗透调节方面可能起很大作用。

第三节　不同水分对烟叶物质代谢及其品质的影响

一、烟草需水与降雨量的关系

水是烤烟正常生长的基本要素，水分直接参与烤烟的光合作用等生理变化过程并最终影响烟株的发育及烟叶的品质。水分不足和过多，特别是在烤烟生长的关键时期，都会严重影响烟叶产量和质量。烤烟的水分管理是否得当，对于烟叶质量生产而言是至关重要的一环。要维持体内水分平衡，促进烟株正常生长，提高烟叶产质量，就必须根据烟草的需水规律合理调控烟田水分供应（左天觉等，1991）。中国许多植烟地区年雨量季节分配不均，降雨规律与烟草需水规律不一致，干旱频率增大，从而导致烟叶产量和质量不同程度的降低，因此水分胁迫已成为限制中国部分烟区烟叶产量和品质进一步提高的重要因子（李国芸等，2007）。而对于水分条件的控制，尤其是在土壤水分不足的情况下，灌溉就显示了重要的作用，在确定灌溉时间时，要考虑的因素很多，但主要考虑的是烤烟的生长发育时期。高华军（2006）研究表明，烟草全生育期需水量、需水强度随灌溉量的增大而增大，但并非线性增加，而是呈报酬递减现象。烟草的整个大田生长期，烟株体内的含水量高达80%以上（刘国顺，2003a）。烟草的团棵期，也称伸根期，其作为其最重要的根系生长发育期，适当控制水分供给有利于烟草的根系向纵向生长，该时期保持土壤相对含水量在60%左右为益，而烟叶旺长期需水量较大，是水分敏感期，此时应充分供水，应使土壤的相对含水量保持在80%左右。由于烟叶进入旺长期一般是雨季，自然降雨量能够在一定程度上满足烟叶生长对水分的需求，但如该时期缺少降雨应及时进行灌溉；而烟叶成熟期需水量不多，一般可不浇水，如果这时天气干旱，应以少量水轻灌，以促进上部烟叶充分伸展和中下部烟叶及时成熟。

降雨不但影响植株水分供给，还影响植株的光照和温度等环境而影响发育进程。在烟株的大田生长进入旺长期后，大面积田间生产的水分供给主要由降雨量来决定，因此降雨量作为一项重要的生态因子，极显著地在生长发育过程中起重要调控作用。当土壤水分出现胁迫时，烟草的生理特性将发生变化，表现为气孔导度变小、气孔出现不同程度的关闭，导致光合作用和蒸腾作用减弱（刘玉青等，2006）。一般而言，降雨量少，频次不够，土壤干旱，烟株矮小，叶片窄长，组织紧密，成熟不一致；烟叶内蛋白质、烟碱含量增加，碳水化合物含量减少。若水分过多，茎叶生长脆弱，易发病。叶片成熟阶段水分过多，叶片含水量增加，致使细胞间隙增大，组织疏松，所以烤后叶片薄、颜色淡，缺乏弹性。另外在水分过多的条件下生产的烟叶，由于芳香物质的形成受阻，最后导致烟味淡、香气量不足。

研究发现在年降雨量在600～800mm，降雨分布较均匀的地区，适宜烟株的生长。降雨过多，特别是后期降雨过多，会引起烟株徒长，促使病害发生，延缓烟叶成熟并使收获叶片不易烘烤，影响烤后质量；降雨过少，土壤含水量和空气湿度降低，气温增高会造成烟叶水分亏缺，产量下降，易造成烟叶早衰而呈现假熟现象（闫克玉，2003）。

水分因参与烟草体内一切代谢过程及烟草的形态构成，是形成优质烟叶的重要生理生化基础，在生长季节中田间持水量如果未能保持在50%以上，就会严重影响烟草的产量和品质，对生产高产优质烟叶非常不利（周冀衡，1996）。

二、烟叶生产降雨敏感时期

　　烟草从地理位置来看，起源于雨量充沛的亚热带，喜温暖而湿润的气候，整个生育期对水分的要求都很高，邓力超和屠乃美（2007）认为，在生长季节田间持水量不能保持在50%以上时，就会严重影响烟草的产量和品质。烟叶生长在不同的生育阶段有不同的水分需求，一般是前期少（苗期）、中期多（旺长期）、后期少（成熟期）（秦敏和张文杰，2008）。而烟苗的培养目前主要是采用设施保障的方式，进行集约化漂浮育苗，烟草苗根系的相对含水量可以达到100%，该时期的生长发育与降雨不相关；而移栽到大田的还苗期时，烟株根系需要与土壤建立新的水分关系，土壤相对含水量需要高达80%左右，因该时期在云南烟区主要在春末夏初的4～5月，降雨量相对较少，需要人工浇灌1～2次之后还苗；田间生长30d后达到烟株的伸根期，也称团棵期，该时期根系能够更好地生长，轻微干旱可以促使根系的发育，这个时期土壤的相对含水量应为50%～60%；当移栽后40d，烟株进入旺长期，为保证烟株的快速生长与形态建成，土壤相对含水量应达到80%左右并维持到移栽后60～70d的现蕾期。在成熟期（栽后70d以后）烟叶需要进行物质转化，营养的吸收和致香成分的积累等代谢反应，土壤相对含水量应保持在70%～80%。以上分析可见，烟叶对水分的敏感期在栽后40～60d的旺长期，此期干旱对烟叶产量的影响最大，由于在这个时期降雨量是控制水分条件的主要生态指标，该时期降雨量是否适应烤烟生长也是优质烤烟种植区划的重要依据，所以研究水分对烟叶影响需要研究该时期降雨量对该烟叶发育及物质代谢的影响。

三、模拟降雨量对烟株农艺性状和经济性状的影响

　　为了更好地弄清楚降雨量与烟叶生长的关系，特别是降雨量对烟叶产量和品质的影响，作者研究团队，对云南烟区34年的降雨量进行分析，根据平均降雨量，选取东川（低降雨量，年均降雨量为500～600mm，土壤相对含水量多保持在60%～65%）、江川（中等降雨量，年均降雨量为700～750mm，土壤相对含水量多保持在70%～75%）和宁洱（高降雨量，年均降雨量为1000～1200mm，土壤相对含水量多保持在80%～85%）在室内进行模拟试验，旨在研究降雨量对烟叶生长发育的影响及基因调控变化。

（一）模拟试验的设计

　　2012年在云南玉溪赵桅烤烟试验点简易塑料棚中进行降雨量模拟试验。根据云南省各植烟县（市）34年年均降雨量的差异，选择云南清香型烟区中降雨量有显著差异的3个点，即东川（土壤相对含水量60%～65%）、江川（土壤相对含水量70%～75%）和宁洱（土壤相对含水量80%～85%）[简称东川（60%～65%）、江川（70%～75%）和宁洱（80%～85%）]，进行烤烟大田降雨量简易模拟。模拟栽培的具体过程是据东川（低）、江川（中）和宁洱（高）3个烟区各自34年的年均降雨量及其旬均分布特征进行栽培，试验品种为云烟87，对其进行人工定量喷灌、避雨栽培，按生育期模拟上述3烟区的旬降雨量（表4-1，表4-2），其他栽培管理措施与常规大田试验中各生态点相同。模拟试

验共设 3 处理 3 次重复，每个处理栽 36 株烤烟（株行距为 50cm×120cm），每个重复面积为 16.8m^2（7m×2.4m），架简易塑料棚防自然降雨。在烟株降雨敏感的旺长期（团棵期到现蕾期）进行烟株的农艺性状测定、成熟采收后烟叶的产量与经济性状分析。

表4-1　模拟不同生育期旬均降雨量

地区	团棵期/（mm/旬）	旺长期/（mm/旬）	成熟期/（mm/旬）	对应小区
东川（低）	32	30	23	3、5、9
江川（中）	42	53	42	1、7、11
宁洱（高）	71	90	71	2、6、12

表4-2　模拟不同生育期小区（16.8m^2）实际模拟降雨所用水量

地区	团棵期/L（移栽后 0～30d）	旺长期/L（移栽后 30～60d）	成熟期/L（移栽后 60～80d）	对应小区
东川（低）	269	252	193	3、5、9
江川（中）	353	448	355	1、7、11
宁洱（高）	600	759	595	2、6、12

（二）不同模拟降雨量对旺长期烟叶叶面积变化

当降雨模拟试验的云烟 87 烟株进入团棵期（移栽 30d 后），3 个处理间[低降雨量处理（东川）、中等降雨量处理（江川）和高降雨量处理（宁洱），简称"低处理"、"中处理"和"高处理"]的单叶面积有较大差异，且随降雨量的增加而增加，植株相同叶位的叶面积呈现高处理＞中处理＞低处理的趋势。中处理叶面积与低处理叶面积的差距较其与高处理叶面积的差距小；中处理与高处理的第 2 片和第 3 片叶位差距较小，但中处理与高处理与低处理差距较大。中处理与高处理的第 1 片、第 4 片、第 6 片、第 7 片、第 8 片、第 9 片、第 10 片叶差距较大。就叶位数来看，中处理与高处理叶片数相同为 10 片，而低处理只有 9 片。不同的降雨量对移栽 30d 后的云烟 87 烟株叶面积和叶片的变化显示，低降雨量处理限制了叶片的发育，这与烟株还苗期需要较多的降雨量来维系高水平的田间相对含水量（80%左右）的报道相一致。

烟株在田间生长到 40d（13～14 叶），各处理烟株总叶面积的变化呈现出中处理（土壤相对含水量 70%～75%）＞高处理（土壤相对含水量 80%～85%）＞低处理（60%～65%）的趋势。具体是烟株叶片从下向上，江川（中）、东川（低）和宁洱（高）处理间随着叶位的升高叶面积差距逐渐增加，且在第 6 叶达到最大值，分别为 1059.09cm^2、1194.40cm^2、1105.62cm^2，然后逐渐降低在第 13 叶降至最小值（333.37cm^2、375.13cm^2、364.41cm^2）。东川（低）与江川（中）之间的叶面积差距随叶位的升高呈降低趋势，在第 13 叶达到最小值（41.77cm^2）；东川与宁洱之间的叶面积差距随叶位的升高也呈降低趋势，在第 9 叶差值达到最小值（4cm^2）；江川与宁洱的叶面积差距在第 8 叶时差值达最大（170.08cm^2），在第 13 叶过差值最小（10.72cm^2）。这些结果进一步显示，云烟

87还苗期到团棵期生长的叶片（1～9叶）和伸根期发育的叶片（9～13叶）对降雨量有不同的反应，前者在高降雨量下（土壤相对含水量80%～85%），后者在中等降雨量（70%～75%）的环境中生长最佳，而较低的降雨量均抑制烟株的生长。

但烟株在移栽60d后的现蕾期，所有烟株均为23～24片叶。该时期中、高和低各处理叶面积仍呈现出随叶位升高面积增大的趋势，在第9叶位达到最大值，分别是1492.20cm^2、1498.75cm^2、1372.28cm^2，随后逐渐降低在第23叶达到最小值（399.34cm^2、461.12cm^2、502.97cm^2）。东川与江川之间的差距在第1叶达到最大值（106.03cm^2），在第3叶达到最小值（8.05cm^2）；东川与宁洱之间的差距在第13叶达到最大值（271.99cm^2），在第21叶达到最小值（3.65cm^2）；江川与宁洱之间的差距在第16叶达到最大值（236.09cm^2），在第20叶达到最小值（7.47cm^2）。1～12叶位叶面积呈现出东川（60%～65%）和江川（70%～75%）＞宁洱（80%～85%）的趋势；4～14叶位叶面积呈现出东川（60%～65%）＞江川（70%～75%）＞宁洱（80%～85%）的趋势；15～19叶位叶面积呈现出宁洱（80%～85%）＞江川（70%～75%）＞东川（60%～65%）的趋势。

综合上述，从烟叶面积看来，40d（旺长期）和60d（现蕾期）叶面积通过比较发现，江川的综合情况良好，也就是说中等水平的降雨量，致土壤含水量70%～75%对于烟株的发育是适合的，较低或较高的降雨量导致烟株土壤含水量过低或过高均不利于叶面积的扩大。

（三）模拟降雨量储量对烟草株高和茎围的影响

烟株对降雨最敏感时期是旺长期和现蕾期，40d各处理间株高为东川（60%～65%）＜江川（70%～75%）＜宁洱（80%～85%），呈现株高与降雨量正相关关系。具体是各处理株高都在60cm以上，东川与宁洱之间相差较大达到28.22cm；江川与宁洱之间为20.11cm；东川与江川之间为8.11cm。茎围与株高规律一致，各处理间差距较小。60d各处理株高间呈现宁洱（80%～85%）＞江川（70%～75%）＞东川（60%～65%）的趋势，各处理株高都在120cm以上，江川与宁洱之间差距不大，为3.00cm，东川与宁洱之间差距为10.44cm。由40d到60d东川的烟叶平均生长高度为67.33cm，江川为72.67cm，宁洱为49.56cm，三个处理中，以江川的平均生长高度最大，宁洱最小。60d各处理间的茎围呈现东川（60%～65%）＜宁洱（80%～85%）＜江川（70%～75%）的趋势，总体差异不大。该结果显示，烟草株高对降雨反应敏感，而中等水平处理(土壤相对含水量70%～75%)有利于株高的增加，这与降雨较低和较高引发根系发育不良，营养元素转运受阻，合成生长抑制相关激素如ABA和乙烯等相关。

（四）不同模拟降雨量处理对烟叶产量与经济性状的影响

东川（低）、江川（中）和宁洱（高）三降雨处理之间的亩产量差别不大，最大为13kg左右，且宁洱稍高于东川和江川。三个产量比较是宁洱（80%～85%）＞东川（60%～65%）＞江川（70%～75%）。三个处理中上等烟叶所占的比例依次是宁洱（80%～85%）＞江川（70%～75%）＞东川（60%～65%），宁洱最高达到54.77%，明显高于江川（43.75%）

和东川（21.31%）。中等烟叶在三个处理中所占的比例为江川＞东川＞宁洱。中上等烟叶在三个处理中所占的比例依次是宁洱＞江川＞东川。

　　在三个处理中亩产量最高的是宁洱（231.76kg/亩），其次为江川（221kg/亩），东川最低（218kg/亩）。三个处理的亩产值宁洱最高达到3989.98元，江川为3572.59元，东川为3368.57元。上述结果说明不同的降雨量处理，对烟叶产量和产值及中上等烟叶比有较大的影响。

（五）不同降雨量对烤烟激素的影响

　　分别取40d、60d、80d的叶片为试验材料[其中处理1为东川（低）、处理2为江川（中）、处理3为宁洱（高）]采用酶联免疫分析（ELISA）测定烤烟叶片中生长素吲哚乙酸（IAA）、细胞分裂素（CK）、赤霉素（GA₃）、油菜素内酯（BR）、烤烟茉莉酸甲酯（MeJA）、烤烟水杨酸甲酯（MeSA）、脱落酸（ABA）的含量。

1. 烤烟吲哚乙酸（IAA）含量

　　样品中IAA含量随时间的增加呈现先增加后降低的趋势，在各处理中表现为60d＞80d＞40d。样品中IAA含量变化与降雨量的变化规律基本一致，随降雨量的增减而改变。在同一生育期内不同处理间因水分差异IAA呈现不同的变化,40d表现为处理3＜处理2＜处理1；60d时为处理1＜处理3＜处理2；80d时为处理3＜处理1＜处理2（图4-10，图4-11）。

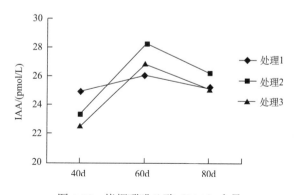

图4-10　烤烟吲哚乙酸（IAA）含量

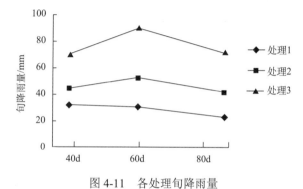

图4-11　各处理旬降雨量

2. 烤烟细胞分裂素（CK）含量

样品中 CK 含量随时间的增加呈现先增后降的趋势，各处理中 CK 含量表现为 60d＞80d＞40d。各处理中 CK 含量与降雨量的变化基本一致。在同一生育期内因水分差异表现为 40d 时处理 2＜处理 3＜处理 1；60d 时处理 3＜处理 1＜处理 2；80d 时为处理 3＜处理 1＜处理 2（图 4-11，图 4-12）。

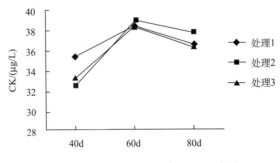

图 4-12　烤烟细胞分裂素（CK）含量

3. 烤烟赤霉素（GA₃）含量变化

样品中 GA_3 含量随时间的增加呈现先增后降的趋势，各处理中 GA_3 含量表现为 60d＞80d＞40d。样品中 GA_3 含量在各处理中的变化与降雨量变化基本一致。在同一生育期内 GA_3 因水分差异表现为 40d 时处理 1＜处理 2＜处理 3；60d 时处理 3＜处理 1＜处理 2；80d 时为处理 2＜处理 3＜处理 1（图 4-11，图 4-13）。

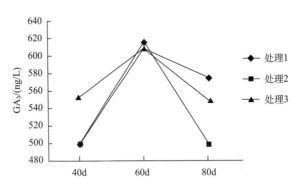

图 4-13　烤烟赤霉素（GA₃）含量变化

4. 烤烟油菜素内酯（BR）含量

处理 1 和处理 3 烤烟中 BR 含量随时间的增加呈现先增后降的趋势，各处理中 BR 含量表现为 60d＞80d＞40d。处理 2 烤烟中 BR 含量随时间增加呈增加的趋势，表现为 80d＞60d＞40d。在同一生育期内 BR 因水分差异表现为 40d 时处理 1＜处理 2＜处理 3；60d 时处理 2＜处理 3＜处理 1；80d 时为处理 1＜处理 3＜处理 2（图 4-11，图 4-14）。

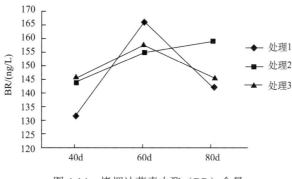

图 4-14　烤烟油菜素内酯（BR）含量

5. 烤烟茉莉酸甲酯（MeJA）含量

样品各处理中MeJA含量随时间的增加呈现出40d～60d增加趋势，60d达到最大值，60～80d下降趋势，MeJA含量变化与降雨量的变化基本一致。40d时降雨量变化为处理1＜处理2＜处理3，MeJA表现为处理3＜处理1＜处理2；60d时降雨量变化为处理1＜处理2＜处理3，MeJA表现为处理1＜处理2＜处理3；80d时降雨量表现为处理1＜处理2＜处理3，MeJA表现为处理3＜处理2＜处理1（图4-11，图4-15）。

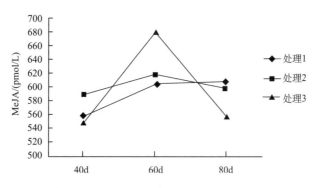

图 4-15　烤烟茉莉酸甲酯（MeJA）含量

6. 烤烟水杨酸甲酯（MeSA）含量

样品中含量随着时间的增加，在各处理中呈现出60d最大，40d与80d含量相对较低的趋势，这与降雨量的变化基本一致，40d时降雨量变化为处理1＜处理2＜处理3，MeJA表现为处理3＜处理1＜处理2；60d时降雨量变化为处理1＜处理2＜处理3，MeJA表现为处理1＜处理2＜处理3；80d时降雨量变化为处理1＜处理2＜处理3，MeJA表现为处理2＜处理3＜处理1（图4-11，图4-16）。

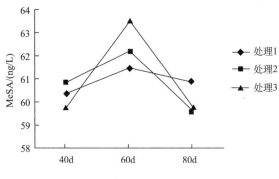

图 4-16　烤烟水杨酸甲酯（MeSA）含量

7. 烤烟脱落酸（ABA）含量

　　样品中含量随时间的变化在各处理中呈现出不同的变化趋势。处理 1 中 ABA 呈现出增加的趋势；处理 2 中 ABA 呈现出 40d＜80d＜60d 的趋势；处理 3 中呈现为 40d＞60d＞80d，即 ABA 呈现出降低的趋势。随着降雨量的变化样品中 ABA 含量在处理 1 中表现为随降雨量的增加而降低；在处理 2 中表现出与降雨量基本一致的变化趋势；在处理 3 中随降雨量的增加而逐渐降低，经过降雨高峰后迅速下降。在同一生育期内 ABA 因水分差异表现为 40d 时处理 2＜处理 3＜处理 1；60d 时处理 3＜处理 1＜处理 2；80d 时为处理 3＜处理 1＜处理 2（图 4-11，图 4-17）。

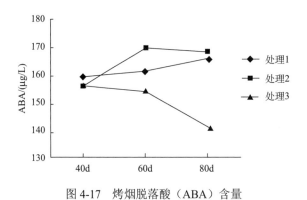

图 4-17　烤烟脱落酸（ABA）含量

　　烤烟从团棵期到旺长期再到成熟期是一个由旺盛生长到衰老的过程，在这一过程中各类激素的含量呈现低—高—低的变化趋势。从团棵期（4d）开始呈增加趋势，到旺长期（60d）达到最高值为止，然后从旺长期向成熟期过渡，各种激素含量开始下降，因而烤烟叶片中各激素含量也呈现出了低—高—低的变化趋势。烤烟激素含量在同一生长期内因降雨量的不同呈现出较大差异。通常在一定的水分范围内，与生长有关的激素如 IAA、CK、GA$_3$、BR 在相同生育期内是随着降雨量的增加而增加，充足的水分可以延缓烤烟植株衰老。如 IAA 含量变化 40d 时为处理 3＜处理 2＜处理 1；60d 时为处理 1＜处理 3＜处理 2；80d 时均为处理 3＜处理 1＜处理 2；CK 含量变化 40d 时为处理 2＜处理 3＜处理 1，60d 和 80d 时均为处理 3＜处理 1＜处理 2；与衰老相关的激素如 ABA 在相同的生育期内与降雨量呈负相关。ABA 含量变化 40d 时为处理 2＜处理 3＜处理 1；60d 和 80d 时均为处理 3＜处理 1＜处理 2。而当水分超过一定的范围过多或过少都会引起与抗逆境有关的激素如 MeJA、MeSA 的变化。MeJA 在 40d 时处理 3＜处理 1＜处理 2，60d 时处理 1＜处理 2＜处理 3，80d 时为处理 3＜处理 2＜处理 1，说明水分过多或过少都会引起 MeJA 的增加。同一激素在不同生育期受降雨量的影响程度不同。

　　40～60d，此时处在团棵-旺长期是烤烟旺盛生长时期，生物量急剧增加，对水分需求较大，各类激素普遍呈上升趋势。在旺长到成熟期是烤烟由旺长逐步衰老的过程，此时类激素均呈下降趋势。在团棵期（40d）IAA 表现为处理 3＜处理 2＜处理 1，说明此时 IAA 受降雨量的影响并不明显；GA$_3$ 与 BR 则表现为处理 1＜处理 2＜处理 3，可推测此时其受降雨量的影响较明显。MeSA 与 MeJA 在 40d 时表现为处理 3＜处理 1＜处理 2，而 ABA 则为处理 2＜处理 3＜处理 1，可知此时充足的水分可以有效地降低 MeSA 与 MeJA 的含量，而水分偏少则会增加 ABA 的含量。在旺长期（60d）IAA 为处理 1＜处理 3＜处理 2，CK 为处理 3＜处理 1＜处理 2，GA$_3$ 为处理 3＜处理 1＜处理 2，说明此时水分过多过少均会影响这三种激素的含量；BR 为处理 2＜处理 3＜处理 1，说明其易受逆境影响，干旱比水涝更能增加其含量；MeSA 与 MeJA 为处理 1＜处理 2＜处理 3，可推测其含量与降雨量呈正相关，充足的水分可以增加其含量；ABA 为处理 3＜处理 1＜处理 2，处理 3 含量最低可能是因为水分过大使烤烟贪青所至，处理 1＜处理 2 可能是因为处理 1 在团棵期时因水分较少影响了其正常发育，使其正常生育期推延，在旺长期水分相对较多的条件下，继续生长，而处理 2 自始至终水分适宜，此时 ABA 含量增加为进入成熟期做准备，故而其含量较处理 1 和处理 3 要高。

四、不同模拟降雨量处理烟株旺长期（40d）和现蕾期（60d）基因表达变化

　　前述烟株发育的旺长期（从团棵期开始到现蕾期）是烟株对降雨最敏感的时期。烟株的发育、产量及质量改变最终由烟株时空专一性的基因表达调控所影响。不同降雨量，对植株的农艺性状、烟叶产量和质量的影响，应是通过降雨量诱发烟株的基因表达来实现，为阐明不同降雨量处理后，烟株基因的表达变化，作者采用第二代测序技术，进行 RNA 的测序分析，以探明降雨变化启动植株基因调控变化的规律并最终预测基因表达与烟株发育和烟叶产量与品质形成的关系。

（一）云烟 87 烟株叶片转录组参考转录组库的建立

　　采用 Trizol 法提取来源于不同生态区、不同发育时期的云烟 87 烟株叶片的总 RNA（表 4-3），使用 Nano Drop 紫外可见分光光度计和 Agilent Technologies 2100 Bioanalyzer 检测 RNA 的浓度和纯度后，以等摩尔量混合后，取 6～8μg 混合总 RNA，用 Sera-mag Magnetic Oligo（dT）Beads 磁珠纯化 mRNA，将纯化的 RNA 通过高温下的二价阳离子处理打碎成 200～700bp 的 RNA 碎片后，用随机引物和逆转录酶合成 cDNA 第一链，随后用 RNase H 和 DNA polymerase Ⅰ 合成第二条 cDNA 链。获得的混合 cDNA 经 T4 激酶进行磷酸化修饰后构建经磷酸化修饰，分离并纯化 200bp 左右的片段制作测序文库，并送华大基因（http://www.genomics.cn/）进行测序、序列的组装和注释分析。

表 4-3　云烟 87 烟叶总 RNA 浓度和纯度检测结果

样品编号	浓度/（ng/μL）	体积/μL	总量/μL	RIN	28S/18S	OD$_{260}$/OD$_{280}$	OD$_{260}$/OD$_{230}$
S（DGE）	1310	25	33.250	7.6	1.4	1.93	1.97
RK（DGE）	1510	30	45.300	7.5	1.6	1.99	2.17
RJ（DGE）	1460	25	36.500	7.5	1.7	2.15	2.07
RY（DGE）	630	30	18.900	7.0	1.4	2.13	2.37
RP（DGE）	453	25	11.325	6.8	1.5	2.12	2.16
PK（DGE）	1910	30	57.300	7.3	1.4	1.95	2.09
PJ（DGE）	1980	25	49.500	7.4	1.2	1.92	1.90
PY（DGE）	1050	25	49.500	7.4	1.6	2.08	2.27
PP（DGE）	2490	25	62.250	6.8	1.5	1.96	2.08
MK（DGE）	1230	25	30.750	7.0	1.4	1.93	1.94
MJ（DGE）	1260	30	37.800	7.3	1.4	1.93	1.93
MY（DGE）	363	35	12.705	6.5	1.1	2.04	1.80
MP（DGE）	333	25	8.325	7.0	1.4	2.06	2.08

注："S（DGE）"表示苗期；"RK（DGE）"表示团棵期昆明生态试验点；"RJ（DGE）"表示团棵期金庄生态试验点；"RY（DGE）"表示团棵期永北生态试验点；"RP（DGE）"表示团棵期片角生态试验点；"PK（DGE）"表示旺长期昆明生态试验点；"PJ（DGE）"表示旺长期金庄生态试验点；"PY（DGE）"表示旺长期永北生态试验点；"PP（DGE）"表示旺长期片角生态试验点；"MK（DGE）"表示成熟期昆明生态试验点；"MJ（DGE）"表示成熟期金庄生态试验点；"MY（DGE）"表示成熟期永北生态试验点；"MP（DGE）"表示成熟期片角生态试验点

测序后云烟 87 烟叶转录组测序，共获得了 131 194 772 raw reads，数据过滤和筛选后共获得了 123 909 360 个 clean reads，Q20（单碱基测序的错误率小于 0.01）=98.48%，满足进行后续的生物信息分析要求（云烟 87 转录组测序产量统计，表 4-4）。对测序数据进行数据组装，共获得了 262 144 个 contigs（平均长度为 277bp），98 584 个 unigene（平均长度为 748bp），其包括 6744 个 clusters 和 91 840 个 singletons（表 4-5）。采用 trinity 进行转录测序序列的组装，所有组装的 unigene 不存在内部含未确定碱基（N）的 gap，这为基因功能注释提供了更准确的序列信息。所获数据中评价转录组测序数据contig 和 unigene 的长度分布趋势一致，其序列的数目及所占百分率都是随着序列长度增大而减少，符合生物体序列长度分布基本规律，这表明云烟 87 烟叶测序数据组装质量高，可以用于基因注释。

表 4-4　转录组测序产量统计

samples	total raw reads	total clean reads	total clean nucleotides （nt）	Q20 percentage	N percentage	GC percentage
云烟 87	131 194 772	123 909 360	11 151 842 400	98.48%	0.00%	43.50%

注：total clean nucleotides = total clean reads1 ×read1 size + total clean reads 2×read2 size；total raw reads 和 total clean reads 分别表示原始 reads 和 clean reads 的总数量；total clean nucleotides 表示 clean reads 总的碱基数；Q20 percentage 表示过滤后质量不低于 20 的碱基的比例；N percentage 代表过滤后不确定的碱基的比例；GC percentage 表示过滤后碱基 G 和 C 数占总碱基数的比例

表 4-5　云烟 87 转录组测序序列组装基本信息

total raw reads	131 194 772
total clean reads	123 909 360
total clean nucleotides	11 151 842 400bp
average clean read length	90bp
total number of contigs	262 144
mean length of contigs	277bp
distinct clusters	6 744
distinct singletons	91 840
total distinct unigenes	98 584
mean length of unigenes	748bp

将获得的 98 584 个 unigene 运用 BlastX（evalue＜0.000 01）分别在 Nr、Nt、Swiss-Prot、KEGG、COG 和 GO 数据库中进行序列比对，其比对结果（表 4-6），在 Nr 数据库中比对到 51 029 个 unigene（占总 unigene 的 51.76%）；在 Nt 数据中比对到 57 317 个 unigene（占总 unigene 的 58.14%）；在 Swiss-Prot 数据中比对到 29 651 个 unigene（占总 unigene 的 30.08%）；在 KEGG 数据库中比对到 26 707 个 unigene（占总 unigene 的 27.09%）；在 COG 数据中比对到 17 222 个 unigene（占总 unigene 的 17.47%）；在 GO 数据中比对到 25 511 个 unigene（占总 unigene 的 25.88%）；在以上 6 个数据中一共比对到 63 582 个 unigene（占总 unigene 的 64.50%）。这些转录组数据已上传并保存于 NCBI 数据库（www.ncbi.nih.gov），其数据获取编号为（Access No.: SRA096861），该数据为后续云烟 87 差异表达基因注释的主要参考数据。

表 4-6　所有 unigene 在不同数据库中比对统计结果

数据库	比对上 unigene 的数目	比对上 unigene 的百分比/%
Nr	51 029	51.76
Nt	57 317	58.14
Swiss-Prot	29 651	30.08
KEGG	26 707	27.09
COG	17 222	17.47
GO	25 511	25.88
All	63 582	64.50

（二）降雨量对烟株基因表达变化研究的试验设计与过程

1. 相同生态点、不同降雨量处理对烟株基因表达变化的影响

在云南省玉溪市大营街赵桅基地模拟东川（低）、江川（中）和宁洱（高）降雨量进行云烟 87 栽培。选移栽 40d 和 60d 后的烟株，取 9 棵烟株的中部第 10 片（从下向上第 10 叶，下同）作为试验材料进行 DGE 测序，通过基因的差异分析显示在相同土壤、相同生态点、不同降雨量处理后旺长期和现蕾期基因表达变化。

2. 不同生态点、相同土壤的不同降雨量处理对烟株基因表达变化

在 2011 年，以云烟 87 分别在云南省丽江市玉龙县金庄生态试验点（27°6′49.43″ N、99°50′37.57″ E、海拔 1879m）、云南省丽江市永胜县永北生态试验点（丽江市永胜县永北镇，26°40′50.00″ N、100°45′14.27″ E、海拔 2158m）和云南省昆明市云南农业大学农场生态试验点（25°7′51.92″ N、102°45′10.39″ E、海拔 1943m）[以下简称金庄（JZ）、永北（YB）和昆明（KM）]三个生态点，按照 8 行 9 列东西方向排列，使用上口、下口和高度分别为 40cm、20cm 和 26cm，装 25kg 干土的塑料盆栽烤烟品种（云烟 87）72株，以模拟大田栽培模式放置盆栽烟苗，使烟株行距为 1.20m，株距为 0.55m，四周设置保护行。在相同土壤（土壤均来自丽江金庄科技园）、相同品种（云烟 87）、相同苗龄（2011 年 3 月 12 日播种）、相同移栽时间（2011 年 5 月 15 日）和相同管理措施的条件下，旺长期（移栽 40d，2011 年 6 月 20 日）和现蕾期（移栽 60d，2011 年 7 月 15 日）从每个试验点随机采取 9 棵烟株的中部第 10 片（从下向上第 10 叶）作为试验材料，进行相同土壤、不同气候条件下不同降雨量处理烟株的比较试验。

3. 不同生态点不同降雨量处理对烟株基因表达变化研究

在 2012 年在不同清香亚新烟区，玉溪赵桅（清香 I 型）、文山砚山（清香 I 型）和普洱宁洱（清香 II 型）三个地点烟样进行云烟 87 的栽种，分别在移栽田间 40d 和 60d取样进行 DGE 测序，研究不同土壤条件、不同气候变化下，不同降雨量对烟叶基因表达的变化的影响。

4. 差异基因的分析方法

本研究中分别以不同发育时期（移栽后 40d、60d）、不同生态点相同土壤盆栽和不同生态点大田栽种的处理方式，共收集 18 个样本，提取 mRNA，经逆转录，构建数字基因表达文库进行 Illumina 测序，测序所获原始数据（raw tag）经过滤去除杂质后得到每个样品的 clean tag 数据。分析过程中，筛选数据采用趋势分析的方法，颜色标注的为富集基因。室内模拟数据比较后发现，40d 的代谢变化并不显著，而 60d 的变化显著。说明移栽 40～60d，而非移栽前 40d 的降雨变化是烟株对降雨的敏感期。所以在随后降雨量对烟株代谢和基因表达变化的分析中，主要以 60d 获得的数据为主。在具体的分析中，采用基因随降雨量的高低变化进行趋势分析，将随着降雨量的降低而逐渐升高的表达的基因初定为抗旱相关基因（降雨量负调控基因），而随着降雨量的降低而逐渐降低的为促进水分代谢关的基因（降雨量正调控基因）。

（三）模拟降雨量样品测序后数据的 PCA 分析变化

作者将不同降雨量（低、中、高）模拟的 40d 和 60d 样品，分别命名为 IL40、IL60、IM40、IM60、IH40、IH60，将 DGE 测序的基因表达变化数据，进行主成分分析（principal components analysis，PCA），结果（图 4-18）所示的分布。对应着旺长期（40d）低、中、高降雨量处理样品的基因表达有差异，但差异变化幅度不大，而现蕾期样品（60d）在图 4-18 上分布比较散，预示其所对应的基因的变化幅度大，该时期是降雨量对烟株基因表达变化的敏感时期，为重点分析降雨量诱发基因表达变化的敏感时期。烟株从移栽期到团棵期这段时间 30d 左右，为确保它的成活及前期的生长状况，一致需要浇水灌溉 20d 左右，能进行降雨量的模拟的时间有限（仅 20d），使得 40d 样品的模拟结果差别不大，不具有代表性，而 60d（现蕾期）模拟时间长，水分需求量大，模拟结果出现较大差异，称为水分敏感关键时期。

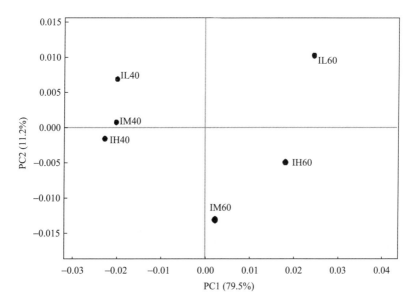

图 4-18　江川（低）、东川（中）、宁洱（高）PCA 分析

IL40、IM40、IH40. 40d 低、中、高处理样品；IL60、IM60、IH60. 60d 低、中、高处理样品

（四）模拟不同降雨量处理移栽 40d 后的基因表达变化

为阐述相同生态点、土壤养分条件基本相同的情况下，室内模拟宁洱（高）、江川（中）、东川（低）三种降雨量梯度，选取栽后 40d（旺长期）的 DGE 数据进行趋势分析,结果显示,移栽 40d 烟叶的基因表达变化共富集到趋势 12、趋势 4 和趋势 0（图 4-19），其中随着降雨量的下降而总体上调表达的基因有 66 条，注释到 10 条（表 4-7）。具体是伴随降雨量的降低的干旱胁迫过程，E3 泛素蛋白连接酶的表达量逐渐增加，泛素化修饰能力增强，这可能干旱环境与促进目标蛋白的水解和干旱胁迫下植物的信号传导过程相关基（serine/threonine-protein phosphatase 2A，PP2A）的表达一致相关。与此同时合成固醇的关键酶钝叶醇 14α 脱甲基酶（obtusifoliol 14 alpha demethylase）、催化内源性胱硫醚 γ-裂解酶的表达量持续增加，说明在降雨量降低的同时，干旱胁迫能促进膜脂的固醇合成及抗氧化活性，维持了细胞稳定（谭琨岭等，2009）。同时，在降雨量减少中伴随着应激反应的增强，如伴侣蛋白 DnaJ 的表达量增加。核糖体蛋白是组成核糖体的重要成

分，核糖体蛋白除参与核糖体构成和蛋白质合成之外，还在复制、转录、RNA 加工、DNA 修复等过程中发挥重要作用，并在细胞的增殖、凋亡、发育等多种调控和恶性转化方面起作用，随着降雨量的降低，部分核糖体蛋白，如 40S 小亚基蛋白 S26 的合成也逐步增强。

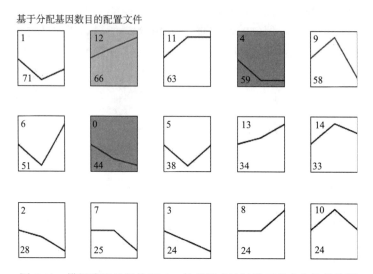

图 4-19　模拟降雨量条件下 40d 的基因表达随降雨量变化的趋势图

表 4-7　模拟降雨量处理后 40d 样品中随降雨量降低表达总体增强基因

基因编号	注释	宁洱	江川	东川
UNIGENE12845_S_TR_A	ubiquitin carboxyl-terminal hydrolase isozyme L5	0	0.56	1.21
UNIGENE71651_S_TR_A	transformation-sensitive protein homolog	0	0.50	1.05
CL5343.CONTIG1_S_TR_A	thioredoxin	0	1.16	1.64
UNIGENE76785_S_TR_A	serine/threonine-protein phosphatase 2A catalytic subunit beta isoform	0	0.74	1.02
UNIGENE30713_S_TR_A	bromodomain testis-specific protein-like	0	0.91	1.45
UNIGENE28976_S_TR_A	obtusifoliol 14 alpha demethylase	0	1.13	1.59
UNIGENE19734_S_TR_A	E3 ubiquitin-protein ligase SIAH1	0	0.60	1.34
UNIGENE31088_S_TR_A	cystathionine gamma-lyase	0	0.77	1.63
UNIGENE29517_S_TR_A	chaperone protein DnaJ, putative	0	1.16	2.58
UNIGENE29081_S_TR_A	40S ribosomal protein S26	0	0.85	1.23

　　随降雨量下降而呈下降表达趋势的基因有 103 条，注释到 46 条，这些基因是与降雨量的变化正相关，推测与水分的吸收、转运、利用与散失的过程存在正调控的基因（表4-8），其中液泡钙离子转运蛋白的降低，预示植物液泡钙膜上转钙能力随降雨量下降而减弱，而 CBL 相互蛋白激酶的下降，预示响应逆境条件的钙信号调控下降。类固醇 17α-羟化酶是一类关键固醇合成与衍生化的关键代谢酶，在第二信使 cAMP 和蛋白激酶 C 的

双调控下行驶功能，类固醇17α-羟化酶的表达量下调表达，预示内源油菜素类脂的合成减弱，说明降雨量可通过诱导促生长激素对在不同的降雨量和水分条件下控制烟株的长势和株高等。降雨量减少的同时阴离子转运蛋白（anion transporter）和硫酸根及硝酸根离子转运体蛋白表达量持续降低，说明吸收和运输氮硫等元素的能力随水分的缺乏程度而减弱。与此同时 P 型 ATP 酶这类保持体内电化势稳态，利用 ATP 水解释放出的能量，通过主动运输，在逆离子浓度梯度条件下能将特定的离子跨膜运出细胞外的一大类蛋白质的能力降低，说明细胞体内由于水分的缺失导致了矿质代谢的改变并与离子载体的蛋白质表达相一致。磷酸肌醇一方面参与植物的信号传导过程，同时也是贮存磷素的细胞储存物。肌醇是植物第二信使分子 IP$_3$ 的前体物质，IP$_3$ 以水溶形式进入细胞质，诱导 Ca^{2+} 从细胞内源钙库释放，调节 Ca^{2+} 依赖的酶及通道，从而改变植物细胞对外界信号刺激的应答，而细胞内的肌醇含量受肌醇-1-磷酸合成酶（MIPS）的调控，肌醇-1-磷酸合酶的降低，可能与缺水状态下磷素利用减少，需要合成植酸等贮藏磷素相关（李春艳等，2010）。

表 4-8　模拟降雨量处理后 40d 样品中随降雨量降低表达总体降低基因

基因编号	注释	宁洱	江川	东川
UNIGENE29122_S_TR_A	vacuolar calcium ion transporter	0	−1.4	−1.16
UNIGENE11590_S_TR_A	tyrosine aminotransferase	0	−0.85	−1.04
UNIGENE12848_S_TR_A	transketolase	0	−0.85	−1.16
UNIGENE13974_S_TR_A	sulfate transporter	0	−1.57	−1.4
UNIGENE70019_S_TR_A	serine/threonine protein kinase	0	−1.04	−0.87
UNIGENE13629_S_TR_A	serine/threonine protein kinase	0	−1.07	−1.29
UNIGENE79238_S_TR_A	Ser/Thr phosphatase family superfamily protein	0	−1.22	−1.07
UNIGENE30518_S_TR_A	SCP like extracellular subfamily protein	0	−2.09	−3.24
UNIGENE12454_S_TR_A	probable WRKY transcription factor protein 1	0	−0.85	−1.11
UNIGENE14157_S_TR_A	WRKY transcription factor protein 1	0	−0.67	−1.08
UNIGENE28562_S_TR_A	putative non-specific lipid transfer protein	0	−1.19	−0.88
UNIGENE77513_S_TR_A	putative glycophosphotransferase	0	−0.8	−1.24
UNIGENE30390_S_TR_A	P-type ATPase	0	−1.59	−1.75
UNIGENE40370_S_TR_A	protein kinase domain containing protein	0	−0.71	−1.12
UNIGENE12939_S_TR_A	steroid 17-alpha-hydroxylase	0	−1.05	−0.79
UNIGENE30084_S_TR_A	probable peptide/nitrate transporter At5g13400-like	0	−1.1	−1.4
UNIGENE13864_S_TR_A	D11gp1-like	0	−0.91	−1.01
UNIGENE10681_S_TR_A	peroxisomal coenzyme A synthetase	0	−1.38	−1.59
UNIGENE29655_S_TR_A	oxidase-like protein	0	−1.02	−0.77
UNIGENE30043_S_TR_A	myo-inositol 1-phosphate synthase	0	−1.52	−1.26
UNIGENE30535_S_TR_A	heat shock protein	0	−0.71	−1.01
UNIGENE28990_S_TR_A	haloacid dehalogenase-like hydrolase	0	−1.34	−1.16

续表

基因编号	注释	宁洱	江川	东川
UNIGENE73033_S_TR_A	glycosyl hydrolase family protein	0	−1.42	−1.81
UNIGENE2623_S_TR_A	glutaredoxin-2, mitochondrial precursor	0	−0.8	−1.03
UNIGENE13098_S_TR_A	CBL interacting protein kinase, putative	0	−1.13	−0.9
UNIGENE29851_S_TR_A	anion transporter, putative	0	−1.2	−0.97
UNIGENE29514_S_TR_A	ACC synthase	0	−0.96	−1.26
UNIGENE30064_S_TR_A	150kDa translation related protein	0	−0.87	−1.41

移栽 40d 不同降雨量处理中随降雨量的减少，也伴随着激素的变化，但与预期相反的是逆境激素之一乙烯合成关键酶 ACC 合酶的表达量降低，且该基因表达与部分热激蛋白（DnaJ）和糖基水解酶家族蛋白的下调表达相一致。这是否预示在烟株进行不同降雨量处理前的还苗期，为保证烟株成活，水分施加较多，处理期相对较少的降雨量有利于烟株发展，尚有待进一步研究。转酮醇酶在植物光合作用的卡尔文循环中起着核心作用，它的活性变化影响的是植物光合暗反应过程，同时负责催化磷酸戊糖通路中碳水化合物转化的一个关键反应，其活性的下降可导致植物生长速度减慢、芳香族氨基酸和苯丙氨酸代谢产物的抑制（赵静和钟春玖，2009）。在降雨量减少的同时，转酮醇酶的表达量逐渐降低，说明植株可通过光合关键酶的变化，减缓生长发育植株的生长，有利于水分胁迫的适应。谷氧还蛋白具抗氧化，涉及花的发育和水杨酸信号转导过程，移栽 40d 烟叶随着降雨量的降低谷氧还蛋白的表达量逐渐降低，预示水杨酸等信号分子的合成与信号转导过程受降雨量和土壤水分状态的影响。

降雨量降低的同时，还检测到 WRKY 转录因子，这类与抗病防御和调控衰老的转录因子（陈峰等，2010）有很重要的作用，其表达量随雨量的减少而减少，预示着水分可以通过转录因子的变化调节植物的生长发育，这与检测到与翻译起始相关的 150kDa 蛋白质因子的降低表达相一致。

移栽 40d 后植株发育进入以营养生长为主旺盛生长的关键期，所以在 40d 的水分亏缺，对植株有很大的影响，干旱和水涝都是影响基因表达的重要的影响因子，转录组分析结果显示，随着降雨量的降低，与水分呈负调控的基因多为与泛素化修饰、细胞发育相关的基因，相应的与水分正调控的基因多是与信号转运、物质转运、逆境反应相关的基因，说明水分亏缺对植株的影响较大，是影响烟叶产量和品质的重要生态因子。

（五）模拟不同降雨量处理移栽 60d 后烟叶基因表达变化

60d 共富集到趋势 10、趋势 11、趋势 12 和趋势 14（图 4-20），随着降雨量的下降而上调表达的基因有 219 条，注释到 63 条（表 4-9），锌指 CCCH 结构域蛋白的上调表达预示着基因调控的能力增强，细胞分化程度升高。在降雨量降低的同时，E2 泛素结合酶的表达量增加，泛素化修饰加强，这与移栽 40d 后的基因表达变化相一致。作者观测到随着降雨量的降低，糖的合成相关的酶类，如 UDP 葡糖基转移酶表达上调，这与 PSII 叶绿素 P680 的脱辅基蛋白、光系统 P700 脱辅基蛋白和核酮糖-1,5-二磷酸羧化加氧酶大亚基等光合作用相关重要基因的表达上调相一致，这可能与干旱下，植物可通过单糖或寡糖的合成增加细胞溶质势力相关。水分亏缺又是对植物生长最不利的因素之一，植物在长期的进化过程中形成了一系列的信号转导机制来避免引起水分亏缺。拟南芥等许多模式植物中报道的蛋白磷酸酶 2C 是 ABA 信号转导负调控因子（阮海华，2007），但烟草 PP2C 为多家族基因，而应有多样的生物学功能，其表达量随降雨量降低而升高，预示其可能与模式植物中经典的 ABA 的调控相异，但有待进一步研究，该结果与降雨量降低后另一逆境激素关键合成酶 ACC 合成酶的增加相一致。

基于分配基因数目的配置文件

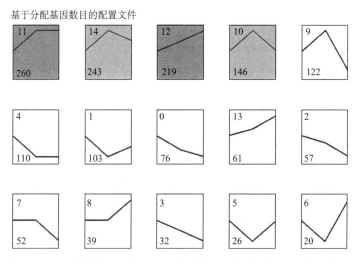

图 4-20 模拟降雨量条件下 60d 的基因表达随降雨量变化的趋势图

表 4-9 模拟降雨量处理后 60d 样品中随降雨量降低表达总体增强基因

基因编号	注释	宁洱	江川	东川
UNIGENE31275_S_TR_A	zinc finger CCCH domain-containing protein 37	0	0.98	1.40
UNIGENE62629_S_TR_A	WD repeat, SAM and U-box domain-containing protein 1	0	1.41	2.00
UNIGENE12813_S_TR_A	UDP-glucosyl transferase-like protein	0	0.79	1.08
UNIGENE76727_S_TR_A	t-SNARE family protein	0	1.83	2.95
UNIGENE2456_S_TR_A	troponin C type 1 slow	0	1.01	2.26
UNIGENE41504_S_TR_A	sulfate permease subfamily protein	0	0.64	1.12
UNIGENE70019_S_TR_A	serine/threonine protein kinase	0	1.07	1.89
UNIGENE63081_S_TR_A	serine/threonine protein kinase	0	0.56	1.16
UNIGENE30422_S_TR_A	ribulose-1,5-bisphosphate carboxylase/oxygenase large subunit	0	0.53	1.10
UNIGENE10588_S_TR_A	RAB1A, member RAS oncogene family	0	1.29	1.83
UNIGENE72005_S_TR_A	putative ubiquitin-conjugating enzyme E2	0	0.60	1.01
UNIGENE12670_S_TR_A	protein disulfide isomerase, putative	0	1.52	3.00
UNIGENE2560_S_TR_A	probable protein phosphatase 2C T23F11.1	0	0.67	1.00
UNIGENE70730_S_TR_A	tumor susceptibility gene 101-like	0	1.08	1.98

续表

基因编号	注释	宁洱	江川	东川
CL5190.CONTIG1_S_TR_A	transmembrane BAX inhibitor motif-containing protein 4-like	0	0.98	1.69
UNIGENE11429_S_TR_A	splicing factor 3A subunit 1	0	0.81	1.11
UNIGENE11059_S_TR_A	putative nuclease HARBI1-like	0	1.07	1.61
UNIGENE77690_S_TR_A	probable peptide/nitrate transporter At5g13400-like	0	0.94	1.35
UNIGENE71884_S_TR_A	prenylated Rab acceptor protein 1-like	0	0.72	1.11
UNIGENE13620_S_TR_A	kelch-like protein 17-like	0	0.61	1.29
UNIGENE78260_S_TR_A	hatching enzyme-like	0	1.45	2.04
UNIGENE76526_S_TR_A	epidermis-type lipoxygenase 3-like	0	1.01	2.02
UNIGENE76137_S_TR_A	3-ketoacyl-CoA thiolase B, peroxisomal-like	0	0.66	1.14
UNIGENE13176_S_TR_A	1-phosphatidylinositol-4,5-bisphosphate phosphodiesterase delta-1-like isoform 2	0	0.71	1.34
UNIGENE71466_S_TR_A	1-aminocyclopropane-1-carboxylate synthase homolog-like	0	0.91	1.39
CL6304.CONTIG1_S_TR_A	photosystem II P680 chlorophyll A apoprotein	0	0.55	1.05
UNIGENE31218_S_TR_A	P700 apoprotein subunit Ib	0	1.40	2.42
UNIGENE31273_S_TR_A	P700 apoprotein subunit Ia	0	1.36	2.71
UNIGENE30891_S_TR_A	ORF91	0	1.08	2.52
CL1586.CONTIG1_S_TR_A	GE14097	0	0.87	1.53
UNIGENE11697_S_TR_A	expansin, putative	0	1.65	2.29
UNIGENE72096_S_TR_A	endo-1,3（4）-beta-glucanase 1	0	0.86	1.98
UNIGENE79307_S_TR_A	eIF2B-beta protein	0	0.99	1.9
UNIGENE28508_S_TR_A	dynein light chain 1	0	0.73	1.21
UNIGENE29203_S_TR_A	DUF862 multi-domain protein	0	0.84	1.31
UNIGENE76134_S_TR_A	DNAJ heat shock N-terminal domain-containing protein	0	1.08	1.52
UNIGENE64343_S_TR_A	conserved hypothetical protein	0	0.59	1.16
UNIGENE78071_S_TR_A	chromatin modifying protein 5	0	0.54	1.25
UNIGENE77610_S_TR_A	chain A, Mitogen-Activated Protein Kinase Kinase 1（Mek1）	0	0.57	1.07
CL6582.CONTIG1_S_TR_A	calcium-translocating P-type ATPase, PMCA-type, putative	0	1.21	2.27
UNIGENE77146_S_TR_A	calcium-binding EF-hand domain-containing protein	0	0.57	1.37
UNIGENE78637_S_TR_A	CAF1 family protein	0	1.38	2.08
CL1189.CONTIG1_S_TR_A	arylacetamide deacetylase（esterase）	0	0.97	2.03

　　DnaJ 蛋白是 Hsp40 家族的一员，是广泛存在于植物细胞内的一种分子伴侣，它作为 Hsp70 的辅伴侣分子，促进其 ATP 酶活性，帮助 Hsp70 完成蛋白质折叠、解折叠、向特定细胞器运输和调节蛋白复合物解聚等功能，在降雨量降低的同时，DnaJ 热休克蛋白的表达量增加，预示植株抗高温的能力增强。在栽后 60d，物质转运的能力逐渐增强，如肽/硝酸盐转运蛋白、KELCH 样蛋白的表达量增加，而动力蛋白的表达量增加，预示物

质运输和中心体装配的能力增强，可以帮助内质网、溶酶体进行物质运输，以调节因干旱导致的细胞体内的渗透平衡，也与适度土壤水分胁迫下，根系氧气充足，呼吸旺盛，促进离子吸收相关。

随降雨量下降而下降的基因有 649 条，注释到 169 条（表 4-10），锌指结构域蛋白的表达量下降预示着细胞分化的程度减弱，RNA 结合蛋白是一类具有 RNA 剪接、RNA 转运、维持 RNA 的稳定和降解、细胞内定位和翻译控制等功能的蛋白质，在降雨量降低的同时，RNA 的稳定性降低。60d 与 40d 的基因表达的不同点在于，核糖体蛋白随着水分的减少出现下降的趋势，而与逆境反应相关的蛋白质，如 DnaJ 同源家族出现下调的趋势。作为生物氧化过程中的电子传递体，细胞色素参与还原力的氧化脱氢与氧化磷酸化过程，60d 移栽后时，不同降雨量处理后的烟叶中，随降雨量减少细胞色素 c 的表达降低。随着降雨量的减少，出现了酪氨酸转氨酶的下调表达。与此同时，MYB 相关转录因子出现下降表达趋势，MYB 是一类多效调控植物苯丙烷类与植物色素合成相关的转录因子，它们在植物代谢和发育的各个方面起着重要的调控作用，其主要功能是调节次生代谢、控制细胞形态发生及调控分生组织形成和细胞周期等，MYB 的下调表达预示着栽后 60d 水分的减少，说明植株色素合成及其相关次生代谢受降雨或水分状态的调节。从基因表达变化上看到不同降雨处理 60d 的变化，比 40d 的更为丰富。60d 处理样品，随着降雨量的下降，部分逆境信号转导相关基因的表达增强，核糖体蛋白的合成下降，细胞的稳定性程度降低，同时一些抗逆性相关基因出现下调表达，这些现象预示 60d 左右的现蕾期是抗逆性弱、水分敏感的关键时期。

表 4-10 模拟降雨量处理后 60d 样品中随降雨量降低表达总体降低基因

基因编号	注释	宁洱	江川	东川
UNIGENE77565_S_TR_A	zinc transporter ZIP1-like	0	1.56	0.11
UNIGENE78780_S_TR_A	zinc finger domain containing protein	0	1.56	1.16
UNIGENE41685_S_TR_A	WD repeat, SAM and U-box domain-containing protein 1-like	0	1.13	1.38
UNIGENE31578_S_TR_A	UDP-glucosyl transferase-like protein	0	1.49	1.3
UNIGENE29600_S_TR_A	ubiquitin-like protein 5, putative	0	1.21	0.45
UNIGENE71413_S_TR_A	ubiquitin fusion protein	0	0.93	1.14
UNIGENE11591_S_TR_A	tyrosine aminotransferase	0	1.61	1.53
UNIGENE72031_S_TR_A	tubulin-specific chaperone A	0	1.09	0.52
UNIGENE28736_S_TR_A	Troponin C-akin-1 protein precursor	0	1.23	0.81
UNIGENE77900_S_TR_A	transporter, major facilitator subfamily protein	0	1.78	1.00
UNIGENE10688_S_TR_A	transformation-sensitive protein homolog	0	2.47	1.32
UNIGENE30287_S_TR_A	thaumatin-like protein 3	0	3.15	0.58
UNIGENE3152_S_TR_A	Tha4 plastid transport protein	0	0.86	−0.23
UNIGENE29235_S_TR_A	stress-induced-phospho protein 1	0	1.04	0.25
UNIGENE30642_S_TR_A	small conserved protein	0	1.25	0.59
UNIGENE30644_S_TR_A	small conserved protein	0	0.93	−0.2

续表

基因编号	注释	宁洱	江川	东川
UNIGENE31382_S_TR_A	serine acetyltransferase	0	1.24	0.77
UNIGENE28344_S_TR_A	secreted chitinase	0	2.45	0.38
UNIGENE39597_S_TR_A	SEC13 homolog	0	1.44	1.10
UNIGENE30518_S_TR_A	SCPlike extracellular subfamily protein	0	2.99	0.29
UNIGENE76831_S_TR_A	RNA-binding region RNP-1 domain-containing protein	0	1.15	1.49
UNIGENE14052_S_TR_A	RNA-binding protein	0	1.6	1.94
UNIGENE77379_S_TR_A	ring finger protein 126	0	1.16	1.21
UNIGENE11374_S_TR_A	ring finger protein 126	0	0.92	1.13
UNIGENE30101_S_TR_A	ribosomal protein s24e, putative	0	1.56	1.15
UNIGENE76769_S_TR_A	ribophorin, putative	0	0.86	−0.22
UNIGENE28503_S_TR_A	RecName: Full=60S ribosomal protein L37a	0	1.47	0.01
UNIGENE30393_S_TR_A	ras-related protein Rab-1A-like isoform 1	0	1.03	0.8
UNIGENE14152_S_TR_A	ras-related protein Rab-1A-like isoform 1	0	1.4	0.83
UNIGENE72252_S_TR_A	putative zinc finger protein	0	1.28	0.67
UNIGENE11057_S_TR_A	putative nuclease HARBI1-like	0	2.10	2.66
UNIGENE28562_S_TR_A	putative non-specific lipid transfer protein, partial	0	1.11	−0.04
UNIGENE30621_S_TR_A	putative NADH dehydrogenase 1 alpha subcomplex 6 variant 2	0	1.1	0.19
UNIGENE31516_S_TR_A	putative heat shock protein hsp20, partial	0	3.86	3.77
UNIGENE31517_S_TR_A	putative heat shock protein hsp20, partial	0	4.59	3.16
UNIGENE90204_S_TR_A	putative cytochrome P450, partial	0	0.99	1.08
UNIGENE30556_S_TR_A	P-type ATPase	0	0.79	−0.26
UNIGENE78177_S_TR_A	protein transport protein sec23, putative	0	0.78	1.05
UNIGENE71204_S_TR_A	protein PLANT CADMIUM RESISTANCE 3-like	0	1.41	1.45
UNIGENE30304_S_TR_A	protein phosphatase 1E-like	0	1.54	1.55
UNIGENE12669_S_TR_A	protein disulfide isomerase, putative	0	2.69	3.56
UNIGENE29689_S_TR_A	probable phospholipid hydroperoxide glutathione peroxidase, putative	0	1.08	0.80
UNIGENE13131_S_TR_A	probable peptide/nitrate transporter At5g13400-like	0	0.95	−0.25
UNIGENE77415_S_TR_A	prefoldin subunit 4-like isoform 2	0	1.11	0.39
UNIGENE70375_S_TR_A	polycomb protein suz12-like isoform 2	0	0.94	1.13
UNIGENE38936_S_TR_A	peptidyl-prolyl cis-trans isomerase, putative	0	1.12	0.18
UNIGENE12889_S_TR_A	NUDIX domain-containing protein	0	2.09	1.61
UNIGENE31500_S_TR_A	nitrate reductase, putative	0	1.15	1.23
UNIGENE30309_S_TR_A	myb-related transcription factor	0	1.10	0.76
UNIGENE31353_S_TR_A	multiprotein bridging factor	0	2.64	2.04
UNIGENE62878_S_TR_A	multidrug and toxin extrusion protein 1-like	0	1.13	0.92
CL5543.CONTIG1_S_TR_A	mitochondrial import inner membrane translocase subunit Tim17-B-like	0	1.05	0.53

续表

基因编号	注释	宁洱	江川	东川
UNIGENE28586_S_TR_A	metal homeostasis factor ATX1-like	0	1.33	0.40
UNIGENE28587_S_TR_A	metal homeostasis factor ATX1-like	0	1.47	−0.17
UNIGENE31513_S_TR_A	low-molecular-weight heat shock protein	0	2.78	2.04
UNIGENE31514_S_TR_A	low-molecular-weight heat shock protein	0	2.39	1.30
UNIGENE28325_S_TR_A	low-molecular-weight heat shock protein	0	2.84	0.85
UNIGENE28326_S_TR_A	low-molecular-weight heat shock protein	0	1.93	0.32
UNIGENE89685_S_TR_A	interleukin-1 receptor-associated kinase 4	0	1.18	0.50
CL6055.CONTIG1_S_TR_A	ileal sodium/bile acid cotransporter-like	0	1.20	1.49
UNIGENE40699_S_TR_A	hydroxyacid oxidase 1-like	0	1.05	0.03
UNIGENE30361_S_TR_A	Hsp70-binding protein, putative	0	1.33	0.94
CL894.CONTIG2_S_TR_A	HSP70	0	1.28	0.07
CL204.CONTIG1_S_TR_A	hsc70-interacting protein	0	1.2	0.62
UNIGENE13180_S_TR_A	homeobox domain containing protein	0	0.95	−0.18
UNIGENE77751_S_TR_A	Histidyl-tRNA synthetase, cytoplasmic	0	1.05	0.17
UNIGENE30068_S_TR_A	high molecular weight heat shock protein	0	3.60	2.23
UNIGENE30069_S_TR_A	high molecular weight heat shock protein	0	2.65	1.47
UNIGENE10704_S_TR_A	heat shock protein, putative	0	2.37	2.14
CL67.CONTIG2_S_TR_A	heat shock protein 90	0	1.51	0.80
CL6762.CONTIG1_S_TR_A	heat shock protein 70kDa, putative	0	1.20	1.57
UNIGENE12372_S_TR_A	heat shock protein 28	0	1.79	0.63
UNIGENE78669_S_TR_A	heat shock protein 105kDa-like	0	1.29	0.34
CL813.CONTIG1_S_TR_A	heat shock cognate 71kDa protein	0	1.71	0.53
CL3679.CONTIG1_S_TR_A	Heat shock 70kDa protein	0	2.22	1.28
UNIGENE30126_S_TR_A	HAD hydrolase, REG2-like, family IA subfamily protein	0	0.94	1.05
UNIGENE31409_S_TR_A	glycogen phosphorylase, liver form	0	1.11	0.43
UNIGENE71343_S_TR_A	glutathione peroxidase-like protein	0	1.14	0.45
UNIGENE30545_S_TR_A	glutaredoxin-2, mitochondrial-like	0	1.07	0.51
UNIGENE31287_S_TR_A	glucan endo-1,3-beta-glucosidase-like	0	1.54	−0.11
UNIGENE13499_S_TR_A	glucan endo-1,3-beta-glucosidase-like	0	2.77	0.05
UNIGENE30983_S_TR_A	formate dehydrogenase, putative	0	1.11	0.29
UNIGENE78410_S_TR_A	folylpolyglutamate synthetase	0	0.87	1.17
UNIGENE11489_S_TR_A	eukaryotic porin	0	0.76	−0.25
UNIGENE71329_S_TR_A	epoxide hydrolase 2	0	1.35	0.6
UNIGENE29871_S_TR_A	endoplasmin-like	0	1.27	0.03
UNIGENE10812_S_TR_A	endoplasmic reticulum membrane protein YGL010W	0	1.02	0.97
UNIGENE25114_S_TR_A	endomembrane protein EMP70 precursor isolog, putative	0	1.15	0.85

续表

基因编号	注释	宁洱	江川	东川
CL1721.CONTIG1_S_TR_A	DnaK family member protein	0	2.05	−0.06
UNIGENE29283_S_TR_A	DnaJ homolog subfamily A member 2-like	0	1.93	1.77
CL489.CONTIG1_S_TR_A	DnaJ domain containing protein	0	1.27	0.20
UNIGENE3209_S_TR_A	defender against apopototic cell death 1	0	0.88	−0.25
UNIGENE31478_S_TR_A	cytosolic glycoprotein FP21	0	1.23	0.67
UNIGENE29365_S_TR_A	cytochrome c-2-like	0	1.11	0.85
UNIGENE11286_S_TR_A	cytochrome c oxidase subunit 5B, mitochondrial-like	0	1.62	0.72
UNIGENE10824_S_TR_A	cytidine and deoxycytidylate deaminase zincbinding region subfamily protein	0	1.31	0.99
UNIGENE31370_S_TR_A	cysteine proteinase	0	1.16	0.05
UNIGENE41791_S_TR_A	cyst wall protein 1	0	2.00	0.25
UNIGENE62206_S_TR_A	conserved hypothetical protein	0	1.19	1.09
UNIGENE30475_S_TR_A	cold-inducible RNA-binding protein	0	0.97	−0.28
UNIGENE77548_S_TR_A	chitinase	0	2.67	0.95
UNIGENE29517_S_TR_A	chaperone protein DnaJ, putative	0	2.09	1.47
UNIGENE70700_S_TR_A	cellular retinaldehyde-binding/triple function domain-containing protein	0	1.92	1.64
UNIGENE4313_S_TR_A	cell cycle control protein	0	1.47	1.88
UNIGENE10676_S_TR_A	CDNA sequence BC003883	0	1.22	0.33
UNIGENE10677_S_TR_A	CDNA sequence BC003883	0	1.56	0.46
UNIGENE10997_S_TR_A	C2 domain-containing protein, putative	0	1.20	1.61
UNIGENE28894_S_TR_A	aldose reductase, putative	0	2.46	3.02
UNIGENE29064_S_TR_A	agap011504-PA, related	0	1.00	0.45
UNIGENE12024_S_TR_A	AGAP010514-PA	0	1.14	1.25
UNIGENE30517_S_TR_A	adenosylmethionine decarboxylase 1 isoform 2	0	1.30	1.05
CL1366.CONTIG1_S_TR_A	adenosine 3'-phospho 5'-phosphosulfate transporter 2-like	0	1.12	0.85
CL531.CONTIG2_S_TR_A	ACC synthase	0	1.22	0.06
CL1128.CONTIG1_S_TR_A	AAEL004060-PB	0	1.03	0.22
UNIGENE28678_S_TR_A	60S acidic ribosomal protein P1-like	0	1.18	0.42
UNIGENE71993_S_TR_A	46kDa FK506-binding nuclear protein	0	1.10	0.72
UNIGENE30369_S_TR_A	40S ribosomal protein S28	0	1.14	0.65
UNIGENE14692_S_TR_A	30S ribosomal protein S12-like	0	2.83	3.21
UNIGENE71038_S_TR_A	3',5'-cyclic-nucleotide phosphodiesterase regA	0	1.23	0.77
UNIGENE78143_S_TR_A	20S proteasome alpha6 subunit	0	1.05	0.26

（六）相同土壤不同生态点，不同水分处理基因表达变化

确定 60d 为烟株水分敏感时期，且在该时期，检测到许多降雨相关的基因表达为变化，检测在不同生态条件下，不同降雨量处理基因表达是否与室内模拟相一致，且筛选水分敏感相关差异表达基因，作者采用在相同土壤（土壤均来自丽江金庄科技园）、相同品种（云烟 87）、相同苗龄（2011 年 3 月 12 日播种）、相同移栽时间（2011 年 5 月 15 日）和相同管理措施的条件下，于丽江金庄、丽江永北和昆明云南农业大学农场（以下简称，金庄（高）、永北（中）和昆明（低）三个具不同降雨量的试验点，进行盆栽试验。各试验点于烟株移栽 60d 后，随机采取 9 棵烟株的中部第 10 片（从下向上第 10 叶）作为试验材料，进行 DGE 的测序与注释分析烟叶基因的差异表达。

随着降雨量的降低，三地（相对应的移栽点丽江金庄、丽江永北和昆明）60d 基因表达共富集到趋势 0、趋势 3、趋势 4、趋势 11 和趋势 14（图 4-21），随降雨量下降而基因表达上升的基因有 374 条，注释到 108 条（表 4-11）。其中与光合代谢相关的镁螯合酶、核酮糖-1,5-二磷酸羧化加氧酶大亚基、细胞色素 B6-F 复杂的铁硫亚基、景天庚酮糖-1,7-二磷酸酶等上调表达；与此同时三羧酸循环中的异柠檬酸脱氢酶的上调表达，戊糖分解代谢相关的酶类如木糖异构酶增加。该时期，物质转运及离子通道的功能增强，如脂类转运相关的 stAR 相关脂类转运蛋白 7 的上调表达，离子转运相关的钾电门控通道亚组成员的上升。同时在信号转导方面，发现的钙调蛋白这种钙信号受体及肌醇-3-磷酸的合成酶上调表达，细胞的泛素化修饰系统表达增强，显示了极为复杂的变化过程。

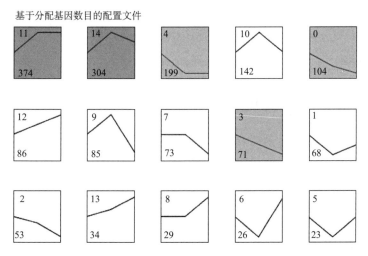

图 4-21　模拟降雨量条件下 60d 的基因表达随降雨量变化的趋势图

表 4-11　模拟降雨量处理后 60d 样品中随降雨量降低表达总体增强基因

基因编号	注释	金庄	永北	昆明
UNIGENE72031_S_TR_A	tubulin-specific chaperone A	0	1.19	1.09
UNIGENE11618_S_TR_A	trigger factor-like	0	1.92	1.42

基因编号	注释	金庄	永北	昆明
UNIGENE31193_S_TR_A	threonyl-tRNA synthetase-like	0	1.12	0.9
UNIGENE79075_S_TR_A	tetratricopeptide repeat protein 1-like	0	1.35	1.43
CL400.CONTIG1_S_TR_A	stAR-related lipid transfer protein 7, mitochondrial	0	2.14	2.49
UNIGENE13391_S_TR_A	similar to ubiquinol-cytochrome C reductase complex 14kDa subunit	0	1.48	1.72
UNIGENE79144_S_TR_A	serine acetyltransferase	0	1.43	1.07
UNIGENE77586_S_TR_A	ribulose-1,5 bisphosphate carboxylase/oxygenase large subunit N-methyltransferase, chloroplastic-like	0	1.05	1.07
UNIGENE13921_S_TR_A	protein GDAP2 homolog	0	1.39	1.58
UNIGENE72726_S_TR_A	potassium voltage-gated channel subfamily H member 8	0	1.81	1.36
UNIGENE28560_S_TR_A	nucleolysin TIAR-like	0	0.81	1.06
UNIGENE11842_S_TR_A	nicotinate phosphoribosyltransferase, putative-like isoform 1	0	1.36	1.19
UNIGENE12331_S_TR_A	NADH-ubiquinone oxidoreductase 75kDa subunit, mitochondrial-like isoform 1	0	1.49	1.11
CL2372.CONTIG1_S_TR_A	homeobox protein PKNOX2-like	0	1.09	0.98
CL8139.CONTIG1_S_TR_A	histidine triad nucleotide-binding protein 3	0	1.14	0.88
UNIGENE11997_S_TR_A	fumarylacetoacetase	0	1.31	1.17
UNIGENE29365_S_TR_A	cytochrome c-2-like	0	1.24	1.56
UNIGENE13803_S_TR_A	costars family protein ABRACL-like	0	1.83	1.86
UNIGENE30935_S_TR_A	cell division protease ftsH-like	0	1.24	1.52
CL2351.CONTIG1_S_TR_A	ATP-dependent RNA helicase DDX25-like isoform 1	0	1.20	0.90
UNIGENE14014_S_TR_A	ATP-dependent Clp protease proteolytic subunit-like	0	1.03	0.79
UNIGENE11202_S_TR_A	alanyl-tRNA synthetase-like	0	1.25	1.16
UNIGENE29578_S_TR_A	acyl carrier protein-like	0	1.17	0.96
UNIGENE76207_S_TR_A	abhydrolase domain-containing protein 4-like	0	1.69	2.22
UNIGENE10672_S_TR_A	7-dehydrocholesterol reductase-like	0	1.13	1.05
UNIGENE29418_S_TR_A	30S ribosomal protein S10-like	0	1.13	1.11
UNIGENE79189_S_TR_A	2-isopropylmalate synthase-like	0	1.49	1.18
UNIGENE13725_S_TR_A	xylose isomerase	0	1.08	0.96
UNIGENE70017_S_TR_A	uroporphyrinogen decarboxylase	0	0.89	1.16
UNIGENE28702_S_TR_A	UDP-glucuronic acid decarboxylase 1	0	1.67	1.69
UNIGENE31303_S_TR_A	UDP-glucosyl transferase-like protein	0	2.08	2.59
UNIGENE76899_S_TR_A	ubiquitin-conjugating enzyme family protein	0	1.69	1.89
UNIGENE39434_S_TR_A	tyrosine phosphatase	0	1.18	1.15
UNIGENE71370_S_TR_A	transmembrane protein	0	1.80	1.90
UNIGENE29471_S_TR_A	translation elongation factor Tu（mitochondrion）	0	1.31	1.18
UNIGENE29978_S_TR_A	surface antigen-like protein	0	1.14	1.26

续表

基因编号	注释	金庄	永北	昆明
CL657.CONTIG1_S_TR_A	succinate-CoA ligase	0	1.36	1.01
UNIGENE31245_S_TR_A	small nucleolar RNA, H/ACA box 62	0	1.00	1.12
CL6203.CONTIG1_S_TR_A	small GTPase Ran binding protein 1	0	1.38	1.35
UNIGENE30642_S_TR_A	small conserved protein	0	0.92	1.09
UNIGENE30655_S_TR_A	S-formylglutathione hydrolase	0	1.01	0.75
UNIGENE79370_S_TR_A	serine carboxypeptidase S28	0	1.55	1.26
UNIGENE77180_S_TR_A	serine carboxypeptidase precursor	0	1.80	1.86
UNIGENE40243_S_TR_A	Secretory carrier-associated membrane protein 1	0	1.39	1.61
UNIGENE30123_S_TR_A	S-adenosylmethionine decarboxylase	0	2.64	2.06
UNIGENE41050_S_TR_A	RNA recognition motif domain containing protein	0	1.54	1.17
UNIGENE10793_S_TR_A	Rieske [2fe2s] domain containing protein	0	1.61	1.57
UNIGENE76405_S_TR_A	ribosome-binding factor A	0	1.07	1.03
UNIGENE28735_S_TR_A	ribosomal protein rpL15	0	1.23	1.09
UNIGENE30956_S_TR_A	ribosomal protein rpL13	0	1.12	1.04
UNIGENE30364_S_TR_A	ribosomal protein rpL1	0	1.16	1.06
UNIGENE10647_S_TR_A	ribosomal protein L9e	0	1.25	1.43
UNIGENE40186_S_TR_A	ribosomal protein L9, N-terminal domain containing protein	0	1.09	1.13
UNIGENE30740_S_TR_A	ribosomal protein L9	0	2.57	2.07
UNIGENE13723_S_TR_A	nucleolin,protein C23	0	1.04	0.98
UNIGENE31118_S_TR_A	cytochrome b6-f complex iron-sulfur subunit	0	1.25	1.23
UNIGENE10526_S_TR_A	Ras-related protein Rab-2	0	1.24	1.25
UNIGENE11635_S_TR_A	Rad23	0	1.74	1.36
UNIGENE30540_S_TR_A	putative thiazole biosynthetic enzyme	0	0.97	1.27
UNIGENE13185_S_TR_A	putative RNA-binding protein 3	0	1.89	1.47
UNIGENE11185_S_TR_A	putative pyruvate dehydrogenase	0	1.01	0.89
UNIGENE77512_S_TR_A	palmitoyl-protein thioesterase 1	0	1.39	1.17
UNIGENE13951_S_TR_A	Os07g0694800 protein	0	1.17	1.00
UNIGENE30175_S_TR_A	NAD binding domain 4 domain containing protein	0	1.01	0.80
CL7800.CONTIG1_S_TR_A	NAD dependent epimerase/dehydratase	0	1.82	2.17
UNIGENE12120_S_TR_A	MIR domain containing protein	0	1.91	1.56
UNIGENE41126_S_TR_A	methionineR-sulfoxide reductase	0	1.74	1.73
CL6064.CONTIG1_S_TR_A	mCG21897, isoform CRA_b	0	2.52	2.14
UNIGENE11833_S_TR_A	magnesium chelatase subunit D	0	1.06	1.38
UNIGENE78606_S_TR_A	isocitrate dehydrogenase NAD+	0	1.16	1.24
UNIGENE78810_S_TR_A	inositol-3-phosphate synthase	0	1.86	1.65
UNIGENE49376_S_TR_A	hydrolase, alpha/beta fold domain containing protein	0	1.81	2.20

基因编号	注释	金庄	永北	昆明
UNIGENE10634_S_TR_A	hydantoin utilization protein C	0	1.06	0.79
UNIGENE28657_S_TR_A	guanylate-binding protein	0	1.23	1.46
UNIGENE31380_S_TR_A	glyoxylate reductase	0	1.00	1.35
UNIGENE63861_S_TR_A	glycoside hydrolase family 16 protein	0	2.05	1.67
UNIGENE30183_S_TR_A	glycine dehydrogenase	0	1.74	1.31
UNIGENE12391_S_TR_A	glutathionedisulfide reductase	0	1.52	1.24
UNIGENE30739_S_TR_A	glutathione peroxidase-like protein	0	1.93	1.49
UNIGENE78541_S_TR_A	glutamyl-tRNA synthetase family protein	0	1.79	2.04
CL6141.CONTIG1_S_TR_A	glutamyl-tRNA amidotransferase A subunit	0	1.38	1.05
UNIGENE76264_S_TR_A	extracellular signal-regulated protein kinase	0	1.25	1.03
UNIGENE78157_S_TR_A	eukaryotic translation initiation factor 3 subunit k	0	2.12	1.67
UNIGENE70919_S_TR_A	ERLIN2 protein	0	1.36	1.12
UNIGENE31046_S_TR_A	enolase, C-terminal TIM barrel domain containing protein	0	1.60	1.56
CL6026.CONTIG1_S_TR_A	DTDP-glucose 4,6-dehydratase	0	1.74	1.36
UNIGENE11717_S_TR_A	cyst wall protein 1	0	1.08	0.85
UNIGENE31094_S_TR_A	copper/zinc superoxide dismutase	0	0.75	1.02
UNIGENE28858_S_TR_A	chromatin modifying protein 1b	0	1.96	1.76
UNIGENE30154_S_TR_A	chorismate synthase	0	1.21	1.35
UNIGENE30430_S_TR_A	chloroplast sedoheptulose-1,7-bisphosphatase	0	1.77	1.70
UNIGENE10943_S_TR_A	chitinase	0	1.55	1.30
UNIGENE29983_S_TR_A	chain A, recombinant actophorin	0	2.34	1.77
UNIGENE57742_S_TR_A	chain A, crystal structure of the C-terminal type Iii polyketide synthase（pks Iii）domain of 'steely1'（a Type I/iii Pks hybrid from dictyostelium）	0	1.74	1.67
UNIGENE31316_S_TR_A	CBN-VHA-9 protein	0	1.21	1.06
UNIGENE29716_S_TR_A	calmodulin	0	1.51	1.19
UNIGENE29754_S_TR_A	calmodulin	0	2.04	1.90
CL1018.CONTIG1_S_TR_A	branchedchain amino acid aminotransferase	0	1.11	1.11
UNIGENE19925_S_TR_A	aspartate kinase-homoserine dehydrogenase	0	0.88	1.07
UNIGENE11377_S_TR_A	asparagine synthetase	0	1.36	1.48
CL5953.CONTIG1_S_TR_A	apyrase precursor	0	1.33	1.42
UNIGENE11539_S_TR_A	alpha-soluble NSF attachment protein	0	1.31	1.11
UNIGENE72911_S_TR_A	aldose 1epimerase family protein	0	1.27	1.29
UNIGENE29064_S_TR_A	agap011504-PA	0	1.53	1.51
UNIGENE77703_S_TR_A	adenylyl cyclase-associated protein 1	0	2.07	1.88
UNIGENE76601_S_TR_A	acetylCoA C-acetyltransferase subfamily protein	0	1.6	1.42
UNIGENE12400_S_TR_A	60S ribosomal protein	0	1.70	1.50
CL6390.CONTIG1_S_TR_A	4-hydroxy-3-methylbut-2-en-1-yl diphosphate synthase	0	1.21	1.10

　　在该组试验处理中,与随降雨量下降而下降的基因有 479 条,注释到 192 条(表 4-12),在这些基因中,包括锌指蛋白等转录因子、色氨酸的合成酶类部分、逆境反应基因,如分子伴侣、冷诱导 RNA 结合蛋白和植物抗镉蛋白等。同时也观测到催化 IPP 和 DMAPP 之间转化的异戊烯焦磷酸异构酶、磷脂酶 A1、微管蛋白等与室内模拟降雨量的结果相一致。

表 4-12　模拟降雨量处理后 60d 样品中随降雨量降低表达总体降低基因

基因编号	注释	金庄	永北	昆明
UNIGENE28808_S_TR_A	zinc finger（B box）protein	0	1.48	0.80
UNIGENE70113_S_TR_A	zinc finger（B box）protein	0	−0.72	−1.61
CL6628.CONTIG1_S_TR_A	viral A-type inclusion protein	0	1.31	0.63
CL859.CONTIG1_S_TR_A	viral A-type inclusion protein	0	1.44	0.58
CL5401.CONTIG1_S_TR_A	vacuolar proton ATPase	0	1.32	0.92
UNIGENE30588_S_TR_A	vacuolar proton ATPase	0	1.71	0.86
CL6543.CONTIG1_S_TR_A	uridine cytidine kinase	0	1.31	0.78
UNIGENE79044_S_TR_A	tryptophan synthase alpha chain	0	−1.07	−1.64
UNIGENE62350_S_TR_A	transferase family protein	0	1.08	0.51
UNIGENE12756_S_TR_A	thymine-7-hydroxylase	0	1.02	0.33
UNIGENE72644_S_TR_A	thioredoxin	0	−1.33	−1.70
UNIGENE3152_S_TR_A	Tha4 plastid transport protein	0	1.18	0.85
UNIGENE79238_S_TR_A	Ser/Thr phosphatase family superfamily protein	0	1.63	0.53
UNIGENE78510_S_TR_A	SEP domain containing protein	0	1.16	0.54
UNIGENE72137_S_TR_A	RNA-binding protein	0	2.02	0.55
UNIGENE76973_S_TR_A	RNA-binding protein SmB	0	1.14	0.70
UNIGENE11728_S_TR_A	RNA recognition motif domain containing protein	0	1.13	0.41
UNIGENE78084_S_TR_A	RNA binding motif protein	0	1.06	0.32
UNIGENE10583_S_TR_A	RING finger protein 181	0	1.62	0.66
CL5308.CONTIG1_S_TR_A	Rieske iron-sulfur protein 1	0	2.01	1.25
UNIGENE30753_S_TR_A	ribosomal protein S16	0	−1.47	−1.83
UNIGENE28853_S_TR_A	ribosomal protein LP2	0	−1.17	−1.55
UNIGENE28707_S_TR_A	rhodanese homology domain protein	0	−1.20	−1.70
UNIGENE29693_S_TR_A	actin, plasmodial isoform	0	1.06	0.32
UNIGENE29215_S_TR_A	60S ribosomal protein L17	0	1.06	0.78
UNIGENE30192_S_TR_A	rab GDP-dissociation inhibitor	0	1.25	0.67
UNIGENE12084_S_TR_A	pyruvate kinase	0	2.49	0.69
UNIGENE70898_S_TR_A	pyruvate dehydrogenase E2 component	0	−0.69	−1.45
UNIGENE72252_S_TR_A	zinc finger protein	0	1.00	0.34
UNIGENE14203_S_TR_A	protein serine/threonine kinase	0	1.81	0.76
UNIGENE30523_S_TR_A	GATA-binding transcription factor	0	1.88	0.61

续表

基因编号	注释	金庄	永北	昆明
UNIGENE72641_S_TR_A	GATA-binding transcription factor	0	−1.01	−2.05
UNIGENE31530_S_TR_A	chaperone protein DnaJ	0	1.55	1.10
UNIGENE31569_S_TR_A	allantoinase 1	0	−1.00	−1.61
UNIGENE13350_S_TR_A	acyl carrier protein	0	−1.31	−1.98
UNIGENE31336_S_TR_A	protein Y39B6A.1	0	1.69	0.59
UNIGENE14126_S_TR_A	protein PPLZ12	0	1.35	0.42
CL2079.CONTIG1_S_TR_A	protein phosphatase 2C domain containing protein	0	1.39	0.43
UNIGENE71049_S_TR_A	protein CREG2 precursor	0	1.44	0.45
CL1206.CONTIG1_S_TR_A	prohibitin	0	1.99	0.65
UNIGENE30184_S_TR_A	programmed cell death protein 5-like protein	0	1.93	1.07
UNIGENE13915_S_TR_A	vacuolar protein 8-like	0	1.51	0.55
UNIGENE31012_S_TR_A	UTP--glucose-1-phosphate uridylyltransferase-like	0	1.18	0.56
UNIGENE40201_S_TR_A	transmembrane protein adipocyte-associated 1 homolog	0	1.55	0.73
UNIGENE13752_S_TR_A	threonyl-tRNA synthetase-like	0	1.82	1.30
UNIGENE39653_S_TR_A	thioredoxin-like isoform 1	0	−0.91	−1.17
UNIGENE11426_S_TR_A	splicing factor 3A subunit 1	0	1.16	0.70
UNIGENE62099_S_TR_A	solute carrier family 38, member 7-like	0	1.28	0.54
UNIGENE29400_S_TR_A	similar to methionine aminopeptidase	0	2.32	1.40
UNIGENE39025_S_TR_A	similar to AGAP012804-PA	0	1.96	0.87
UNIGENE14016_S_TR_A	serine/threonine-protein phosphatase 6 regulatory ankyrin repeat subunit B-like	0	1.18	0.85
UNIGENE39495_S_TR_A	serine/arginine repetitive matrix protein 5 isoform 1	0	−1.12	−1.56
UNIGENE77682_S_TR_A	S-adenosylmethionine mitochondrial carrier protein-like	0	1.22	0.66
UNIGENE30862_S_TR_A	RNA polymerase sigma factor rpoD-like	0	−0.64	−1.09
UNIGENE82069_S_TR_A	receptor-type tyrosine-protein phosphatase C-like	0	1.28	0.49
UNIGENE72453_S_TR_A	pyruvate kinase isozymes M1/M2-like	0	−1.14	−1.66
UNIGENE28788_S_TR_A	putative malate transporter yflS-like	0	1.95	1.06
UNIGENE29990_S_TR_A	protein PLANT CADMIUM RESISTANCE 3-like	0	1.48	0.79
UNIGENE29977_S_TR_A	prosaposin isoform a preproprotein-like	0	2.88	1.80
UNIGENE70601_S_TR_A	probable peptide/nitrate transporter At5g13400-like	0	1.94	0.68
UNIGENE13342_S_TR_A	probable peptide/nitrate transporter At5g13400-like	0	1.75	1.02
UNIGENE14020_S_TR_A	penta-EF-hand domain containing 1-like	0	1.26	0.73
UNIGENE29026_S_TR_A	multidrug and toxin extrusion protein 1-like	0	1.30	0.47
UNIGENE28587_S_TR_A	metal homeostasis factor ATX1-like	0	1.58	0.79
UNIGENE76904_S_TR_A	lysosomal protective protein-like	0	1.51	1.00
UNIGENE13881_S_TR_A	histone deacetylase 2-like	0	1.14	0.48

续表

基因编号	注释	金庄	永北	昆明
UNIGENE29549_S_TR_A	HIG1 domain family member 2A-like	0	−0.94	−1.39
CL6883.CONTIG1_S_TR_A	GTPase Era-like	0	−0.88	−1.33
UNIGENE72807_S_TR_A	glucan endo-1,3-beta-glucosidase-like	0	1.21	0.79
UNIGENE13796_S_TR_A	eukaryotic translation initiation factor 4 gamma 1-like	0	1.72	1.16
CL253.CONTIG1_S_TR_A	copia protein-like	0	−1.25	−1.72
UNIGENE81042_S_TR_A	copia protein-like	0	−1.01	−1.28
UNIGENE39487_S_TR_A	COP9 signalosome complex subunit 8-like isoform 1	0	−0.47	−1.02
UNIGENE46062_S_TR_A	cathepsin L-like	0	1.98	0.96
UNIGENE29499_S_TR_A	carboxymethylenebutenolidase homolog	0	1.26	0.76
UNIGENE78884_S_TR_A	arylacetamide deacetylase-like	0	−1.99	−2.75
UNIGENE41246_S_TR_A	AP-1 complex subunit mu-1-like	0	1.09	0.63
UNIGENE31487_S_TR_A	AN1-type zinc finger protein 6-like	0	1.37	0.87
UNIGENE31013_S_TR_A	aminopeptidase N-like	0	1.10	0.41
CL5365.CONTIG1_S_TR_A	adrenodoxin-like protein, mitochondrial-like	0	−0.59	−1.16
UNIGENE77314_S_TR_A	abhydrolase domain-containing protein FAM108A-like	0	1.65	1.11
UNIGENE28345_S_TR_A	PPR repeat/pentatricopeptide repeat domain containing protein	0	1.19	0.58
UNIGENE69773_S_TR_A	polyribonucleotide nucleotidyltransferase	0	1.18	0.83
UNIGENE70020_S_TR_A	polygalacturonase	0	1.51	0.65
UNIGENE10646_S_TR_A	phospholipase A1	0	1.53	0.48
UNIGENE13454_S_TR_A	phosphoglycerate mutase family domain containing protein	0	1.11	0.35
UNIGENE30388_S_TR_A	peptidase C56, PfpI	0	2.07	1.11
UNIGENE41313_S_TR_A	oxidoreductase	0	−0.7	−1.55
UNIGENE69827_S_TR_A	nuclear pore complex protein Nup98-Nup96	0	−0.87	−1.50
CL6012.CONTIG1_S_TR_A	myb DNA-binding domain-containing protein	0	2.02	0.82
CL7305.CONTIG1_S_TR_A	Mps1 binder-like protein	0	1.11	0.54
UNIGENE29648_S_TR_A	mitochondrial inorganic phosphate carrier	0	1.71	0.63
UNIGENE30854_S_TR_A	merozoite surface protein 3b	0	1.92	0.68
UNIGENE79313_S_TR_A	long chain fatty acid elongase	0	1.29	0.43
UNIGENE71534_S_TR_A	LOC398481 protein	0	1.01	0.55
UNIGENE62219_S_TR_A	lipase/esterase	0	1.51	0.77
UNIGENE31582_S_TR_A	lactaldehyde dehydrogenase	0	1.84	0.92
UNIGENE2313_S_TR_A	kish	0	−0.92	−1.16
CL5319.CONTIG1_S_TR_A	isopentenyl pyrophosphate isomerase	0	−1.55	−2.54
UNIGENE77321_S_TR_A	interferon-induced protein 44-like protein	0	1.31	0.73

续表

基因编号	注释	金庄	永北	昆明
UNIGENE28790_S_TR_A	hydroxyacid oxidase 1	0	2.55	1.81
CL5785.CONTIG1_S_TR_A	hydrolase, alpha/beta fold domain containing protein	0	1.58	0.62
UNIGENE10954_S_TR_A	glycogen synthase kinase 3 beta	0	1.35	0.69
UNIGENE72836_S_TR_A	G protein beta 1 subunit	0	2.00	1.05
UNIGENE72956_S_TR_A	fructose-1,6 bisphosphatase	0	−0.82	−1.44
UNIGENE61975_S_TR_A	F-box/LRR-repeat protein	0	1.32	0.61
UNIGENE77994_S_TR_A	F-box/LRR-repeat protein 2 isoform 2	0	−2.02	−2.78
UNIGENE12668_S_TR_A	fatty acid betaoxidation-related protein	0	1.17	0.58
CL8524.CONTIG1_S_TR_A	extracellular signal-regulated protein kinase	0	1.12	0.66
CL1755.CONTIG1_S_TR_A	extracellular signal-regulated protein kinase	0	1.51	0.85
CL5970.CONTIG1_S_TR_A	ER lumen protein retaining receptor-like protein	0	1.16	0.37
CL147.CONTIG2_S_TR_A	endonuclease-reverse transcriptase	0	−0.64	−1.26
CL5120.CONTIG1_S_TR_A	elongation factor 1 alpha	0	1.42	0.70
UNIGENE13310_S_TR_A	DJ1 family protein	0	−0.57	−1.05
CL475.CONTIG1_S_TR_A	digalactosyldiacylglycerol synthase	0	−1.01	−1.53
CL2045.CONTIG1_S_TR_A	cyclase family protein	0	−0.75	−1.51
UNIGENE72672_S_TR_A	cold inducible RNA binding protein isoform 2	0	−0.71	−1.22
UNIGENE13012_S_TR_A	cellulose synthase A	0	2.13	0.96
UNIGENE10638_S_TR_A	cellular retinaldehyde-binding/triple function domain-containing protein	0	1.52	0.98
CL6467.CONTIG1_S_TR_A	cell division cycle protein 27-like protein	0	1.16	0.72
UNIGENE31358_S_TR_A	catalase isozyme 2	0	2.68	1.54
UNIGENE29520_S_TR_A	Calx-beta domain containing protein	0	−0.82	−1.51
UNIGENE13291_S_TR_A	CAF1 family protein	0	2.03	1.48
UNIGENE72933_S_TR_A	bromodomain-containing protein	0	2.31	1.62
UNIGENE29723_S_TR_A	asparagine synthase	0	1.17	0.66
CL550.CONTIG1_S_TR_A	arginyl-tRNA synthetase	0	1.75	1.23
UNIGENE31122_S_TR_A	alpha tubulin,putative	0	2.25	1.53
CL5876.CONTIG1_S_TR_A	agap011504-PA, related	0	1.31	0.52
UNIGENE30650_S_TR_A	60S ribosomal protein L7a	0	2.15	1.46
UNIGENE29901_S_TR_A	60S ribosomal protein L26-like 1	0	−1.44	−1.8
UNIGENE29826_S_TR_A	4-hydroxy-3-methylbut-2-enyl diphosphate reductase	0	−0.64	−1.02
UNIGENE30555_S_TR_A	40S ribosomal protein S8	0	1.94	1.27
UNIGENE13444_S_TR_A	26S proteasome non-ATPase regulatory subunit 7	0	2.16	1.06
UNIGENE28741_S_TR_A	26S proteasome ATPase 2 subunit	0	2.04	0.63

（七）现蕾期水分变化相关基因

为了研究不同生态条件下的不同土壤条件的烟叶与降雨量的关系，选取玉溪赵桅、丽江永北、昆明三个地点进行分析，60d 共富集到趋势 0、趋势 2、趋势 3、趋势 4、趋势 11 和趋势 14（图 4-22），随降雨量下降而上升不变的基因有 312 条，注释到 65 条基因（表 4-13）。其中在不同土壤环境下，出现了与相同土壤条件下在光合作用、信号转导、逆境反应相一致的结果，说明这一类水分相应变化相关基因是水分变化所诱导的。

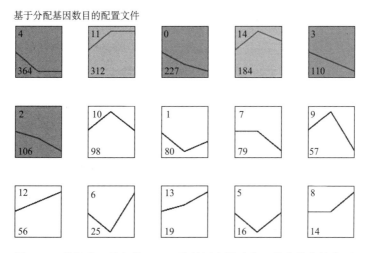

图 4-22　模拟降雨量条件下 60d 的基因表达随降雨量变化的趋势图

表 4-13　模拟降雨量处理后 60d 样品中随降雨量降低表达总体增强基因

基因编号	注释	赵桅	永北	昆明
UNIGENE13470_S_TR_A	thioredoxin domain-containing protein 17-like	0	1.27	1.05
UNIGENE77819_S_TR_A	target of myb1-like	0	1.35	1.01
UNIGENE77586_S_TR_A	ribulose-1,5 bisphosphate carboxylase/oxygenase large subunit N-methyltransferase	0	2.05	2.07
CL5749.CONTIG1_S_TR_A	protoporphyrinogen oxidase	0	1.82	1.63
UNIGENE14020_S_TR_A	penta-EF-hand domain containing 1-like	0	3.55	3.02
UNIGENE11842_S_TR_A	nicotinate phosphoribosyltransferase, putative-like isoform 1	0	1.06	0.89
UNIGENE72094_S_TR_A	imidazoleglycerol-phosphate dehydratase-like	0	1.34	1.35
CL8313.CONTIG1_S_TR_A	hypothetical protein LOC100640391	0	1.11	0.96
CL8139.CONTIG1_S_TR_A	histidine triad nucleotide-binding protein 3	0	1.56	1.30
UNIGENE11094_S_TR_A	glucan endo-1,3-beta-glucosidase-like	0	1.38	1.86
UNIGENE76380_S_TR_A	fatty acid 2-hydroxylase-like	0	1.13	1.03
UNIGENE13803_S_TR_A	costars family protein ABRACL-like	0	1.98	2.01
UNIGENE10507_S_TR_A	ATP-dependent zinc metalloprotease YME1L1-like	0	2.59	2.09
UNIGENE79189_S_TR_A	2-isopropylmalate synthase-like	0	1.93	1.61

续表

基因编号	注释	赵楷	永北	昆明
UNIGENE28808_S_TR_A	zinc finger（B box）protein	0	3.33	2.65
UNIGENE70502_S_TR_A	transcription initiation factor IIA gamma chain	0	2.08	1.61
UNIGENE29978_S_TR_A	surface antigen-like protein	0	2.63	2.75
UNIGENE79370_S_TR_A	serine carboxypeptidase S28	0	2.09	1.81
UNIGENE29526_S_TR_A	rubredoxin	0	1.01	1.19
UNIGENE76405_S_TR_A	ribosome-binding factor A	0	1.06	1.02
UNIGENE71854_S_TR_A	ribosomal protein L2（mitochondrion）	0	5.12	5.22
UNIGENE78261_S_TR_A	rhodanese homology domain protein	0	1.17	1.26
UNIGENE31373_S_TR_A	macrophage migration inhibitory factor homolog	0	1.18	1.05
UNIGENE11635_S_TR_A	Rad23	0	1.85	1.47
CL7800.CONTIG1_S_TR_A	NAD dependent epimerase/dehydratase	0	1.28	1.63
UNIGENE78810_S_TR_A	inositol-3-phosphate synthase	0	1.11	0.90
UNIGENE63861_S_TR_A	glycoside hydrolase family 16 protein	0	2.69	2.31
UNIGENE30739_S_TR_A	glutathione peroxidase-like protein	0	1.69	1.25
UNIGENE14149_S_TR_A	glutaredoxin	0	1.36	1.56
CL6141.CONTIG1_S_TR_A	glutamyl-tRNA amidotransferase A subunit	0	1.47	1.14
UNIGENE31494_S_TR_A	fructose-1-6-bisphosphatase	0	2.83	3.23
UNIGENE72956_S_TR_A	fructose-1,6 bisphosphatase	0	4.15	3.54
UNIGENE40858_S_TR_A	ferrochelatase	0	0.85	1.16
UNIGENE78690_S_TR_A	deubiquinating enzyme	0	1.36	1.22
UNIGENE30859_S_TR_A	delta 9 fatty acid desaturase	0	1.68	2.14
UNIGENE11289_S_TR_A	coatomer subunit epsilon	0	2.26	2.10
UNIGENE31316_S_TR_A	CBN-VHA-9 protein	0	2.15	2.01
UNIGENE13291_S_TR_A	CAF1 family protein	0	2.96	2.41
UNIGENE64862_S_TR_A	C-4 sterol methyl oxidase	0	2.15	2.19
UNIGENE70903_S_TR_A	C-4 sterol methyl oxidase	0	1.74	1.73
CL6734.CONTIG1_S_TR_A	C-4 methyl sterol oxidase	0	1.45	1.43
CL5953.CONTIG1_S_TR_A	apyrase precursor	0	1.08	1.16
UNIGENE11539_S_TR_A	alpha-soluble NSF attachment protein	0	1.34	1.14
UNIGENE39928_S_TR_A	alpha/beta hydrolase	0	1.80	1.69
CL6390.CONTIG1_S_TR_A	4-hydroxy-3-methylbut-2-en-1-yl diphosphate synthase	0	1.03	0.93
UNIGENE28655_S_TR_A	40S ribosomal protein S7	0	2.14	2.20
UNIGENE29372_S_TR_A	30S ribosomal protein S16	0	1.79	1.58

随降雨量下降而下降的正调控基因有 443 条基因，注释到 270 条基因（表 4-14）。这些趋势变化基因中，观察到与衰老有关如 WD 重复的基因，而 PP2A、E3 泛素连接酶

和微管蛋白的下调表达，与相同土壤条件的变化一致。在这个时期，也观测到很多与逆境反应相关的基因下调表达，如植物抗镉蛋白、DnaJ 域含蛋白质、热激蛋白 90、热激蛋白 70、几丁质酶等，而冷诱导 RNA 结合蛋白的下降表达，同样预示该时期是植株细胞对水分变化的敏感时期。

表 4-14　模拟降雨量处理后 60d 样品中随降雨量降低表达总体降低基因

基因编号	注释	赵桅	永北	昆明
UNIGENE13909_S_TR_A	WD repeat-containing protein 5	0	−0.61	−1.74
UNIGENE13752_S_TR_A	threonyl-tRNA synthetase-like	0	−0.94	−1.46
UNIGENE29147_S_TR_A	succinate dehydrogenase [ubiquinone] iron-sulfur subunit	0	−0.43	−1.39
UNIGENE30156_S_TR_A	similar to ribosomal protein S2	0	−0.24	−1.13
UNIGENE13927_S_TR_A	similar to ribonuclease L inhibitor homolog	0	−1.48	−1.95
UNIGENE29400_S_TR_A	similar to methionine aminopeptidase	0	−0.26	−1.17
CL2321.CONTIG1_S_TR_A	similar to GA19430-PA	0	−0.55	−1.05
UNIGENE76299_S_TR_A	signal recognition particle receptor subunit alpha homolog isoform 3	0	−0.85	−1.38
UNIGENE14016_S_TR_A	serine/threonine-protein phosphatase 6 regulatory ankyrin repeat subunit B-like	0	−0.85	−1.17
UNIGENE78132_S_TR_A	serine/threonine-protein kinase MAK isoform 2	0	−1.35	−1.97
UNIGENE39495_S_TR_A	serine/arginine repetitive matrix protein 5 isoform 1	0	−1.95	−2.40
UNIGENE79144_S_TR_A	serine acetyltransferase	0	−0.83	−1.19
CL6725.CONTIG1_S_TR_A	RNA-binding protein S1, serine-rich domain-like	0	−0.63	−1.99
UNIGENE72453_S_TR_A	pyruvate kinase isozymes M1/M2-like	0	−0.58	−1.11
UNIGENE79007_S_TR_A	pyruvate kinase I-like	0	−0.39	−1.82
UNIGENE28788_S_TR_A	putative malate transporter yflS-like	0	−1.39	−2.28
UNIGENE29990_S_TR_A	protein PLANT CADMIUM RESISTANCE 3-like	0	−1.75	−2.44
UNIGENE30963_S_TR_A	protein FAM32A-like	0	−2.78	−3.53
UNIGENE30583_S_TR_A	probable small nuclear ribonucleoprotein Sm D2-like isoform 1	0	−1.70	−2.66
UNIGENE30483_S_TR_A	probable periplasmic serine protease DO-like	0	−0.60	−1.82
UNIGENE30083_S_TR_A	probable peptide/nitrate transporter At5g13400-like	0	−0.81	−1.41
UNIGENE72258_S_TR_A	PRA1 family protein 3-like	0	−0.90	−1.58
CL1171.CONTIG1_S_TR_A	nucleosome-remodeling factor subunit NURF301-like	0	−1.53	−2.39
UNIGENE77776_S_TR_A	nucleolar GTP-binding protein 2-like	0	−1.21	−2.50
UNIGENE12331_S_TR_A	NADH-ubiquinone oxidoreductase 75 kDa subunit	0	−1.12	−1.50
UNIGENE28666_S_TR_A	LON peptidase N-terminal domain and RING finger protein 1-like	0	−2.36	−3.34
UNIGENE28667_S_TR_A	lactoylglutathione lyase-like	0	−1.81	−2.28
UNIGENE30991_S_TR_A	lactoylglutathione lyase-like	0	−2.08	−3.65
UNIGENE12424_S_TR_A	isopropylmalate/citramalate isomerase large subunit-like	0	−2.36	−3.53
UNIGENE29549_S_TR_A	HIG1 domain family member 2A-like	0	−1.40	−1.85
UNIGENE31003_S_TR_A	heme oxygenase-like	0	−2.26	−3.04

续表

基因编号	注释	赵桅	永北	昆明
UNIGENE72703_S_TR_A	GTP-dependent nucleic acid-binding protein engD-like	0	−0.41	−1.02
UNIGENE30552_S_TR_A	GTP-binding protein typA/BipA-like	0	−2.05	−2.64
UNIGENE77655_S_TR_A	GTPase IMAP family member 4-like	0	−0.97	−1.42
CL6883.CONTIG1_S_TR_A	GTPase Era-like	0	−1.21	−1.67
UNIGENE77532_S_TR_A	glutamyl-tRNA（Gln）amidotransferase subunit A-like	0	−1.05	−1.46
UNIGENE10895_S_TR_A	glucose-6-phosphate 1-dehydrogenase-like	0	−0.67	−1.00
UNIGENE40742_S_TR_A	endoribonuclease Dicer	0	−1.24	−2.16
UNIGENE29796_S_TR_A	elongation factor G-like	0	−1.79	−2.65
CL6345.CONTIG1_S_TR_A	E3 ubiquitin-protein ligase MARCH6-like	0	−0.57	−1.18
UNIGENE81042_S_TR_A	copia protein-like	0	−0.78	−1.04
UNIGENE77467_S_TR_A	casein kinase I isoform epsilon-like	0	−1.29	−2.04
UNIGENE29499_S_TR_A	carboxymethylenebutenolidase homolog	0	−2.18	−2.68
UNIGENE78884_S_TR_A	arylacetamide deacetylase-like	0	−0.4	−1.16
UNIGENE41246_S_TR_A	AP-1 complex subunit mu-1-like	0	−0.84	−1.30
UNIGENE31487_S_TR_A	AN1-type zinc finger protein 6-like	0	−0.50	−1.00
CL2289.CONTIG1_S_TR_A	alkylated DNA repair protein alkB homolog 8-like	0	−1.21	−1.84
UNIGENE13388_S_TR_A	acetyl-coenzyme A carboxylase carboxyl transferase subunit alpha-like	0	−0.97	−1.33
UNIGENE11200_S_TR_A	acetyl-coenzyme A carboxylase carboxyl transferase subunit alpha-like	0	−1.11	−1.37
CL6777.CONTIG1_S_TR_A	60S acidic ribosomal protein P0 isoform 1	0	−4.16	−5.06
UNIGENE78974_S_TR_A	2-oxoisovalerate dehydrogenase subunit beta	0	−0.70	−1.28
UNIGENE76762_S_TR_A	2-dehydro-3-deoxygluconokinase-like	0	−0.81	−1.51
UNIGENE11449_S_TR_A	26S proteasome non-ATPase regulatory subunit 3-like	0	−0.61	−1.14
UNIGENE13552_S_TR_A	zinc finger CCCH domain-containing protein 37	0	−0.93	−1.18
CL6212.CONTIG1_S_TR_A	WD40 repeat-containing protein	0	−1.48	−1.95
UNIGENE69866_S_TR_A	WD repeat domain phosphoinositide-interacting protein 3	0	−0.50	−1.44
CL6628.CONTIG1_S_TR_A	viral A-type inclusion protein	0	−1.52	−2.20
UNIGENE39080_S_TR_A	viral A-type inclusion protein	0	−0.52	−1.04
UNIGENE30588_S_TR_A	vacuolar proton ATPase	0	−0.74	−1.60
UNIGENE12849_S_TR_A	vacuolar protein sorting factor 4B	0	−1.19	−2.35
UNIGENE29122_S_TR_A	vacuolar calcium ion transporter	0	−1.57	−3.07
CL6540.CONTIG1_S_TR_A	UDP-glucuronat epimerase	0	−1.36	−2.52
UNIGENE29936_S_TR_A	UDP-glucosyl transferase-like protein	0	−1.46	−2.73
UNIGENE30531_S_TR_A	UDP-glucosyl transferase-like protein	0	−1.55	−2.96
UNIGENE76026_S_TR_A	U6 snRNA-associated Sm-like protein LSm8	0	−1.29	−1.64

续表

基因编号	注释	赵桅	永北	昆明
UNIGENE79044_S_TR_A	tryptophan synthase alpha chain	0	−1.12	−1.69
UNIGENE31010_S_TR_A	translationally-controlled tumor protein	0	−4.06	−5.02
CL2395.CONTIG1_S_TR_A	transcription factor IIH subunit	0	−0.79	−1.71
UNIGENE79283_S_TR_A	TPA: epoxide hydrolase 2, cytoplasmic	0	−2.75	−3.44
UNIGENE10493_S_TR_A	Tic21	0	−0.96	−1.53
CL166.CONTIG1_S_TR_A	thioredoxin, putative	0	−0.89	−2.15
UNIGENE11264_S_TR_A	thioredoxin homolog	0	−1.21	−1.52
UNIGENE12339_S_TR_A	stationary phase survival protein SurE	0	−0.37	−1.04
CL6034.CONTIG1_S_TR_A	stage Ⅱ sporulation protein E（spoⅡE）domain containing protein	0	−1.13	−1.60
UNIGENE29736_S_TR_A	soluble inorganic pyrophosphatase	0	−1.38	−2.57
UNIGENE12980_S_TR_A	small nuclear ribonucleoprotein Sm D1	0	−0.36	−1.54
UNIGENE13761_S_TR_A	serine/threonine protein kinase	0	−0.98	−1.67
UNIGENE13788_S_TR_A	serine/threonine kinase receptor associated protein	0	−1.63	−2.22
UNIGENE40682_S_TR_A	SANT domain-containing protein	0	−0.63	−1.22
UNIGENE30473_S_TR_A	S-adenosylmethionine decarboxylase	0	−2.27	−3.08
UNIGENE30123_S_TR_A	S-adenosylmethionine decarboxylase	0	−1.59	−2.16
UNIGENE76166_S_TR_A	RPB-5 protein	0	−0.73	−1.17
UNIGENE12123_S_TR_A	RNP domain-containing protein	0	−0.72	−1.93
UNIGENE11728_S_TR_A	RNA recognition motif domain containing protein	0	−0.89	−1.61
UNIGENE29058_S_TR_A	ribosomal protein S7e	0	−1.59	−2.21
UNIGENE30372_S_TR_A	ribosomal protein S10	0	−1.55	−1.94
UNIGENE40896_S_TR_A	ribosomal protein L7/L12 C-terminal domain containing protein	0	−0.69	−1.46
UNIGENE29031_S_TR_A	ribosomal protein L10	0	−1.03	−1.48
UNIGENE29315_S_TR_A	ribose 5-phosphate epimerase	0	−1.10	−1.37
UNIGENE13005_S_TR_A	response regulator receiver protein	0	−1.02	−1.38
UNIGENE12418_S_TR_A	Ras-related protein Rab-1A	0	−0.92	−1.65
UNIGENE12676_S_TR_A	importin subunit alpha-B	0	−1.39	−1.88
CL6589.CONTIG1_S_TR_A	rab-5, partial	0	−0.28	−1.51
UNIGENE29021_S_TR_A	Rab GTPase	0	−1.37	−2.47
UNIGENE79087_S_TR_A	quinone oxidoreductase-like protein 2	0	−0.23	−1.08
UNIGENE72252_S_TR_A	putative zinc finger protein	0	−0.89	−1.55
UNIGENE78876_S_TR_A	putative thioredoxin-like protein	0	−1.52	−1.85
UNIGENE29493_S_TR_A	putative signal sequence receptor beta variant 1	0	−1.87	−2.84
UNIGENE14203_S_TR_A	putative protein serine/threonine kinase	0	−0.70	−1.75
UNIGENE72892_S_TR_A	putative nitric oxide synthase-interacting protein	0	−0.37	−1.84
UNIGENE72641_S_TR_A	putative GATA-binding transcription factor	0	−0.76	−1.79

续表

基因编号	注释	赵桅	永北	昆明
UNIGENE39814_S_TR_A	putative caffeine-induced death protein 1	0	−0.41	−1.65
UNIGENE14126_S_TR_A	protein PPLZ12	0	−0.51	−1.44
CL295.CONTIG3_S_TR_A	protein phosphatase 2C domain containing protein	0	−0.47	−1.25
UNIGENE12426_S_TR_A	prostaglandin reductase 1	0	−1.90	−2.57
UNIGENE13215_S_TR_A	proliferation-associated 2G4-like	0	−1.26	−1.71
UNIGENE14190_S_TR_A	programmed cell death protein 2	0	−0.69	−1.96
UNIGENE10646_S_TR_A	phospholipase A1	0	−0.45	−1.50
UNIGENE13454_S_TR_A	phosphoglycerate mutase family domain containing protein	0	−0.31	−1.08
UNIGENE69760_S_TR_A	peptidyl-tRNA hydrolase	0	−1.05	−1.64
UNIGENE78301_S_TR_A	PCI domain containing protein	0	−0.75	−1.14
UNIGENE77219_S_TR_A	oxysterol binding family protein	0	−1.01	−1.60
UNIGENE70617_S_TR_A	oxidoreductase, short chain dehydrogenase/reductase superfamily protein	0	−0.96	−1.71
UNIGENE10659_S_TR_A	outer plastid envelop protein 75	0	−0.91	−1.50
UNIGENE13166_S_TR_A	O-linked GlcNAc transferase-like protein	0	−0.74	−1.38
UNIGENE39563_S_TR_A	nucleoporin 93（nup93）	0	−0.58	−1.03
UNIGENE11333_S_TR_A	nuclear transport factor 2（ntf2）domain containing protein	0	−1.22	−1.67
UNIGENE12094_S_TR_A	NADH:flavin oxidoreductase/NADH oxidase	0	−0.78	−1.59
UNIGENE30043_S_TR_A	myo-inositol 1-phosphate synthase	0	−1.99	−3.59
CL6012.CONTIG1_S_TR_A	myb DNA-binding domain-containing protein	0	−0.78	−1.98
CL719.CONTIG1_S_TR_A	mushroom-body expressed, isoform I	0	−0.70	−1.47
UNIGENE40525_S_TR_A	multidrug and toxin extrusion protein 1	0	−0.36	−1.07
CL5956.CONTIG1_S_TR_A	mRNA turnover protein 4 homolog	0	−0.71	−1.38
UNIGENE11733_S_TR_A	Mob4B protein isoform 3	0	−0.34	−1.26
UNIGENE29648_S_TR_A	mitochondrial inorganic phosphate carrier	0	0.41	1.40
UNIGENE30860_S_TR_A	microtubule associated protein	0	−2.51	−3.67
UNIGENE30288_S_TR_A	methionineR-sulfoxide reductase	0	−0.40	−1.05
UNIGENE72826_S_TR_A	mago nashi protein	0	−0.78	−1.25
UNIGENE31513_S_TR_A	low-molecular-weight heat shock protein	0	−1.87	−2.34
UNIGENE31582_S_TR_A	lactaldehyde dehydrogenase	0	−0.86	−1.78
CL5319.CONTIG1_S_TR_A	isopentenyl pyrophosphate isomerase	0	−3.32	−4.31
UNIGENE11860_S_TR_A	interferon-gamma-inducible lysosomal thiol reductase	0	−0.62	−1.52
UNIGENE31241_S_TR_A	initiation factor 5A	0	−3.35	−4.50
UNIGENE11913_S_TR_A	hydrolase, alpha/beta fold domain containing protein	0	−2.40	−3.03
CL6475.CONTIG1_S_TR_A	homeobox protein PKNOX1-like protein	0	−0.72	−1.74
UNIGENE40971_S_TR_A	heterogeneous nuclear ribonucleoprotein F	0	−0.84	−1.73
CL8231.CONTIG1_S_TR_A	heat shock protein 90	0	−0.27	−1.14

续表

基因编号	注释	赵棍	永北	昆明
CL8106.CONTIG1_S_TR_A	heat shock protein 70（HSP70）-interacting protein	0	−0.21	−1.14
UNIGENE30822_S_TR_A	haloacid dehalogenase-like hydrolase family protein	0	−2.26	−3.71
UNIGENE72687_S_TR_A	GNS1/SUR4 family protein	0	−0.81	−1.22
UNIGENE11100_S_TR_A	glucose-6-phosphate isomerase	0	−1.37	−1.88
UNIGENE77994_S_TR_A	F-box/LRR-repeat protein 2 isoform 2	0	−0.79	−1.55
UNIGENE30964_S_TR_A	elongation factor 1-gamma family protein	0	−3.29	−4.49
UNIGENE30032_S_TR_A	DnaJ domain containing protein	0	−1.75	−2.92
UNIGENE30365_S_TR_A	DNA-directed RNA polymerases II 24 kDa polypeptide	0	−1.65	−2.55
UNIGENE77679_S_TR_A	decarboxylase	0	−0.93	−1.66
UNIGENE76957_S_TR_A	cytochrome P450 4F22	0	−1.38	−1.73
UNIGENE29653_S_TR_A	cysteine-rich PDZ-binding protein	0	−2.48	−3.15
UNIGENE28709_S_TR_A	cysteine proteases inhibitor	0	−0.87	−1.90
UNIGENE69688_S_TR_A	cyclophilin-type peptidylprolyl cis-trans isomerase	0	−0.53	−1.21
UNIGENE11480_S_TR_A	cullin-3	0	−1.64	−2.36
UNIGENE71401_S_TR_A	cullin C	0	−0.50	−1.68
UNIGENE41719_S_TR_A	CRE-TAG-341 protein	0	−1.27	−1.69
UNIGENE41836_S_TR_A	CRE-LET-607 protein	0	−0.80	−1.03
UNIGENE70851_S_TR_A	COP9 signalosome complex subunit	0	−0.82	−1.13
CL5288.CONTIG1_S_TR_A	conserved Plasmodium protein	0	−1.46	−1.82
UNIGENE72672_S_TR_A	cold inducible RNA binding protein isoform 2	0	−1.73	−2.24
UNIGENE31188_S_TR_A	chloroplast thioredoxin F-type	0	−0.62	−1.62
UNIGENE28745_S_TR_A	chloroplast iron sulfur assembly protein SufB	0	−1.24	−1.92
UNIGENE10943_S_TR_A	chitinase	0	−0.93	−1.19
UNIGENE71390_S_TR_A	centromere protein F	0	−0.36	−1.12
UNIGENE13098_S_TR_A	CBL-interacting protein kinase	0	−0.62	−1.56
UNIGENE31358_S_TR_A	catalase isozyme 2	0	−2.51	−3.65
UNIGENE28622_S_TR_A	catalase	0	−4.98	−6.19
UNIGENE29520_S_TR_A	calx-beta domain containing protein	0	−1.11	−1.79
UNIGENE12089_S_TR_A	caltractin（centrin）	0	−0.50	−1.53
UNIGENE12139_S_TR_A	biotin synthase	0	−0.84	−1.71
UNIGENE31023_S_TR_A	asparagine synthetase	0	−1.91	−4.07
CL388.CONTIG1_S_TR_A	alanine transaminase	0	−1.18	−1.53
UNIGENE72713_S_TR_A	adenylate kinase	0	−0.48	−1.36
UNIGENE28725_S_TR_A	adenylate kinase	0	−2.50	−3.21
UNIGENE10596_S_TR_A	adenine nucleotide translocator	0	−1.24	−2.33
CL649.CONTIG1_S_TR_A	aconitate hydratase 1 family protein	0	−2.26	−3.25

续表

基因编号	注释	赵桅	永北	昆明
UNIGENE30650_S_TR_A	60S ribosomal protein L7a	0	−0.41	−1.10
UNIGENE30555_S_TR_A	40S ribosomal protein S8	0	−0.96	−1.64
CL420.CONTIG1_S_TR_A	3-methyl-2-oxobutanoate dehydrogenase	0	−2.18	−2.65
UNIGENE29625_S_TR_A	3'-5' exonuclease domain containing protein	0	−0.38	−1.02
UNIGENE13912_S_TR_A	2-oxoglutarate dehydrogenase	0	−0.71	−1.14
UNIGENE13444_S_TR_A	26S proteasome non ATPase regulatory subunit 7	0	−0.25	−1.35
UNIGENE30647_S_TR_A	20S proteasome alpha subunit C	0	−1.60	−2.32

　　为进一步确定水分或降雨处理敏感相关基因，首先将相同土壤条件下，不同生态点 60d 移栽所有趋势相对应趋势进行一一比较，发现趋势 1、趋势 9、趋势 11、趋势 12、趋势 14 有相同基因，分别是叶绿体光电系统 Ⅱ 5kDa 前体蛋白、乙酰转移酶、锌指蛋白和 Avr9/Cf-9 抗逆相关蛋白等（表 4-15）。

表 4-15　室内与相同土壤比较调控基因

pro1	
UNIGENE29786_S_TR_A	叶绿体光电系统 Ⅱ 5kDa 前体蛋白
pro9	
UNIGENE40547_S_TR_A	
UNIGENE13649_S_TR_A	乙酰转移酶
pro11	
UNIGENE29365_S_TR_A	cytochrome c-2-like
pro12	
CL429.CONTIG1_S_TR_A	Avr9/Cf-9 抗逆相关蛋白
UNIGENE30810_S_TR_A	UP-9A
pro14	
UNIGENE72252_S_TR_A	锌指蛋白

　　室内与不同土壤条件下所有趋势分析后的基因与室内数据趋势分析对应的趋势进行一一比较，共有趋势 0、趋势 1、趋势 3、趋势 4、趋势 7、趋势 9、趋势 10、趋势 11、趋势 14 有相同基因，涉及光合作用、呼吸代谢、信号转导和转录调控等相关过程（表 4-16）。遗憾的是经过分析，我们没有找到室内模拟、相同土壤不同生态条件和不同土壤不同气候条件下随降雨量变化趋势和表达模式共有的基因，说明降雨与水分环境往往与其他生态因子相互耦合，协调性地调控烟株的生长发育，烟株似乎没有独立于其他因子直接与降雨或相应的专一指示基因标记。

表 4-16　室内与不同土壤比较调控基因

pro0	
UNIGENE29768_S_TR_A	probable ferric reductase transmembrane component-like
pro1	
UNIGENE28859_S_TR_A	photosystem I light-harvesting chlorophyll a/b-binding protein
UNIGENE30220_S_TR_A	Chlorophyll a-b binding protein, chloroplastic
pro3	
UNIGENE70617_S_TR_A	oxidoreductase, short chain dehydrogenase/reductase superfamily protein
pro4	
UNIGENE12030_S_TR_A	Nuclear transport factor 2（NTF2）family protein
UNIGENE28881_S_TR_A	PGR5-like protein 1A, chloroplastic-like
UNIGENE29787_S_TR_A	fatty-acid desaturase
UNIGENE30995_S_TR_A	hydroxymethyltransferase
pro7	
UNIGENE29856_S_TR_A	phosphoenolpyruvate carboxylase kinase
pro9	
UNIGENE29455_S_TR_A	Maternal embryonic leucine zipper kinase
pro10	
UNIGENE12791_S_TR_A	mitochondrial import receptor subunit TOM5-like protein
pro14	
UNIGENE72238_S_TR_A	zinc finger CCCH domain-containing protein 15 homolog

第四节　降雨对清香型烟叶风格影响

一、降雨与清香型烤烟的关系

　　烤烟香型风格是当前我国特色烤烟研究和开发的重要课题之一。我国烤烟香型一般分为清香型、浓香型和中间型。生态环境是烤烟香型、香气质和香气量形成的最大影响因素。同一品种在不同烟区烤烟香型不同，如 K326 品种在河南烟区种植表现为浓香型，在云南和福建烟区种植后则表现为清香型。

（一）清香型烤烟的特征与地理分布

　　清香型烤烟因具有香味清雅、香料飘逸、风格独特等特点受到各卷烟企业的青睐。云南烟区、福建部分烟区及四川部分烟区是典型清香型烤烟产区。李丹丹等（2011）对不同典型清香型烤烟产地间化学成分差异进行分析，表明烤烟化学成分在不同典型清香型烟区间存在较大差异。

　　众多研究表明，生态环境条件对烤烟中质体色素、新植二烯及叶面分泌物等形成具有较大的影响，其中新植二烯及其小分子降解产物对烤烟清香气息的产生有积极影响。昆明烟区新植二烯含量较高，但其他类致香物质含量偏低，四川凉山州酮类和醇类致香物质较高、龙岩烟区酮类、酯类和酸类致香物质较高、红河州醛类致香物质较高，综上所述，新植二烯的绝对含量不是烟叶清香型风格形成的主要原因，可能是新植二烯与其他类致香物质的比值及致香物质总量共同影响了烟叶清香型风格的形成。对此还需要进一步探索研究，进而为烟叶清香型风格形成的机制研究奠定理论基础，并为各烟区清香型风格烟叶的生产提供指导，以彰显各烟区烟叶清香型风格，为卷烟企业提供更加优质的烟叶原料。

（二）清香型与浓香型烟叶相关物质代谢的比较

清香型烟叶的代谢主要集中于上游阶段，即淀粉代谢和糖代谢途径，因此积累与碳代谢相关的物质较多。浓香型烟叶的代谢则主要是集中于三羧酸循环代谢途径，各类氮代谢相关产物在浓香型中明显较高。清香型烟叶（云南江川、华宁、砚山、永胜、宁洱，福建建阳）的最大光合生产能力均出现在旺长期（40d），浓香型烟叶（郑州）的最大光合生产能力出现在现蕾期（60d）。清香型烟叶的氮含量及蛋白质含量高值均出现在旺长期，而浓香型烟叶出现在现蕾期。清香型烟叶在旺长期和现蕾期的光合氮利用效率比浓香型烟叶要高，最终导致型烟叶有较高的氮含量和烟碱含量，而清香型具有较高的淀粉和糖含量。

（三）降雨影响清香型烟叶

烟叶生产来讲，烤烟对环境相当敏感，其中水分是影响烤烟内在品质形成的重要因素之一。降雨影响香气相关化学物质的积累是比较复杂的机制，首先降雨是光、热、水的综合反应，降雨多时，往往对应日照减少、气温降低、昼夜温差小，这势必会导致与这些气象因子相关的物质代谢的变化；另外，一些香气前体物质往往是与环境胁迫相关，如一些含氮化合物等，在大田生长情况下，合适的降雨会降低外界环境对烤烟的胁迫，更好的生长环境使得清香型烟叶积累更多的糖类物质，最终导致了清香型风格的形成。

二、降雨对烤烟主要香气前体物及香气物质的影响

烟草香味是评定烟叶及其制品质量的重要指标，优质烟叶要求在燃吸过程中产生香型突出、香气质佳、香气量足、吃味醇和的感官效果。近年来，烟叶中与烟气质量和香气密切相关的一些香气前体物受到人们的普遍关注，如类胡萝卜素、多酚、有机酸、可溶性糖、氨基酸和生物碱等。烟草香气前体物是指在烟叶生长发育过程中形成，本身不具有香气特征，但在烟草成熟、调制、醇化和燃烧过程中，通过酶促反应、高温高湿条件下的氧化、重排和裂解反应，可转化形成香气物质的化合物。

（一）烟草水分胁迫对烤烟香味的影响

烟草生产过程中，常常会因缺水干旱使得烟叶发黄，这是一种常见的假熟现象，并且水分胁迫会造成烟叶变成青黄烟和青烟，这样的烟叶一般缺少油分，香气也随之降低。

有研究表明，在烟草整个生育期内，水分充足、则烟株生长旺盛，烟叶大而薄，产量较高，但这种烟叶组织疏松，调制后颜色淡、香气不足、糖含量高、总氮和烟碱含量较低。如果水分供应不足，土壤干旱，则烟株长势差、产量低、烟叶小而厚、糖含量低、香气下降、烟碱和总氮含量高，使得品质下降（伍贤进，1998）。另有研究指出土壤水分过多，水溶性糖和还原糖会明显下降，经不同淹水处理后烟株中上部烟叶总糖、钾和烟碱含量减少，总氮和蛋白质含量增加（颜合洪，2005）。张晓海等（2005b）指出在烤烟生育期干旱早灌水比迟灌水烟叶化学成分更趋于协调，吸味品质更好。

　　水分不但影响到糖、烟碱等香气前体物，更是对其他香气贡献更大的前体物含量形成显著影响。Severson 等（1984）报道，灌水可以提高烟叶中蔗糖酯、顺-冷杉醇和西柏三烯二醇含量。韩锦峰等（1994）研究认为在烟草生长发育过程中任何时期土壤严重干旱，对烟叶的香气物质含量都有很大影响，特别是成熟期严重干旱对烟叶品质的影响最大，轻度干旱则有助于提高烟叶的质量。李鹏飞等（2009）研究认为烤烟生长成熟期间短时间和非持续性干旱对西柏烷类物质、质体色素降解物和芳香族香气物质含量呈一定的增加趋势，持续干旱对这些物质的形成不利的影响，对香气产生不利的影响。

（二）不同生育期水分状况对烤烟香气物质含量的影响

1. 叶绿素

　　植物大部分的生物反应都必须在水的参与下完成，水分胁迫破坏了烤烟叶绿素的生物合成，而成熟期叶绿素主要是一个叶绿素降解过程，类胡萝卜素颜色显现表现出黄色的烟叶逐渐成熟。一般研究认为，水分胁迫可导致植物叶片中叶绿素的含量降低，叶片缺水不但影响叶绿素的生物合成，而且促进已形成的叶绿素加速分解，造成叶片发黄。叶绿素对水分胁迫比较敏感，缺水造成核糖体的消失，类囊体膨大后而破碎，徐迎春等（2006）研究表明水分胁迫导致金银花叶内叶绿素含量显著增加。符云鹏等（1996）研究结果表明，随土壤水分含量下降，烤烟中部叶叶绿素减少，光合速率下降，上部叶则呈相反趋势。李国芸（2008）研究表明在渗透胁迫下，各个生育期随胁迫程度的加强，香料烟叶片组织水分含量逐渐降低；叶绿素含量下降，且不同生育期不同胁迫程度下降幅度不一样。周顺亮（2007）研究认为土壤相对持水量团棵期在 65%～75%、旺长和现蕾期在 75%～85%、成熟期在 45%时烤烟的叶绿素含量最高。

2. 类胡萝卜素

　　新鲜烟叶中类胡萝卜素类色素主要有叶黄素、新黄质、紫黄质和 β-胡萝卜素。在调制期间高度氧化的新黄质和紫黄质等几乎全部分解，烤后烟叶中类胡萝卜素基本上只剩下叶黄素和 β-胡萝卜素（史志红，1994）。影响烟叶中类胡萝卜素含量的因素很多，主要有光照、海拔、大气中氧等环境和生态因素，其中水分对烟叶中类胡萝卜素的影响的研究不多。陈义强研究表明随着土壤相对含水量的提高，烤烟类胡萝卜素总量表现为先增加后减少的趋势，70%左右的土壤相对含水量的烟叶中类胡萝卜素含量最高。周静（2008）通过调节柑橘根际土壤含水量，研究表明红壤相对含水量在 75%时，柑橘叶片叶绿素 a、叶绿素 b 和类胡萝卜素含量都达到了最大值。侯小改（2007）以盆栽牡丹朱砂垒为试材，研究表明随着土壤干旱胁迫程度的增加，总叶绿素、叶绿素 a、叶绿素 b 含量下降；在土壤相对含水量 55%～85%时，类胡萝卜素含量略有增加，后逐渐下降。喻晓丽等（2007）研究表明，轻度、中度和重度干旱胁迫的火炬树叶绿素和类胡萝卜素含量在胁迫前 60d 均显著高于对照组，在胁迫后期含量下降。

3. 多酚

绿原酸和芸香苷占烤烟中多酚总量的 75%～95%，所以它们是烤烟中主要的多酚物质（杨虹琦等，2005）。徐迎春等（2006）研究表明，随干旱增强金银花花蕾的绿原酸含量显著低于对照。柯用春等（2005）研究表明，适度干旱有利于金银花花蕾增重、体内绿原酸和黄酮物质的积累，充足供水和过度干旱均不利于金银花内外品质的提高。关于水分状况与烟叶多酚含量的研究至今没有相关报道。

4. 其他物质

烤烟的化学成分与烟草赖以生长的土壤水分关系非常密切。韩锦峰等（1994）研究认为在烟草生长发育过程中任何时期土壤严重干旱，对烟叶的化学成分含量都有很大影响，特别是成熟期严重干旱对烟叶品质的影响最大，轻度干旱则有助于提高烟叶的质量。颜合洪（2005）认为干旱处理中、上部叶烟碱和总氮含量极显著上升，淹水处理后烟株中、上部叶总氮增加，烟碱减少。一般认为当烟草体内缺乏水分，水解酶活性增强，蛋白质趋向水解，蛋白质水解产生氨基酸和酰胺等物质，在干旱条件下，蛋白质水解酶活性增强引起脯氨酸、谷氨酰胺、天冬酰胺和缬氨酸等大量积累（韩锦峰等，1994），大多数认为天冬氨酸、精氨酸、鸟氨酸等是烟酸和吡啶环合成的前体，而腐胺是烟碱和多胺合成的中间体，故干旱胁迫导致烤烟叶烟碱含量升高有了很好的解析，而淹水导致烟草体内水分过多，合成烟碱的前体物减少从而烟碱含量降低，但是烟草中总氮（含氮化合物）主要来源是蛋白质、烟碱、氨及氨基酸等物质，植物叶绿体或前质体中硝酸盐同化过程中关键酶硝酸还原酶（nitrate reductase, NR）活力随相对含水量降低而降低，但干旱胁迫首先引起 NR 代谢的增加，然后促进 NR mRNA 的代谢，原有的 NR 表达暂时延迟了水分胁迫诱导的 NR 活性的丧失，干旱最终还是促进了硝酸盐的还原，含氮化合物得到了更多的积累。

第五章 土壤对烟叶风格（质量）形成的影响

土壤是生态系统中物质和能量交换的重要场所，烤烟生命活动所需的水分和营养物质，绝大部分是通过根系从土壤中吸收的，土壤中营养物质的丰度和土壤物理性质将直接影响或决定烤烟吸收营养物质的种类及数量，进而影响烤烟生育过程、产量与品质，影响经济效益。烟草对土壤的适应性很强，除重盐碱土外，几乎所有的土壤都可以生长。但是，土壤对烟株生长发育和烟叶品质的形成有极大的作用，即使在较小的范围内，品种、栽培条件和调制技术相似，也往往由于土壤条件的不同而导致烟叶质量的明显差异，以至影响烟叶的质量（熊德中和曾文龙，1995）。适宜的土壤环境条件是烟草优质适产的基础，土壤物理和化学性状直接影响烟叶品质（黄成江等，2007）。本研究根据云南省70个县的土壤及烟叶样品数据，重点分析土壤不同因子对烟叶化学成分、感官质量、外观质量及烟叶清香型风格的影响，研究土壤与烟叶质量及品质的关系，为生产特色优质烟叶提供理论依据。

第一节 土壤对烟叶外观质量的影响

外观质量是烟叶分级的主要依据，由烟叶的尺寸、均匀性、完整性、异物、残伤、部位、颜色、组织、身份、成熟度、颜色、香味等组成。这些特征和烟叶质量有密切关系，是烟叶质量划分的依据。一般认为优质烤烟的外观特征是成熟度好，叶组织疏松，叶片厚薄适中，颜色金黄、橘黄，油分足，光泽强。土壤影响烤烟生长，进而影响烟叶外观质量。

一、土壤类型对烟叶外观质量的影响

不同土壤类型物理化性状有较大差别，对烟叶外观质量显著影响（表5-1），新积土的颜色、成熟度、叶片结构、身份、油分、色度指标等外观质量指标最优，其次是紫色土壤和红壤，水稻土烟叶外观质量最差。土壤类型主要影响烟叶颜色、成熟度及身份，对叶片结构、油分和色度影响不显著。

表 5-1 不同土壤类型烤烟烟叶外观质量得分

土壤类型	颜色	成熟度	叶片结构	身份	油分	色度	外观质量
水稻土	7.97±0.53a	7.93±0.54a	7.44±1.08a	6.90±0.99a	6.46±1.19a	5.76±0.93a	7.42±0.55a
红壤	8.05±0.59ab	8.10±0.53ab	7.50±1.01a	6.97±0.98ab	6.57±1.27a	5.82±1.04a	7.52±0.57ab
紫色土	8.08±0.52ab	8.05±0.40ab	7.77±0.78a	6.98±1.04ab	6.56±1.20a	5.77±0.82a	7.56±0.51ab
新积土	8.19±0.52b	8.19±0.50b	7.76±1.14a	7.33±1.06a	6.57±1.15a	5.81±0.72a	7.67±0.52b

注：同列小写字母不同表示差异达到5%显著水平

二、土壤质地对烟叶外观质量的影响

土壤质地与烟叶品质密切相关，从表 5-2 可以看出，中壤土烤烟烟叶叶片结构、身份及油分佳，重壤土土壤烤烟烟叶颜色、成熟度及色度较优，轻黏土烟叶身份、油分及色度最差，综合指标显示，重壤土烤烟外观质量最优，其次是中壤土，轻黏土烤烟烟叶外观质量最差，但不同质地烤烟外观质量没有显著差异。

表 5-2　不同质地烤烟烟叶外观质量得分

土壤质地	颜色	成熟度	叶片结构	身份	油分	色度	外观质量
中壤土	7.99±0.49a	7.95±0.44a	7.60±0.89a	7.04±1.06a	6.58±1.28a	5.80±0.86a	7.49±0.51a
重壤土	8.06±0.52a	8.08±0.53a	7.54±1.06a	7.01±0.98a	6.54±1.21a	5.83±0.93a	7.53±0.55a
轻黏土	8.03±0.64a	7.99±0.55a	7.51±1.10a	6.89±1.02a	6.42±1.16a	5.69±0.97a	7.46±0.58a

注：同列小写字母不同表示差异达到 5%显著水平

三、土壤 pH 对烟叶外观质量的影响

土壤 pH 过高过低均不利于烤烟生长，烟叶外观质量随土壤 pH 升高呈现先升高后降低的趋势。从表 5-3 可以看出，土壤 pH 在 6.5 左右时，烟叶的颜色、成熟度、身份、油分及色度最佳。当 pH 小于 6.5 时，烟叶外观质量随着土壤 pH 的增加而提高；当 pH 大于 6.5 时，烟叶外观质量随着土壤 pH 增加而降低。

表 5-3　土壤 pH 对烟叶外观质量的影响

pH	颜色	成熟度	叶片结构	身份	油分	色度	外观质量
<5.5	7.96±0.52a	7.96±0.59a	7.39±1.27a	6.76±1.01a	6.23±1.26a	5.77±1.04a	7.39±0.58a
5.5~6.0	8.14±0.59a	8.07±0.54a	7.59±0.90a	7.03±0.97a	6.69±1.25a	5.83±0.97a	7.58±0.58a
6.0~6.5	8.15±0.50a	8.10±0.39a	7.27±1.38a	6.85±1.18a	6.60±1.13a	5.90±0.90a	7.52±0.58a
6.5~7.0	7.95±0.59a	8.03±0.53a	7.71±0.81a	6.99±0.93a	6.56±1.13a	5.79±0.88a	7.51±0.49a
>7.0	7.98±0.47a	8.00±0.48a	7.59±0.98a	7.18±1.03a	6.47±1.22a	5.68±0.84a	7.49±0.52a

注：同列小写字母不同表示差异达到 5%显著水平

四、土壤有机质对烟叶外观质量的影响

土壤有机质是土壤肥力的重要物质基础，从表 5-4 可以看出，土壤有机质在 20g/kg 时，烟叶颜色、成熟度、叶片结构、身份、油分、色度最佳，烟叶综合外观质量最高。土壤有机质低于 20g/kg 时，烟叶外观质量随着有机质的增加而提高；土壤有机质高于 20g/kg 时，烟叶外观质量随土壤有机质的增加而降低。

表 5-4 土壤有机质含量对烟叶外观质量的影响

SOM/（g/kg）	颜色	成熟度	叶片结构	身份	油分	色度	外观质量
<10	7.50±0.41a	7.63±0.48a	6.88±0.48a	6.13±1.55a	5.13±1.84a	5.38±0.95a	6.87±0.61a
10～20	8.14±0.46b	8.18±0.45b	7.67±0.91a	7.03±0.89b	6.83±1.03b	5.90±0.87a	7.64±0.46b
20～30	8.04±0.56b	8.02±0.54b	7.48±1.12a	6.98±1.09b	6.48±1.31b	5.82±1.02a	7.49±0.59b
30～40	8.08±0.55b	8.04±0.45b	7.57±0.89a	7.00±0.85b	6.52±1.10b	5.77±0.88a	7.52±0.47b
>40	7.90±0.57b	7.90±0.62b	7.60±1.18a	7.01±1.05b	6.42±1.12b	5.63±0.80a	7.42±0.58b

注：同列小写字母不同表示差异达到5%显著水平

五、土壤养分对烟叶外观质量的影响

（一）土壤全氮对烟叶外观质量的影响

土壤全氮含量在 2g/kg 时，烟叶的颜色和色度最佳，大于 2g/kg 时，烟叶的颜色和色度得分显著下降；烟叶的成熟度、油分随着土壤全氮含量的增加逐渐下降。土壤有机质含量在 1～2g/kg 时，叶片结构和身份最优。方差分析显示（表 5-5），不同土壤氮分组之间烟叶外观质量没有显著差异。

表 5-5 土壤全氮对烟叶外观质量的影响

全氮/（g/kg）	颜色	成熟度	叶片结构	身份	油分	色度	外观质量
<1.0	8.03±0.51a	8.11±0.49a	7.68±0.79a	6.87±1.04a	6.68±1.35a	5.84±0.96a	7.55±0.54a
1.0～1.5	8.03±0.52ab	8.03±0.51a	7.53±1.03a	7.01±1.04a	6.54±1.26a	5.77±0.96ab	7.50±0.55a
1.5～2.0	8.13±0.55ab	8.09±0.51a	7.50±1.07a	7.06±1.00a	6.55±1.19a	5.94±0.93ab	7.56±0.55a
>2.0	7.88±0.58b	7.90±0.56a	7.60±1.08a	6.85±0.94a	6.36±1.11a	5.52±0.80b	7.38±0.54a

注：同列小写字母不同表示差异达到5%显著水平

（二）土壤全磷对烟叶外观质量的影响

方差分析显示（表5-6），土壤全磷含量对烟叶颜色、身份影响不显著，对烟叶成熟度、叶片结构、油分、色度有显著影响。随着土壤全磷含量的增加成熟度逐渐降低，随着土壤全磷含量的增加外观质量降低。综合来看，烟叶外观质量以土壤全磷含量小于 1.5g/kg 为好。

表 5-6 土壤全磷含量对烟叶外观质量的影响

全磷/（g/kg）	颜色	成熟度	叶片结构	身份	油分	色度	外观质量
<0.50	8.08±0.36a	8.25±0.34c	8.08±0.47c	7.08±0.87a	6.75±1.16b	5.88±0.93ab	7.70±0.37c
0.50～0.75	8.01±0.55a	7.98±0.50ab	7.45±0.98ab	6.91±1.12a	6.46±1.31ab	5.70±0.91ab	7.45±0.57ab
0.75～1.00	8.04±0.54a	8.12±0.50bc	7.71±0.93bc	7.10±0.71a	6.79±1.14b	5.93±1.03b	7.60±0.50bc
1.00～1.50	8.16±0.53a	8.13±0.51bc	7.61±1.05ab	7.07±0.97a	6.65±1.07b	6.01±0.88b	7.61±0.50bc
>1.50	7.92±0.62a	7.84±0.60a	7.28±1.29a	6.88±1.14a	6.09±1.17a	5.50±0.82a	7.30±0.61a

注：同列小写字母不同表示差异达到5%显著水平

（三）土壤全钾对烟叶外观质量的影响

土壤全钾含量对烟叶外观质量的影响见表 5-7。土壤全钾对烟叶颜色、身份、色度没有显著影响，土壤全钾含量低于 5g/kg，烟叶成熟度显著降低，大于 5g/kg 时，不同土壤全钾含量下烟叶成熟度没有显著差异；随着土壤全钾含量的增加，叶片结构不断优化，油分得分不断增加；土壤全钾含量小于 5g/kg，烟叶外观质量显著降低。

表 5-7　土壤全钾对烟叶外观质量的影响

全钾/（g/kg）	颜色	成熟度	叶片结构	身份	油分	色度	外观质量
<5	7.92±0.50a	7.85±0.54a	7.33±1.13a	6.75±1.03a	6.21±1.32a	5.58±0.93a	7.32±0.55a
5~10	8.08±0.55a	8.10±0.52b	7.54±1.13ab	7.03±1.09a	6.58±1.23ab	5.93±0.98a	7.56±0.57b
10~15	7.98±0.55a	7.97±0.52ab	7.51±0.96ab	6.98±0.97a	6.35±1.24ab	5.60±0.89a	7.43±0.54ab
15~20	8.11±0.57a	8.05±0.53ab	7.64±1.00ab	7.04±0.86a	6.71±1.06b	5.87±0.89a	7.58±0.52b
>20	7.98±0.53a	8.10±0.45b	7.73±0.82b	6.98±1.09a	6.75±1.19b	5.85±0.88a	7.56±0.50b

注：同列小写字母不同表示差异达到 5%显著水平

（四）土壤有效铁对烟叶外观质量的影响

从表 5-8 可以看出，土壤有效铁大于 100mg/kg 时，烟叶的成熟度变差，烟叶叶片结构、身份、油分及色度评价得分均显著降低，烟叶外观质量显著下降。当土壤有效铁小于 100mg/kg 时，随着土壤有效铁的增加，烟叶外观质量不断提高，但方差分析不同含量水平之间，烟叶外观质量没有显著差异。

表 5-8　土壤有效铁对烟叶外观质量的影响

有效铁/（mg/kg）	颜色	成熟度	叶片结构	身份	油分	色度	外观质量
<25	8.03±0.57a	8.11±0.52b	7.54±1.07ab	7.03±1.01ab	6.63±1.19ab	5.79±0.94b	7.54±0.58b
25~50	8.06±0.57a	7.98±0.57b	7.48±1.12ab	6.80±0.86a	6.25±1.24a	5.80±0.98b	7.44±0.54b
50~75	8.08±0.47a	8.10±0.46b	7.66±0.98b	7.00±1.01a	6.59±1.06ab	5.87±0.91b	7.57±0.48b
75~100	8.01±0.58a	8.04±0.48b	7.69±0.84b	7.21±1.14b	6.76±1.21b	5.86±0.86b	7.58±0.55b
>100	7.91±0.55a	7.70±0.53a	7.20±1.10a	6.84±1.04a	6.23±1.41a	5.45±0.92a	7.26±0.58a

注：同列小写字母不同表示差异达到 5%显著水平

（五）土壤有效锰对烟叶外观质量的影响

锰与叶绿素形成有关，影响光合作用，进而影响烤烟生长。从表 5-9 可以看出，随着土壤有效锰的增加，烟叶成熟度、叶片结构、身份、油分及色度的评价得分有增加的趋势，表明烟叶外观质量与土壤有效锰含量呈显著正相关。

表 5-9 土壤有效锰含量对烟叶外观质量的影响

有效锰 /（mg/kg）	颜色	成熟度	叶片结构	身份	油分	色度	外观质量
<10	8.08±0.51a	8.02±0.57ab	7.50±1.12ab	7.05±0.96b	6.33±1.14a	5.68±0.86ab	7.49±0.54b
10~20	8.05±0.60a	8.07±0.55ab	7.59±0.99b	7.05±0.98b	6.71±1.13bc	5.89±0.95ab	7.56±0.55b
20~30	7.96±0.46a	8.03±0.46ab	7.79±0.77b	7.22±0.95b	6.84±1.10c	5.75±0.75ab	7.57±0.46b
30~40	7.93±0.50a	7.89±0.40a	7.24±1.09a	6.57±0.99a	6.11±1.13a	5.56±0.89a	7.28±0.50a
>40	8.11±0.62a	8.10±0.56b	7.56±1.13b	6.97±1.08b	6.49±.42abc	5.95±1.08b	7.55±0.62b

（六）土壤有效硫对烟叶外观质量的影响

土壤有效硫对烟叶外观质量有负面影响。从表 5-10 可以看出，随着土壤有效硫的增加，烟叶的颜色、成熟度、叶片结构、身份、油分、色度等外观质量指标评价得分有下降的趋势。

表 5-10 土壤有效硫对烟叶外观质量的影响

有效硫 /（mg/kg）	颜色	成熟度	叶片结构	身份	油分	色度	外观质量
<10	8.29±0.49a	8.43±0.53b	8.07±0.84b	7.14±0.38a	6.64±1.14a	5.86±0.48a	7.79±0.42a
10~20	8.01±0.52a	8.01±0.54a	7.53±1.01ab	6.95±1.06a	6.38±1.29a	5.76±0.83a	7.47±0.56a
20~30	8.03±0.61a	8.00±0.56a	7.51±1.07ab	6.95±1.04a	6.62±1.03a	5.82±0.96a	7.50±0.55a
30~40	8.22±0.62a	8.19±0.45ab	7.80±0.84ab	7.22±0.89a	6.77±1.28a	6.03±1.11a	7.71±0.55a
40~50	8.00±0.37a	8.17±0.44ab	7.29±1.03ab	7.00±1.17a	6.58±1.28a	5.71±0.92a	7.49±0.50a
>50	7.94±0.48a	7.91±0.47a	7.43±1.15a	6.91±0.99a	6.44±1.24a	5.64±0.96a	7.40±0.52a

注：同列小写字母不同表示差异达到 5%显著水平

（七）土壤有效硼对烟叶外观质量的影响

硼是烟株生长的必需元素，它参与蛋白质代谢、生物碱的产生、物质运输，以及钾、钙等主要元素的相互作用。土壤是烟株硼的重要来源，土壤有效硼对烟叶外观质量的影响见表 5-11，当土壤有效硼含量低于 0.8mg/kg 时，随着有效硼的增加，烟叶成熟度逐渐改善，颜色和色度得分不断提高，叶片结构、身份、油分得到优化，烟叶外观质量不断提高；当土壤有效硼大于 0.8mg/kg，烟叶外观质量不断下降。

表 5-11 土壤有效硼对烟叶外观质量的影响

有效硼 /（mg/kg）	颜色	成熟度	叶片结构	身份	油分	色度	外观质量
<0.2	7.98±0.48a	8.00±0.47a	7.57±0.95a	6.92±0.98a	6.67±1.17a	5.73±0.90a	7.49±0.51a
0.2~0.4	8.05±0.58a	8.03±0.58a	7.50±1.13a	6.99±1.01a	6.33±1.27a	5.75±0.96a	7.48±0.58a
0.4~0.6	8.04±0.53a	8.06±0.50a	7.59±1.04a	6.94±0.99a	6.69±1.15a	5.84±0.93a	7.54±0.52a
0.6~0.8	8.10±0.54a	8.03±0.50a	7.60±0.84a	7.12±1.01a	6.53±1.13a	5.83±0.84a	7.55±0.54a

续表

有效硼 /（mg/kg）	颜色	成熟度	叶片结构	身份	油分	色度	外观质量
0.8～0.1	7.79±0.57a	8.07±0.53a	7.71±0.57a	7.14±1.03a	6.79±1.32a	5.93±0.79a	7.52±0.49a
>1	7.94±0.68a	7.81±0.37a	7.25±1.31a	6.94±1.37a	6.38±1.41a	5.63±1.27a	7.34±0.68a

注：同列小写字母不同表示差异达到5%显著水平

（八）土壤有效钼对烟叶外观质量的影响

随着土壤有效钼含量的增加，烟叶外观质量呈现先升高后降低的趋势（表 5-12）。当土壤有效钼含量低于 0.5mg/kg 时，增加土壤有效钼含量能改善烟叶颜色和色度，提高烟叶成熟度，优化叶片结构、身份和油分；当土壤有效钼含量大于 0.5mg/kg 时，烟叶颜色、成熟度、叶片结构、身份和色度指标得分均降低，烟叶外观质量下降。

表 5-12　土壤有效钼对烟叶外观质量的影响

有效钼 /（mg/kg）	颜色	成熟度	叶片结构	身份	油分	色度	外观质量
<0.1	8.04±0.53a	8.05±0.49a	7.64±0.91a	7.01±1.01a	6.61±1.20a	5.79±0.91a	7.53±0.53a
0.1～0.2	7.96±0.52a	7.93±0.53a	7.47±1.13a	6.97±1.05a	6.31±1.27a	5.63±0.88a	7.41±0.56a
0.2～0.3	8.10±0.58a	8.15±0.49a	7.55±0.78a	6.98±0.92a	6.55±1.32a	5.93±1.00a	7.57±0.52a
0.3～0.4	8.21±0.47a	8.21±0.50a	7.76±0.87a	7.29±1.00a	6.79±1.16a	6.09±0.99a	7.72±0.48a
0.4～0.5	8.33±0.75a	8.25±0.69a	7.42±1.16a	6.75±0.94a	6.75±1.08a	6.33±1.17a	7.67±0.62a
>0.5	8.00±0.69a	7.94±0.62a	7.14±1.55a	6.72±0.94a	6.50±0.95a	5.81±0.93a	7.38±0.63a

注：同列小写字母不同表示差异达到5%显著水平

（九）土壤可溶性氯离子含量对烟叶外观质量的影响

烟叶外观质量与土壤可溶性氯离子存在显著的回归关系，烟叶外观质量随着土壤氯离子的增加呈先上升后下降的趋势（表 5-13）。土壤可溶性氯离子含量在 10～15mg/kg 最佳，烟叶颜色和色度评价得分最高；土壤氯离子含量在 15～20mg/kg，烟叶成熟度、叶片结构、身份、油分最优；总体来看，土壤氯离子含量在 15～20mg/kg 时，烟叶外观质量最佳。

表 5-13　土壤可溶性氯离子对烟叶外观质量的影响

氯离子 /（mg/kg）	颜色	成熟度	叶片结构	身份	油分	色度	外观质量
<10	8.03±0.54a	7.97±0.58b	7.43±1.20a	6.91±1.05a	6.47±1.11ab	5.86±0.89b	7.46±0.57ab
10～15	8.11±0.56a	8.08±0.48ab	7.60±0.94a	6.98±0.97a	6.56±1.32ab	5.93±1.01b	7.56±0.56ab
15～20	8.08±0.54a	8.21±0.52ab	7.77±0.78a	7.28±0.91a	6.88±1.12b	5.81±0.89a	7.67±0.48a
20～25	7.88±0.56a	7.84±0.47a	7.34±1.17a	6.84±0.96a	6.13±1.34a	5.34±0.85a	7.29±0.55ab
>25	7.92±0.51a	7.93±0.41a	7.55±0.98a	6.90±1.09a	6.32±1.20ab	5.50±0.84ab	7.39±0.52a

注：同列小写字母不同表示差异达到5%显著水平

第二节　土壤对烟叶化学成分的影响

化学成分是指烟叶所含的各种有机物和无机物的含量高低及其之间的比例关系，包括烟碱、糖类、石油醚抽提物、无机组分、总氮、蛋白氮、淀粉、有机酸和挥发碱等。经过不断的探索研究，总结出了很多评价烟叶质量的化学品质指标，其中烟碱、总糖、还原糖、总氮、钾离子、淀粉、氯离子、总挥发碱是常用的化学成分指标。本研究采用中国烟草种植区划（王彦亭等，2010）建立的烤烟化学成分评价指标体系进行评价。

一、土壤因子对烟叶烟碱含量的影响

烟碱是评价烟叶质量的重要指标，烟碱含量低，烟叶吃味平淡；烟碱含量高，劲头大，吃味苦，烟味粗糙，烟叶烟碱含量最适宜的范围在2.5%左右。将土壤有机质、pH、全氮、全磷、全钾、有效铁、有效锰、有效硫、有效硼、有效钼、阳离子交换量、可溶性氯离子及盐分进行分组，应用 GLM 分析土壤对烟碱的影响。研究结果显示，部位对烟叶烟碱含量的影响最大，气候对烟叶烟碱含量影响不显著，土壤因子中，土壤质地、土壤有机质、有效钼和盐分对烟叶烟碱含量有显著影响（表5-14）。从作用程度来看，土壤有机质对烟碱含量的影响最大，其次是土壤质地和有效钼。

表 5-14　土壤因子对烟碱的主体效应检验

影响因子	III 型平方和	df	均方	F	Sig.	偏 Eta 方
部位	88.020	2	44.010	103.685	0.000	0.519
气候	2.118	3	0.706	1.663	0.176	0.025
土壤类型	1.087	3	0.362	0.854	0.466	0.013
土壤质地	3.716	2	1.858	4.377	0.014	0.044
pH	0.240	3	0.080	0.189	0.904	0.003
SOM	5.157	4	1.289	3.038	0.019	0.060
全氮	2.417	3	0.806	1.898	0.131	0.029
全磷	1.175	2	0.588	1.385	0.253	0.014
全钾	1.894	4	0.473	1.115	0.351	0.023
有效铁	2.461	2	1.230	2.899	0.058	0.029
有效锰	1.191	2	0.596	1.403	0.248	0.014
有效硫	0.799	2	0.399	0.941	0.392	0.010
有效硼	0.446	2	0.223	0.525	0.592	0.005
有效钼	3.978	2	1.989	4.685	0.010	0.047
阳离子	1.475	3	0.492	1.158	0.327	0.018
氯离子	1.739	2	0.869	2.048	0.132	0.021
盐分	2.976	2	1.488	3.505	0.032	0.035

　　如图 5-1 所示，土壤质地对烟碱含量的影响表现为中壤土＞重壤土＞轻黏土，随着土壤质地变黏，烟碱含量下降；土壤有机质含量小于 45g/kg 条件下，烟碱含量随着土壤土壤有机质的增加而增加，土壤有机质含量大于 45kg/kg 后，土壤有机质含量反而下降；有效钼含量小于 0.5mg/kg，烟碱含量随着土壤有效钼的增加而增加，大于 0.5mg/kg，烟叶烟碱含量下降。烟叶烟碱含量与土壤盐分含量呈负相关，随着土壤盐分含量的增加，烟碱含量降低。

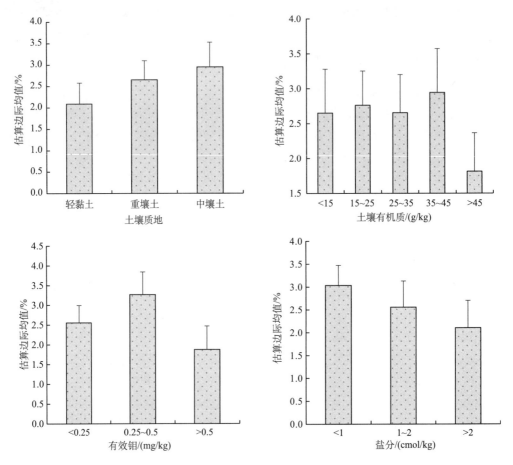

图 5-1　土壤因子对烟叶烟碱含量的影响

二、土壤因子对烟叶总氮含量的影响

　　烟叶总氮含量与烟碱含量呈正相关，总氮含量低会产生平淡的烟气或不愉快的吃味，总氮含量高会使烟气浓烈辛辣，劲头过大，适宜的总氮含量为 2.5%左右。不同部位烟叶总氮含量差异极显著，表现为 $B_2F＞C_3F＞X_2F$，气候对烟叶总氮含量也有显著影响。土壤因子中，土壤全氮、有效铁、有效钼含量对烟叶总氮影响显著。不同土壤因子对烟叶总氮含量作用从大到小依次为全氮、有效铁、有效钼、全钾、土壤质地、土壤有机质、土壤类型、有效锰、有效硼、pH、阳离子、全磷、有效硫、可溶性氯离子、盐分（表 5-15）。

表 5-15　土壤因子对烟叶总氮的主体效应检验

影响因子	III 型平方和	df	均方	F	Sig.	偏 Eta 方
部位	9.192	2	4.596	80.632	0.000	0.456
气候	0.620	3	0.207	3.627	0.014	0.054
土壤类型	0.298	3	0.099	1.744	0.159	0.027
土壤质地	0.331	2	0.166	2.905	0.057	0.029
pH	0.157	3	0.052	0.915	0.435	0.014
SOM	0.327	4	0.082	1.434	0.224	0.029
全氮	0.456	3	0.152	2.664	0.049	0.040
全磷	0.130	2	0.065	1.136	0.323	0.012
全钾	0.352	4	0.088	1.544	0.191	0.031
有效铁	0.381	2	0.191	3.342	0.037	0.034
有效锰	0.252	2	0.126	2.211	0.112	0.023
有效硫	0.123	2	0.062	1.081	0.341	0.011
有效硼	0.166	2	0.083	1.460	0.235	0.015
有效钼	0.353	2	0.177	3.100	0.047	0.031
阳离子	0.136	3	0.045	0.796	0.497	0.012
氯离子	0.032	2	0.016	0.281	0.756	0.003
盐分	0.016	2	0.008	0.138	0.871	0.001

　　土壤全氮含量对烟叶总氮含量影响显著（图 5-2），随着土壤氮含量的增加，烟叶氮浓度不断提高，土壤全氮含量低于 1%时，烟叶氮含量会显著降低。铁是叶绿素形成的重要催化剂，充足的铁可以促进烟叶光合作用，使烟叶总氮含量随着土壤有效铁含量的增加而降低。土壤有效钼含量对烟叶总氮含量也显著的影响，当土壤有效钼大于 0.5mg/kg 时，烟叶总氮含量显著降低。

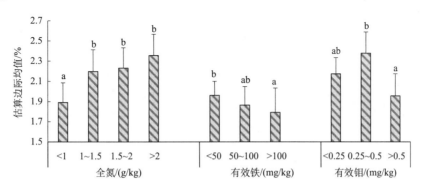

图 5-2　土壤因子对烟叶总氮含量的影响

小写字母不同表示处理间差异达到 5%显著水平

三、土壤因子对烟叶氮碱比的影响

不同部位烟叶氮碱比差异极显著，表现为 $B_2F < C_3F < X_2F$。气候对烟叶烟碱含量没有显著差异。土壤因子中土壤有机质、土壤有效硼、土壤阳离子交换总量、土壤盐分对烟叶氮碱比有显著影响（表 5-16）。从偏 Eta 方来看，部位烟叶氮碱比的影响最大。不同土壤因子烟叶氮碱比的影响依次表现为：SOM＞盐分＞阳离子＞有效硼＞有效锰＞有效硫＞氯离子＞土壤类型＞土壤质地＞全氮＞有效铁＞有效钼＞全磷＞pH＞全钾。

表 5-16　土壤因子对烟叶氮碱比的主体效应检验

影响因子	III 型平方和	df	均方	F	Sig.	偏 Eta 方
部位	3.217	2	1.609	58.467	0.000	0.379
气候	0.153	3	0.051	1.851	0.139	0.028
土壤类型	0.083	3	0.028	1.011	0.389	0.016
土壤质地	0.080	2	0.040	1.449	0.237	0.015
pH	0.051	3	0.017	0.616	0.605	0.010
SOM	0.711	4	0.178	6.463	0.000	0.119
全氮	0.077	3	0.026	0.929	0.428	0.014
全磷	0.051	2	0.026	0.936	0.394	0.010
全钾	0.026	4	0.006	0.235	0.918	0.005
有效铁	0.077	2	0.038	1.392	0.251	0.014
有效锰	0.149	2	0.074	2.700	0.070	0.027
有效硫	0.145	2	0.073	2.642	0.074	0.027
有效硼	0.248	2	0.124	4.502	0.012	0.045
有效钼	0.062	2	0.031	1.118	0.329	0.012
阳离子	0.292	3	0.097	3.543	0.016	0.052
氯离子	0.092	2	0.046	1.678	0.189	0.017
盐分	0.352	2	0.176	6.402	0.002	0.063

土壤有机质影响烟叶烟碱及氮含量，进而影响烟叶氮碱比，从图 5-3 可以看出，当土壤有机质含量小于 45g/kg 时，不同有机质对烤烟氮碱比没有显著影响，大于 45g 使烟叶氮碱比显著增加。当土壤有效硼含量小于 0.5mg/kg 时，烟叶氮碱比显著降低；烟叶氮碱比与土壤阳离子交换总量及盐分呈正相关，随着两者的增加，烟叶碳氮比升高。

四、土壤因子对烟叶还原糖的影响

还原糖含量是影响烟叶醇和度的主要因素。不同部位烟叶还原糖含量差异极显著，C_3F 还原糖含量显著高于 B_2F 和 X_2F。气候对烟叶还原糖含量有显著影响。土壤因子中土壤类型、土壤全氮、土壤全钾、土壤有效硼、土壤盐分对烟叶还原糖有显著影响（表 5-17）。从偏 Eta 方来看，部位对烟叶氮碱比的影响最大。不同土壤因子烟叶还原糖的影响依次表现为：土壤类型＞全氮＞全钾＞有效铁＞pH＞SOM＞盐分＞有效硼＞有效硫＞有效钼＞全磷＞土壤质地＞阳离子＞氯离子＞有效锰。土壤类型、土壤全氮、土壤全钾是影响烟叶还原糖含量的关键土壤因子。

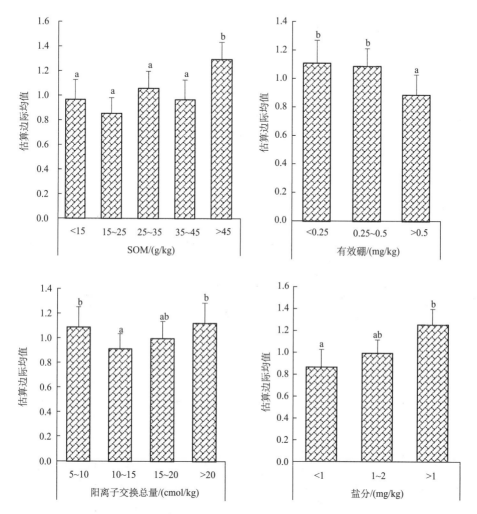

图 5-3 土壤因子对烟叶氮碱比的影响

小写字母不同表示处理间差异达到 5%显著水平

表 5-17 土壤因子对烟叶还原糖的主体效应检验

影响因子	III 型平方和	df	均方	F	Sig.	偏 Eta 方
部位	283.274	2	141.637	11.346	0.000	0.106
气候	116.320	3	38.773	3.106	0.028	0.046
土壤类型	224.933	3	74.978	6.006	0.001	0.086
土壤质地	20.178	2	10.089	0.808	0.447	0.008
pH	118.937	3	39.646	3.176	0.025	0.047
SOM	99.616	4	24.904	1.995	0.097	0.040

续表

影响因子	III 型平方和	df	均方	F	Sig.	偏 Eta 方
全氮	198.418	3	66.139	5.298	0.002	0.076
全磷	52.430	2	26.215	2.100	0.125	0.021
全钾	152.027	4	38.007	3.045	0.018	0.060
有效铁	137.883	2	68.942	5.523	0.005	0.054
有效锰	11.597	2	5.799	0.465	0.629	0.005
有效硫	71.738	2	35.869	2.873	0.059	0.029
有效硼	80.962	2	40.481	3.243	0.041	0.033
有效钼	71.078	2	35.539	2.847	0.060	0.029
阳离子	15.153	3	5.051	0.405	0.750	0.006
氯离子	14.977	2	7.488	0.600	0.550	0.006
盐分	84.682	2	42.341	3.392	0.036	0.034

　　土壤类型对烟叶还原糖含量有较大影响（图 5-4A），其中红壤烤烟烟叶还原糖含量最低，显著低于新积土和水稻土；紫色土壤烟叶还原糖含量居中，新积土和水稻土烤烟烟叶还原糖含量高于其他土壤类型。土壤 pH<5、5.5～6.5 和 6.5～7.0 三组烤烟烟叶还原糖含量没有显著差异（图 5-4B），土壤 pH>7 的烤烟还原糖含量显著低于 6.5～7.0，表明土壤 pH>7 会使烟叶还原糖含量显著降低。

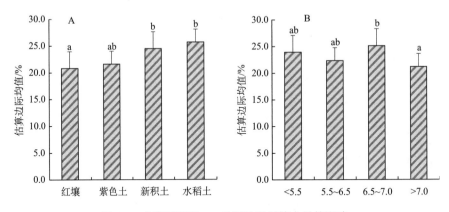

图 5-4　土壤类型和 pH 对烟叶还原糖含量的影响

小写字母不同表示处理间差异达到 5%显著水平

　　土壤全氮含量烟叶还原糖含量密切相关，如图 5-5 所示，不同土壤氮含量水平下，烟叶还原糖含量表现为"<1"组>"1～1.5"组>"1.5～2"组>">2"组，随着土壤全氮含量的增加，烟叶还原糖含量逐渐降低。当土壤钾含量小于 5g/kg 时，烟叶还原糖含量显著降低。

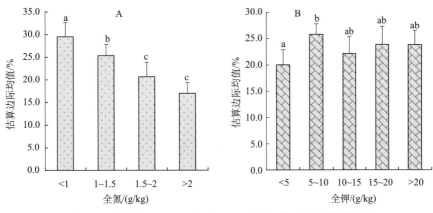

图 5-5　土壤全氮（A）及全钾（B）含量对烟叶还原糖的影响

小写字母不同表示处理间差异达到 5%显著水平

五、土壤因子对烟叶淀粉含量的影响

淀粉含量是评价烟叶质量的关键因素之一。鲜烟叶淀粉含量高对品质是不利的，尤其对烟叶色泽、香味不利，烤后烟叶尽管淀粉含量较低，但仍会影响烟叶外观及内在品质。以土壤质地、水分、营养状况和 pH 等因素都会影响烟叶淀粉含量。通过方差分析显示，在土壤众多因子中，只有土壤 pH 及土壤有效铁含量对淀粉影响显著，表明土壤 pH、土壤有效铁含量是影响烟叶淀粉含量的关键土壤因子（表5-18）。

表 5-18　土壤因子对烟叶淀粉含量的主体效应检验

影响因子	III 型平方和	df	均方	F	Sig.	偏 Eta 方
部位	96.480	2	48.240	19.593	0.000	0.170
气候	17.351	3	5.784	2.349	0.074	0.035
土壤类型	14.697	3	4.899	1.990	0.117	0.030
土壤质地	14.701	2	7.350	2.985	0.053	0.030
pH	31.203	3	10.401	4.224	0.006	0.062
SOM	4.467	4	1.117	0.454	0.770	0.009
全氮	8.144	3	2.715	1.103	0.349	0.017
全磷	3.515	2	1.757	0.714	0.491	0.007
全钾	10.106	4	2.527	1.026	0.395	0.021
有效铁	46.619	2	23.309	9.467	0.000	0.090
有效锰	6.515	2	3.258	1.323	0.269	0.014
有效硫	3.680	2	1.840	0.747	0.475	0.008
有效硼	4.692	2	2.346	0.953	0.387	0.010
有效钼	4.810	2	2.405	0.977	0.378	0.010
阳离子	1.451	3	0.484	0.196	0.899	0.003
氯离子	1.945	2	0.973	0.395	0.674	0.004
盐分	8.777	2	4.388	1.782	0.171	0.018

从不同 pH 土壤烟叶淀粉含量可以看出（图 5-6A），烟叶淀粉含量与 pH 呈正相关，随着 pH 增加淀粉含量增加，尤其是土壤 pH 大于 7 的土壤使烟叶淀粉含量显著增加。从不同有效铁含量土壤可以看出（图 5-6B），随着土壤有效铁含量的增加，烟叶淀粉含量提高。

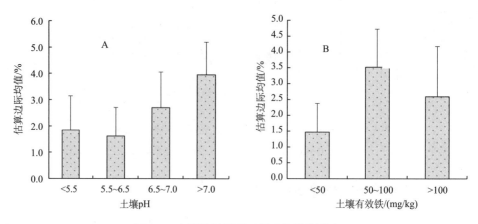

图 5-6　土壤关键因子对烟叶淀粉的影响

六、土壤因子对烟叶钾含量的影响

钾是烟叶矿质营养元素中吸收量最大的，也是烟叶灰分的主要成分，其含量的高低直接影响烟叶的燃烧性和吸湿性。影响烟叶钾含量的因素众多，土壤是影响烟叶钾含量的重要因素之一，土壤因子对烟叶钾含量的影响程度差异较大（表 5-19），其中土壤 pH、土壤有机质、土壤全氮及氯离子对烟叶钾含量作用程度较大，其不同水平下烟叶含量达到了显著水平。其中土壤有机质和全氮对烟叶钾含量的影响最大，其次是 pH，可溶性氯离子对烟叶钾含量也有较大影响。

表 5-19　土壤因子对烟叶钾含量的主体效应检验

影响因子	III 型平方和	df	均方	F	Sig.	偏 Eta 方
部位	17.203	2	8.602	51.454	0.000	0.349
气候	2.618	3	0.873	5.221	0.002	0.075
土壤类型	1.156	3	0.385	2.304	0.078	0.035
土壤质地	0.317	2	0.159	0.949	0.389	0.010
pH	1.684	3	0.561	3.358	0.020	0.050
SOM	1.995	4	0.499	2.983	0.020	0.059
全氮	2.173	3	0.724	4.332	0.006	0.063
全磷	0.408	2	0.204	1.220	0.297	0.013
全钾	0.633	4	0.158	0.946	0.439	0.019
有效铁	0.950	2	0.475	2.841	0.061	0.029

影响因子	III 型平方和	df	均方	F	Sig.	偏 Eta 方
有效锰	0.146	2	0.073	0.437	0.646	0.005
有效硫	0.792	2	0.396	2.368	0.096	0.024
有效硼	0.577	2	0.289	1.726	0.181	0.018
有效钼	0.392	2	0.196	1.171	0.312	0.012
阳离子	0.943	3	0.314	1.880	0.134	0.029
氯离子	1.120	2	0.560	3.351	0.037	0.034
盐分	0.206	2	0.103	0.617	0.541	0.006

从表 5-20 可以看出，下部叶钾含量最高，其次是中部叶，上部叶钾含量最低。氮对不同部位烟叶钾含量的影响规律表现一致，即随着土壤全氮含量的增加，烟叶钾含量降低。土壤有机质对不同部位烟叶钾含量的影响不同，随着土壤有机质含量的增加，上部叶钾含量逐渐降低，中部叶钾含量则呈现抛物线式的变化，下部叶钾含量的变化规律不明显。烟叶钾与土壤 pH、氯离子含量呈负相关，随着 pH、氯离子的增加，烟叶钾含量下降。

表 5-20　土壤对烟叶钾含量的影响

部位	土壤全氮		土壤 pH		土壤有机质		土壤氯离子	
	分组	烟叶钾/%	分组	烟叶钾/%	分组	烟叶钾/%	分组	烟叶钾/%
B₂F	<1.0	1.88	<5.5	1.94	<15	1.68	<10	1.74
	1.0~1.5	1.61	5.5~6.5	1.63	15~25	1.78	10~20	1.66
	1.5~2.0	1.77	6.5~7.0	1.62	25~35	1.65	>20	1.59
	>2	1.54	>7	1.59	35~45	1.59		
					>45	1.58		
C₃F	<1.0	1.98	<5.5	1.98	<15	1.70	<10	1.88
	1.0~1.5	1.90	5.5~6.5	1.85	15~25	2.03	10~20	1.88
	1.5~2.0	1.79	6.5~7.0	1.89	25~35	1.79	>20	1.70
	>2.0	1.72	>7	1.64	35~45	1.70		
					>45	1.77		
X₂F	<1.0	2.87	<5.5	2.21	<15	2.49	<10	2.35
	1.0~1.5	2.12	5.5~6.5	2.36	15~25	2.13	10~20	2.22
	1.5~2.0	2.17	6.5~7.0	2.51	25~35	2.30	>20	2.21
	>2.0	2.41	>7	1.80	35~45	2.18		
					>45	2.53		

七、土壤因子对烟叶氯含量的影响

氯是影响烟叶燃烧的主要元素，一般烟叶中氯离子的含量为 0.3%～0.8%比较适宜。土壤类型、土壤质地、土壤 pH、全氮、全磷、全钾、土壤有效铁、土壤阳离子交换量及土壤氯离子含量对烟叶氯离子含量均有显著影响（表 5-21）。但从偏 Eta 方来看，土壤氯离子含量对烟叶氯含量的影响最大。从不同部位烟叶氯离子含量可以看出（图 5-7），土壤氯离子含量 10～20mg/kg 下，烟叶氯离子的含量最低，土壤氯离子含量低于 10mg/kg 或高于 20mg/kg 使烟叶氯离子显著增加。

表 5-21　土壤因子对烟叶氯含量的主体效应检验

影响因子	III 型平方和	df	均方	F	Sig.	偏 Eta 方
部位	0.670	2	0.335	4.491	0.012	0.045
气候	0.124	3	0.041	0.553	0.646	0.009
土壤类型	0.836	3	0.279	3.738	0.012	0.055
土壤质地	0.968	2	0.484	6.487	0.002	0.063
pH	0.853	3	0.284	3.812	0.011	0.056
SOM	0.622	4	0.156	2.086	0.084	0.042
全氮	0.704	3	0.235	3.146	0.026	0.047
全磷	0.490	2	0.245	3.287	0.039	0.033
全钾	0.914	4	0.229	3.064	0.018	0.060
有效铁	0.648	2	0.324	4.344	0.014	0.043
有效锰	0.382	2	0.191	2.563	0.080	0.026
有效硫	0.340	2	0.170	2.278	0.105	0.023
有效硼	0.257	2	0.129	1.723	0.181	0.018
有效钼	0.175	2	0.087	1.173	0.312	0.012
阳离子	1.035	3	0.345	4.624	0.004	0.067
氯离子	1.309	2	0.655	8.777	0.000	0.004
盐分	0.435	2	0.218	2.918	0.056	0.029

八、土壤因子对烟叶化学成分协调性的影响

化学成分对烟叶品质的影响不是单一的，而是各种化学成分综合作用的结果。根据烤烟化学成分评价体系，计算了不同土壤上烟叶化学成分的协调性。通过方差分析发现，土壤 pH、土壤有机质、土壤全氮、土壤全磷及有效铁对烟叶化学成分协调性的影响显著（表 5-22）。功效估计显示，土壤有机质对烟叶化学成分的协调性的影响最大，其次是土壤全氮，土壤 pH、全磷及有效铁对烟叶化学成分协调性也有较大的影响。由于全氮、全磷及有效铁与土壤有机质含量密切相关，因此影响烟叶化学成分的关键因子为土壤有机质和 pH。

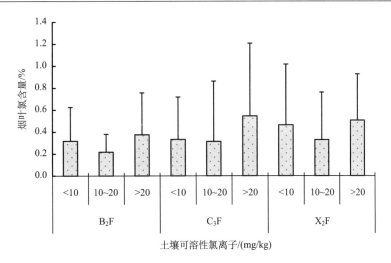

图 5-7　土壤氯离子含量对烟叶氯含量的影响

表 5-22　土壤因子对烟叶化学成分协调性的主体效应检验

影响因子	III 型平方和	df	均方	F	Sig.	偏 Eta 方
部位	385.020	2	192.510	6.706	0.002	0.065
气候	106.268	3	35.423	1.234	0.299	0.019
土壤类型	132.325	3	44.108	1.537	0.206	0.023
土壤质地	44.330	2	22.165	0.772	0.463	0.008
pH	230.698	3	76.899	2.679	0.048	0.040
SOM	378.895	4	94.724	3.300	0.012	0.064
全氮	284.513	3	94.838	3.304	0.021	0.049
全磷	212.726	2	106.363	3.705	0.026	0.037
全钾	54.148	4	13.537	0.472	0.757	0.010
有效铁	217.493	2	108.746	3.788	0.024	0.038
有效锰	34.272	2	17.136	0.597	0.552	0.006
有效硫	107.832	2	53.916	1.878	0.156	0.019
有效硼	20.653	2	10.327	0.360	0.698	0.004
有效钼	130.961	2	65.481	2.281	0.105	0.023
阳离子	20.608	3	6.869	0.239	0.869	0.004
氯离子	109.908	2	54.954	1.914	0.150	0.020
盐分	51.292	2	25.646	0.893	0.411	0.009

从图 5-8 可以看出，烟叶化学成分协调性随着土壤 pH 的升高而下降，烟叶化学成分与土壤 pH 呈负相关。烟叶化学成分协调性随土壤有机质含量的增加呈先升高后降低的趋势，在土壤有机质含量 20g/kg 时烟叶化学成分协调性最好。

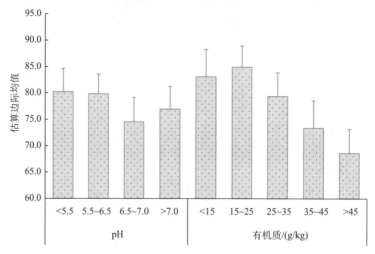

图 5-8　土壤对烟叶化学成分协调性的影响

第三节　土壤对烟叶感官质量的影响

烟叶的感官质量也称为烟叶的内在质量，是指烟燃烧时，吸烟者对香气、吃味的综合感受。衡量烟叶感官质量的方法主要是感官评定。目前针对不同使用情况，建立了不同感官质量定量评价方法。项目组根据研究需要采用烟草本香、香气量、香气质、浓度、刺激性、劲头、杂气、干净度、湿润感、回味等 10 项指标来评价烟叶内在质量。

一、土壤类型对烟叶感官质量的影响

新积土烤烟烟叶香气质、刺激性、干净度和湿润感的评价得分优于其他土壤类型，水稻土壤烟叶杂气最少，红壤烤烟烟叶回味充足，紫色土壤烤烟烟草本香最突出。烟叶整体感官质量表现为新积土最佳，其次是水稻土和红壤，紫色土感官质量最差（表 5-23）。

表 5-23　土壤类型对烟叶感官质量的影响

土壤类型	烟草本香	香气量	香气质	浓度	刺激性	劲头	杂气	干净度	湿润感	回味	感官质量
红壤	7.81a	12.88a	12.79a	7.94a	12.91a	4.72a	7.62a	7.60a	3.92a	3.68a	81.87a
水稻土	7.83a	12.87a	12.80a	7.92a	12.92a	4.76a	7.64a	7.62a	3.91a	3.66a	81.93a
新积土	7.81a	12.88a	12.83a	7.94a	12.93a	4.76a	7.62a	7.63a	3.96a	3.67a	82.03a
紫色土	7.87a	12.85a	12.70a	7.91a	12.87a	4.70a	7.60a	7.57a	3.85a	3.63a	81.56a

注：同列小写字母不同表示差异达到 5% 显著水平

二、土壤 pH 对感官质量的影响

土壤 pH 在 6.0 左右时，烟草本香、香气量、香气质最佳，当 pH 小于 6.0 时，烟叶香气质量随着土壤 pH 的升高而提高；当 pH 大于 6.0 时，烟叶香气质量随着土壤 pH 的

升高而降低。烟叶刺激性、劲头、杂气、湿润感、回味随着土壤 pH 的升高质量降低，综合来看烟叶感官质量在 pH 为 5.5～6.0 时最佳（表 5-24）。

表5-24　土壤 pH 对烟叶感官质量的影响

土壤 pH	烟草本香	香气量	香气质	浓度	刺激性	劲头	杂气	干净度	湿润感	回味	感官质量
<5.5	7.77a	12.84a	12.76a	7.90a	12.95a	4.75a	7.63a	7.60a	3.96b	3.71a	81.86a
5.5～6.0	7.96b	13.00b	12.87a	8.02b	12.93a	4.74a	7.66a	7.67a	3.83a	3.68a	82.37a
6.0～6.5	7.76a	12.81ab	12.78a	7.86ab	12.93a	4.77a	7.64a	7.63a	3.92ab	3.66a	81.76a
6.5～7.0	7.83ab	12.90ab	12.73a	7.92ab	12.87a	4.75a	7.60a	7.58a	3.92ab	3.60a	81.68a
>7.0	7.84ab	12.85ab	12.78a	7.93ab	12.90a	4.71a	7.60a	7.57a	3.91ab	3.67a	81.75a

注：同列小写字母不同表示差异达到 5%显著水平

三、土壤有机质对烟叶感官质量的影响

在一定范围内，土壤有机质含量高，对促进烟株生长发育、协调烟叶化学成分具有较好的效果，可有效提高烟叶香气质、香气量，减少杂气和刺激性，提高烟叶感官质量，如表 5-25 所示，土壤有机质含量小于 30g/kg，烟草本香、香气量、香气质、浓度、刺激性、劲头、杂气、干净度、湿润感、回味得分与土壤有机质含量呈正相关，土壤有机质含量在 30g/kg 时，烟叶感官质量最佳，土壤有机质含量高于 30g/kg 时土壤有机质含量呈负相关。

表5-25　土壤有机质对烟叶感官质量的影响

SOM/(g/kg)	烟草本香	香气量	香气质	浓度	刺激性	劲头	杂气	干净度	湿润感	回味	感官质量
<10	7.55a	12.65a	12.65a	7.80a	12.93a	4.83a	7.53a	7.48a	3.75a	3.52a	80.80a
10～20	7.86b	12.90b	12.74a	7.96a	12.86a	4.78a	7.67c	7.62bc	3.89b	3.65b	81.93b
20～30	7.91b	12.95b	12.87a	7.95a	12.98a	4.75a	7.71bc	7.69bc	3.94b	3.72b	82.49b
30～40	7.75b	12.78ab	12.66a	7.88a	12.83a	4.70a	7.49ab	7.52ab	3.84ab	3.59b	81.06ab
>40	7.76b	12.82ab	12.81a	7.91a	12.90a	4.70a	7.54ab	7.49ab	3.95b	3.65b	81.54ab

注：同列小写字母不同表示差异达到 5%显著水平

四、土壤养分对烟叶感官质量的影响

（一）土壤全氮对烟叶感官质量的影响

土壤全氮含量反映了土壤供氮能力，土壤全氮含量小于 1.5g/kg,烟草本香、香气量、香气质、浓度、刺激性、劲头、杂气、干净度、湿润感、回味得分随土壤全氮含量的增加烟叶感官质量提高，土壤全氮含量在 1.5g/kg 时，烟叶感官质量最佳。土壤全氮含量大于 1.5g/kg，这些指标与土壤全氮含量呈负相关（表 5-26）。

表 5-26　土壤全氮含量对烟叶感官质量的影响

全氮/(g/kg)	烟草本香	香气量	香气质	浓度	刺激性	劲头	杂气	干净度	湿润感	回味	感官质量
<1	7.82a	12.87a	12.76a	7.95a	12.90a	4.76a	7.66b	7.61b	3.93a	3.64a	81.91ab
1~1.5	7.91b	12.96a	12.86a	7.96a	12.97a	4.74a	7.69b	7.67b	3.91a	3.70a	82.38b
1.5~2	7.76ab	12.83a	12.73a	7.88a	12.88a	4.78a	7.60ab	7.61b	3.90a	3.66a	81.62ab
>2	7.80ab	12.81a	12.76a	7.91a	12.87a	4.67a	7.52a	7.50a	3.89a	3.64a	81.37a

　　注：同列小写字母不同表示差异达到 5%显著水平

（二）土壤全磷对烟叶感官质量的影响

　　土壤中磷的总量（以 P_2O_5 计）在 0.5~3g/kg。不同土壤磷含量下烟叶感官质量见表 5-27。土壤全磷含量在 1.0g/kg 时，烟叶感官质量最佳。土壤全磷含量小于 1.0g/kg，烟草本香、香气量、香气质、浓度、刺激性、劲头、杂气、干净度、湿润感、回味得分与土壤全磷含量呈正相关；土壤全磷含量大于 1.0g/kg，这些指标得分与土壤全磷含量呈负相关。

表 5-27　土壤全磷对烟叶感官质量的影响

全磷/(g/kg)	烟草本香	香气量	香气质	浓度	刺激性	劲头	杂气	干净度	湿润感	回味	感官质量
<0.5	7.78ab	12.79a	12.72a	7.90a	12.85a	4.72a	7.61b	7.57b	3.88a	3.60a	81.42ab
0.5~0.75	7.89b	12.95a	12.80a	7.98a	12.93a	4.76a	7.65b	7.63bc	3.92a	3.69ab	82.19b
0.75~1	7.90b	12.92a	12.88a	7.92a	12.95a	4.75a	7.68b	7.69c	3.92a	3.73b	82.34b
1~1.5	7.80ab	12.87a	12.81a	7.90a	12.93a	4.72a	7.62b	7.61bc	3.93a	3.66ab	81.85ab
>1.5	7.69a	12.76a	12.70a	7.86a	12.87a	4.74a	7.48a	7.47a	3.86a	3.61a	81.04a

　　注：同列小写字母不同表示差异达到 5%显著水平

（三）土壤全钾对烟叶感官质量的影响

　　土壤全钾含量在 10g/kg 时，烟叶感官质量最佳。小于 10g/kg，烟草本香、香气量、香气质、浓度、刺激性、劲头、杂气、干净度、湿润感、回味得分与土壤全钾含量呈正相关；土壤全钾含量大于 10g/kg，这些指标得分与土壤全钾含量呈负相关（表 5-28）。

表 5-28　土壤全钾对烟叶感官质量的影响

全钾/(g/kg)	烟草本香	香气量	香气质	浓度	刺激性	劲头	杂气	干净度	湿润感	回味	感官质量
<5	7.65a	12.77a	12.64a	7.88a	12.79a	4.76a	7.48a	7.48a	3.88ab	3.58a	80.92a
5~10	7.90b	13.01a	12.93b	8.00a	13.00b	4.75a	7.71b	7.67b	3.96b	3.73b	82.67b
10~15	7.92b	12.94a	12.83ab	7.98a	12.94b	4.73a	7.67b	7.66b	3.91ab	3.70ab	82.29b
15~20	7.82ab	12.80a	12.71ab	7.90a	12.86ab	4.71a	7.60ab	7.58ab	3.84a	3.59ab	81.42ab
>20	7.80ab	12.83a	12.80ab	7.85a	12.95b	4.76a	7.64b	7.60ab	3.94ab	3.70ab	81.85ab

　　注：同列小写字母不同表示差异达到 5%显著水平

（四）土壤有效铁对烟叶感官质量的影响

土壤有效铁含量在 75mg/kg 时，烟叶感官质量最佳。小于 75mg/kg，烟草本香、香气量、香气质、浓度、刺激性、劲头、杂气、干净度、湿润感、回味得分与土壤有效铁含量呈正相关；土壤有效铁含量大于 75mg/kg，这些指标得分与土壤有效铁含量呈负相关（表 5-29）。

表 5-29 土壤有效铁对烟叶感官质量的影响

有效铁/(mg/kg)	烟草本香	香气量	香气质	浓度	刺激性	劲头	杂气	干净度	湿润感	回味	感官质量
<25	7.79a	12.88ab	12.81ab	7.95a	12.95a	4.72a	7.63ab	7.59a	3.92ab	3.70ab	81.95ab
25~50	7.81a	12.84a	12.72a	7.93a	12.86a	4.72a	7.54a	7.57a	3.85a	3.59a	81.42a
50~75	7.95b	13.04b	12.91b	7.94a	12.96a	4.71a	7.75b	7.65b	3.95b	3.78b	82.65b
75~100	7.71a	12.82a	12.75ab	7.87a	12.88a	4.77a	7.60a	7.58a	3.93ab	3.67a	81.59ab
>100	7.86ab	12.85a	12.80ab	7.92a	12.94a	4.77a	7.66ab	7.65b	3.93ab	3.67a	82.05ab

注：同列小写字母不同表示差异达到5%显著水平

（五）土壤有效锰对烟叶感观质量的影响

从表 5-30 可以看出，土壤有效锰含量10~20mg/kg 下，烟草本香和香气质得分最高，烟叶杂气少，干净度高，回味好，感官质量最佳。土壤有效锰含量小于 20mg/kg 时，烟叶感官质量与土壤锰含量呈正相关；当土壤有效锰含量大于 20mg/kg 时，不同有效锰水平对烟叶感官质量没有显著影响，表明土壤有效锰与烟叶感官质量之间是线性加平台的关系。

表 5-30 土壤有效锰对烟叶感官质量的影响

有效锰/(mg/kg)	烟草本香	香气量	香气质	浓度	刺激性	劲头	杂气	干净度	湿润感	回味	感官质量
<10	7.60a	12.68a	12.62a	7.81a	12.88a	4.79a	7.52a	7.51a	3.90a	3.57a	80.87a
10~20	7.98c	12.95a	12.90b	7.93a	13.00a	4.73a	7.77b	7.77b	3.88a	3.79b	82.70b
20~30	7.88bc	12.87a	12.76ab	7.93a	12.89a	4.72a	7.60ab	7.58a	3.87a	3.65ab	81.76ab
30~40	7.72ab	12.80a	12.74ab	7.98a	12.86a	4.68a	7.53ab	7.55a	3.94a	3.54a	81.33ab
>40	7.87bc	12.96a	12.84ab	7.96a	12.91a	4.74a	7.64ab	7.61a	3.93a	3.69ab	82.16ab

注：同列小写字母不同表示差异达到5%显著水平

（六）土壤有效硫对烟叶感观质量的影响

从表 5-31 可以看出，烟叶的烟草本香、香气质、香气量、浓度、刺激性、干净度、回味评价得分随土壤有效硫含量的升高而增加，使烟叶感官质量呈现随土壤有效硫含量的升高而提高的趋势。

表 5-31　土壤有效硫对烟叶感官质量的影响

有效硫/(mg/kg)	烟草本香	香气量	香气质	浓度	刺激性	劲头	杂气	干净度	湿润感	回味	感官质量
10～20	7.75a	12.84a	12.78ab	7.90a	12.92ab	4.77a	7.63a	7.59ab	3.93a	3.70b	81.80ab
20～30	7.86a	12.88a	12.78ab	7.92a	12.90ab	4.74a	7.64a	7.62ab	3.90a	3.66ab	81.91b
30～40	7.84a	12.78a	12.67a	7.88a	12.76a	4.67a	7.56a	7.51a	3.90a	3.62ab	81.18a
40～50	7.77a	12.83a	12.76ab	7.91a	12.92ab	4.74a	7.56a	7.57ab	3.91a	3.56a	81.54ab
>50	7.89a	12.97a	12.86b	7.99a	12.99b	4.74a	7.65a	7.66b	3.90a	3.72b	82.38b

注：同列小写字母不同表示差异达到 5%显著水平

（七）土壤有效硼对烟叶感观质量的影响

硼是烤烟必需的营养元素。胡国松等（2000）认为 0.4mg/kg 是烤烟缺硼的临界值，低于此值必须补充硼，牛育华等（2009）则认为土壤中有效硼临界值为 0.5mg/kg，当土壤含硼量低于 0.5mg/kg 时需要增施硼肥。从烟叶感官质量来看（表 5-32），土壤有效硼含量小于 0.6mg/kg 时，烟叶感官质量与土壤有效硼含量呈正相关；当土壤有效硼含量大于 0.6mg/kg 时，烟叶感官质量与土壤有效硼含量呈负相关。

表 5-32　土壤有效硼对烟叶感官质量的影响

有效硼/(mg/kg)	烟草本香	香气量	香气质	浓度	刺激性	劲头	杂气	干净度	湿润感	回味	感官质量
<0.2	7.84a	12.87a	12.81a	7.89a	12.96a	4.75a	7.64a	7.65b	3.89b	3.66a	81.95a
0.2～0.4	7.82a	12.90a	12.80a	7.93a	12.90a	4.78a	7.62a	7.63ab	3.93ab	3.63a	81.96a
0.4～0.6	7.82a	12.90a	12.83a	7.95a	12.93a	4.72a	7.65	7.60ab	3.90a	3.71a	82.01a
0.6～0.8	7.89a	12.81a	12.65a	7.89a	12.82a	4.69a	7.61a	7.58ab	3.86b	3.68a	81.47a
>1	7.78a	12.85a	12.79a	7.97a	12.91a	4.71a	7.54a	7.53a	3.97a	3.62a	81.65a

注：同列小写字母不同表示差异达到 5%显著水平

（八）土壤有效钼对烟叶感观质量的影响

土壤有效钼对烟叶感官质量作用不大。从表 5-33 可以看出，不同土壤有效钼水平与烟草本香、香气量、香气质、浓度、刺激性、劲头、杂气、干净度、湿润感、回味等感官质量指标相关性不显著，不同土壤有效钼水平下，烟叶感官质量没有规律性变化。

表 5-33　土壤有效钼对烟叶感官质量的影响

有效钼/(mg/kg)	烟草本香	香气量	香气质	浓度	刺激性	劲头	杂气	干净度	湿润感	回味	感官质量
<0.1	7.84a	12.89a	12.81	7.93ab	12.96b	4.76ab	7.67b	7.63bc	3.93a	3.70ab	82.14ab
0.1～0.2	7.75a	12.82a	12.75	7.91ab	12.92ab	4.76ab	7.59ab	7.59bc	3.88a	3.59a	81.55ab
0.2～0.3	7.92a	12.91a	12.83	7.96ab	12.93ab	4.72ab	7.65b	7.67c	3.92a	3.71ab	82.21ab

续表

有效钼/(mg/kg)	烟草本香	香气量	香气质	浓度	刺激性	劲头	杂气	干净度	湿润感	回味	感官质量
0.3～0.4	7.81a	12.78a	12.70	7.94a	12.71a	4.64a	7.44a	7.44a	3.89a	3.60a	80.94a
0.4～0.5	7.92a	12.97a	12.94	7.92b	12.96b	4.83b	7.74b	7.71c	3.97a	3.83b	82.79b
>0.5	7.85a	12.92a	12.71	7.88ab	12.79ab	4.64a	7.61ab	7.52ab	3.86a	3.65a	81.42ab

注：同列小写字母不同表示差异达到5%显著水平

（九）土壤可溶性氯离子对烟叶感官质量的影响

众所周知，烟草是忌氯作物。土壤中氯含量过高时，烟叶吸湿性大，烟叶燃烧能力下降，含氯量特别高的甚至导致熄火。但少量氯可提高烟叶产量，改善某些品质因素如颜色、水分含量、弹性、燃烧性及烟叶的储藏质量（左天觉和朱尊权，1993）。当土壤可溶性氯小于 20mg/kg，烟草本香、香气量、香气质、浓度、刺激性、劲头、杂气、干净度、湿润感、回味得分与土壤可溶性氯离子含量呈正相关；土壤氯离子含量大于 20mg/kg，这些指标得分与土壤可溶性氯离子含量呈负相关（表 5-34）。

表 5-34　土壤可溶性氯离子对烟叶感官质量的影响

氯离子/(mg/kg)	烟草本香	香气量	香气质	浓度	刺激性	劲头	杂气	干净度	湿润感	回味	感官质量
<5	7.81a	12.76a	12.70a	7.89a	12.86a	4.71a	7.60a	7.58a	3.88a	3.64a	81.43a
5～10	7.78a	12.88a	12.82a	7.91a	12.89a	4.75a	7.59a	7.58a	3.95ab	3.63a	81.78a
10～20	7.88a	12.96a	12.78a	7.96a	12.92a	4.74a	7.68b	7.66b	3.93ab	3.72a	82.23a
20～35	7.82a	12.93a	12.89a	7.94a	12.97a	4.74a	7.65ab	7.60ab	3.98b	3.66a	82.19a
>35	7.86a	12.92a	12.83a	7.94a	12.97a	4.77a	7.60a	7.62ab	3.84a	3.67a	82.01a

注：同列小写字母不同表示差异达到5%显著水平

第四节　土壤对烟叶香型风格的影响

烤烟的香型是中式卷烟风格的重要构成因素，是烟叶风格特色的重要表征，是进行烟叶品质区域划分的重要依据，是制订生产技术措施、实施标准化生产的重要指标（唐远驹，2011）。土壤因素可以影响烤烟致香成分的含量和比例，从而对烟叶香型风格的透发产生影响（史宏志等，2009；罗勇等，2012）。土壤类型、土壤质地、土壤 pH、土壤供肥特性、地形地貌等对烤烟香型都有一定的影响。

一、土壤类型对烟叶香型风格的影响

云南烟区不同土壤类型烤烟香型风格凸显程度如图 5-9 所示，其中新积土烤烟烟叶清香型风格最突出，其次是紫色土和水稻土，红壤烤烟的清香型风格凸显程度最差。对应土壤类型烤烟烟叶多酚则表现为：红壤最高，紫色土和水稻土次之，新积土最低；石

油醚提取物含量表现为红壤最高，其次是水稻土和新积土，紫色土最低。土壤类型对致
香物质-石油醚提取物影响显著，紫色土的烟叶石油醚提取物含量显著低于红壤、水稻土
和新积土，但土壤类型多对烟叶多酚含量没有显著影响。曲靖烟区的研究显示（杜鹃，
2011），红壤的烤烟清香型特征最为明显，水稻土的烤烟次之，它们的香型分值显著高
于新积土、黄壤和紫色土的烤烟，新积土所对应烤烟的清香型特征相对较弱。

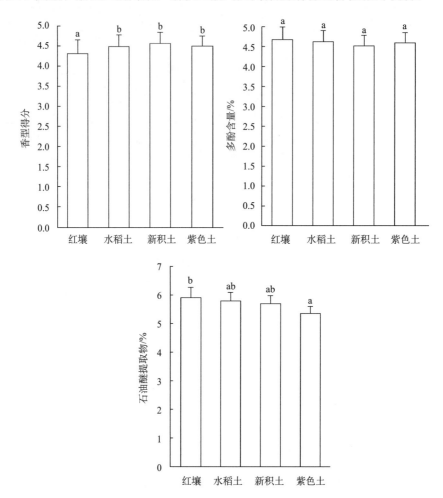

图 5-9　土壤类型对烟叶香型风格及香气物质的影响

小写字母不同表示差异达到 5%显著水平

二、土壤 pH 对烟叶香型风格的影响

　　根据土壤 pH 高低，将曲靖烟区土壤 pH 划分为 6 个组，计算每组内对应的烤烟香
型得分及香气物质含量。从图 5-10 中可以看，烟叶清香型凸显程度随着土壤 pH 升高而
升高，pH 在 7.0～7.5 时达到最高，之后香型风格凸显程度下降。烟叶多酚及石油醚提取
物在 pH 低的情况下含量较高，当 pH 大于 7.0 时，烟叶多酚及石油醚含量降低（图 5-11）。

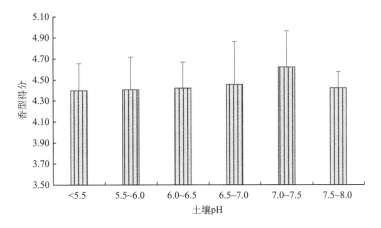

图 5-10　土壤 pH 对烟叶清香型风格的影响

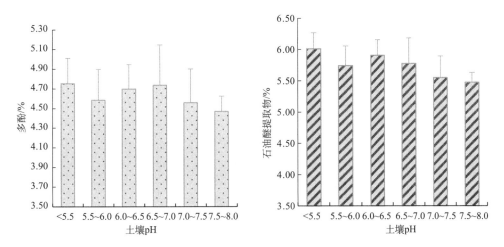

图 5-11　土壤 pH 对烟叶香气物质含量的影响

三、土壤质地对烟叶香型风格的影响

云南清香型烟区以重壤土居多，重壤土烤烟香型风格也最突出，多酚及石油醚提取物含量也均较高；中壤土烤烟清香型风格凸显程度次之，多酚及石油醚提取物含量也最低；轻黏土烤烟清香型凸显程度最差，其烟叶多酚含量最低，石油醚提取物含量最高（图 5-12）。

四、土壤有机质对烟叶香型风格的影响

按土壤有机质含量高低，将土壤有机质含量划分为 5 个组，从烤烟香型得分与分组后土壤有机质含量之间的关系（图 5-13）可以看出，随着土壤有机质含量的增大烤烟香型得分呈现出先增高后降低的趋势，土壤有机质含量在 20.0g/kg 烤烟香型的得分最高。多酚与土壤有机质关系（图 5-14）与香型的表现一致，石油醚提取物与有机质则呈现先降后升的趋势。

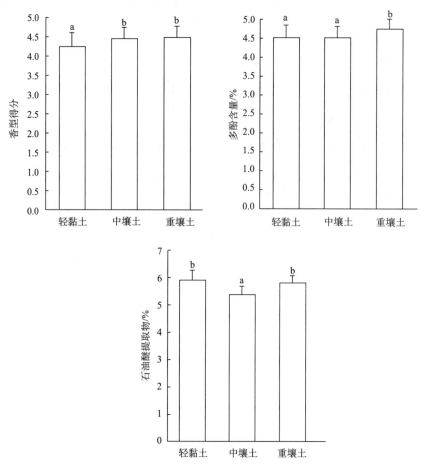

图 5-12　土壤质地对烟叶风格及香气物质含量的影响

小写字母不同表示处理间差异达到 5%显著水平

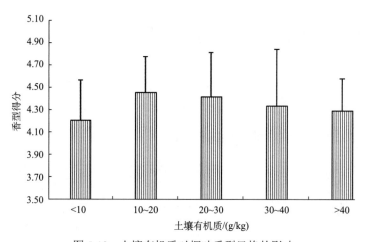

图 5-13　土壤有机质对烟叶香型风格的影响

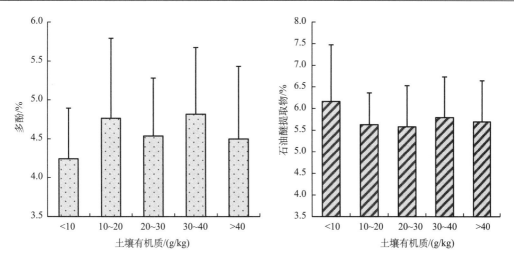

图 5-14　土壤有机质对烟叶香气物质的影响

五、土壤养分对烟叶香型风格的影响

（一）土壤全氮对烟叶香型风格的影响

依据土壤全氮含量的高低，将土壤划分为 7 个组。从图 5-15 可以看出，土壤全氮含量在 0.5～2.5g/kg 时，烟叶香型风格突出，土壤全氮含量低于 0.5g/kg 或大于 2.5g/kg，烟叶香型风格显著减弱，总体呈现，随着土壤全氮含量的增加先升后降的趋势。

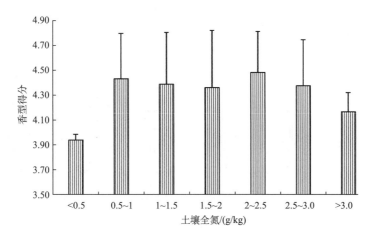

图 5-15　土壤全氮对烟叶香型风格的影响

（二）土壤全磷对烟叶香型风格的影响

依据土壤全磷含量的高低，将土壤划分为 5 个组。从图 5-16 可以看出，土壤全磷含量在 0.75～1g/kg 时，烟叶香型风格突出，土壤全磷含量低于 1g/kg，烟叶香型风格随土壤全磷的增加而增强，土壤全磷含量大于 1g/kg，随着土壤全磷含量的增加烟叶香型风格不断减弱。

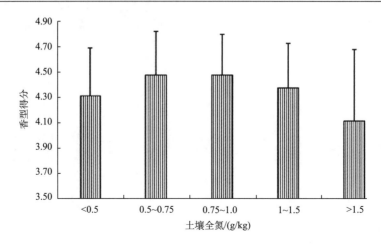

图 5-16　土壤全磷对烟叶香型风格的影响

（三）土壤全钾对烟叶香型风格的影响

依据土壤全钾含量的高低，将土壤划分为 5 个组。从图 5-17 可以看出，土壤全钾含量在 10～15g/kg 时，烟叶香型风格最突出；土壤全钾含量低于 15g/kg，烟叶香型风格随土壤全钾的升高而增强；土壤全钾含量大于 15g/kg，随着土壤全钾含量的增加烟叶清香型风格不断减弱。

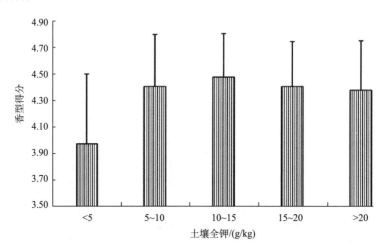

图 5-17　土壤全钾含量对烟叶香型风格的影响

（四）土壤有效铁对烟叶香型风格的影响

依据土壤有效铁含量高低将土壤分组之后，不同组土壤有效铁含量与烤烟香型得分呈正相关关系，随着土壤有效铁的增加，烟叶清香型风格增强（图 5-18）。

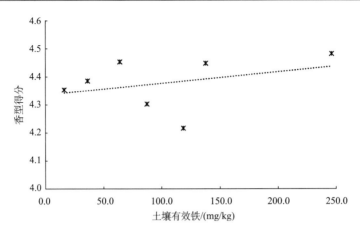

图 5-18 土壤有效铁对烟叶香型风格的影响

（五）土壤有效锰对烟叶香型风格的影响

依据土壤有效锰含量的高低，将土壤划分为 6 个组。从图 5-19 可以看出，土壤有效锰含量在 10～20mg/kg 时，烟叶香型风格最突出，土壤有效锰含量低于 20mg/kg，烟叶香型风格随土壤有效锰的升高而增强，土壤有效锰含量大于 20g/kg，随着土壤有效锰含量的增加烟叶香型风格不断减弱。

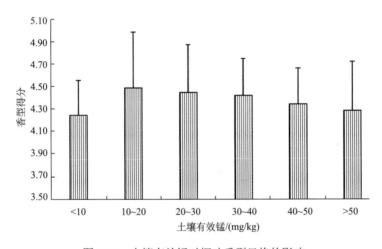

图 5-19 土壤有效锰对烟叶香型风格的影响

（六）土壤有效硼对烟叶香型风格的影响

依据土壤有效硼含量的高低，将土壤划分为 6 个组。从图 5-20 可以看出，土壤有效硼含量在 0.8～1.0mg/kg 时，烟叶香型风格最突出，土壤有效硼含量低于 1mg/kg，烟叶清香型风格随土壤有效硼的升高而增强，土壤有效硼含量大于 1g/kg，随着土壤有效硼含量的增加烟叶香型风格不断减弱。

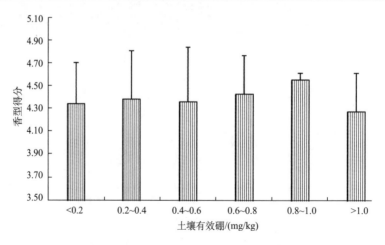

图 5-20　土壤有效硼对烟叶香型风格的影响

（七）土壤氯离子对烟叶香型风格的影响

　　依据土壤可溶性氯离子含量的高低，将土壤划分为 5 个组。从图 5-21 可以看出，土壤氯离子含量在 10～20mg/kg 时，烟叶香型风格最突出，土壤氯离子含量低于 20mg/kg，烟叶香型风格随土壤氯离子的增加而增强，土壤氯离子含量大于 20mg/kg，随着土壤氯离子含量的增加烟叶香型风格不断减弱。

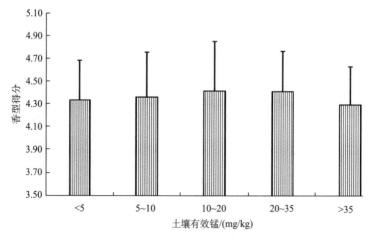

图 5-21　土壤氯离子对烟叶香型风格的影响

（八）影响烟叶香型风格的土壤因子效应

　　从以上分析可以看出，影响烟叶清香型风格的土壤因子众多，但土壤大多数因子都与土壤类型、土壤质地、土壤 pH 及土壤有机质相关。通过这四个因子及气候、部位的方差分析显示，气候对烟叶香型风格的影响最大，部位对烟叶香型风格影响不显著。土壤对烟叶香型风格的影响次于气候，土壤因子中土壤有机质对烟叶香型风格的影响最大，其次是土壤类型和土壤 pH，土壤质地对烟叶香型风格的影响较小。不同因子对烟叶风格的效应见表 5-35。

表 5-35　影响烟叶清香型风格的因子主体效应检验

源	III 型平方和	df	均方	F	Sig.	偏 Eta 方
校正模型	6.130[a]	17	0.361	5.599	0.000	0.464
截距	665.264	1	665.264	10 329.438	0.000	0.989
气候	3.807	3	1.269	19.704	0.000	0.350
部位	0.196	2	0.098	1.520	0.223	0.027
土壤类型	0.898	3	0.299	4.649	0.004	0.113
土壤质地	0.083	2	0.041	0.643	0.528	0.012
pH	0.631	3	0.210	3.266	0.024	0.082
SOM	0.984	4	0.246	3.819	0.006	0.122
误差	7.085	110	0.064			
总计	2 552.244	128				
校正的总计	13.215	127				

a. $R^2 = 0.464$（调整 $R^2 = 0.381$）

第六章 栽培措施和品种对烤烟清香型风格形成的影响

烤烟生长发育及品质是遗传因素、生态条件和栽培因素共同作用的结果。不同品种由于遗传因素的不同，在烟株的生长发育和烟叶的物理性状、化学成分、吸食品质与风格等方面，都有诸多的差异。气候条件是生态条件的重要方面，不同地区由于气候条件的多样性，烤烟大田生育期所经历的温度、降水、光照等气候因子就会有所不同，烤烟生长发育就会呈现出不同特征，最终导致烟叶产量、质量的差异性。在同一地区，气候条件是相对稳定的，但是，通过改变烤烟移栽期，可以改变不同生育期温度、降水、光照、积温等微气候条件，进而影响烤烟的生长发育及其产量和品质，促进优质烤烟生产。在栽培上，合理的施肥措施则是决定烟叶产量和产值的重要因素，其贡献率分别达到39%和47%，而对烟叶香吃味的贡献率仅次于品种因素，达到25%，因此，在特定的生态环境和品种条件下，平衡施肥是改善烟叶化学成分，提高烟叶香气质量的基础（汪耀富，2006）。

第一节 栽培措施和品种对烤烟生长发育的影响

移栽期对烤烟的生长有着重要的影响，而施氮量作为重要的栽培措施也影响着烤烟的生长发育。不同的地区适应不同的移栽期，向德恩等（2011）对不同地区适宜移栽期进行研究发现，依据当年的气候特点，宣恩试验点烟苗适宜在4月底5月初移栽，而利川试验点在5月中旬移栽时获得优质烟叶，巴东试验点在5月中上旬移栽能有效利用气象条件。胡钟胜（2012）对弥勒县移栽时间研究表明，适当提前移栽，能增加株高、叶面积指数、茎围和节距；随着移栽时间的推迟，烟叶产值产量、中上等烟比例呈先上升、后下降的规律。不同施氮量对产量和产值有影响，表现为随施氮量的增加而增加的趋势，但90~135kg/hm^{2}的施氮量之间差别不显著，为生产上控氮提供了依据（刘江等，2008）。

一、栽培措施和品种烤烟干物质累积的影响

干物质积累量及积累速率是反映烤烟生长状况的重要指标。在移栽期、施肥和品种的相互影响下，移栽期对烤烟干物质积累起主要作用。不同移栽期对烤烟干物质积累量影响显著，常规移栽烤烟团棵期之前干物质积累较慢，旺长期逐渐加快，打顶期到成熟期逐渐平稳；烟株地上部分干物质积累动态均成"慢-快-慢"增长特征（图6-1）。提前移栽烤烟干物质积累量降低，延迟移栽烤烟团棵期、旺长期生长较慢，45d后烤烟干物质迅速积累，使积累量大于提前和正常移栽，这可能是由于移栽时间较晚，降水量能较好地满足烟草植株的生长。在不同移栽期下烤烟对氮肥的反应不一；常规移栽条件下（T2），烤烟干物质积累量随施氮量的增加而增加；在提前移栽下（T1），不同施肥量和品种处理没有差异；在延迟移栽（T3）条件下，烤烟干物质积累量随施肥量的增加而

降低。品种在三者交互中没有表现出明显的规律,即烤烟品种对干物质积累的影响较小。

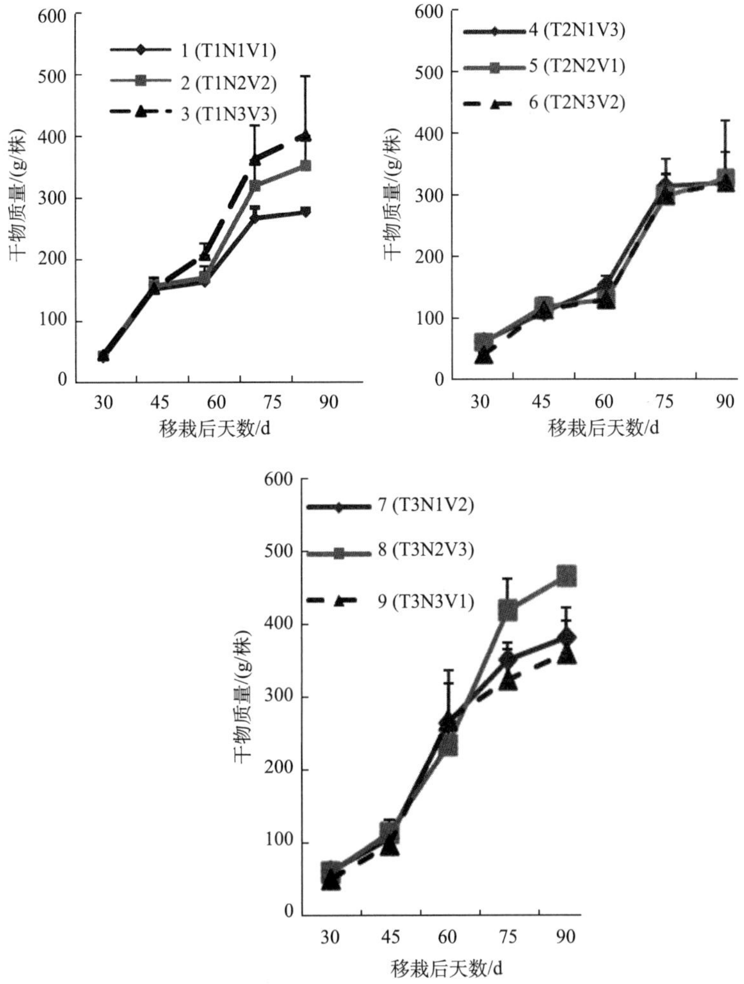

图 6-1　不同移栽期下烤烟干物质积累量

T. 移栽时间(T2 为 4 月 20 日, T1 为 4 月 30 日, T3 为 5 月 10 日); N. 施氮量(N1、N2、N3 分别为 75kg/hm², 90kg/hm²、105kg/hm²); V. 品种(V1、V2、V3 分别为 K326、云 87、NC71)

(一)不同品种对烤烟生长发育的影响

在同一个地方种植不同的烤烟品种,生长规律差异很大。查宏波等(2004)研究表明,在同一个试验中,K358、K394、RG17、云烟 317、云烟 85、云烟 87、Coker371 和 K326 等品种物质积累规律表现不同,其中云烟 87 和 RG17 两个品种根系和整株物质积累速度较快,积累量较大;而 K394 表现生长较慢,物质积累速率和物质积累量均较低。福建烟区目前栽培两种类型的烤烟品种,一种是以翠碧 1 号为代表的烤烟类型,整个大田生育期在 150d 左右,干物质积累速度快,积累量大;另一种是以 K326、云烟 8 和云烟 87 为主，整个大田生育期在 120d 左右，物质积累速率和物质积累量均较低。这两类烤烟生育期不同，物质积累规律也表现出较大的差异（图 6-2）。

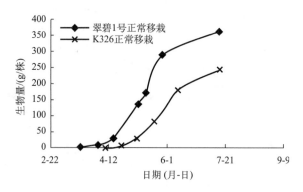

图 6-2　K326 和翠碧 1 号烤烟生物量积累规律（福州，2007）

（二）不同移栽期对烤烟生长发育的影响

移栽期不同导致烤烟生长期间对应的气候条件不同，进而影响到烤烟的生长发育。西南烟区一般在 4 月下旬至 5 月中旬移栽，移栽后温度逐渐上升，8 月后，烤烟成熟采收阶段温度开始下降，太迟移栽容易导致烟叶成熟后期温度偏低，影响烟叶成熟采收，导致上部烟叶质量下降。如图 6-3 所示，常规移栽烤烟团棵期之前干物质积累较慢，旺长期逐渐加快，打顶期到成熟期逐渐平稳；烟株地上部分干物质积累动态均成"慢-快-慢"增长特征；提前移栽烤烟干物质积累量降低，延迟移栽烤烟团棵期、旺长期生长较慢，45d 后烤烟干物质迅速积累，使积累量大于提前移栽和正常移栽。

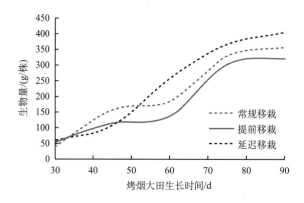

图 6-3　不同移栽期对烤烟干物质累积的影响

福建清香型烤烟产区因种植不同类型的烤烟，移栽期较长，一般在 1 月下旬至 3 月中旬移栽。李文卿等（2013）研究显示，福建烤烟移栽后表现为气温不断上升，光照不断增强。研究表明，福建烤烟大田生育期内的温度和太阳总辐射强度均随生育期的推迟表现为直线上升，相关关系达极显著水平；每推迟一个移栽期（15～20d），烟株相同生育期内的气温平均升高 1.7～2.6℃，太阳总辐射平均提高 21～34W/m²。因此，福建翠碧 1 号烟株株高增高，茎围和节距增大，叶面积增加；同时，烟株整个生育期明显缩短，且生育期的缩短主要表现为伸根期的缩短，但当翠碧 1 号移栽时间推迟到 3 月后，其成熟采收时间也明显缩短，这主要是后期高温、高湿天气导致烟叶逼熟、假熟。

（三）氮肥施用对烤烟生长发育的影响

施肥措施对烤烟生长发育影响明显，特别是氮肥的施用对烤烟生长的影响最大。福建三明产区 K326 烟株地上部生物量积累从移栽后 35d 开始呈直线上升，到移栽 84d 后逐渐趋于稳定；施氮的两个处理干物质积累规律基本相似，但 84d 后施氮量为 127.5kg/hm² 处理烟株地上部生物量明显高于 102kg/hm² 处理；但施氮的两个处理生物量均显著高于不施氮处理，这个差异从移栽后 35d，烟株进入旺长期后就开始明显表现（图 6-4）。

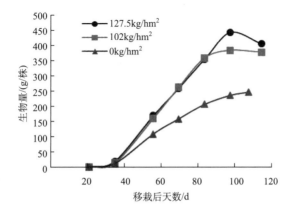

图 6-4 不同施氮水平对烤烟生物量积累的影响（三明，2002）

随施氮量的增加，烟株生育期表现为明显推迟，施氮量从 0kg/hm² 上升到 136.5kg/hm²，翠碧 1 号生育期从 125d 上升到 147d（表 6-1）。因此，认为施氮量的增加大大延长了烤烟生育期。施氮量的改变影响烟株的生育期长短，这也导致了烟株生长期间对应的气候条件产生差异，进而影响烟叶的风格。另外，施氮量的增加还大大促进了烟株的生长，随施氮量的增加，烟株株形从塔形过渡到腰鼓形，再过渡到筒形（表 6-1）。

表 6-1 不同施氮量对烟株大田生育期的影响（张建忠等，2011）

施氮量/（kg/hm²）	移栽期	团棵期	初花期	打顶日期	脚叶成熟	顶叶成熟	大田生育期/d	株形
136.5	2 月 7 日	4 月 7 日	5 月 3 日	5 月 10 日	5 月 15 日	7 月 2 日	147	筒形
117.0	2 月 7 日	4 月 5 日	5 月 2 日	5 月 10 日	5 月 15 日	7 月 1 日	146	筒形
97.5	2 月 7 日	4 月 4 日	4 月 30 日	5 月 7 日	5 月 13 日	6 月 27 日	142	腰鼓形
78.0	2 月 7 日	4 月 7 日	4 月 30 日	5 月 8 日	5 月 11 日	6 月 23 日	138	腰鼓形
58.5	2 月 7 日	4 月 5 日	4 月 30 日	5 月 5 日	5 月 10 日	6 月 20 日	135	塔形
0	2 月 7 日	4 月 16 日	5 月 4 日	5 月 5 日	5 月 7 日	6 月 10 日	125	塔形

二、烟叶氮素积累与分配特征

（一）烤烟氮素积累

在正交试验平衡设计下，不同因素造成的差异表现为移栽期＞施肥＞品种。在施肥和品种的影响下，随着移栽期的推迟，烟叶氮素积累量增加；积累差异主要体现在 90～105d，这一时期 4 月 20 日移栽（T2）的烟株和 4 月 30 日移栽（T1）的烟株大部分呈下降趋势，而 5 月 10 日移栽（T3）的烟株氮素含量出现升高趋势，且升幅度较大，延迟移栽造成了烟叶的二次氮素吸收。在移栽期和品种影响下，不同施氮量下烟叶氮素积累总体特征相近，不同时期移栽烤烟对氮素的反应不同，常规移栽下烟叶氮素积累量受施氮量的影响较大，圆顶期烟叶氮素积累量随着施氮量增加而增加；提前移栽和延迟移栽，圆顶期烤烟以常规施氮处理烟叶氮素累积量最高。在移栽期和施肥的双重影响下，不同品种烤烟圆顶期氮素累积量平均表现为 V3＞V1＞V2；在同一移栽期下，烟叶氮素积累趋势基本一致；提前移栽条件下，不同品种烤烟圆顶期氮素累积量平均表现为 V1＞V3＞V2；常规移栽条件下，不同品种烤烟圆顶期氮素累积量平均表现为 V3＞V2＞V1；延迟移栽下，不同品种烤烟圆顶期氮素累积量平均表现为 V3＞V1＞V2（图 6-5）。

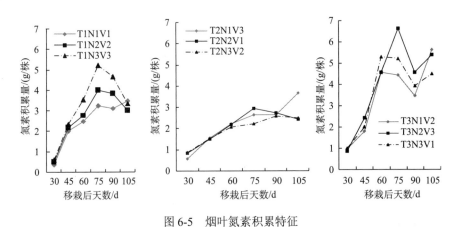

图 6-5　烟叶氮素积累特征

T.移栽时间（T2 为 4 月 20 日，T1 为 4 月 30 日，T3 为 5 月 10 日）；N.施氮量（N1、N2、N3 分别为 75kg/hm^2、90kg/hm^2、

105kg/hm^2）；V.品种（V1、V2、V3 分别为 K326、云 87、NC71）

（二）不同处理烤烟成熟期氮素分配分析

成熟期的氮素总量和分配量与打顶期相似，以移栽期为主要影响因素，4 月 20 日移栽（T2）的烟株总氮含量最低，其他两处理差异不明显，相同移栽时间下，施氮量为 90kg/hm^2 时，总氮含量较高。总体氮素分配量多少顺序为茎＞上部叶＞中部叶＞下部叶＞根，与打顶期的分配略有差异，中部叶和下部叶的氮素分配量不断减少，上部叶的氮素含量不断升高，最终以上部叶的氮素含量最高，为处理 T1N3V3，含量为 1.86g（图 6-6）。

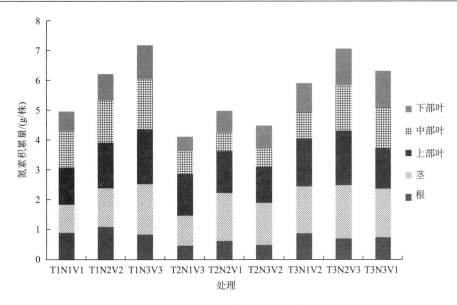

图 6-6　烤烟成熟期氮素分配特征

T. 移栽时间（T2 为 4 月 20 日，T1 为 4 月 30 日，T3 为 5 月 10 日）；N. 施氮量（N1、N2、N3 分别为 75kg/hm²、90kg/hm²、

105kg/hm²）；V. 品种（V1、V2、V3 分别为 K326、云 87、NC71）

三、烤烟成熟期农艺性状

　　圆顶期是决定烟叶产量及品质的关键时期，其农艺性状可以作为衡量移栽期与施氮量及品种互作效应的一个重要参数。移栽期、施肥、品种相互作用下，株高主要受施氮量的影响，烟株高度与施氮量呈正相关，在不同移栽期下均表现了相同氮肥反应。茎围主要受移栽期的影响，延迟移栽烤烟的茎围最大，其次为正常移栽，提前移栽烤烟茎围最小，即随着烤烟移栽时间的推迟烟株茎围越粗；施肥、品种对茎围的影响则较小。最大叶面积也主要受移栽期的影响，与常规移栽相比，提前移栽最大叶面积减小，延迟移栽使最大叶面积显著增大；由于不同移栽期下最大叶面积对氮素的反应不同，常规移栽下烤烟最大叶面积表现为 N3＞N1＞N2，提前移栽烤烟最大叶面积表现为 N3＞N2＞N1，延迟移栽烤烟最大叶面积表现为 N2＞N1＞N3，不同氮处理烤烟烟叶最大叶面积差异较小，总体随着施氮量的增加，最大叶面积增加。有效叶片数也与烤烟移栽时间密切相关，以常规移栽下有效叶片数最多，提前移栽和延迟移栽均降低了有效叶片数。施用氮肥则能够增加有效叶片数（表 6-2）。

表 6-2　不同处理烟草成熟期农艺性状分析

处理	株高	茎围	最大叶面积	有效叶片数
1（T1N1V1）	114.8	9.1	1549.6	23.0
2（T1N2V2）	122.7	9.2	1490.7	23.3
3（T1N3V3）	124.1	9.4	1642.5	24.3

续表

处理		株高	茎围	最大叶面积	有效叶片数
4（T2N1V3）		119.2	9.0	1521.1	21.7
5（T2N2V1）		125.2	8.8	1523.2	23.3
6（T2N3V2）		128.0	8.6	1549.9	22.0
7（T3N1V2）		119.8	9.7	1866.7	21.0
8（T3N2V3）		120.0	9.7	1907.2	20.3
9（T3N3V1）		122.0	9.6	1822.7	21.0
移栽期	T1	120.53	9.23	1560.93	23.53
	T2	124.13	8.80	1531.40	22.33
	T3	120.60	9.67	1865.53	20.77
施氮量	N1	117.93	9.27	1645.80	21.90
	N2	122.63	9.23	1640.37	22.30
	N3	124.70	9.20	1671.70	22.43
品种	V1	120.67	9.17	1631.83	22.43
	V2	123.50	9.17	1635.77	22.10
	V3	121.10	9.37	1690.27	22.10
极差	T	3.60	0.87	334.13	2.77
	N	6.77	0.07	31.33	0.53
	V	2.83	0.20	58.43	0.33

第二节　栽培措施和品种对烤烟致香成分影响

烟叶致香成分是影响烟叶香型的物质基础。不同香型烟叶中致香物质存在差异。研究认为，南方清香型烟叶中含有较高的西柏三烯类降解产物和糠醛类化合物，北方浓香型烟叶中含有较高的芳香族氨基酸代谢产物和乙酰吡咯（周冀衡等，2004）。品种和栽培措施的不同对烟叶致香成分会产生明显影响。

一、不同烤烟品种致香成分差异

不同烤烟品种特性不同可能导致烤后烟叶致香成分产生明显差异（图 6-7）。云南省烤烟品种 K326 的总糖和石油醚提取物含量较高，多酚和类胡萝卜素含量较低；云烟87 总糖、石油醚提取物及多酚含量低于 K326，类胡萝卜素含量最高；NC71 总糖含最低，但石油醚提取物、多酚含量最高，类胡萝卜素含量仅次于云烟87。

福建翠碧 1 号和 K326 两个主栽品种致香成分存在明显差异，K326 烤后烟叶苯丙氨酸降解物、类胡萝卜素降解物、美拉德反应产物、碱性致香物质和难挥发酸含量均明显高于翠碧 1 号，但翠碧 1 号烤后烟叶挥发酸和多酚含量明显高于 K326 品种（表 6-3）。

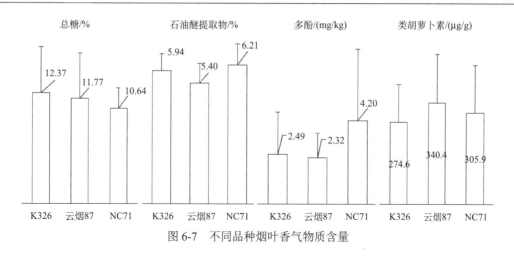

图 6-7　不同品种烟叶香气物质含量

表 6-3　福建不同烤烟品种致香成分差异（福州，2007）

致香物质	翠碧 1 号	K326
苯丙氨酸降解物/（μg/g）	8.132	15.939
类胡萝卜素降解物/（μg/g）	21.476	28.284
美拉德反应产物/（μg/g）	10.621	14.325
碱性致香物质/（μg/g）	5.554	8.664
挥发酸/（μg/g）	1788.22	1546.25
难挥发酸/（mg/kg）	56.23	77.47
多酚/（mg/kg）	34.40	24.86

二、不同移栽期对烤烟致香成分的影响

移栽期的不同主要影响烤烟生长期间对应的光温条件不同，进而导致烟叶致香成分差异（图 6-8）。与常规移栽相比，提前移栽使烤烟总糖含量显著提高，石油醚提取物增加，多酚和类胡萝卜素含量下降；延迟移栽使烟叶总糖含量显著降低，石油醚提取物含量减少，多酚及类胡萝卜素含量略有下降。

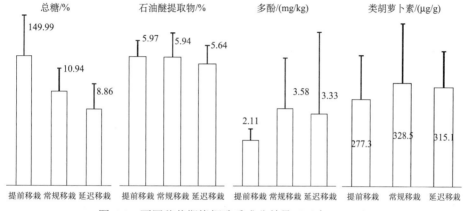

图 6-8　不同移栽期烤烟致香成分差异（云南，2012）

2007 年，在福建福州的试验研究表明，翠碧 1 号移栽期从 2 月 5 日推迟至 3 月 12 日，烤后烟叶中苯丙氨酸降解物、类胡萝卜素降解物、美拉德反应产物、碱性致香物质和难挥发酸含量明显升高，挥发酸含量明显降低，多酚含量差异不大（表 6-4）。

表 6-4　不同移栽期对翠碧 1 号烤烟致香成分的影响（福州，2007）

致香物质	2 月 5 日移栽	3 月 12 日移栽
苯丙氨酸降解物/（μg/g）	8.132	14.272
类胡萝卜素降解物/（μg/g）	21.476	26.633
美拉德反应产物/（μg/g）	10.621	12.932
碱性致香物质/（μg/g）	5.554	6.617
挥发酸/（μg/g）	1788.22	1693.35
难挥发酸/（mg/kg）	56.23	63.10
多酚/（mg/kg）	34.40	35.50

三、不同施氮量对烤烟致香成分的影响

施氮量的不同直接影响烤后烟叶致香成分含量（图 6-9）。与常规施氮量相比，减量施氮使成熟期烟叶总糖、多酚及类胡萝卜素含量下降，对石油醚提取物的影响不大；增量施氮使烟叶总糖和多酚含量下降，使烟叶石油醚提取物和类胡萝卜素含量升高。常规施氮条件下烟叶总糖和多酚含量最高，石油醚提取物含量最低。

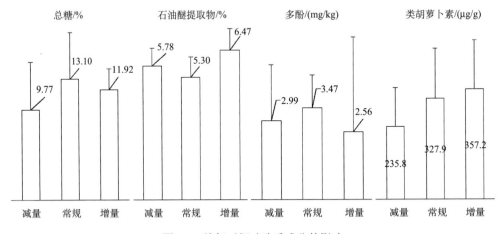

图 6-9　施氮对烟叶致香成分的影响

翠碧 1 号烤烟烤后烟叶苯丙氨酸降解物、类胡萝卜素降解物、美拉德反应产物、茄酮、挥发酸、难挥发酸和多酚等致香物质含量有明显上升的趋势；且这些致香物质含量与施氮量之间表现为显著或极显著的二次曲线相关关系；碱性致香物质含量与施氮量之间没有明显的规律性变化（表 6-5，表 6-6）。施氮量对烤后烟叶致香成分的影响除了氮素营养本身的影响外，还可能通过延长了烤烟生育期，导致烟株生长期间对应光温等气

候不同，间接影响烟叶的致香成分。

表 6-5　不同施氮量对翠碧 1 号烤烟致香成分的影响（福州，2008）

致香物质	施氮量/（kg/hm²）				
	0	58.5	78	97.5	117
苯丙氨酸降解物/（μg/g）	8.9480	7.3071	8.9380	9.5289	14.3039
类胡萝卜素降解物/（μg/g）	6.1707	7.0877	7.7983	8.4575	10.9518
美拉德反应产物/（μg/g）	9.5179	10.2054	11.4000	13.7390	14.0686
茄酮/（μg/g）	5.4491	3.7612	3.8212	4.0458	4.489
碱性致香物质/（μg/g）	1.47	6.14	2.92	4.06	5.78
挥发酸/（μg/g）	667.51	882.01	976.53	1158.15	1047.10
难挥发酸/（mg/kg）	28.61	30.2	36.93	41.45	47.30
多酚/（mg/kg）	29.819	24.696	28.935	33.344	58.226
石油醚提取物/%	3.17	4.10	4.92	4.75	5.57

表 6-6　施氮量与翠碧 1 号烤后烟叶致香成分的相关关系（福州，2008）

致香物质	相关方程	相关系数
苯丙氨酸降解物/（μg/g）	$y = 0.0012x^2 - 0.1046x + 9.0139$	$r^2 = 0.9366^{**}$
类胡萝卜素降解物/（μg/g）	$y = 0.0005x^2 - 0.0177x + 6.302$	$r^2 = 0.962^{**}$
美拉德反应产物/（μg/g）	$y = 0.0004x^2 - 0.004x + 9.9075$	$r^2 = 0.9269^{**}$
茄酮/（μg/g）	$y = 0.0004x^2 - 0.0516x + 5.4519$	$r^2 = 0.9973^{**}$
碱性致香物质/（μg/g）	$y = -0.0002x^2 + 0.0556x + 1.7518$	$r^2 = 0.4644$
挥发酸/（μg/g）	$y = -0.0132x^2 + 5.3421x + 657.75$	$r^2 = 0.8816^{*}$
难挥发酸/（mg/kg）	$y = 0.0019x^2 - 0.0558x + 28.41$	$r^2 = 0.982^{**}$
多酚/（mg/kg）	$y = 0.0033x^2 - 0.6389x + 58.465$	$r^2 = 0.9863^{**}$
石油醚提取物/%	$y = 0.00003x^2 + 0.0161x + 3.1662$	$r^2 = 0.9403$

注："*"表示差异显著水平（$P<0.05$）；"**"表示差异极显著水平（$P<0.01$）

四、栽培措施与品种对烤烟致香物质动态变化的影响

1. 移栽期与施氮量对不同品种烤烟生长过程中糖类物质的影响

糖类物质在调制醇化过程中会发生美拉德反应，形成大量大分子棕色化物质和具有烟草特征香味的挥发性化合物；另外，还原糖降解可产生有机酸，烟燃烧时还原糖热解物质中的 CO_2 能溶于水形成碳酸，使烟气呈酸性。总糖含量随移栽时间不同呈现不同的积累趋势，而不同的施氮量和不同品种对其积累变化没有明显规律性。其中 4 月 30 日移栽（T1）的烟株总糖含量积累趋势是逐步升高的，到 105d 时到达到最大值，30～45d 积累量较少，45d 之后都有较高的积累；4 月 20 日移栽（T2）的烟株前期积累量较显，在 75d 时出现积累最大值，之后逐渐下降，并且 75d 的最大积累量超过其他 6 个处理的最大

积累量，之后急剧下降，到 105d 逐渐升高，并且 3 个处理的积累量基本一致。5 月 10 日移栽的烟株 60d 之前以先慢后快的趋势积累，到 60d 时出现最大值，之后到 75d 逐渐下降，然后逐渐升高，一直到 105d（图 6-10）。总糖含量的最终积累量以处理 T1N1V1 最高。

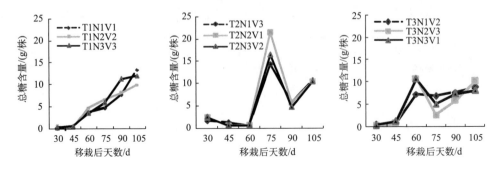

图 6-10   不同处理下烟草总糖积累的动态变化

T. 移栽时间（T2 为 4 月 20 日，T1 为 4 月 30 日，T3 为 5 月 10 日）；N. 施氮量（N1、N2、N3 分别为 75kg/hm²、90kg/hm²、

105kg/hm²）；V. 品种（V1、V2、V3 分别为 K326、云 87、NC71）

还原糖的积累曲线（图 6-11）与总糖的相似，均是移栽时间不同，积累曲线就不同，并且变化趋势也与总糖相同。4 月 30 日（T1）移栽的烟株还原糖积累趋势成逐渐升高的趋势。4 月 20 日（T2）移栽的烟株 60d 之前的积累量较小，甚至有所下降，到 75d 时有积累最大值，之后到 90d 急剧下降，然后逐渐回升，但积累量明显低于 75d 时的积累量，且 3 个处理的变化趋势几乎相同。而 5 月 10 日（T3）移栽的烟株在前 45d 的积累量较小，到 60d 时出现积累最大值，然后到 75d 急剧下降，之后逐渐回升，最终回升到接近积累最大值，但是处理 T3N1V2 在 60d 时的积累量不是其积累最大值，75d 时略有升高，之后小幅度降低后又缓慢升高。9 个处理中，处理 T1N3V3 和处理 T3N3V1 在 90～105d 时有相似的积累趋势，说明施氮量对还原糖的积累有一定的影响。所有处理中，最终还原糖积累量最大的为处理 T1N3V3。

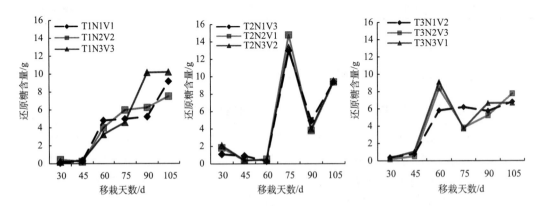

图 6-11   不同处理下烟草还原糖积累的动态变化

T. 移栽时间（T2 为 4 月 20 日，T1 为 4 月 30 日，T3 为 5 月 10 日）；N. 施氮量（N1、N2、N3 分别为 75kg/hm²、90kg/hm²、

105kg/hm²）；V. 品种（V1、V2、V3 分别为 K326、云 87、NC71）

从分析结果（图6-12）可以看出，9个处理中，4月20日（T2）移栽的烟株淀粉积累曲线与其他处理不同，4月30日（T1）和5月10日（T3）移栽的烟株淀粉积累均呈现前期积累较少，60~90d积累较多，之后至105d缓慢积累或不积累。而4月20日移栽的烟株在60d之前积累较少，60~90d积累量急剧升高，之后又出现较大幅度的下降，与相同处理其他糖类同时期的积累趋势相同。同时，从图6-12可以看出，相同移栽时间下，淀粉积累总体较低的处理为T2N1V3、T3N2V3和T1N3V3，均出自同一品种NC71，因此说明品种对淀粉的积累也有一定的影响。淀粉积累量最高的为处理T3N1V2。

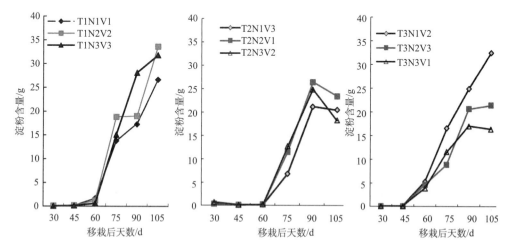

图6-12　不同处理下烟草淀粉积累的动态变化

T. 移栽时间（T2为4月20日，T1为4月30日，T3为5月10日）；N. 施氮量（N1、N2、N3分别为75kg/hm²、90kg/hm²、105kg/hm²）；V. 品种（V1、V2、V3分别为K326、云87、NC71）

移栽时间不同造成了主要气候因子的差异，对主要气候因子与糖类物质进行相关性分析表明（表 6-7），其中总糖含量、还原糖含量随着降雨量、日照时数（包含总日照时数和均日照时数）的降低而升高，而葡萄糖含量只随日照时数（包含总日照时数和均日照时数）的降低而升高，果糖含量仅与降雨量有显著负相关关系，与其他气象因子无明显相关性，而淀粉含量随均日照时数降低而升高，积温越大，淀粉含量越高。结合各糖类积累趋势图（图6-10~图6-12），可以看出4月20日移栽的烟株淀粉含量在90~105d下降可能是由于积温和均日照时数较高引起的；其他糖类的积累趋势差异较大也均由于气象因子综合作用的结果。

表6-7　主要气象因子与糖类的简单相关分析

气象因子	总糖	还原糖	葡萄糖	果糖	淀粉
总降雨量	−0.2877**	−0.2960**	0.2190	0.0837*	−0.2084
总日照时数	−0.2172**	−0.2326**	−0.2494**	−0.0766	−0.1306
均日照时数	−0.2072*	−0.2316**	−0.2171*	−0.0266	−0.1248*
积温	0.0027	0.01335	−0.028	−0.1079	0.1849*

注：**表示 $P<0.01$；*表示 $P<0.05$

2. 移栽期与施氮量对不同品种烤烟生长期多酚含量的影响

烤烟中主要多酚类化合物含量与烟叶的香气、质量及色泽密切相关，是影响烤烟品质的一种重要潜香型物质（Davis and Nielsen，1999）。其中绿原酸、莨菪亭和芸香苷是烟叶中最主要的酚类化合物，这些物质在多酚氧化酶的作用下会聚合为深棕色的"烟草黑色素"。烟草多酚的氧化程度直接影响着烟叶的外观质量和内在品质，高品质烟叶中一般绿原酸和芸香苷的含量较高。

（1）不同处理烤烟生长期绿原酸含量分析

从表 6-8 可以看出，移栽时间、施氮量和品种对绿原酸的含量都有一定影响。其中移栽期对旺长期、打顶期绿原酸的含量有显著影响，贡献率分别达到了 59.0%和 46.1%，旺长期绿原酸较高的是 4 月 30 日移栽的烟株，而打顶期含量较高的是 4 月 20 日移栽的烟株，各时期含量最高值均出现在不同时间移栽的处理，最终成熟期含量最高的是 4 月 30 日移栽的烟株。施氮量对绿原酸含量的影响主要表现在旺长期和成熟期，其中对成熟期的贡献率高达 81.3%，远远高出其他两个影响因子，旺长期含量最高的是施氮量 105kg/hm^2 的烟株，而成熟期含量最高的则出现在施氮量为 75kg/hm^2 的烟株，说明高施氮量对前期烟株中绿原酸的含量有正效应，但并不是一直都有正效应。品种对绿原酸含量的影响主要表现在旺长期和打顶期，其贡献率分别为 36.6%和 29.5%，前期绿原酸含量较高的是 NC71，而成熟时含量较高的是 K326。

表 6-8　不同时期不同处理绿原酸含量分析　　（单位：mg/株）

处理		旺长期	贡献率	现蕾期	贡献率	打顶期	贡献率	成熟期	贡献率
移栽期 T（月-日）	4-30	8.45a		15.77a		53.21b		79.41a	
	4-20	5.61b	59.0%	14.41a	24.9%	251.74a	46.1%	67.56a	17.6%
	5-10	4.34b		8.99a		11.90b		34.21a	
施氮量 N/（kg/hm^2）	75	5.71ab		17.13a		138.41a		123.88a	
	90	4.85b	15.2%	10.35a	38.5%	109.05a	24.4%	27.46b	81.3%
	105	7.84a		11.68a		80.18a		29.83b	
品种 V	K326	5.60ab		15.70a		105.81ab		67.98a	
	云烟87	4.80b	25.8%	8.73a	36.6%	48.61b	29.5%	54.43a	1.1%
	NC71	8.00a		8.66a		181.26a		58.77a	
1（T1N1V1）		6.89b		23.47a		34.79b		158.20a	
2（T1N2V2）		4.96b		8.87a		11.74b		39.88b	
3（T1N3V3）		13.51a		14.96a		113.11b		40.15b	
4（T2N1V3）		6.18b		20.31a		364.27a		128.78a	
5（T2N2V1）		5.27b		13.23a		273.08ab		35.13b	
6（T2N3V2）		5.37b		9.71a		117.89b		38.75b	
7（T3N1V2）		4.06b		7.62a		16.19b		84.65a	
8（T3N2V3）		4.33b		8.96a		27.34b		7.37b	
9（T3N3V1）		4.64b		10.38a		9.56b		10.60b	

注：同列不同小写字母表示差异显著（$P<0.05$）水平

　　9 个处理中，除现蕾期外，其他 3 个时期的绿原酸含量均有不同程度差异。旺长期绿原酸含量最高的为处理 3（T1N3V3），显著高于其他处理；而打顶期绿原酸含量最高的是处理 4（T2N1V3），另外处理 5（T2N2V1）含量也较高；成熟期绿原酸含量最高的是处理 1（T1N1V1），其次是处理 4；现蕾期绿原酸含量较高的是处理 1（T1N1V1）。综合评价绿原酸含量，以处理 4（T2N1V3）最佳。

　　（2）不同处理烤烟生长期莨菪亭含量分析

　　莨菪亭随移栽时间基本呈逐渐增长的趋势（图 6-13）。30～45d 莨菪亭积累量各处理间无明显差异，总体积累量较低；45～60d 9 个处理均呈现增长趋势，其中，处理 T3N2V3、T1N1V1 和 T1N3V3 增加量较大。60～75d 处理间出现了不同的积累趋势，其中 T1N1V1、T1N3V3、T2N3V2 和 T3N2V3 出现了下降趋势，而其他处理则呈现继续增加的趋势；75～90d 所有处理都呈现增加趋势，但增加幅度不相同，处理 T3N2V3、T1N3V3 的升高幅度明显高于其他处理；90～105d 除处理 T3N2V3、T1N3V3 明显下降外，其他处理均持续升高。综合来看，处理 T3N2V3、T1N3V3 的积累趋势与其他处理明显不同，说明了品种对莨菪亭的积累有一定作用，最终莨菪亭积累量最大的数处理 T3N1V2 和 T3N3V1。

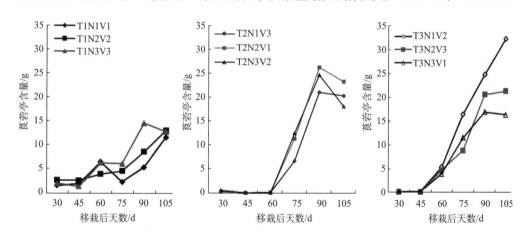

图 6-13　不同处理下烟草莨菪亭积累的动态变化

T. 移栽时间（T2 为 4 月 20 日，T1 为 4 月 30 日，T3 为 5 月 10 日）；N. 施氮量（N1、N2、N3 分别为 75kg/hm²、90kg/hm²、

105kg/hm²）；V. 品种（V1、V2、V3 分别为 K326、云 87、NC71）

　　（3）不同处理烤烟生长期芸香苷含量分析

　　从表 6-9 分析可得，总体评价各因素对芸香苷含量的贡献程度大小顺序为移栽期＞施氮量＞品种。移栽期对旺长期、现蕾期、打顶期的芸香苷含量有显著影响，贡献率分别为 77%、63% 和 94.8%。其中不同移栽时间下旺长期的芸香苷含量有极显著差异，含量较高的是 5 月 10 日移栽的烟株；现蕾期芸香苷含量较高的也是 5 月 10 日移栽的烟株，含量最低的是 4 月 30 日移栽的烟株；打顶期 4 月 20 日移栽的烟株芸香苷含量显著高于其他两个处理，含量高达 246.38mg，而 5 月 10 日移栽的烟株芸香苷含量仅 28.54，只有 4 月 20 日移栽烟株芸香苷含量的 11.64%；而成熟期不同移栽时间下的芸香苷含量虽然没有明显差异，但是差距也较大。施氮量对芸香苷含量的影响主要体现在成熟期，贡献

率为 51%，成熟期芸香苷含量最高的是 4 月 30 日移栽的烟株。品种对芸香苷含量的影响在不同生长时期均不明显，对各时期的芸香苷的贡献率较小。

不同处理芸香苷含量的差异主要在旺长期、打顶期和成熟期。其中旺长期芸香苷含量最高的是处理 7（T3N1V2）；现蕾期芸香苷含量最高的是处理 9（T3N3V1）；打顶期芸香苷含量最高的是处理 5（T2N2V1），其次较高的有处理 4（T2N1V3），而成熟期芸香苷含量最高的是处理 1（T1N1V1），其次较高的为 4（T2N1V3）（表 6-9）。

表 6-9　不同时期不同处理芸香苷含量分析　　　　　（单位：mg/株）

处理		旺长期	贡献率	现蕾期	贡献率	打顶期	贡献率	成熟期	贡献率
移栽期 T（月-日）	4-30	10.58b		25.45b		75.32b		112.76a	
	4-20	4.95c	77.4%	29.85ab	63.0%	246.38a	94.8%	102.03a	38.4%
	5-10	16.30a		43.24a		28.54b		52.85a	
施氮量 N/（kg/hm²）	75	11.20a		35.71a		122.98a		132.21a	
	90	8.42a	20.1%	25.91a	31.5%	131.94a	1.3%	78.81ab	51.0%
	105	12.20a		36.91a		106.82a		56.63b	
品种 V	K326	10.45a		34.49a		123.84a		104.61a	
	云烟 87	11.32a	2.5%	33.88a	5.5%	99.28a	3.9%	88.76a	10.6%
	NC71	10.05a		30.16a		139.45a		74.27a	
1（T1N1V1）		9.67b		30.64a		65.75b		174.77a	
2（T1N2V2）		8.75b		20.00a		55.20b		92.58ab	
3（T1N3V3）		13.33ab		25.70a		105.03b		70.93b	
4（T2N1V3）		4.63b		30.48a		256.63a		120.76ab	
5（T2N2V1）		4.31b		23.43a		286.43a		112.72ab	
6（T2N3V2）		5.90ab		35.64a		196.09ab		72.62b	
7（T3N1V2）		19.31a		46.01a		46.55b		101.09ab	
8（T3N2V3）		12.20ab		34.29a		22.67b		31.14b	
9（T3N3V1）		17.39a		49.40a		19.34b		26.34b	

注：同列不同小写字母表示差异显著（$P<0.05$）水平

（4）不同处理烤烟生长期多酚含量分析

对不同时期多酚含量进行方差分析（表 6-10）得到，三因素对多酚含量的贡献程度为施氮量＞移栽期＞品种。施氮量对旺长期和成熟期的多酚含量都有显著影响，对旺长期、现蕾期和成熟期都有高于其他两因素的贡献率，分别为 54.4%、53.7%、61.3%。而移栽期只对打顶期的多酚含量有影响，其贡献率高达 81.8%，显著高于其他两个因素。品种对多酚含量的影响不明显，贡献率也都较低。三个移栽时间中，最终以 4 月 30 日移栽的烟株有最高多酚含量。施氮量最高的处理在旺长期和现蕾期都有较高的多酚含量，但到成熟期则是最低施氮量即 75kg/hm² 有最高的多酚含量。

各处理间除现蕾期的多酚含量无明显差异，其他时期均有明显差异。旺长期多酚含量最高的处理为 3（T1N3V3），与其他处理的差异极显著；现蕾期和打顶期多酚含量最高的均为处理 4（T2N1V3），成熟期多酚含量最高的则是处理 1（T1N1V1），其次是处理 4（T2N1V3）。

表 6-10　不同时期不同处理多酚含量分析　　（单位：mg/株）

处理		旺长期	贡献率	现蕾期	贡献率	打顶期	贡献率	成熟期	贡献率
移栽期 T（月-日）	4-30	45.60a		79.28a		173.3b		268.27a	
	4-20	38.20a	39.3%	79.65a	7.5%	601.3a	81.8%	208.20a	30.6%
	5-10	35.57a		79.89a		76.0b		132.00a	
施氮量 N/（kg/hm²）	75	39.03ab		88.40a		314.1a		335.51a	
	90	33.86b	54.4%	68.15a	53.7%	318.0a	2.9%	155.28b	61.3%
	105	46.46a		88.40a		245.5a		117.68b	
品种 V	K326	39.82a		81.59a		304.1a		238.96a	
	云烟 87	37.82a	6.4%	70.03a	38.8%	188.9a	15.3%	190.01a	8.1%
	NC71	41.72a		87.19a		392.8a		179.50a	
1（T1N1V1）		39.60b		91.64a		138.9b		460.11a	
2（T1N2V2）		35.37b		56.10a		96.4b		188.97b	
3（T1N3V3）		61.82a		90.10a		284.5b		155.73b	
4（T2N1V3）		37.03b		93.88a		716.2a		298.61a	
5（T2N2V1）		39.93b		70.74a		704.7a		192.72b	
6（T2N3V2）		37.63b		74.31a		383.1ab		133.25b	
7（T3N1V2）		40.47b		79.68a		87.1b		247.81b	
8（T3N2V3）		26.30b		77.59a		99.7b		84.13b	
9（T3N3V1）		39.93b		82.39a		68.7b		64.06b	

注：同列不同小写字母表示差异显著（P<0.05）水平

3. 移栽期与施氮量对不同品种烤烟生长期类胡萝卜素的影响

类胡萝卜素是植物光合作用时吸收光能和防止光（蓝紫光、紫外光）氧化的主要质体色素，Roberts 和 Rohde（1972）等研究指出，烟叶的香味与类胡萝卜素成反比，即如果类胡萝卜素在调制醇化中不分解，则烟叶的香味不足。类胡萝卜素是烟草中最重要的四萜类化合物，主要包括胡萝卜素和叶黄素，前者为黄色，后后者为橙色。在烟叶成熟、调制和醇化过程中，类胡萝卜素不断降解转化，可产生一大类的挥发性芳香化合物，其中很多是烟草中关键的致香成分，它们对卷烟吸食品质有重要影响。

（1）不同处理烤烟生长期 β-胡萝卜素含量分析

β-胡萝卜素的积累（图 6-14）主要受移栽期的影响，即气候因素的影响，各处理在不同的移栽期内有着不同的积累趋势。4 月 30 日（T1）移栽的烟株 β-胡萝卜素的积累趋势为升高-降低-升高-降低的趋势，在 60d 和 90d 时达到峰值，90d 的峰值比 60d 时高。而 4 月 20 日（T2）移栽的烟株其含量的积累趋势为降低-升高-降低-升高的趋势，75d 有一次峰值。5 月 10 日（T3）移栽的烟株 β-胡萝卜素积累趋势为升高-降低-不变（缓慢升高），只有 60d 有一次峰值,且为生长期的最大值。另外,从图 6-14 可以看出,同一移栽期各时期总体积累量都比较高的处理为 T1N2V2、T2N3V2 和 T3N1V2,因此可以看出云烟 87 品种在 β-胡萝卜素积累上的优势,也说明了品种对 β-胡萝卜素含量有一定影响。最终 β-胡萝卜素积累量最高的是处理 T3N2V3,另外 T3N1V2 和 T1N2V2 也有较高的积累值。

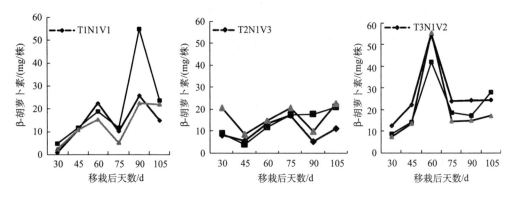

图 6-14　不同处理下烟草 β-胡萝卜素积累的动态变化

（2）不同处理对烤烟生长期叶黄素的含量的影响

从图 6-15 分析可得,叶黄素的积累与 β-胡萝卜素一样,都是受移栽期的影响呈现不同的积累趋势。4 月 30 日移栽的烟株的积累趋势为升高-降低-升高-降低,在 45d 和 90d 时出现峰值,90d 的峰值为最大值。4 月 20 日移栽烟株叶黄素的积累趋势为升高-降低-升高-降低,峰值出现在 45d 和 75d,且两峰值的叶黄素含量相近。5 月 10 日移栽的烟株叶黄素积累是升高-降低的趋势,60d 时有峰值,也是最大值。同一移栽时间下最终的叶黄素积累量最高值均出现在 105kg/hm² 的施氮水平上,说明施氮量对叶黄素的积累有一定影响。最终叶黄素积累量最大值出现在处理 T1N3V3。

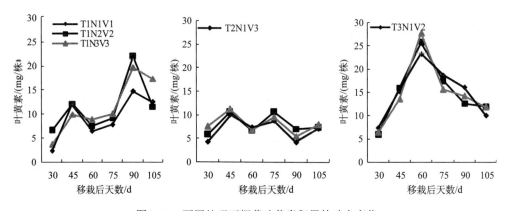

图 6-15　不同处理下烟草叶黄素积累的动态变化

4. 移栽期与施氮量对不同品种烤烟生长期石油醚提取物含量的影响

烟叶的石油醚提取物主要包括树脂、挥发油、油脂、脂肪酸、蜡质、甾醇、类脂物、色素等（史志宏，1998；王瑞新，2003），在烟叶的成熟、调制、燃吸等过程中，经过一系列的分解转化，形成致香物质，进而产生香气。由表 6-11 分析可以看出，石油醚提取物的含量随烟株的生长呈逐渐升高的趋势，各因素对石油醚提取物含量的贡献程度为移栽期＞施氮量＞品种，其中移栽期对石油醚提取物的贡献率为 36.0%～64.7%，影响远远超过另外两个因素。移栽期对旺长期、现蕾期和成熟期的石油醚提取物均有显著影响，贡献率都超过 50%，现蕾期不同时间移栽的烟株石油醚提取物含量间有极显著差异。旺长期石油醚提取物含量最高的是 4 月 30 日移栽的烟株，而现蕾期、打顶期、成熟期含量最高的为 5 月 10 日移栽的烟株。施氮量和品种对各时期的石油醚提取物含量无显著影响，施氮量对打顶期的石油醚提取物含量有最大贡献率（40.1%），但与移栽期的贡献率相近，品种的贡献率均较低。

表 6-11　不同时期不同处理石油醚提取物含量分析　　　（单位：g/株）

处理		旺长期	贡献率	现蕾期	贡献率	打顶期	贡献率	成熟期	贡献率
移栽期 T（月-日）	4-30	1.81a		3.21b		4.76a		5.53a	
	4-20	1.53b	55.5%	2.41c	64.7%	4.04a	36.0%	3.67b	63.2%
	5-10	1.59ab		4.69a		5.03a		5.59a	
施氮量 N/（kg/hm²）	75	1.70a		3.12a		4.05a		4.18a	
	90	1.67a	12.3%	3.44a	15.8%	5.14a	40.1%	5.54a	16.2%
	105	1.58a		3.74a		4.65a		5.07a	
品种 V	K326	1.55a		3.27a		4.47a		4.88a	
	云烟 87	1.76a	32.2%	3.24a	19.5%	4.32a	23.9%	4.40a	20.6%
	NC71	1.64a		3.79a		5.03a		5.51a	
1（T1N1V1）		1.89a		2.49b		4.06b		4.47ab	
2（T1N2V2）		1.94a		3.02b		4.64ab		5.43ab	
3（T1N3V3）		1.61ab		4.12ab		5.57ab		6.69a	
4（T2N1V3）		1.57ab		2.44b		3.56b		3.32b	
5（T2N2V1）		1.33b		2.50ab		4.78ab		4.67ab	
6（T2N3V2）		1.70ab		2.29b		3.79b		3.01b	
7（T3N1V2）		1.63ab		4.43a		4.52b		4.76ab	
8（T3N2V3）		1.74ab		4.80a		6.61a		6.51a	
9（T3N3V1）		1.42b		4.82a		4.59b		5.51a	

注：同列不同小写字母表示差异显著（$P<0.05$）水平

不同处理各时期的石油醚提取物含量均有显著差异。旺长期含量最高的为处理 2（T1N2V2），处理 1（T1N2V1）的含量也较高，与处理 2 无明显差异；现蕾期含量最高的为处理 9（T3N3V1），处理 8（T3N2V3）的含量与处理 9 的相近，水平也较高；打顶期石油醚提取物含量较高的是处理 8，成熟期石油醚提取物含量最高出现在处理 3（T1N3V3），另外处理 8 的含量也很高。

5. 移栽期与施氮量对不同品种烤烟生长期烟碱含量的影响

生物碱是烟草的重要成分, 其中的烟碱能够刺激人的神经系统, 使人兴奋。内在质量好的烟叶含有适量的烟碱, 具有适当的生理强度和优美的香气与吃味; 如果烟碱含量过低, 烟叶在吸食时劲头不足、吃味平淡; 若烟碱含量过量, 则劲头大、刺激性强、吃味辛辣。烟叶烟碱含量受生态、栽培、品种等多种因素影响。烤烟中部叶烟碱含量随烟株的生长呈不断增长趋势 (表 6-12), 不同生长时期烟碱含量受各因素影响的程度顺序为移栽期>品种>施氮量, 移栽期的贡献率为 40.3%~81.7%, 明显高于另外两个因素的贡献率。移栽期对现蕾期、打顶期和成熟期的烟碱含量都有显著影响; 施氮量值对打顶期的烟碱含量有显著影响, 贡献率为 28.8%; 品种对成熟期烟碱含量有显著影响, 贡献率为 31.3%。云南峨山的试验研究显示, 5 月 10 日移栽的烟株烟碱含量在现蕾期、打顶期和成熟期都有最高值, 而旺长期的最高值则是 4 月 30 日移栽的烟株; 施氮量($90kg/hm^2$) 较高的烟株打顶期含量是最高的, 而其他时期差异不明显。NC71 品种成熟期的烟碱含量显著高于其他两个品种。不同处理间烟碱含量在现蕾期、打顶期和成熟期有显著差异, 旺长期差异不显著, 所有生长时期烟碱含量都较高的是处理 8 (T3N2V3)。旺长期和打顶期烟碱含量最高的为处理 8(T3N2V3), 现蕾期的处理 7(T3N1V2)、处理 8(T3N2V3)、处理 9(T3N3V1)烟碱含量显著高于其他处理, 成熟期烟碱含量最高的为处理 3(T1N3V3)。

表 6-12 不同时期不同处理烟碱含量分析　　　　　　（单位: g/株）

处理		旺长期	贡献率	现蕾期	贡献率	打顶期	贡献率	成熟期	贡献率
移栽期 T（月-日）	4-30	0.20a		0.34b		1.12a		1.42ab	
	4-20	0.16a	61.5%	0.22b	81.7%	0.54b	46.3%	0.85b	40.3%
	5-10	0.19a		0.76a		1.50a		1.62a	
施氮量 N/ (kg/hm²)	75	0.19a		0.41a		0.81b		0.92a	
	90	0.18a	10.2%	0.41a	7.7%	1.36a	28.8%	1.43a	28.4%
	105	0.17a		0.50a		0.98ab		1.54a	
品种 V	K326	0.17a		0.43a		0.89a		1.08b	
	云烟 87	0.17a	22.3%	0.42a	10.6%	0.94a	24.9%	1.07b	31.3%
	NC71	0.19a		0.47a		1.33a		1.74a	
1（T1N1V1）		0.21a		0.23b		0.73b		0.74b	
2（T1N2V2）		0.18a		0.30b		1.26b		1.15b	
3（T1N3V3）		0.20a		0.48b		1.40b		2.39a	
4（T2N1V3）		0.16a		0.25b		0.52b		0.73b	
5（T2N2V1）		0.15a		0.23b		0.74b		1.04b	
6（T2N3V2）		0.15a		0.20b		0.36b		0.77b	
7（T3N1V2）		0.19a		0.75a		1.19b		1.30ab	
8（T3N2V3）		0.22a		0.69a		2.44a		2.11ab	
9（T3N3V1）		0.16a		0.84a		1.19b		1.45ab	

注: 同列不同小写字母表示差异显著 ($P < 0.05$) 水平

第三节　栽培措施和品种对烟叶化学成分的影响

烟叶的化学成分一般分为两类：一类是有机化合物，如糖、淀粉、总氮、总挥发碱、蛋白质、有机酸、色素等；另一类为无机化合物，如氯、钾、磷、钙等。经过烟草化学家的多年探索，总结出了两类评价烟草化学品质指标，一类是主要化学成分指标，另一类是利用化学成分之间的相互关系作为评价指标。一般的化学成分指标主要有烟碱、总氮、总糖、还原糖、钾、氯、淀粉等，而相互关系指标主要有糖碱比、氮碱比、钾氯比、施木克值等。杜咏梅等（2000）等研究认为，烟叶吃味好坏主要受到烟碱、还原糖的制约。

一、不同移栽期对烟叶化学成分的影响

随着移栽期推迟，C_3F 烟碱、总氮、钾含量均降低，淀粉含量显著增加；适当的播种期、移栽期使得烟叶化学成分协调，有利于提高烟叶内在品质（谭子笛等，2012）。荐春晖等（2012）研究发现，随移栽期推迟，烟叶总氮、钾含量先升后降，总烟碱含量逐渐上升，总糖、还原糖含量呈先降后升趋势，氯含量变化不明显。胡钟胜等（2012）认为，随移栽期推迟，烤烟总糖、还原糖、氯、钾含量均先升后降，总氮含量先降后升，烟碱含量呈下降趋势，但其他指标变化趋势不明显，以 4 月 30 日、5 月 10 日处理化学成分协调，烟叶内在品质较高。陈永明等（2010）研究表明，随移栽期推迟，烤烟还原糖含量呈上升趋势，烟碱含量则呈下降趋势。不同移栽期对烤烟还原糖、总糖、总氮影响较小，对烟碱、致香物质含量影响较大，随移栽期推迟，各处理间石油醚提取物含量均先升高后降低（齐飞等，2011）。在云南的田间试验研究显示（表 6-13），提前移栽使烟叶总糖、烟碱、钾、淀粉含量降低，使烟叶总氮、还原糖、糖碱比、氮碱比增加；延迟移栽使烟叶总糖、还原糖、淀粉、糖碱比降低，使烟叶烟碱、总氮、钾、氮碱比升高。

表 6-13　移栽期对 C_3F 烟叶化学成分的影响

	总糖/%	烟碱/%	总氮/%	还原糖/%	钾/%	淀粉/%	还原糖/烟碱	氮碱比
4 月 30 日	41.95a	2.87ab	1.93b	25.44a	1.83b	2.97a	9.88a	0.67a
4 月 20 日	37.67b	2.53b	1.96b	26.23a	1.68b	2.41a	11.60a	0.78a
5 月 10 日	37.58b	2.98a	2.39a	19.56b	2.14a	2.67a	7.03b	0.80a

注：同列不同小写字母表示差异显著（$P<0.05$）水平

在福州的试验研究表明（表 6-14），随移栽期的推迟，翠碧 1 号烤后烟叶相同等级的烟碱和总氮表现为下降的趋势；不同移栽期对烤后烟叶总糖、还原糖和钾含量的影响没有表现出规律性变化。随移栽期的推迟，烤后相同等级烟叶的还原糖/烟碱值和总氮/烟碱值表现为上升的趋势，对两糖比的影响没有表现出规律性变化。不同处理烤后不同等级烟叶的各项化学成分指标均较符合优质烟要求；但从烟叶的还原糖/烟碱值看，1 月

15 日和 2 月 1 日移栽处理更符合优质烟要求，而 2 月 15 日和 3 月 8 日移栽处理的 C_3F 和 X_2F 等级的还原糖/烟碱值略偏高。这可能是烟碱主要在打顶后大量合成，推迟移栽后，烟株从打顶到采收结束时间较短，合成积累的烟碱相对较少；另外，移栽期推迟后，烟株移栽大田后气温较高，烟株生长速度较快，叶面积显著增加，一定程度上对烟碱浓度起到稀释作用。

表 6-14　不同移栽期对翠碧 1 号烤后烟叶化学成分的影响（李文卿等，2013）

处理	等级	烟碱/%	总糖/%	还原糖/%	总氮/%	钾/%	还原糖/烟碱	两糖比	氮碱比
	B_2F	3.34	29.35	23.39	2.25	2.49	7.02	0.80	0.67
1 月 15 日	C_3F	2.80	31.54	26.04	2.01	2.54	9.36	0.83	0.72
	X_2F	1.99	33.58	28.33	2.01	2.97	14.36	0.84	1.01
	B_2F	3.15	29.49	24.60	2.16	2.27	7.87	0.83	0.69
2 月 1 日	C_3F	2.60	32.16	25.65	1.97	2.55	9.89	0.80	0.75
	X_2F	1.96	33.99	28.92	1.97	2.88	14.76	0.85	1.01
	B_2F	3.10	28.27	23.33	2.17	2.33	7.55	0.82	0.70
2 月 15 日	C_3F	2.03	33.88	26.33	1.70	2.64	12.95	0.78	0.83
	X_2F	1.75	35.10	28.58	1.77	2.94	16.41	0.81	1.02
	B_2F	2.68	28.92	24.51	1.98	2.16	9.31	0.85	0.74
3 月 8 日	C_3F	1.78	34.31	26.99	1.69	2.63	15.28	0.79	0.95
	X_2F	1.63	34.56	27.80	1.76	2.75	17.16	0.80	1.09

二、施氮量对烟叶化学成分的影响

施氮量对烤烟烟叶内的全氮、烟碱、总糖、还原糖、钾等化学物质的含量有显著的影响，在不同研究中，施氮量对烟叶化学成分的影响结果并不完全一致。众多研究表明，一定范围内，随着施氮量的增加，烤烟叶片的 N、P、K、Mn 和烟碱含量增加，Mg、Fe 和还原糖含量下降。但也有研究者指出，施氮水平对烟碱和还原糖浓度没有影响。可见，在不同的生态条件和不同的施氮水平下，总氮浓度、烟碱浓度、还原糖浓度随施氮水平的变化不一定表现出相同的变化趋势。在云南的试验研究显示（表 6-15），烟叶总糖、还原糖、烟碱、总氮随着施氮量的增加而先升高后降低，烟叶钾含量则随着施氮量的增加而降低。

表 6-15　不同施氮量对烤后烟叶内在化学成分的影响

氮/（kg/hm²）	总糖/%	烟碱/%	总氮/%	还原糖/%	钾/%	淀粉/%	糖碱比	氮碱比
75	36.99a	2.50b	1.99a	23.51a	2.04a	2.50a	9.91a	0.78a
90	38.81a	2.94a	2.17a	23.27a	1.83b	3.03a	9.21a	0.75a
105	41.41a	2.89a	2.10a	23.87a	1.72b	2.63a	9.40a	0.74a

注：同列不同小写字母表示差异显著（$P<0.05$）水平

在福建的试验研究显示（表 6-16），随施氮量的增加，翠碧 1 号烤烟相同部位烤后烟叶烟碱和总氮含量表现为明显增加的趋势；总糖和还原糖含量，以及还原糖/烟碱值和总氮/烟碱值表现为明显下降的趋势；钾和氯含量，以及两糖比没有表现出规律性变化。说明施氮量对烤后烟叶内在化学成分烟碱、总氮、总糖和还原糖含量均有明显影响；另外，总糖和还原糖含量，以及还原糖/烟碱值均较高，可能是翠碧 1 号品种特性所决定。

表 6-16　不同施氮量对烤后烟叶内在化学成分的影响（李文卿等，2010）

施氮量/（kg/hm2)	等级	烟碱/%	总糖/%	还原糖/%	总氮/%	钾/%	氯/%	还原糖/烟碱	氮碱比	两糖比	钾氯比
	B_2F	3.63	23.69	19.06	2.65	2.51	0.28	5.24	0.74	0.80	8.98
117.0	C_3F	2.57	33.79	27.84	2.04	2.67	0.20	11.04	0.80	0.82	13.47
	X_2F	2.18	34.13	28.49	2.07	2.74	0.18	13.25	0.96	0.83	15.55
	B_2F	2.93	29.79	24.85	2.12	2.56	0.23	8.58	0.72	0.83	11.54
97.5	C_3F	1.84	39.60	32.26	1.78	2.43	0.12	17.61	0.97	0.81	21.59
	X_2F	1.64	38.81	32.00	1.80	2.63	0.18	19.56	1.10	0.82	14.81
	B_2F	2.20	33.80	28.58	1.89	2.46	0.18	13.07	0.86	0.85	14.16
78.0	C_3F	1.54	38.08	31.19	1.73	2.63	0.13	20.41	1.13	0.82	20.30
	X_2F	1.12	38.16	31.54	1.69	2.75	0.13	30.57	1.51	0.83	20.64
	B_2F	1.97	33.49	28.93	1.73	2.35	0.20	14.90	0.88	0.87	12.02
58.5	C_3F	1.07	39.40	31.18	1.53	2.50	0.12	30.31	1.43	0.79	21.68
	X_2F	0.87	39.67	34.45	1.63	2.65	0.16	39.81	1.87	0.87	17.21
	B_2F	0.99	33.66	29.52	1.40	2.14	0.30	31.52	1.41	0.88	7.31
0	C_3F	0.64	39.39	31.51	1.38	2.51	0.26	50.94	2.16	0.80	10.48
	X_2F	0.69	37.55	30.91	1.37	2.61	0.26	45.43	2.00	0.83	10.38

三、栽培措施与品种互作对烟叶化学成分的影响

三因素对化学成分的贡献程度为移栽期＞品种＞施氮量（表 6-17）。移栽期对除淀粉和氮碱比之外的其他化学成分均有显著影响，其贡献率在 34.8%～84.1%，综合评价各项指标都处于最佳水平的为 4 月 20 日移栽的烟株；施氮量对烟碱、钾含量有显著影响，但贡献率均较低，综合评价各项指标均处于最佳水平的是施氮量 105kg/hm^2 的烟株；品种除对总糖、还原糖和淀粉没有显著影响外，对其他指标均有显著影响，其中对淀粉含量和氮碱比的贡献率达到 62.7%、51.9%，总体评价最好的品种为 K326。

表 6-17　不同处理烤后烟中部叶化学成分及其指标分析

处理		总糖/%	贡献率	烟碱/%	贡献率	总氮/%	贡献率	还原糖/%	贡献率	钾/%	贡献率	淀粉/%	贡献率	糖碱比	贡献率	氮碱比	贡献率
移栽期 T（月-日）	4-30	41.95a		2.87ab		1.93b		25.44a		1.83b		2.97a		9.88a		0.70a	
	4-20	37.67b	78.7%	2.53b	34.8%	1.96b	65.3%	26.23a	84.1%	1.68b	60.6%	2.41a	9.7%	11.60a	54.1%	0.78a	38.5%
	5-10	37.58b		2.98a		2.39a		19.56b		2.14a		2.67a		7.03b		0.80a	
施氮量 N/（kg/hm²）	75	36.99a		2.50b		1.99a		23.51a		2.04a		2.50a		9.91a		0.78a	
	90	38.81a	2.0%	2.94a	27.7%	2.17a	25.4%	23.27a	0.6%	1.83b	22.8%	3.03a	27.6%	9.21a	10.2%	0.75a	9.6%
	105	41.41a		2.89a		2.10a		23.87a		1.72b		2.63a		9.40a		0.74a	
品种 V	K326	37.89b		2.82a		2.11a		22.98a		2.07a		1.80a		8.96b		0.75ab	
	云烟 87	40.26a	19.3%	2.33b	37.5%	2.03a	9.3%	23.28a	15.3%	1.91a	16.6%	2.81a	62.7%	10.75a	35.7%	0.83a	51.9%
	NC71	39.07ab		3.13a		2.13a		24.33a		1.64b		3.48a		8.77b		0.70b	
1（T1N1V1）		38.73c		2.74bc		1.86b		24.43b		2.16a		1.84b		9.85b		0.72b	
2（T1N2V2）		42.95ab		2.55bc		1.89b		28.02ab		1.69b		3.77a		12.36ab		0.75a	
3（T1N3V3）		44.18a		3.40ab		2.02b		24.23b		1.60b		3.58a		7.43bc		0.64b	
4（T2N1V3）		35.66d		2.55bc		1.87b		30.57a		1.64b		3.27a		13.27a		0.73b	
5（T2N2V1）		36.13d		2.66bc		2.05b		23.11bc		1.74b		1.58b		9.71b		0.77ab	
6（T2N3V2）		41.24b		2.38c		1.95b		26.31ab		1.68b		1.47b		12.22ab		0.83ab	
7（T3N1V2）		36.58cd		2.08c		2.30a		15.10c		2.48a		2.68ab		7.01bc		0.89a	
8（T3N2V3）		37.36cd		3.73a		2.50a		20.22c		1.71b		3.39a		6.45c		0.74ab	
9（T3N3V1）		38.81c		3.07b		2.33a		21.77bc		2.20a		1.54b		7.84bc		0.76ab	

注：同列不同小写字母表示差异显著（$P<0.05$）水平

第四节　栽培措施和品种对烤烟质量影响

衡量烟气质量的因素主要有香气和吸味。香气是烟气在人们鼻腔内形成的感觉，主要是指烟叶燃烧后进入烟气中的各种物质所表现出来的一种特殊芳香，或令人愉悦的感觉。香气的概念本身包含了质和量，即通常所说的"香气质好"和"香气量足"，主要包括香气质、香气量和杂气。吸味是烟气在人类口腔内形成的感觉，包括酸、甜、苦、辣等，是各种烟气成分在口腔中的综合反映，主要包括劲头、刺激性、余味等。

一、移栽期对烤烟产量和质量的影响

不同的移栽期导致烟株大田生长期对应的气候条件不同，从而使烟株生长期间光合特性和干物质积累发生变化，进而影响烟叶产质量（刘德玉等，2007；陈钊等 2011）。调整移栽期，合理利用气候资源，可以促进烤烟优质适产（浦吉存等，2006）。云南烟草产区一般在 2 月播种，4 月下旬至 5 月下旬移栽。不同点的研究结果显示，峨山试验点不同移栽期处理中提前处理（4 月 20 日）烤烟经济性状最优，华宁以 4 月 29 日移栽的烤烟经济性状最优（表 6-18）。提前移栽烤烟经济性状与正常移栽差异不显著，但两者显著高于延迟移栽烤烟，表明在保证烟草正常生长的条件下，烤烟移栽宜早不宜迟。

表 6-18　移栽期对烟叶产量和质量的影响

地点	移栽期	香气特性（40）			烟气特性（40）				口感特性（20）			感官质量（100）	产量/(kg/hm²)	产值/(元/hm²)
		本香（10）	香气量（15）	香气质（15）	浓度（10）	刺激性（15）	劲头（5）	杂气（10）	干净度（10）	湿润感（5）	回味（5）			
峨山	T1	7.94a	12.90a	12.90a	8.00a	12.92a	4.98a	7.48a	7.39a	4.00a	3.67a	82.16a	2 870.4a	65 841.3a
	T2	7.94a	12.90a	12.88a	8.00a	12.92a	4.98a	7.50a	7.52a	4.00a	3.65a	82.27a	2 656.7b	57 491.0a
	T3	7.81b	12.79a	12.60b	7.98a	12.67b	4.71b	7.38b	7.27b	4.00a	3.54b	80.75b	2 339.7c	35 979.3b
华宁	T1	8.19a	12.96a	13.04a	8.06a	12.94a	4.83a	7.96a	7.88a	3.92a	3.83a	83.60a	2 600.9a	51 270.2a
	T2	8.00a	12.92a	12.81ab	8.00a	12.40b	4.85a	7.83a	7.83a	3.88ab	3.69ab	82.21a	2 841.8a	54 500.6a
	T3	7.50b	12.69b	12.63b	7.69b	12.44b	4.69b	7.56b	7.50b	3.69b	3.63b	80.00b	1 183.0b	20 363.9b

注：同列不同小写字母表示差异显著（P<0.05）水平

T1. 常规移栽；T2. 提前移栽；T3. 延迟移栽

李文卿等（2013）的研究表明（表 6-19），烟叶质量特征评价方面，2 月 1 日和 2 月 15 日移栽的烤烟下部叶香气特征、烟气特征和口感特征较好，得分较高；1 月 15 日处理香气质较弱，生青气较明显；3 月 8 日移栽处理刺激稍大。随移栽期的推迟，中部叶和上部叶的香气质变差，香气量下降，杂气增加，烟气的细腻度降低，浓度增大，劲头变大，口感变差；即随移栽期的推迟，烟叶质量特征得分明显下降。

表 6-19　不同移栽期对烤后烟叶感官质量的影响（李文卿等，2013）

处理	等级	香气特征			烟气特征			口感特征		质量特征得分
		香气质	香气量	杂气	细腻度	浓度	劲头	刺激性	余味	
1月15日	X_2F	6.5	6.5	6.5	7.0	7.0	7.0	7.0	6.5	39.9
	C_3F	8.0	7.5	8.0	8.0	7.0	8.5	7.5	7.5	46.6
	B_2F	7.5	7.5	7.5	7.5	8.0	8.0	7.5	7.5	45.4
2月1日	X_2F	7.0	7.0	7.0	7.5	7.0	7.0	7.0	7.0	42.2
	C_3F	7.5	7.5	7.5	7.5	7.5	9.0	7.0	7.0	44.8
	B_2F	7.0	7.5	7.0	7.0	8	8.5	7.5	7.0	43.7
2月15日	X_2F	7.0	7.0	7.0	7.5	7.0	7.5	7.5	7.0	43.3
	C_3F	7.5	7.0	7.5	7.5	7.5	8.5	7.0	7.0	44.1
	B_2F	7.0	7.0	7.0	7.0	8.5	8.0	7.0	7.0	42.9
3月8日	X_2F	6.5	7.0	6.5	6.5	7.5	7.5	6.5	6.0	39.8
	C_3F	7.0	7.0	7.0	7.0	8.0	8.0	7.0	6.5	42.0
	B_2F	6.5	7.0	6.5	6.5	8.5	7.5	6.5	6.5	40.6

在福建的试验研究表明（表 6-20），翠碧 1 号在 2 月 15 日移栽处理烤后烟叶产量最高，极显著高于 1 月 15 日和 2 月 1 日移栽处理；其次是 3 月 8 日移栽处理，它极显著高于 1 月 15 日移栽处理。1 月 15 日移栽处理烤后烟叶产值最低，极显著低于 2 月 15 日和 3 月 8 日移栽处理，与 2 月 1 日处理差异显著；2 月 1 日、2 月 15 日、3 月 8 日移栽的 3 处理的产值差异不显著。说明在 2 月 15 日之前移栽，烟叶产量随移栽期的推迟表现为显著上升，但到 3 月以后移栽，烟叶产量反而出现下降。

表 6-20　不同播栽期对翠碧 1 号烤后烟叶经济性状的影响（李文卿等，2013）

处理	产量/（kg/hm²）	上等烟比例/%	上中等烟比例/%	均价/（元/kg）	产值/（元/hm²）
1月15日	1 889.28cC	32.38aA	77.61aA	14.20aA	26 806.61bB
2月1日	2 067.89bBC	42.48aA	82.93aA	15.24aA	31 538.86abAB
2月15日	2 333.73aA	41.30aA	83.70aA	15.09aA	35 218.00aA
3月8日	2 223.52abAB	40.48aA	86.63aA	15.25aA	33 952.05aAB

注：同列不同小写字母表示差异显著（$P<0.05$）水平；同列不同大写字母表示差异极显著（$P<0.01$）水平

二、施氮量对烤烟质量的影响

在一定的环境和品种条件下，施肥是调控烟叶产量和质量的核心技术问题。烟草施肥量的确定，首先要确定氮肥的施用量，因为氮素对烟叶的产量、质量影响最大，在一定施氮量范围内，烟叶的产量、品质随施氮量的增加而提高，但是当施氮超过一定限度时，烟叶的品质会下降（易迪等，2008）。供氮量影响烟株的光合作用和碳氮代谢，从而影响烟叶的正常成熟落黄。研究表明，适宜的施氮量可导致烟叶叶绿素含量，NR（硝酸还原酶）、SOD（超氧化物歧化酶）、CAT（过氧化氢酶）、PPO（多酚氧化酶）活性和 MDA（丙二醛）含量适中，烟叶能够正常落黄（丁金玲等，2005；王爱华等，2005）。施氮量还可以直接影响烤烟颜色、香吃味。云南清香型烟区施氮量对烟叶感官质量的影响见表 6-21，峨山烤烟烟叶香气特性、烟气特性、口感评吸得分随施氮量增加而降低，75kgN/hm^2 处理烤烟烟叶品质最佳，但 105kgN/hm^2 处理烟叶产量最高，三个施肥处理产值差异不显著，综合来看以 75kgN/hm^2 处理最优。华宁试验点三个施肥处理质量、产量、产值差异均不显著，因此从施肥成本及环境角度考虑，以 75kgN/hm^2 处理最优。

表 6-21　施肥对烟叶感官质量的影响

地点	施氮量/(kg/hm^2)	香气特性（40）			烟气特性（40）				口感特性（20）			感官质量(100)	产量/(kg/hm^2)	产值/(元/hm^2)
		本香(10)	香气量(15)	香气质(15)	浓度(10)	刺激性(15)	劲头(5)	杂气(10)	干净度(10)	湿润感(5)	回味(5)			
峨山	75	7.98	12.92	12.94	8.00	12.98	5.00	7.52	7.50	4.00	3.65	82.48	2501.0a	52 899.0a
	90	7.88	12.90	12.79	8.00	12.83	4.85	7.50	7.38	4.00	3.63	81.75	2616.9ab	50 713.6a
	105	7.83	12.77	12.65	7.98	12.69	4.81	7.33	7.31	4.00	3.58	80.96	2749.0b	55 699.0a
华宁	75	8.06	12.91	12.88	7.97	12.41	4.84	7.81	7.84	3.94	3.72	82.38	2387.7a	45 497.9a
	90	8.28	12.94	13.19	8.00	12.94	4.88	8.06	7.97	3.97	3.91	84.13	2143.2a	40 177.3a
	105	7.94	12.97	12.72	8.13	12.66	4.81	7.81	7.75	3.78	3.66	82.22	2094.8a	40 459.5a

注：同列不同小写字母表示差异显著（$P<0.05$）水平

所有营养元素中，氮素营养对烤烟产质量的影响最为明显。李文卿等（2010）研究（表 6-22）表明，翠碧 1 号不施氮处理产量和产值均极显著低于其他施氮处理，施氮的 4 个处理间产量和产值差异不显著。施氮量在 58.5～97.5kg/hm^2 时，上等烟比例较为接近，但明显高于其他两个处理。上中等烟比例和均价及亩产值以施氮量为 58.5kg/hm^2 处理为最高；但施氮量在 0～78.0kg/hm^2 时，处理间的上中等烟比例和均价差异不显著；施氮量增加到 117.0kg/hm^2 时，上中等烟比例和均价显著下降。说明施氮量在 58.5kg/hm^2 以上时，增加施氮量对增加烟叶产量的效果不显著，当施氮量达 117kg/hm^2 时，由于烟叶烘烤特性下降，导致烤后烟叶上中等烟比例、均价和产值均下降。随施氮量的增加，烤后烟叶产量和产值之间均呈极显著的二次曲线变化（图 6-16），综合产量和产值的变化趋势认为，施氮量为 58.5～78.0kg/hm^2 时，烟叶产量适宜，产值较好；进一步增加施氮量，烟叶产量增加不明显，但烟叶产值却出现下降的趋势。说明在目前栽培条件下，若为追求产量而不断增加氮肥施用量，可能出现收益递减现象。

表 6-22　不同施氮量对烤后烟叶产质量的影响（李文卿等，2010）

施氮量/(kg/hm^2)	产量/(kg/hm^2)	上等烟比例/%	上中等烟比例/%	均价/(元/kg)	产值/(元/hm^2)
117.0	2 232.31aA	11.99	63.54cA	8.58bA	18 696.94aA
97.5	2 250.24aA	19.31	67.88bcA	9.35abA	21 103.55aA

续表

施氮量/（kg/hm²）	产量/（kg/hm²）	上等烟比例/%	上中等烟比例/%	均价/（元/kg）	产值/（元/hm²）
78.0	2 223.64aA	19.39	73.78abcA	10.53aA	22 804.28aA
58.5	2 113.08aA	20.96	84.10aA	10.80aA	22 814.68aA
0	1 020.17bB	14.83	79.17abA	10.36aA	10 658.93bB

注：同列不同小写字母表示差异显著（$P<0.05$）水平；同列不同大写字母表示差异极显著（$P<0.01$）水平

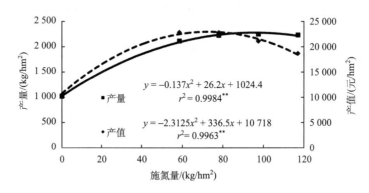

图 6-16　不同施氮量条件下烟叶产量与产值变化趋势（李文卿等，2010）

三、品种对烤烟质量的影响

基因是生物各种性状表达的基础和决定因素，不同基因型烤烟性状的表达实际上都是基因与环境互作的结果。本研究显示（表 6-23），峨山 K326 烟叶香气量较充足，云烟 87 烟叶刺激性较低、劲头适中、杂气较少；NC71 感官评吸的不同指标得分均低于 K326 和云烟 87，不同品种的感官质量表现为云烟 87＞K326＞NC71。产量的表现与感官质量不同，NC71 产量最高，其次是 K326，云烟 87 产量最低，在质量和品质的双重影响下，K326 烟叶产值最高，其次是云烟 87。华宁试验点云烟 87 烟叶的香气特性、烟气、口感均优于 K326，但由于云烟 87 的产量较低，致使云烟 87 的产值最低；红大虽然感官评吸总分较 K326 和云烟 87 低，但产值较 K326 和云烟 87 高。因此，就烟叶品质而言云烟 87 最优，若兼具品质和经济效益，K326 最优。在生态和环境的双重因素影响下，K326、云烟 87、NC71、红大的经济性状差异不显著，由于生态、栽培、品种对烤烟产量产值除主效应外，它们之间还存在交互作用（张丰收等，2012；丁燕芳等，2012；李亚培等，2014）。

表 6-23　品种对烤烟质量的影响

地点	移栽期	香气特性（40）			烟气特性（40）				口感特性（20）			感官质量（100）	产量/（kg/hm²）	产值/（元/hm²）
		烟草本香（10）	香气量（15）	香气质（15）	浓度（10）	刺激性（15）	劲头（5）	杂气（10）	干净度（10）	湿润感（5）	回味（5）			
峨山	K326	7.90a	12.92a	12.81a	7.98a	12.81a	4.85a	7.44a	7.43a	4.00a	3.67a	81.81a	2 595.7a	54 254.6a
	云烟 87	7.92a	12.81a	12.81a	8.00a	12.92a	4.98a	7.48a	7.44a	4.00a	3.56a	81.92a	2 581.8a	53 125.9a
	NC71	7.88a	12.85a	12.75a	8.00a	12.77a	4.83a	7.44a	7.31a	4.00a	3.63a	81.46a	2 689.4a	51 931.1a

续表

地点	移栽期	香气特性（40）			烟气特性（40）				口感特性（20）			感官质量（100）	产量/（kg/hm²）	产值/（元/hm²）
		烟草本香（10）	香气量（15）	香气质（15）	浓度（10）	刺激性（15）	劲头（5）	杂气（10）	干净度（10）	湿润感（5）	回味（5）			
华宁	K326	8.03a	12.72a	12.91a	7.88a	12.81a	4.78a	7.84a	7.75a	3.94a	3.81a	82.47a	2 395.6a	43 494.1a
	云烟 87	8.25a	13.09a	13.03a	8.19a	12.91a	4.88a	8.03a	8.00a	3.88a	3.72a	83.97a	1 964.7a	38 562.8a
	红大	8.00a	13.00a	12.84a	8.03a	12.28a	4.88a	7.81a	7.81a	3.88a	3.75a	82.28a	2 265.3a	44 077.9a

注：同列不同小写字母表示差异显著（$P<0.05$）水平

四、生态、栽培、品种对烤烟质量的功效估计

烟叶产质量是生态、栽培和遗传因素共同作用的结果。作者通过改变移栽期、设置施氮水平、选择不同品种，研究生态、栽培、品种对烤烟经济指标的影响。研究表明移栽期、施氮量、品种对感官质量变异的贡献率依次为 46.80%、34.95%、18.25%；对产量的贡献率为 64.75%、20.15%、15.10%；对产值的贡献率为 78.10%、12.60%、9.30%（表6-24）。表明生态对烤烟经济性状的影响最大，其次是遗传因素和栽培措施，因此根据气候条件选择相应的栽培措施及品种是提高烟叶产量产值的关键。宗浩（2012）通过样品采集分析显示，对烟叶产量、产值指标和香型风格、糖碱比与烟碱含量的影响而言，生态环境（46.71%）＞种植品种（30.55%）＞栽培措施（22.72%）。

表 6-24　生态、栽培、品种对烤烟质量的功效估计

处理		感官质量得分		产量/（kg/hm²）		产值/（元/hm²）	
因素	水平	峨山	华宁	峨山	华宁	峨山	华宁
移栽期	常规移栽	82.16	83.60	2 656.7	2 841.8	57 491	54 500.6
	正常移栽	82.27	82.21	2 870.4	2 600.9	65 841.3	51 270.2
	延迟移栽	80.75	80.00	2 339.7	1 183.0	35 979.3	20 363.9
	极差	1.52	3.60	530.7	1 658.8	29 862.0	34 136.7
施氮量	减量施氮	82.48	82.38	2 501.0	2 387.7	52 899.0	45 497.9
	常规施氮	81.75	84.13	2 616.9	2 143.2	50 713.6	40 177.3
	增量施氮	80.96	82.22	2 749	2 094.8	55 699.0	40 459.5
	极差	1.52	1.91	248.0	292.9	4 985.4	5 320.6
品种	全国推广品种	81.81	82.47	2 595.7	2 395.6	54 254.6	43 494.1
	本地主栽品种	81.92	83.97	2 581.8	1 964.7	53 125.9	38 562.8
	本地品种	81.46	82.28	2 689.4	2 265.3	51 931.1	44 077.9
	极差	0.46	1.69	107.6	430.9	2 323.5	5 515.1
贡献率	移栽期	43.5%	50.1%	59.9%	69.6%	80.3%	75.9%
	施氮量	43.4%	26.5%	28.0%	12.3%	13.4%	11.8%
	品种	13.1%	23.4%	12.1%	18.1%	6.3%	12.3%

改变移栽期是改变生态条件的重要栽培措施之一，在保证烟草正常生长的条件下，烤烟移栽宜早不宜迟；施氮量是调控烟叶产量和质量的核心技术问题，在保证烤烟正常生长的条件下氮肥施用量宜低不宜高；品种在生态、施肥的共同影响下差异不显著。因此，云南烤烟在 4 月中下旬移栽，辅以 $75kg/hm^2$ 施氮量下种植 K326 最优。

第五节　栽培措施和品种对清香型风格的影响

一、移栽期对烟叶清香型风格的影响

气候与土壤是影响烤烟生长的主要生态因素，而气候本身尚难改变，只能通过合理安排茬口，趋利避害。云南烟区与国内外烤烟主产区气候差异大，其烤烟气候独特性在于烤烟大田前期"多光少雨气温偏高"与中后期"寡照多雨气温偏低"相匹配，造就了云南烤烟品质风格和特点（黄中艳等，2007，2008）。在峨山试验点的研究结果显示，与常规移栽（T1）相比，提前移栽处理（T2）烤烟烟叶清甜香、焦甜香及干草香 3 种香韵得分增加，延迟移栽则使三种香韵得分降低，烤烟清香风格凸显程度降低。在宁洱试验点的研究结果显示，与常规移栽（T1）相比，提前移栽（T2）和延迟移栽（T3）均使烤烟烟叶清甜香、焦甜香及干草香 3 种香韵得分减少，烤烟清香风格凸显程度降低。在华宁试验点的研究结果与宁洱一致。综合三个试验点的研究结果，峨山试验点提前移栽 10d 对烤烟香型风格影响不大，宁洱和华宁试验点提前移栽 14d，烤烟清香风格凸显程度降低；延迟移栽 10d 或 14d，烤烟清香风格凸显程度均降低（表 6-25）。表明，在这种独特的气候下，烤烟适当提前移栽可凸显清香型烟叶风格，过早移栽或延迟移栽不利于清香型烟叶风格的表达；从影响程度来看，延迟移栽对烤烟香型风格的影响大于提前移栽。通过田间试验和化学分析等方法，对福建翠碧 1 号进行了试验研究，结果表明，随移栽期推迟，烟叶风格特征由清香型转变为浓香型，评吸质量变差（李文卿等，2013）。

表 6-25　移栽期对烟叶风格的影响

地点	峨山			宁洱			华宁		
移栽期	T2	T1	T3	T2	T1	T3	T2	T1	T3
清甜香（5 分）	4.42	4.40	4.25	3.69	3.83	2.96	4.10	4.19	3.69
焦甜香（5 分）	1.42	1.29	1.21	0.97	1.13	1.14	1.00	1.22	0.90
干草香（5 分）	2.15	2.10	1.98	2.52	2.65	2.39	2.35	2.42	2.38
清香型（5 分）	4.83	4.81	4.60	3.78	3.90	2.98	4.35	4.54	3.93

二、施肥对烟叶清香风格的影响

在特定生态环境和品种条件下，平衡施肥是改善烟叶化学成分，提高烟叶香气质量的基础（汪耀富等，2006）。由于氮肥施用量影响烤后烟叶致香成分，而不同的致香物质对施氮量的响应表现不同，施氮量增加，其表现或为增加的趋势，或为减少的趋势，或先增加再减少，或先减少再增加（李文卿等，2012；刘霞等，2008；赵铭钦等，2009；韩富根

等，2009）。研究显示，在不同移栽期和品种的交互影响下，峨山试验减量施氮处理（N1）与常规施氮量（N2）相比，烤烟主要香韵清甜香、焦甜香、干草香及清香型风格得分有所提高，增量施氮（N3）则相反（表6-26）。宁洱试验点，减量施氮处理对烤烟香型风格影响较小，增量施氮使烟叶清甜香及清香型风格的凸显程度降低。华宁试验点，减量施氮处理烟叶干草香和清香型凸显程度的得分降低，增量施氮使烤烟清甜香、焦甜香、干草香及清香型的得分均降低。表明减量施氮或增量施氮均不利于烤烟清香型风格的表达。从对香型风格不同指标的影响程度看，施肥主要影响烟叶清甜香和清香型风格的表达。李文卿等（2010）研究也表现出相同的规律，随施氮量的增加，烟叶清香型风格出现弱化趋势。

表 6-26　施肥对烟叶风格的影响

地点	峨山			宁洱			华宁		
	N1	N2	N3	N1	N2	N3	N1	N2	N3
清甜香（5分）	4.44	4.35	4.27	3.58	3.63	3.28	4.19	4.16	4.09
焦甜香（5分）	1.42	1.29	1.21	1.14	0.97	1.13	1.13	1.16	1.04
干草香（5分）	2.10	2.06	2.06	2.50	2.50	2.57	2.34	2.53	2.28
清香型（5分）	4.83	4.75	4.65	3.67	3.67	3.32	4.44	4.63	4.27

三、品种对烟叶清香型风格的影响

遗传因素即品种特性，决定烤烟香气物质的种类、数量与性质，其表达方式和表达程度则受生态环境和栽培措施的制约。因此，不同烟叶品种的香气物质种类与性质不同，具有本品种的特色香型风格。烟叶中挥发性、非挥发性香味物质对香气质和香气量都有重要影响，这些物质含量不但与生态环境有关，而且更取决于基因型的差异。Weeks（1985）对 20 世纪 40～80 年代的主要的烤烟品种的挥发性物质进行了研究，结果表明不同品种间主要挥发性物质含量存在显著差异。云南的红大，福建的 F1-35、翠碧 1 号和永定 1 号都是当地比较优良的清香型烤烟品种，而河南省农业科学院烟草研究中心培育的 6388 品系则是适合生产浓香型烟叶的品种。不同基因型烤烟叶片中致香物质含量差异很大（汪耀富等，2005），导致不同烤烟香型风格凸显程度不同（表6-27），在峨山试验点不同品种烟叶清香型凸显程度依次为 K326＞云烟 87＞NC71；宁洱试验点不同品种烟叶清香型凸显程度依次为云烟 87＞K326＞红大；华宁试验点不同品种烟叶清香型凸显程度依次为 K326＞云烟 87＞红大。但在生态和栽培的双重影响下，不同品种烤烟的清香型凸显程度差异不显著。

表 6-27　品种对烟叶风格的影响

地点	峨山			宁洱			华宁		
	K326	云烟 87	NC71	K326	云烟 87	红大	K326	云烟 87	红大
清甜香（5分）	4.38	4.40	4.29	3.65	3.73	3.13	4.25	4.06	4.13
焦甜香（5分）	1.40	1.29	1.23	1.06	1.00	1.16	1.16	1.13	1.04
干草香（5分）	2.15	2.08	2.00	2.50	2.56	2.50	2.59	2.28	2.28
清香型（5分）	4.81	4.76	4.67	3.67	3.81	3.17	4.69	4.36	4.28

四、移栽期、施氮量、品种对烟叶清香型风格的贡献

烟叶的特色风格是指因自然生态条件、栽培调制技术、遗传因素的不同，而赋予烟叶品味的某些独有的特征。云南是典型的清香型烟叶产区，但由于不同点烟叶产区生态、栽培、品种的差异，烟叶清香型风格的凸显程度差异较大。从峨山、华宁和宁洱三个点来看，峨山的清香型风格最为突出，其次是华宁，宁洱最差。综合三个试验点的直观分析，表明生态对烟叶风格的影响最大，其次是遗传因素和栽培措施。移栽期、品种、施氮量对清甜香的影响依次为 50.1%、27.0%、23.0%；对焦甜香的影响依次为 42.3%、27.4%、30.3%；对干草香的影响程度依次为 41.2%、35.8%、22.9%，对清香型凸显程度的影响依次为 44.4%、29.9%、25.7%（表 6-28）。

表 6-28　移栽期、品种、施肥对烟叶风格的贡献

地点		因素	清甜香	焦甜香	干草香	清香型
极差	峨山	移栽期	0.17	0.21	0.17	0.22
		施氮量	0.17	0.21	0.04	0.18
		品种	0.10	0.17	0.15	0.15
	宁洱	移栽期	0.88	0.17	0.25	0.92
		施氮量	0.34	0.17	0.07	0.35
		品种	0.60	0.16	0.06	0.64
	华宁	移栽期	0.50	0.32	0.06	0.61
		施氮量	0.09	0.12	0.25	0.36
		品种	0.19	0.12	0.31	0.41
贡献率		移栽期	50.1%	42.3%	41.2%	44.4%
		施氮量	23.0%	30.3%	22.9%	25.7%
		品种	27.0%	27.4%	35.8%	29.9%

烟叶品质是遗传因素、生态环境和栽培技术共同作用的结果，不同品种在不同地点风格凸显程度存在差异，峨山表现为 K326＞云烟 87＞NC71；宁洱为云烟 87＞K326＞红大；华宁为 K326＞云烟 87＞红大。改变烤烟移栽日期使气象与烤烟生长时期重新匹配，适当提前移栽可凸显清香型烟叶风格，过早移栽或延迟移栽不利于清香型烟叶风格的表达；从影响程度来看，延迟移栽对烤烟香型风格的影响大于提前移栽。在品种与气候的双重影响下，增量施氮或减量施氮均不利于清香型风格的表达，在本试验条件下施氮量超过 105kg/hm^2。因此，不同区域通过选择烤烟品种、适当提前移栽、氮肥施用保证在中低水平有利清香型特性烟叶形成。

第七章　清香型产区生态分区

　　烤烟香型是烟叶风格特色的综合表现，香型分区是烟叶品质区划的重要依据（唐远驹，2011）。朱尊权结合"中华"牌卷烟配方要求，分析国内主要产烟区烟叶的香味特点，提出清香型、浓香型和中间香型三种烤烟香型类型（丁瑞康，1958）。烤烟香型分区研究主要从三方面进行：一是不同产区化学成分及香气前体物存在差异，二是烟叶香型风格差异的影响因素，三是分区方法研究。

　　在不同烤烟产区烟叶化学成分及香气前体物差异方面，杨虹琦等（2005）采集云南、贵州、福建、河南、黑龙江烤烟 C_3F 样本分析表明，不同产区烤烟烟叶中类胡萝卜素及降解产物中性香气物质和多酚类化合物存在差异，且类胡萝卜素和绿原酸、芸香苷含量高时，烟叶香气质和香气量也较高。周冀衡等（2004）测试了云南、福建、河南、山东、辽宁等烤烟产区烟叶挥发性物质表明，烟叶质体色素的降解产物在挥发性香气物质中含量最高，占所测挥发性香气物质总量的 $85\%\sim96\%$，其中以新植二烯、类胡萝卜素降解产物对烤烟香型和香气质量的影响最大，西柏三烯类降解产物和糠醛类化合物在南方清香型烟叶中含量较高，芳香族氨基酸代谢产物和乙酰吡咯在北方浓香型烟叶中含量较高。邓小华（2007）研究表明烤烟化学成分具有明显的地域分布特征，生态区域存在极显著差异，地区间存在极显著或显著差异。窦玉青等（2009）研究闽西和赣中烟叶化学成分和香型的关系表明，烟叶中烟碱和总氮含量相对偏低，两糖含量相对偏高时，烟叶香型风格越接近清香型，香气质最大影响因素是糖碱比，影响清香型彰显程度的最大影响因素是烟叶烟碱含量，其次是糖碱比。

　　在烟叶香型风格差异原因方面，任永浩和马常力（1994）认为，不同根际 pH 下烤烟香气化学成分含量有明显差异，pH5.5～7.5 对烤烟香气质量最有利，pH 超过 8.0 时则对一些重要香气成分的形成有不良影响，根际pH可能影响烤烟香气风格。杨红旗（2005）研究表明，烤烟中某些香气前体物的含量随生态因素变化，高纬度烤烟中的绿原酸含量高于低纬度烤烟，在纬度相近海拔不同的烟区，则为低海拔烤烟中的绿原酸高于高海拔烤烟。烤烟中 β-胡萝卜素和叶黄素受海拔的影响大于纬度的影响，高海拔烤烟中 β-胡萝卜素和叶黄素含量高于低海拔烤烟。不同纬度和海拔都会影响烤烟中苹果酸和柠檬酸的含量，高纬度烤烟中的苹果酸和柠檬酸含量高于低纬度烤烟，高海拔烤烟中的苹果酸和柠檬酸含量高于低海拔烤烟。沈笑天（2008）研究表明，土壤生态影响烟叶质量，烟叶质量反映土壤生态，土壤生态与烟叶质量密切相关，改良土壤特别是改良土壤生物学性状可望改善烟叶质量。黄中艳等（2007）和邵岩（2008）认为云南烤烟具有独特的气候，表现为烤烟大田前期"多光少雨气温偏高"和大田后期"寡照多雨气温偏低"两种截然不同气候类型的时段匹配，且太阳直接辐射提高了云南烤烟气候的温度有效性。其特征有利于提高烤烟含糖量和糖碱比，同时一定程度上抑制烟叶中烟碱、蛋白质和总氮的形成。造成浓香型致香物质积累量少，有效降低烟叶中糖分等有机物（包括蛋白质和氮、碱等)的转移或分解。这是云烟含糖量较高、氮(碱)量适中、石油醚提取物含量偏低，具有"清香型"风格的根本原因。

在烤烟烟叶品质及香型分区方面。毕淑峰等(2007)采用逐步判别分析方法，以化学成分为自变量对不同香型烤烟进行逐步判别分析，总糖、还原糖、烟碱、钾等 8 个变量进入判别函数，新样品的判别准确率达 93.3%。李章海等(2009)采用烟叶香型指数的方法，研究了我国 5 个不同生态尺度烟区烤烟香型风格及相关香气成分的变化，结果表明，生态条件差异大是影响烟叶香型风格的主导因素，在同一烤烟产区不同产烟县，生态条件差异较小对相关香气成分有影响，但不会改变烟叶的香型风格。黄中艳等(2009)采用系统聚类和灰色关联度分析方法，根据烤烟化学品质和气候的关系，把云南烤烟种植区域划分为四个气候分区。

本书从影响烤烟香型的关键生态因子入手，利用全国烤烟生长季节的气象数据，采用逐步判别分析方法建立清香型、中间香型、浓香型的判别模型，在清香型烤烟分布区建立清香型亚区的判别模型，把全国烤烟种植区按照 5km×5km 网格化、清香型产区按照 1km×1km 网格化，对每个格点进行烤烟香型判别，最终划分烤烟香型分区。

第一节　影响清香型风格特色的关键生态因子

影响烤烟香型的关键是生态条件，包括地形、土壤和气候，DEM 是地形的数字表达方式，海拔指 DEM 的数字高程，海拔属地形因子。前人研究表明，气候(温、光、水)、土壤、海拔是影响烤烟香型风格特色的关键生态因子(戴冕等，1985；戴冕，2000；任永浩和马常力，1994；邵丽和晋艳，2002；张国等，2006；沈笑天，2008；邵岩，2008；彭新辉，2009；罗勇等，2012)。

一、海拔

海拔是指地面某个地点高出海平面的垂直距离，清香型烤烟种植区域的最高海拔可达 2200m，不同海拔烤烟的化学成分、香气物质、香型风格存在差异，这种差异与气候条件改变导致烤烟风格改变有类似之处，不同海拔改变光热资源重新分配，这可能是海拔影响烤烟风格的本质。

(一)海拔与烟叶品质

表 7-1 是 2012 年云南清香型烤烟种植区烟叶样品根据海拔分级的化学成分表，样本量 96 个，海拔为 782~2212m，其中，烟叶氯、淀粉、总钾等含量没有表现出随海拔变化而呈规律变化，故在表 7-1 中没有列出。根据表 7-1，在取样海拔范围内，随海拔升高，总糖、还原糖先降低，而后增加。从样品分布来看，云南中部表现为随海拔升高，总糖和还原糖含量始终增加，统计数据中低海拔的高值出现，主要原因是普洱低海拔，而总糖和还原糖含量较高，导致平均值也较高。总氮和烟碱含量随海拔升高而变化趋势与总糖相反，多酚含量随海拔升高始终表现出增加的趋势，而石油醚提取物则表现为随海拔升高而降低的趋势。

表 7-1 云南清香型烤烟种植区海拔和化学成分（C₃F）

海拔/m	总糖/%	还原糖/%	总氮/%	烟碱/%	多酚/%	石油醚提取/%	样本
<1500	34.83±5.6	30.27±4.21	1.78±0.20	2.38±0.72	4.04±0.55	5.68±0.71	15
1500～1750	32.43±5.66	28.42±5.41	2.00±0.34	2.79±0.79	4.35±0.63	5.51±0.77	37
1750～2000	35.24±5.10	30.15±3.88	1.90±0.30	2.43±0.82	4.57±0.72	5.08±0.61	38
≥2000	39.04±4.93	31.99±2.90	1.86±0.31	2.40±0.42	4.60±0.63	4.96±0.53	6

关于海拔影响烟叶品质，前人进行过大量研究，总体趋势相近，但是，总糖、还原糖先降低而后增加的趋势，以及总氮、烟碱先增加而后降低的趋势文献报道尚少，原因可能是前人的研究集中在某个区域，而表 7-1 的取样地域范围更宽，海拔变化幅度更大。前人如牛路路（2013）研究贵州省金沙县、大方县和威宁县 3 个海拔烟叶化学成分表明，随着海拔升高，烟叶烟碱含量降低，总糖增加。李德玉等（2014）研究云南省曲靖市海拔 1500～2300m 烤烟化学成分差异表明，随着海拔升高，烟叶总氮、烟碱含量呈降低趋势；总糖与还原糖含量、氮碱比、糖碱比、两糖比呈先增加后降低趋势。王世英等（2007）研究云南曲靖市海拔 1400～2100m 烤烟化学成分表明，海拔与总糖、还原糖含量呈正相关，烟碱和总氮含量随海拔升高而降低。

为什么海拔升高导致烟叶品质改变？杨永霞等（2012）研究贵州毕节市海拔 900m、1500m、2200m 处淀粉的合成表明，烤烟移栽后 95d，高海拔地区烟叶叶绿体已充分降解，中海拔地区的开始降解，低海拔地区叶绿体仍保持完整；一定海拔范围内，在烟叶发育前期，海拔越高，淀粉积累越多，发育后期高海拔地区烟叶叶绿体降解充分，高海拔导致淀粉含量减少。硝酸还原酶（NR）是氮代谢的限速酶，其活性可以直观反映烤烟的氮代谢水平。牛路路（2013）研究贵州省毕节市 3 个海拔对碳氮代谢的影响表明，随着海拔升高，硝酸还原酶活性增加，且活性最高在烤烟移栽后 45d。高海拔烟叶氮素含量前期高，而后期差异不显著。转化酶（INV）催化蔗糖转化为果糖和葡萄糖，是碳代谢的重要酶，其活性反映碳代谢的强弱。牛路路（2013）研究贵州省毕节市 3 个海拔对碳氮代谢的影响表明，随着海拔升高，转化酶的活性增加，且活性最高在烤烟移栽后 60d。烟碱是由烟株根系在数种酶的催化下合成后运送至烟叶储存的（陈传孟等，1997），烟株根系合成烟碱的量与从打顶至成熟采收的时间长短及打顶后烟株的氮素供应量呈正比（陈顺辉等，2003）。简永兴等（2005）研究推断，烟叶烟碱含量随种植海拔的升高而下降的原因可能是海拔的升高导致太阳辐射量、有效积温、昼夜积温、空气湿度等生态因子的改变，这些改变使得根系烟碱合成酶的活性下降，或使烟株对土壤氮素的吸收能力下降，从而使合成烟碱的速度减慢。

海拔升高改变烟叶化学成分沿一个方向发展，而优质烟叶对化学成分的要求是相互之间协调，而非越高越好，如烟叶中适量的氨基酸对烟气劲头的提高和丰满度的增加有利，但过量则具有刺激性和苦味（刘荣森，2007）。孙晓伟等（2014）把 2012 年度贵州省毕节市烟叶样品依据海拔分为<1400m、1400～1600m、>1600m 研究烟叶游离氨基酸含量表明，随着海拔升高，烟叶中游离氨基酸总量及各项游离氨基酸含量均呈现降低趋势。从化学成分协调的角度，在一个特定区域，烤烟种植应该在一个合理的海拔范围，陈传孟等（1997）通过 3 年、4 个海拔、8 个试点的南岭山区不同海拔烤烟品质研究表明，海拔 500～800m 比海拔 100～200m（对照）上等烟比例提高 12.50%～14.45%，主要化学成分更趋合理、协调，南岭山区烤烟适宜种植区海拔 500～800m；王世英等（2007）等认为云南曲靖烤烟种植的适宜海拔为 1400～1600m，烟叶的主要化学成分协调，烟叶可用性高；黎妍妍等（2009）研究表明，湖北烤烟在海拔为 1050～1300m 时，烟叶非挥发性有机酸总量相对较高，糖酸比较为适宜。

（二）烟叶品质的三维空间变异

海拔、经度、纬度可以定位作物生长的立体空间，海拔升高可以改变作物生长和农产品的品质，现有研究表明同一经度和纬度的点位，海拔改变导致光、热、水资源的分配改变，从而改变作物生长潜力和农产品的品质。在华北平原，随着纬度南移，每移动 100km，平均气温大约上升 0.6℃；在清香型烤烟产区云南，海拔每升高 100m，平均气温大约降低 0.6℃；针对平均气温，说明纬度和海拔可以相互转化，农产品的品质改变在纬度和海拔之间是否也可以相互转化式的改变？即偏北纬度高海拔的农产品的品质是否可以在偏南纬度较低海拔观测到类似的农产品的品质。烟叶样品分析数据可以支撑这种观点，如云南省玉溪市和普洱市均是典型的清香型产区，玉溪市位于普洱市北面，2012 年烟叶样品中玉溪市海拔较高的样品 8 个，总糖（C_3F）平均为 38.24%，平均纬度 24.23°，平均海拔 1848m；普洱市样品 9 个，总糖（C_3F）平均为 39.21%，平均纬度 23.30°，平均海拔 1466m。

针对某些烟叶品质指标，如总糖，偏南纬度低海拔可以获得偏北纬度较高海拔烟叶品质，那么，是否可以认为云南清香型烤烟的烟叶品质变异来源于海拔和纬度？即烤烟烟叶品质在海拔和纬度上差异显著，基于 2012 年烤烟烟叶取样的统计数据不支持这种观点。表 7-2 是 2012 年云南清香型烤烟种植区烟叶样品根据海拔、经度、纬度分级的方差分析表，海拔范围为 782～2212m，经度范围 97.95°～105.24°，纬度范围 22.93°～27.68°。根据表 7-2，烟叶总糖含量在海拔，经度与海拔交互两个因素上差异显著，而与纬度相关的因素上差异不显著。其他化学成分的方差分析结果是：烟叶还原糖、总氮和总糖类似，海拔、经度与海拔交互两个因素差异显著；烟碱为经度与海拔交互差异显著；多酚为经度、海拔、经度与海拔交互差异显著；钾为经度差异显著；氯、淀粉、石油醚提取物和经度、纬度、海拔等差异均不显著。统计分析结果似乎否定了纬度对烟叶化学成分的影响，或者说海拔、经度的作用似乎更大些，其实，这取决于云南省的地形，主要山脉，如哀牢山对云南气候的影响最大，而哀牢山是南北走向，导致云南省气候受海拔、经度影响较大，经度、纬度、海拔同时影响气候，三维空间差异同时存在，导致纬度引起的品质差异被海拔、经度抵消，形成局部比较存在南北差异，云南省的烟叶品质作为整体比较时，海拔和经度的影响更加突出。

表 7-2　空间位置对烟叶总糖含量影响的方差分析表

源	III 型平方和	df	均方	F	Sig.
校正模型	698.406	14	49.886	1.957	0.040
截距	48 099.368	1	48 099.368	1 887.053	0.000

续表

源	III 型平方和	df	均方	F	Sig.
经度	29.688	2	14.844	0.582	0.562
纬度	72.669	3	24.223	0.950	0.423
海拔	211.552	2	105.776	4.150	0.021
经度 * 纬度	145.261	3	48.420	1.900	0.141
经度 * 海拔	267.700	3	89.233	3.501	0.021
纬度 * 海拔	0.000	0	.	.	.
经度 * 纬度 * 海拔	0.000	0	.	.	.
误差	1376.414	54	25.489		
总计	80 572.991	69			
校正的总计	2 074.820	68			

注: *表示两者的交互作用

（三）海拔与光热资源分配

海拔影响云南清香型烟叶品质主要通过改变烤烟生长的光热资源来实现。图 7-1 是云南省、贵州省、四川省清香型烤烟产区烤烟生长季节的气象数据中温度与海拔的关系，使用式 7-1 线性方程模拟，表 7-3 是全年各月模拟方程的参数表。

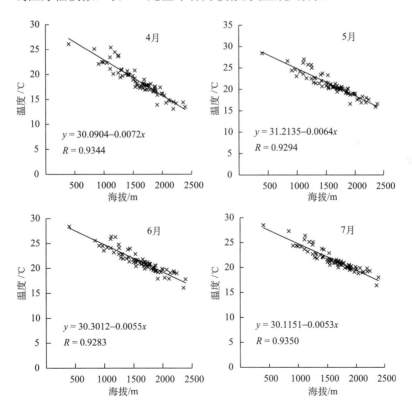

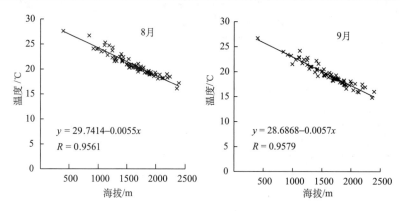

图 7-1　西南清香型烤烟种植区海拔和温度的关系（4～9月）

$$y = y_0 + ax \tag{7-1}$$

用于计算的气象站点为清香型烤烟产区 71 个，海拔范围 401～2392m，云南省、贵州省、四川省烤烟移栽时间一般在 4～5 月，烤烟采烤时间一般在 8～9 月，个别区域的移栽和采烤时间会偏早些，在南部热带的西双版纳，甚至可以打破传统的农事时间而实现全年种植，所以在表 7-3 中列出全年各月的温度与海拔模拟方程参数，以供根据当地气象数据和高程数据计算烤烟栽培区域的气温，以相对合理的安排烤烟移栽时间。

表 7-3　西南烤烟种植区海拔和温度拟合曲线参数

月份	y_0	a	R
1	19.3427	−0.0063	0.9072
2	21.9108	−0.0066	0.9073
3	26.8288	−0.0073	0.9231
4	30.0904	−0.0072	0.9344
5	31.2135	−0.0064	0.9294
6	30.3012	−0.0055	0.9283
7	30.1151	−0.0053	0.9350
8	29.7414	−0.0055	0.9561
9	28.6868	−0.0057	0.9579
10	26.3207	−0.0060	0.9630
11	22.7645	−0.0063	0.9536
12	19.2550	−0.0060	0.9207

根据图 7-1 和表 7-3 可知,温度和海拔呈极显著线性相关,烤烟生长季节(4～9月),海拔每升高 100m,温度平均降低 0.593℃;12 个月中,海拔对温度影响最大的月份为 3月,海拔每升高 100m,温度降低 0.73℃,海拔对温度影响最小的月份为 7月,海拔每升高 100m,温度降低 0.53℃。

在整个云南省、贵州省、四川省清香型烤烟产区,温度随海拔呈极显著的线性关系,而降水、日照时数和湿度则没有这种关系，甚至很难用某种方程来模拟。而在一个特定区域，如某个县范围内，在烤烟生长季节内，降水和海拔也呈极显著的线性关系，另外一个研究中，一个海拔幅度相差较大的县域范围，布置 11 个不同海拔的气象站点，连续监测 5 年的气象数据统计表明，海拔和降水呈极显著的正相关，即海拔升高降水量增加。

在微地形范围内，海拔和坡度、坡向共同影响烤烟生长的小气候，谚语"东桃西梨"表达的意思即是在其他栽培措施相同的情况下，阳坡的桃和阴坡的梨口感要好，这主要是改变了作物采光时间长短和获取热能的多少不同导致的。农田小气候虽然也表达了海拔与其他因素的综合作用，一方面计算相对复杂；另一方面生态区划更关注大区域的差异，求大同存小异，忽略微地形的影响。

海拔和温度的负相关关系可以用来校正复杂地形的产区温度，云南省、贵州省、四川省清香型产区属典型的高原山区地形，立体气候，不通过地形矫正的温度数据可用性差，个别县能跨几个气候带，如云南省元江县，一个县包含热带、亚热带，甚至有温带气候区域。海拔矫正温度的基础数据需要包含数字高程地图（DEM），本书用于矫正温度的地形数据精度为 30m。地形矫正的方法主要有三种，一种是利用气象站点的温度和经度、纬度、地形建立回归方程，如张洪亮和邓自旺（2002）以环青海湖 13 个气象站月均温度，1 : 25 万 DEM 数据，使用经度、纬度、海拔作为自变量建立月均温统计模型，推算青海湖区温度分布。谭秀兰等（2012）以乌鲁木齐地区 9 个气象站 40 年的气温，建立一元线性回归方程，结合地形数据，按照 100m×100m 网格的格点计算气温，推算乌鲁木齐地区的温度分布。唐圣钧等（2015）选取贵州省 19 个气象站 50 年的气温、降水资料，以 1km×1km 的 DEM 数据为基础，结合多元回归方法，推算区域温度、降水分布。一种是利用地统计方法，把数字高程作为其中的变量，如 Ishida 和 Kawashima（1993）采用多点气象数据，采用 Cokriging 方法，以 DEM 作为协变量，插值生成日本的温度分布图。一种是综合方法，主要利用现代统计方法，结合地统计进行，如潘耀忠等（2004）以全国 726 个气象站点旬平均温度为基础，分析温度与经度、纬度、高程的关系，提出基于 DEM 和智能搜索距离和温度的空间插值方法，建立全国温度分布图。

二、土壤

土壤是烤烟生长的基本环境，提供烤烟矿质营养和水分，土壤空气是烤烟根系保持活力的基础，同时，土壤也是维持烤烟根系生长温度相对稳定的恒定器。不同土壤类型有不同的水、肥、气、热条件，相同的土壤类型在不同区域，其养分状态也不同，最终影响烤烟生长和烟叶风格特色。

（一）土壤类型

植烟土壤类型相对复杂，清香型烤烟种植区的主要植烟土壤类型包括水稻土、红壤、紫色土（图 7-2），也是云南省、贵州省、四川省、福建省等清香型烤烟分区区域的主要土壤类型。根据图 7-2，云南省玉溪市、红河州、曲靖市、文山州、普洱市、保山市以红壤为主，局部有以红壤发育的水稻土；云南省大理市、楚雄州以紫色土、红壤为主，局部有紫色土和红壤发育的水稻土；福建省以红壤和水稻土为主；四川省攀枝花市和凉

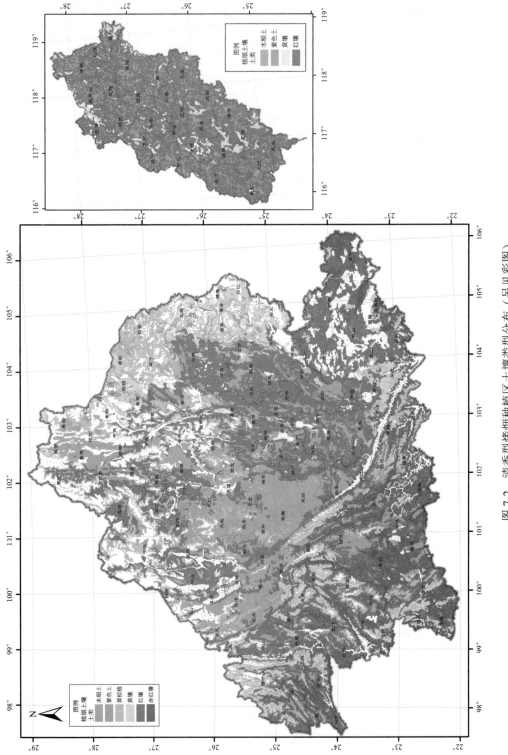

图 7-2 清香型烤烟种植区土壤类型分布（另见彩图）

山州以紫色土和红壤为主，局部有紫色土和红壤发育的水稻土；贵州省黔西南以红壤、黄壤和水稻土为主，贵州省水稻土主要以黄壤母质发育。

1. 红壤

（1）形成条件

中亚热带的生物气候条件下，年降水量为1200mm左右，大多集中于上半年，7~8月常有干旱，干湿季明显。年平均气温为15~22℃，≥10℃积温为4500~6500℃，最冷月均温2~4℃，最热月均温28~30℃。母质多种多样，主要有花岗岩、玄武岩、砂页岩、石灰岩的风化物及第四纪红色黏土。

（2）成土过程

在中亚热带生物气候条件下，铝（铁）硅酸盐类矿物强烈分解，产生了以高岭石为主的次生黏土矿物和铁铝等游离氧化物，分解过程产生的可溶性物质受到下降的渗透水淋溶而流失。在淋溶初期，水溶液近于中性反应，硅酸和盐基因溶解度大，淋溶流失多，而铁、铝氧化物因溶解度小而相对积累起来。当盐基淋失到一定程度，以致土层上部呈酸性反应时，铁、铝氧化物开始溶解而表现较大流动性。由于土层下部盐基较多，酸度较小，使下移的铁、铝氧化物达到一定深度后发生凝聚沉淀作用；部分的铁、铝氧化物在旱季还会随毛管水上升到达地表。使上层土壤的铁、铝氧化物越聚越多，产生铁质胶膜或结核。在中亚热带常绿阔叶林下，生物循环过程十分强烈。土壤有机质的来源很丰富，凋落物以极快的速度矿质化而使各种灰分元素再进入土壤。

（3）理化性质

理化性质主要包括以下几点：①土壤颜色以红色为主，剖面构型为 Ah-Bs-C，在自然植被下，腐殖质层一般厚度20~30cm，暗棕色。团粒结构，淋溶淀积层厚度一般为0.5~2m，有的达2m以上，紧实黏重，呈块状结构，在结构面上多铁锰胶膜。②自然红壤有机质含量较高，开垦后有机质迅速矿化，有机质含量降到20g/kg以下。红壤腐殖质组成中，富啡酸含量较高，胡敏酸与富啡酸的比值小于1，胡敏酸分子结构也较简单，多呈块状结构，水稳性差，干时坚硬，湿时黏糊，但由于红壤富含铁、铝氢氧化物胶体，具有一定的黏结力，可促进微团聚体的形成，在一定时间内能保持土壤疏松。③红壤的富铁铝系数为0.51±0.11，黏粒硅铝率2.27±0.27，黏土矿物以高岭石，水云母为主。④土壤多呈酸性至强酸性反应，pH 在4.5~5.5。

（4）烤烟生产特征

烤烟以成熟叶片作为收获产物，要求烟叶有良好的外形和风格突出的内在品质，养分需求要求有以下几点。①烟叶钾含量高，红壤质地偏重，黏土矿物以高岭石，水云母为主，能够保持较为持续的钾营养供应。②土壤微量元素铁含量高，有丰富的铁营养供应。③烤烟对氮素要求"少来富，老来贫"，质地偏重导致后期土壤氮素矿化过高，不利于烟叶的烟碱控制。

2. 紫色土

（1）形成条件

位于中亚热带及南亚热带季风湿润气候区，水热条件充沛，夏季雨量集中，冬季温暖少雪；紫色土的母岩多为三叠纪、侏罗纪、白垩纪紫红色砂页岩和泥岩，钙、磷、钾和微量元素丰富；第三纪、志留纪及侏罗纪前期的紫红色岩层营养元素较低，呈微酸性反应。由于母岩类型不同，以致母岩的风化特征、土壤的理化性状、肥力及抗蚀能力也不相同。母岩类型影响紫色土发育的地形条件，紫色页岩、泥岩形成的紫色土地形呈宽谷低丘或不连续的残丘；厚层紫色砂岩形成的紫色土多为陡壁和平顶丘陵；薄砂岩、厚页岩水平岩层发育的紫色土多为自然阶地。

（2）成土过程

成土过程为：①快速的物理崩解过程。紫色砂页岩物理崩解迅速，吸热性强，在昼夜温差大的条件下极易受热胀冷缩的影响而崩解，新鲜岩层出露后，每年平均崩解深达 1.5～4cm，在亚热带湿润气候条件下，紫色页岩风化一年后，2～10mm 的碎屑可占 57.1%，<2mm 的颗粒为 20.2%，<0.25mm 颗粒平均为 6.2%，≤0.1mm 颗粒为 2.5%。②微弱的元素迁移。紫色土矿物的化学风化微弱，粉粒中含有大量的长石、云母等原生矿物；黏土矿物主要是地质过程的产物，并不表明成土过程的强度。在风化过程中，钙、镁、钾、钠风化淋溶指数为 8%～48%[$(K_2O+Na_2O+CaO+MgO)/Al_2O_3$]，其中（$CaO+MgO$）/$Al_2O_3$ 为 10%～59%，（K_2O+Na_2O）/Al_2O_3 为 3%～6%，硅的淋失程度在 3%～14%。铁、铝在 pH 高的情况下十分稳定；如 pH 降低，铁、铝活动性增强；一般在风化过程中富集，成土过程中淋失，其游离氧化铁含量偏低，仅为同样条件下黄壤的 38%～54%。

（3）理化性质

理化性质主要包括以下几点：①形态特征。土壤剖面通体以紫色、紫棕色、紫红色、紫灰色为主。剖面层次分化不明显，一般为 A-C 型或 A-C-R 型。土层浅薄，厚度很不一致，较厚的为 30～50cm，薄的只有 10～20cm，不少地方岩石裸露。紫色土微形态特征以粗矿物与角砾组成的土壤骨骼为主体，土壤骨骼颗粒间无介质胶膜，孔隙多，无填充物，土壤基质间结持力弱，结构不稳定。②化学性质。除局部植被良好的紫色土以外，其有机质和全氮含量一般均低，全钾含量丰富，可达 20～30g/kg；全磷<0.8g/kg 的占 44.5%，土壤阳离子交换量较高，一般均在 15～20cmol（+）/kg 以上，供肥性能较好。③物理性质。紫色土质地因母岩不同而异，一般多为黏壤土，<0.001mm 颗粒占 14%～25%；>0.25mm 微团聚体占 10%以上，总孔度 43%～52%，非毛管孔度 10%左右，水分下渗较快。紫色土吸热性强，昼夜温差较大。

（4）烤烟生产特征

烤烟的生产特征有：①土壤微量元素及中量元素钙、镁含量丰富，有利于烟叶香气物质合成，形成风格特色突出的烟叶。②土壤钾含量丰富，有利于优质烟叶获得高钾含量。③土壤疏松，通气状态良好，有利于保持烤烟根系活力。④保水能力相对较弱，易造成烤烟干旱。

3. 水稻土

（1）形成条件

第一，建立田面灌溉水层；第二，修建灌排渠系，土体内常形成较强直渗水流或侧渗水流；第三，水耕与旱耕交替，水耕时间少者80～90d，多者200d，土壤中还原与氧化条件亦随着交替进行。

（2）成土过程

成土过程为：①水耕表层土壤糊泥化。水耕机械搅拌使耕作层变得无结构，在落干后呈无结构或大块结构，耕作层的底部有紧实黏重的犁底层。②机械淋洗作用。水稻土接纳的灌溉水量一般高出旱耕地数倍至数十倍，土体渗漏形成了淋溶淋洗作用的稳定动力。③氧化还原作用和化学淋溶作用。土体中氧化还原作用交替进行，促进了土壤中铁、锰等变价元素及水溶性元素淋溶淀积作用的发展。烤烟种植的旱季，耕作层排水落干，进行明显的氧化过程，土壤中亚铁，亚锰和螯合态铁、锰物质随毛管水上升，在土粒表面或裂隙中浓缩氧化，并转化为铁锰锈斑，呈棕褐色，使耕层土壤斑纹化。④离铁作用。在氧化还原交替与淋溶作用影响下，土壤黏粒表面的 Ca^{2+}、Mg^{2+} 等盐基离子，可为 Fe^{2+} 替代而淋失在氧化期，吸附的 Fe^{2+} 变成 Fe^{3+}，呈氧化物沉淀，并在黏粒表面留下 H^+，H^+ 饱和的黏粒发生蚀变，形成累积硅酸粉末的白色土层。

（3）理化性质

理化性质主要包括以下几点：①形态特征：具有特殊的土体构型，即糊泥化的水耕层（A）、稍紧实的犁底层（P）、受机械淋洗和假潜育作用形成的渗育层（W）和斑潜淀积层（Bg）的剖面。②由于还原条件和施用有机肥料，有机质含量有所增加，但其腐殖质的胡敏酸/富啡酸值较低。③土壤黏土矿物及阳离子交换量一般取决于起源母土，云南省和福建省水稻土主要以红壤的母质和紫色土母质发育而成，贵州省水稻土主要以黄壤母质发育而成，四川省清香型产区主要以紫色土发育而成。④铁锰的还原淋溶和氧化淀积，由于铁锰离子与水稻土中某些有机物的螯合作用，更增加了铁锰在溶液中的浓度，使其在剖面中的移动更强，剖面自上而下各层 SiO_2/Fe_2O_3 值在铁锰淀积层达到最低值。全剖面 SiO_2/Al_2O_3 值则一般没有变化。

（4）烤烟生产特征

烤烟的生产特征有：①有机质含量高，土壤营养元素的库容大，有利于烤烟的养分平衡吸收。②土壤质地偏重，烤烟各生育期土壤均有较高的土壤有机质矿化从而释放营养元素，能够保持养分的持续供应，对烤烟需求较大的钾素营养有利。③质地偏重同时会保持土壤较高的水分含量，一方面会供应烤烟水分，另一方面也可能对根系生长不利，且后期氮素矿化也不利于烟碱含量的控制。

（二）土壤与烟叶品质

土壤对烤烟的影响首先表现在对烤烟生长发育的影响，烤烟以成熟叶片作为收获产物，且需要保持叶片良好的外形和风格突出的内在品质，其养分需求非常独特，优质烟叶要求钾素含量高，微量元素含量丰富，各种化学成分协调，尤其是总氮、烟碱含量保持在适当的水平。

　　清香型烤烟种植区不同县域的土壤类型不同，有机质、pH、氮、磷、钾等养分含量也不同，微生物活性和过氧化氢酶、脲酶、转化酶等也不同（韩富根等，2010；殷全玉等，2012）。不同烤烟生育期土壤有机质矿化也不同（尹光庭等，2011；侯小东等，2013；王树会和刘青丽，2013），如紫色土表层氮矿化强度较大，氮矿化积累量较高，水稻土次之，红壤最低；而在60～80cm和80～100cm土层以水稻土氮矿化积累量最高，紫色土最低。导致烤烟的农艺性状不同，化学成分不同（李自强等，2010；陈若星等，2012；马二登等，2013；逄涛等，2013），如水稻土在农艺性状和初烤烟叶产量、产值表现上较优于红壤和紫色土，而红壤和紫色土中上部初烤烟叶化学品质好于水稻土。但是土壤对不同烤烟品种的影响程度也不同，如逄涛等（2013）研究不同土壤类型烤烟对主栽品种中部烟叶化学组成表明：土壤类型对红大烟叶化学成分影响较大，对云烟85和云烟87影响较小。红花大金元烟叶蛋白质、施木克值、糖碱比、氮碱比、淀粉、石油醚提取物、钾、钙、镁、pH等在不同土壤类型种植的烟叶中存在显著性差异，云烟85烟叶还原糖、总氮、糖碱比、挥发碱、钾等存在显著性差异，云烟87烟叶总糖、两糖差、施木克值、淀粉、pH等存在显著性差异。最终导致烤烟的香气物质也不同（冉法芬等，2009；常寿荣等，2010；刘鹏飞等，2012），烟叶的风格特色不同（季学军等，2011）。

三、气象

　　作物生长要求一定的温度、湿度和光照环境，超过某一极限指标则会导致作物无法生长，气候决定作物能否生长、决定作物能否很好地生长发育、决定作物能否完成生命周期，气候决定作物生长的生态区域，气象指标是生态区划的关键因子（陈瑞泰，1989；余华盛等，1995；张泽岑等，2004；王博，2009；王彦亭等，2010；郑景云等，2010；张春同，2012；贾光林等，2012）。气候对烤烟风格特征影响主要在两个时期：一是旺长期，决定物质积累的关键时期；二是成熟期，决定积累的物质转化为香气物质的关键时期，本书根据本章第二节和第三节表述的研究结果，主要从旺长温度、成熟期温度、成熟期降水和成熟期日照几个方面进行论述。

（一）温度

　　图7-3是清香型烤烟种植区旺长期月平均气温分布。根据图7-3，清香型烤烟种植区旺长期月平均气温范围为18～25℃，福建省烤烟旺长期温度较高，除南平市烟区旺长期温度在23～24℃外，三明市、龙岩市烟区旺长期温度均在24～26℃。云南省、贵州省、四川省清香型烤烟种植区高温区分布在云南省元江县、云南省文山州东部、四川省攀枝花市，其中云南省元江县和四川省攀枝花市有太阳城之称，不仅温度高，光照也极为充足，光热资源的利用效率高，有利于烤烟旺长期干物质的积累。清香型烤烟种植区旺长期温度没有沿纬度呈带状空间分布，虽然，南部温度高，北部温度低，但是，四川省攀枝花市，云南省元江县、文山市东部、临沧市西部几个热点的温度高，改变了温度自南到北条带分布，这可能是烟叶化学成分纬度方向不显著的原因。

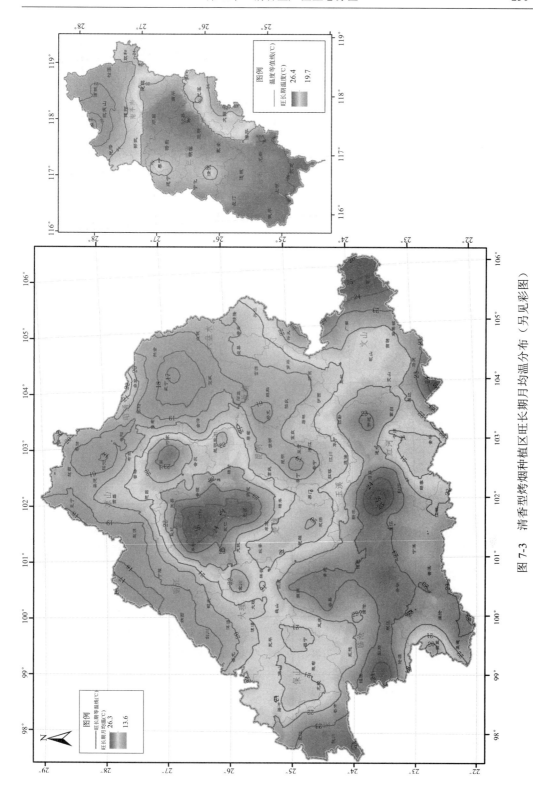

图 7-3　清香型烤烟种植区旺长期月均温分布（另见彩图）

图 7-4 是清香型烤烟种植区成熟期月平均气温分布。根据图 7-4，清香型烤烟种植区成熟期月平均气温范围为 18～27℃，福建省烤烟成熟期温度较高，南平市烤烟种植区成熟期月平均气温 25～26℃，三明市和龙岩市烤烟种植区成熟期月平均温度高达 25～27℃。云南省、贵州省、四川省清香型种植区成熟期月平均气温 18～26℃，存在 4 个高温区，即四川省攀枝花市，云南省元江县、文山市东部、临沧市和德宏市西部，贵州省威宁县，云南省昭通市、丽江市、曲靖市烤烟种植区成熟期月平均温度相对较低。

（二）降水

图 7-5 是清香型烤烟种植区成熟期月降水分布。根据图 7-5，清香型烤烟种植区成熟期月降水范围为 105～472mm，福建省烤烟成熟期降水和云南中部清香型产区接近，月降水量范围 107～188mm，福建省清香型烤烟产区东南部降水量相对较高，北部武夷山市附近也有一个降水相对偏高的区域，中部降水相对较少。云南省、贵州省、四川省清香型烤烟产区西南部降水较高，云南普洱市、保山市、临沧市月降水量局部高达 470mm；贵州省兴义市附近降水量也相对较高，平均月降水量 200～300mm；云南省清香型烤烟主要产区玉溪市、曲靖市、大理市、楚雄州、红河州及四川省攀枝花市、凉山州的烤烟成熟期月降水量在 100～200mm。

（三）日照时数

图 7-6 是清香型烤烟种植区成熟期月均日照时数分布。根据图 7-6，清香型烤烟种植区成熟期月均日照时数范围为 111～230h，福建省清香型烤烟种植区成熟期月均日照时数高于云南省、贵州省、四川省清香型产区，两个清香型产区均存在日照时数高值区，福建省在南平市南部，云贵川清香型烤烟种植区日照时数高值区在四川省攀枝花市，云贵川清香型烤烟种植区的日照时数分布呈现东北部高，而西南部相对低，即四川省攀枝花市、凉山州，贵州省毕节市、黔西南，云南省曲靖市、昆明市、玉溪市、文山州、楚雄州等区域日照时数相对较高，而云南省保山市、临沧市、普洱市相对较低。

现有研究表明，气象因子是烤烟香型风格形成的主要因子。主要表现在以下几点。

1）对烤烟生长的影响，以形成足够的香气前体物。例如，招启柏等（2008）利用人工气候箱研究低温对烤烟成花的影响发现，烤烟成花对低温敏感时期为 6 叶期。李军营等（2009）发现烤烟幼苗不同部位响应低温和高温胁迫存在差异，短期（1h）低温处理，抵抗低温的能力排序为芽＞叶≥茎＞根；长期（24～72h）低温处理时，最易受到伤害的部位是根部，其次是茎，再次是芽和叶；短期（15min）高温处理时，芽抵抗能力最强，其次是叶和根，茎部抗高温的能力最弱。朱显灵等（2014）发现气候条件对烟叶腺毛分泌物主要成分含量差异明显。

2）对烤烟化学成分的影响。例如，张聪等（2008）应用人工气候室调控夜温发现，在云南气温较低的团棵期，提高夜温有利于干物质和钾的积累，同时也有利于烟株对钙、镁的吸收；在旺长期有利于钾素在茎部和叶脉中积累，但降低了根及叶肉中的钾含量；在成熟期有利于烟叶钾含量和有机酸含量的提高，降低了烟叶含糖量。刘燕等（2013）针对云南省昭通市鲁甸县烤烟成熟后期温度偏低的现象，观测田间不完全揭膜发现，不

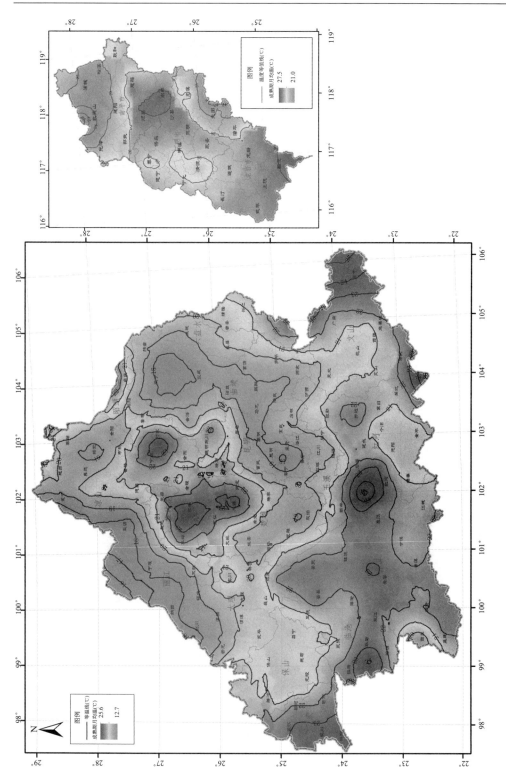

图 7-4　清香型烤烟种植区成熟期月均温分布（另见彩图）

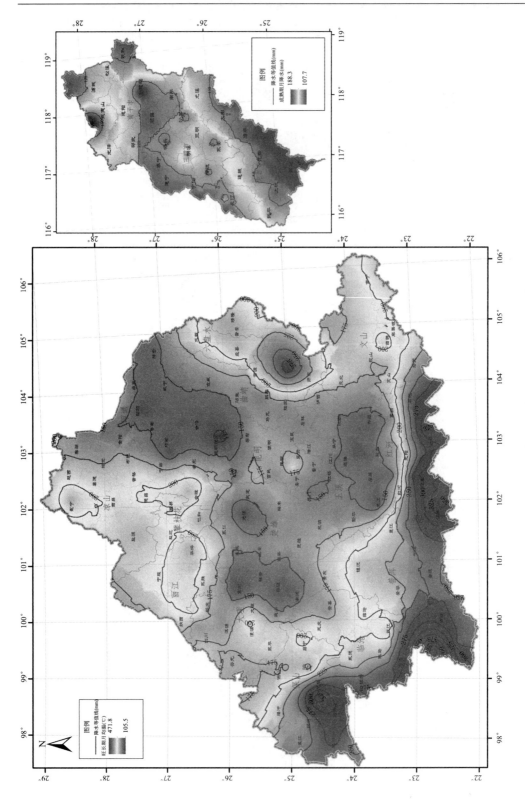

图 7-5　清香型烤烟种植区成熟期月均降水分布（另见彩图）

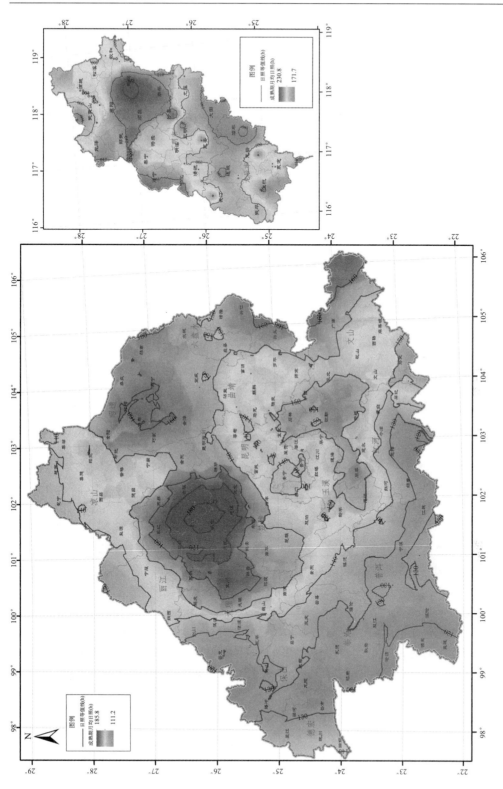

图 7-6　清香型烤烟种植区成熟期月均日照时数分布（另见彩图）

完全揭膜可以提高耕层土壤温度，改善水状态，最终改善烟叶的化学成分协调性。周芳芳等（2014）研究云南 8 个烟区气候因子及化学成分对烤烟感官质量的影响表明，大田期温度对烤烟感官质量影响最大，其次为降雨和日照，5 月、8 月气温较高，6 月气温略低和日照较强，7 月降雨充足，8 月降雨略少的情况下烟叶的整体感官评吸质量好。贾峰等（2011）发现光照是影响 *Lyc-β* 基因表达的主要因子，其次为温度，最后是温度和光强交互作用。

3）对烤烟香气物质及风格的影响。例如，范幸龙等（2014）以云烟 87 和 K326 为材料，采用大田试验，系统研究了夜温升高对云南高海拔烤后烟叶中质体色素、多酚、非挥发性有机酸及挥发性香气物含量的影响。结果表明：①夜温升高使两品种所有处理烟叶叶黄素、β-胡萝卜素较对照极显著提高，K326 下部叶和云烟 87 上部叶增幅最大；苹果酸含量较对照极显著升高，上部叶增幅最大；柠檬酸含量较对照极显著降低，下部叶降幅最大。②绿原酸含量 K326 上部叶显著升高，云烟 87 上部叶显著降低。③除 K326 下部叶外，其余处理的新植二烯含量均较对照极显著升高，香气物质总量（新植二烯除外）升高幅度最大的为 K326 中部叶和云烟 87 上部。夜温升高对云南高海拔地区 K326 中部叶和云烟 87 上部叶香气质量改善效果最好。黄中艳等（2007）和邵岩（2008）认为云南烤烟具有独特的气候，表现为烤烟大田前期"多光少雨气温偏高"和大田后期"寡照多雨气温偏低"两种截然不同气候类型的时段匹配，且太阳直接辐射提高了云南烤烟气候的温度有效性。其特征有利于提高烟叶含糖量和糖碱比，同时一定程度上抑制烟叶中烟碱、蛋白质和总氮的形成。造成浓香型致香物质积累量少，有效降低烟叶中糖分等有机物（包括蛋白质和氮、碱等）的转移或分解。这是云烟含糖量较高、氮（碱）量适中、石油醚提取物含量偏低，具有"清香型"风格的根本原因。刘炳清等（2014）研究发现，贵州乌蒙烟区具有海拔较高、日照充足、降雨丰富、温度偏低等特点，其中光热指标在全区内的变异性较弱，而降雨量的部分指标变异幅度较大，可能是影响该区烤烟特色品质的关键。根据香型得分可将乌蒙清甜香烤烟分为典型清甜香、清甜香和弱清甜香。

4）烤烟特色形成的气象指标研究。例如，莫建国等（2012）研究贵州烤烟大田可用日数发现，随着海拔的升高，烤烟大田期可利用日数不断减少。易建华等（2008）采用不同覆盖材料调控烟株根系土壤温度发现，烟草幼苗早期 400℃的积温是培育壮苗的临界温度，400℃以上积温虽可增加烟株株高和根长，但综合生长生理性状不佳，干物质积累少，表现为徒长状态，而在积温 400℃以下随土壤积温增加。各种生长生理性状趋优，生长健壮，有利培育壮苗。杨园园等（2014）研究发现，浓香型烤烟产区调整移栽期对各气候指标影响较大，以日均气温变化最突出；烟叶浓香型风格也随移栽期推迟减弱，表现出正甜香。根据最佳移栽期烟叶对光、温等气候条件的需要，最佳移栽在 4 月底至 5 月上旬，典型浓香型烟叶第 7 片叶、第 13 片叶、第 19 片叶发育期间所需有效积温为 900～1200℃/d，日平均温度为 24.5～27.5℃，气温日较差为 10.0～12.5℃，光照时数为 135h 左右；伸根期、旺长期和成熟期分别需要日照时数在 350h、400h 和 550h 左右，日均气温分别为 21～23.5℃、26.6℃和 27℃左右，气温日较差伸根期和旺长期为 13.0℃，成熟期为 9.0℃左右。

第二节　香型判别模型及其验证

烤烟产区生态分区的本质是根据烤烟产区的生态参数进行分类，判别分析是一种有效的根据已知的训练样本建立判别方程的数理统计方法，判别方程必须通过检验，非病态判别方程才能用于未知样本的判别分类。

一、研究方法

（一）烤烟香型分区的技术路线

图 7-7 为烤烟香型或清香亚型判别方程建立流程。根据图 7-7，清香型、中间香型、浓香型的典型区域为中国烟叶总公司项目"不同香型烟叶典型产区生态特征研究"的研究成果，清香型亚型的典型区域由红塔集团技术中心根据历年评吸结果确定；清香型、中间香型、浓香型的检验样品为 2012 年采集的全国样品，而清香型亚型的检验样品为红塔集团评吸的清香型产区样品。

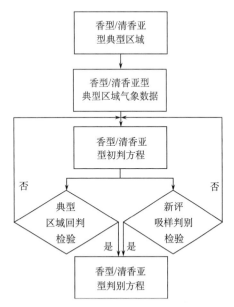

图 7-7　烤烟香型或清香亚型判别方程建立流程

（二）气象数据来源及数据项

气象数据来源于国家气象局，云南、贵州、河南等烤烟产区烟草公司，共 1067 个气象站点。气象数据为 1980～2010 年 30 年月数据平均值，数据项包括平均温度、降水量、日照时数和湿度。

（三）用于建立判别方程的烤烟香型典型区域

烤烟烟叶样品的香型最先由感官评吸确定，清香型、浓香型、中间香型 3 种香型风格的典型区域是多年产地烟叶样品评吸的综合评价结果。33 个清香型、浓香型和中间香型烟叶的典型产区来源于"不同香型烟叶典型产区生态特征研究"项目的研究成果（表 7-4）。

表 7-4　清香型、浓香型、中间香型烤烟典型产区

香型	省份	区县
浓香型	河南	襄城、郏县
	安徽	芜湖、宣州
	湖南	桂阳、宁远
	广东	南雄

续表

香型	省份	区县
中间香型	贵州	遵义、贵定、道真
	山东	诸城、莒县
	重庆	武隆、彭水
	辽宁	宽甸
	湖北	咸丰、宣恩、房县
清香型	福建	宁化、建阳
	云南	江川、罗平、宣威、弥渡、楚雄、弥勒、文山、隆阳、临翔
	四川	仁和、会理、会东
	贵州	兴义

红塔集团技术中心根据多年烟叶评吸数据，提出清香型亚区典型县（市）（表 7-5）。

表 7-5 清香型亚区的典型县（市）

清香亚区	省份	县（市）
清香 I 区	云南	江川、华宁、宜良、石林、陆良、罗平、禄丰、楚雄、南华、弥渡、巍山
清香 II 区	云南	宁洱、墨江、景谷、马关、麻栗坡、芒市、梁河、双江、临翔、耿马、蒙自
清香III区	云南	玉龙、永胜、华坪、宁蒗、鹤庆、云龙、剑川
	四川	盐源、西昌
清香IV区	云南	昭阳、鲁甸、彝良、镇雄、威信，宣威
	贵州	威宁、赫章、纳雍
清香V区	福建	建瓯、南平、建宁、明溪、泰宁、长汀、龙岩、上杭、将乐、三明、尤溪、永安

（四）判别方程可靠性检验

判别方程可靠性检验包括判别方程回判检验和新评吸鉴定的烟叶样品检验。用于检验的样品 480 个，来源于云南、贵州、河南等 18 个省、市共 137 个烤烟生产县，2012 年采集烟叶样品，由中国烟草总公司郑州烟草研究院组织专家进行香型评吸。

（五）数据定义和预处理

在作物的种植区划、生态区划、品质区划中，气候是关键的评价要素，气候对烤烟烟叶香气前体物含量变异的贡献率超过 50%，气象因子对烤烟香型风格起主导作用。

　　气象数据时间范围：云南、贵州、四川、湖北、重庆、山东、河南、辽宁为 5～9 月，安徽为 4～8 月，湖南为 3～7 月，福建和广东为 2～6 月。为表述方便，大致依据烤烟生育期定义为，移栽后第 1 个月为移栽期至伸根期，第 2 个月为旺长期，第 3 个月为成熟前期，第 4 个月为成熟中后期，第 5 个月为成熟后期，云南分别对应的为 5 月、6 月、7 月、8 月和 9 月。数据项包括平均气温、降水量、日照时数、湿度。4 个数据项和 5 个时期，组合成 20 个变量因子。

　　20 个变量的数据分布进行正态分布的 Kolmogorov-Smirnov 检验，满足正态分布的显著水平值＜20%，数据总体服从近似正态分布，可以进行逐步判别分析。

　　海拔对烤烟生长影响较大，作为变量参与计算，导致判别能力下降被剔除，并且海拔数据不服从正态分布，最终计算结果由 20 个气象变量因子获得。

（六）判别分析方法

　　判别分析是一种多元统计分析方法，根据已知类别的训练样本建立判别函数，用以判别未知样品的类型，常用来进行品种鉴别、社群划分、疾病识别、品质类型等判定。逐步判别分析是一种应用广泛的判别分析方法，对训练样本的数据要求服从近似正态分布，其计算过程为：对不同数据总体分别计算均值向量，两个数据总体进行比较时构建 F 统计量，均值向量差异显著则为不同类型，如不显著则来源于同一类型，本研究引入变量的 F 统计量显著水平设置为 0.15，即两个变量来源于同一总体的概率必须小于 15%。用于判别的观测数据变量对区分不同总体的判别能力可能很强，也可能很弱，不加区分地引入到判别函数可能构造出病态判别函数，引入或移走数据变量增强判别函数的判别能力是该方法的特征。引入或移走数据变量的原则：增加一个数据变量，如果函数的判别能力得到增强，则引入该变量，不能增强判别函数的判别能力，则移走该数据变量，最终使判别函数的判别能力最大化。

二、烤烟香型判别模型

（一）清香型、浓香型、中间香型判别模型

1. 影响烤烟香型的气象因子

　　逐步判别分析筛选出影响烤烟香型的气象因子变量见表 7-6。其中，平均平方典型相关系数是引入一个新变量后判别方程的典型相关系数，表征新引入变量对判别方程的贡献；R^2 是因变量和自变量相关程度检验的决定系数；F 统计量是引入变量时构建的统计量，F 检验是用于判别该变量和原变量是否来源于同一总体的概率；Wliks' λ 是检验变量之间差异的统计量；Sig. 是不同变量来源于同一总体的概率，用于判断引入变量后的显著水平。用于判别分析的变量数为 20 个，设定 F 统计量的显著水平为 0.15，即新引入变量和已经被引入变量来源于同一总体的概率必须小于 15% 才能成为判别方程的变量，最终引入变量为 10 个。

表 7-6　逐步判别分析筛选气象因子变量

变量	项目	平均平方典型相关系数	R^2	F 统计量	F 检验	Wliks' λ	Sig.
X_1	成熟前期温度	0.3719	0.7437	40.631	0.0001	0.2563	0.0001
X_4	旺长期温度	0.5511	0.6762	26.099	0.0001	0.0444	0.0001
X_3	成熟后期温度	0.6419	0.2518	4.375	0.0230	0.1370	0.0001
X_2	成熟中后期日照时数	0.7002	0.2855	5.393	0.0107	0.1831	0.0001
X_6	成熟后期日照时数	0.7440	0.4243	8.475	0.0017	0.0167	0.0001
X_9	成熟中后期降水	0.7747	0.2578	3.474	0.0507	0.0066	0.0001
X_7	旺长期降水	0.8053	0.3138	5.030	0.0159	0.0114	0.0001
X_5	移栽伸根期日照时数	0.8299	0.3474	6.389	0.0060	0.0290	0.0001
X_{10}	移栽伸根期湿度	0.8507	0.2013	2.394	0.1182	0.0052	0.0001
X_8	成熟前期日照时数	0.8574	0.2272	3.088	0.0668	0.0088	0.0001

在温度、日照时数、降水和湿度四个气象因素中，温度对烤烟香型判别贡献最大，其次为日照时数。逐步判别分析过程中，只有增强函数判别能力的变量才能被引入，判别能力增强的标志是平均平方典型相关系数增加。引入新变量后典型相关系数增加值为该变量对判别函数的贡献率，则温度、日照时数、降水和湿度占总气象因子的累积贡献率分别为 74.8%、15.6%、7.2%和 2.4%。其中，打顶至初烤、旺长期两个阶段的平均气温贡献率分别达到 37.2%和 17.9%；日照的贡献主要在成熟期。旺长期是烤烟物质积累的关键时期，充足的光热条件有利于干物质积累；打顶至初烤阶段，烤烟由营养生长转化为生殖生长，是碳水化合物转化为各种香气物质的关键时期，不同的温度条件可能导致香气物质转化的分异，最终形成不同的烟叶香型风格。

2. 烤烟香型的气象因子判别方程

表 7-7 是利用气象数据，应用逐步判别分析方法，建立的清香型、浓香型和中间香型烤烟判别函数系数。

表 7-7　逐步判别分析气象因子的判别函数系数

项目	变量代码	清香型	浓香型	中间香型
常数项		−978.9	−1343	−1197
成熟前期温度	X_1	2.1847	5.9803	6.2920
成熟中后期日照时数	X_2	0.0796	0.1526	0.1506
成熟后期温度	X_3	−2.1616	−5.2064	−5.0253
旺长期温度	X_4	2.9745	2.7740	2.0888
移栽伸根期日照时数	X_5	0.1474	0.0774	0.0735
成熟后期日照时数	X_6	0.1555	0.2624	0.2327
旺长期降水	X_7	0.0760	0.0812	0.0697

续表

项目	变量代码	清香型	浓香型	中间香型
成熟前期日照时数	X_8	−0.1533	−0.2246	−0.2197
成熟中后期降水	X_9	−0.0639	−0.0909	−0.0814
移栽伸根期湿度	X_{10}	12.7272	14.4054	13.7368

判别函数的线性方程如下。

清 香 型： $Y = -978.9+2.1847X_1+0.0796X_2-2.1616X_3+2.9745X_4+0.1474X_5+0.1555X_6$
$+0.0760X_7-0.1533X_8-0.0639X_9+12.7272X_{10}$

中 间 香 型： $Y = -1197+6.2920X_1+0.1506X_2-5.0253X_3+2.0888X_4+0.0735X_5+0.2327X_6$
$+0.0697X_7-0.2197X_8-0.0814X_9+13.7368X_{10}$

浓 香 型： $Y = -1343+5.9803X_1+0.1526X_2-5.2064X_3+2.7740X_4+0.0774X_5+0.2624X_6$
$+0.0812X_7-0.2246X_8-0.0909X_9+14.4054X_{10}$

针对某个烤烟种植区，把气象数据根据材料方法部分及表 7-7 对应的数据项进行整理，分别代入上述 3 个方程，获得清香型、中间香型和浓香型的 Y 值，最大 Y 值的香型为该烤烟种植区的烤烟香型。

（二）清香型亚区判别模型

逐步判别分析引入变量过程中构建 F 统计量，并对 F 统计量的显著程度进行检验，只有 F 统计量显著水平在规定的临界值以内的变量才能被接纳，也就是说能够增强不同类别判断能力的变量才能作为判别的变量。本研究用于分析的变量数为 20 个，判别分析引入的变量为 11 个。表 7-8 表明，清香型亚区判别变量为成熟期温度、成熟期降水、成熟期日照时数、旺长期温度、移栽期降水和湿度、旺长期日照等 11 个，成熟期的气象因子对清香型亚区判别起到关键的作用。

表 7-8　逐步判别分析气象因子的判别函数系数

数据项	代码	清香Ⅰ区	清香Ⅱ区	清香Ⅲ区	清香Ⅳ区	清香Ⅴ区
常数项		−3805.0	−3833.0	−3528.0	−3541.0	−3660.0
旺长期温度	X_1	1.1503	1.4410	0.9762	−0.1050	−2.3476
成熟中期温度	X_2	−1.9710	−2.3209	−1.5909	0.4938	−1.3006
成熟后期温度	X_3	4.8336	5.1584	4.3474	3.4493	7.7402
移栽期降水	X_4	0.0705	0.0653	0.0576	0.0625	0.0869
成熟中期降水	X_5	−0.2635	−0.2667	−0.2471	−0.2829	−0.2872
成熟后期降水	X_6	0.0578	0.0655	0.0555	0.0810	0.0765
旺长期日照时数	X_7	0.2084	0.2299	0.1970	0.1690	0.0995
成熟前期日照时数	X_8	−0.2620	−0.2446	−0.2604	−0.1809	−0.1622
成熟中期日照时数	X_9	0.6015	0.5609	0.5988	0.5460	0.5489
移栽期湿度	X_{10}	−6.0438	−4.3324	−6.1406	−6.2349	−7.4749
成熟中期湿度	X_{11}	80.6870	78.9530	77.9661	77.9902	79.0161

对已知气象数据的清香型产区，判别清香型亚区时可以依据以下方程进行计算，把气象数据带入各亚区的方程，方程计算结果最大者即为该类型的清香型亚区。

清香型 I 区：$Y = -3805.0 + 1.1503X_1 - 1.9710X_2 + 4.8336X_3 + 0.0705X_4 - 0.2635X_5 + 0.0578X_6 + 0.2084X_7 - 0.2620X_8 + 0.6015X_9 - 6.0438X_{10} + 80.6870X_{11}$

清香型 II 区：$Y = -3833.0 + 1.4410X_1 - 2.3209X_2 + 5.1584X_3 + 0.0653X_4 - 0.2667X_5 + 0.0655X_6 + 0.2299X_7 - 0.2446X_8 + 0.5609X_9 - 4.3324X_{10} + 78.9530X_{11}$

清香型 III 区：$Y = -3528.0 + 0.9762X_1 - 1.5909X_2 + 4.3474X_3 + 0.0576X_4 - 0.2471X_5 + 0.0555X_6 + 0.1970X_7 - 0.2604X_8 + 0.5988X_9 - 6.1406X_{10} + 77.9661X_{11}$

清香型 IV 区：$Y = -3541.0 - 0.1050X_1 + 0.4938X_2 + 3.4493X_3 + 0.0625X_4 - 0.2829X_5 + 0.0810X_6 + 0.1690X_7 - 0.1809X_8 + 0.5460X_9 - 6.2349X_{10} + 77.9902X_{11}$

清香型 V 区：$Y = -3660.0 - 2.3476X_1 - 1.3006X_2 + 7.7402X_3 + 0.0869X_4 - 0.2872X_5 + 0.0765X_6 + 0.0995X_7 - 0.1622X_8 + 0.5489X_9 - 7.4749X_{10} + 79.0161X_{11}$

三、清香型、浓香型、中间香型模型验证

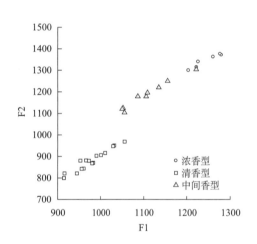

图 7-8　训练样本香型的交叉检验

判别分析是一种数学方法，判别方程能够描述不同类别之间的数学关系，成组的杂乱数据也可以建立判别方程，但是，不相关的数据建立的判别方程对训练样本的回判正确率不高。本研究对训练样本应用上述判别方程进行回判，针对清香型（F1）和浓香型（F2）的 Y 值作图 7-8。根据图 7-8 可以看出，训练样本建立的判别方程能够很好地分组，清香型、中间香型和浓香型样本被分为 3 组，其中有 1 个训练样本原定义为中间香型，判别方程计算结果为浓香型，判别方程的回判正确率为 96.7%，表明判别方程可靠，同时也表明训练样本的清香型、中间香型和浓香型分类合理。

烤烟香型判别方程建立过程中没有使用烟叶评吸数据，仅仅使用清香型、中间香型、浓香型典型产区的气象数据，训练样本数据回判表明判别方程可靠，然而判别方程是否可用需要主产烟区评吸样品的检验。检验样本来源于云南、贵州、河南等 18 个省、市的 137 个烤烟生产县，共 480 个样品。判别方程计算的香型与评吸的香型相同的样品 414 个，判别方程与评吸的香型符合率 86.25%，表明烤烟香型判别方程实用性较强，在实际烤烟香型判别过程中判别方程可用。

表 7-9 是样品评吸的香型与判别方程计算的香型不一致的产区列表。一般情况下是判别方程计算的香型和样品评吸的香型不同；有些情况是同一个产区县有几个样品，而该产区县的地形复杂，公里网格生成的气象数据通过地形矫正后判别方程计算的香型表现为不同网格点香型不同，这种情况也被记录为香型不一致。

表 7-9　判别方程计算的烤烟香型和评吸烟叶香型差异

省（自治区）	采样点	评吸香型	判别方程香型
云南	昭阳	清香型	中间香型
贵州	大方	清香型	中间香型
贵州	赫章	清香型	中间香型
贵州	天柱	清香型	中间香型
河南	灵宝	浓香型	中间香型
河南	卢氏	浓香型	中间香型
河南	洛宁	浓香型	中间香型
湖南	慈利	中间香型	中间香型/浓香型*
湖南	嘉禾	浓香型	中间香型
湖南	桑植	中间香型	中间香型/浓香型*
湖南	永顺	中间香型	浓香型
湖北	宣恩	中间香型	中间香型/浓香型*
山东	莒县	浓香型	中间香型
山东	诸城	浓香型	中间香型
山东	临朐	中间香型	浓香型
四川	叙永	清香型	中间香型
广东	大埔	浓香型	清香型
广西	靖西	中间香型	清香型
陕西	洛南	浓香型	中间香型
陕西	旬邑	浓香型	中间香型
黑龙江	富锦	中间香型	浓香型
辽宁	建平	中间香型	浓香型

注：*指同一个县不同网格点的模型香型不同

根据表 7-9，判别方程和评吸的香型存在差异，部分样品出现在两种香型分界线附近，如山东莒县、贵州赫章、云南昭阳；部分样品评吸香型可能存在争议，同一产烟县不同专家认定的香型存在差异，如贵州大方和赫章，罗勇等（2012）评定香型为中间香型；而云南昭通则认定为清香型。尽管如此，判别方程和样品评吸的香型不相符合的比例仅为 13.75%，表明判别方程有较强的可用性。

第三节　清香型生态分区

一、研究方法

图 7-9 是烤烟香型或清香型亚型分区技术路线。香型分区主要包括三个过程，一是根据气象数据的位置信息，插值生成一定精度的网格格点数据；二是根据判别方程计算每个格点的烤烟香型或清香型亚型；三是根据每个格点的烤烟香型或清香型亚型插值生

成香型分区或清香型亚型分区图。针对清香型亚型分区，非清香型区域不进行清香型亚型计算，最终成图使清香型亚区和三大香型分区图无缝连接。

二、清香型、浓香型、中间香型分区

（一）分布

1. 基于气象因子评价的烤烟香型分区

图 7-9 是烤烟香型分区的技术路线,用于评价烤烟香型的气象数据以烟区 5km×5km 网格的格点作为评价单元,以全国 30 年平均气象数据为基础数据进行插值生成,插值方法采用逆距离反比法;气象数据取值起点和终点由产区县当前烤烟生产的生育期确定;判别方程由本章第二节清香型、中间香型和浓香型的 3 个方程组成;全国烤烟种植区香型分布如图 7-10 所示。

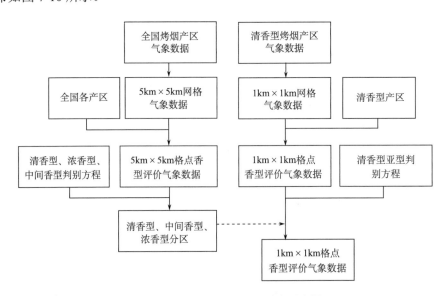

图 7-9　烤烟香型或清香亚型分区流程

2. 全国烤烟香型分布

根据图 7-9 可以看出,清香型、中间香型、浓香型烤烟分布区域如下。

清香型产区:云南省除昭通市东北部外区域,福建省,四川省凉山州、攀枝花市,贵州省黔西南、六盘水市、安顺市西部、毕节市威宁西部,广西壮族自治区百色市西部。

中间香型产区:云南省昭通市东北部,贵州省遵义市、毕节市、贵阳市、安顺市西部、黔南北部、黔东南北部、铜仁地区,四川省宜宾市、泸州市、达州市、巴中市、广元市、绵阳市,湖南省湘西州西北部、张家界市北部、常德市西北部,重庆市,甘肃省陇南,陕西省全部烟区,湖北省恩施州西部、宜昌市西部、十堰市、襄樊市西北部,河南省洛阳市西部、三门峡市西部、南阳市西部,山东省临沂市、

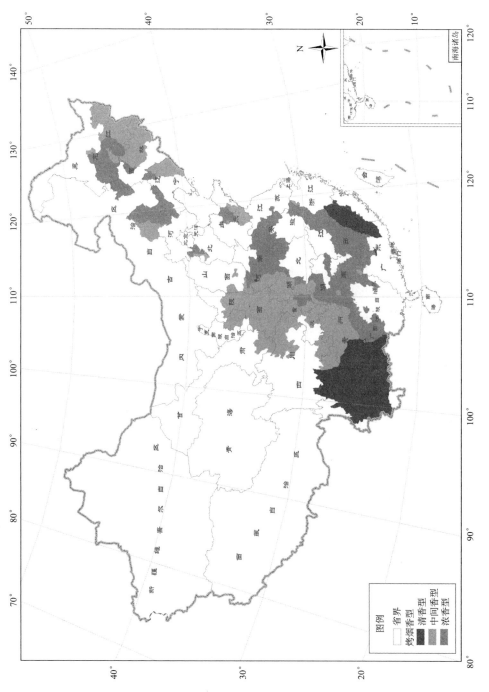

图 7-10　基于气象因子评价模型的烤烟香型分区（另见彩图）

日照市、潍坊市南部，内蒙古自治区赤峰西部，辽宁省丹东市、本溪市、抚顺市、铁岭市南部，吉林省延边州、吉林市、长春市东南部，黑龙江省牡丹江市、鸡西市、双鸭山市、七台河市。

浓香型产区：河南省许昌市、平顶山市、洛阳市东部、三门峡市东部、郑州市、周口市、驻马店市、商丘市、信阳市、南阳市东部，湖南省永州市、郴州市、衡阳市、长沙市、娄底市、怀化市、邵阳市、常德市东南部、张家界市南部、湘西州东南部，江西省全部烟区，安徽省全部烟区，湖北省恩施州东部、宜昌市东部，贵州省黔东南南部、黔南南部，广西壮族自治区百色市东部、河池市、贺州市，广东省韶关市，山东省潍坊市西北部、淄博市，内蒙古自治区赤峰市东南部，辽宁省朝阳市、阜新市、铁岭市北部，吉林省白城市、长春市西北部，黑龙江省哈尔滨市、大庆市、绥化市。

（二）清香型、浓香型、中间香型区域气象因子比较

表 7-10 为不同烤烟香型典型产区引入评价模型的气象因子的统计值。从平均气温来看，三种烤烟香型典型产区移栽伸根期差异不大，但自旺长期到成熟中后期，清香型、中间香型、浓香型烤烟典型产区的平均气温依次增高。从降水量来看，旺长期以后，清香型产区降水量高于浓香型和中间香型产区，清香型产区烟叶生育中后期，尤其是成熟后期降水量显著高于其他两个香型。从日照时数来看，中间香型产区全生育期日照时数变化较小，在 190h 左右波动；浓香型产区日照时数变化剧烈，移栽伸根期 150h 左右，逐渐升高到成熟后期 200h 附近；而清香型产区移栽伸根期相对较高，平均 180h 左右，之后降低，自旺长期始维持在 140h 左右。综合三种香型产区的气象条件，并考虑烤烟生长前期主要是物质积累而后期才是香气物质的转化，成熟后期多雨和相对温和的温度可能是烟叶清香风格形成的关键因素之一，成熟期高温则可能导致浓香型烟叶风格形成。

表 7-10　清香型、中间香型、浓香型典型产区气象条件

变量	项目	清香型	中间香型	浓香型
X_1	成熟前期温度/℃	21.7±1.4	25.2±1.5	27.2±1.1
X_2	成熟中后期日照时数/h	157.0±18.5	186.0±16.9	222.5±24.0
X_3	成熟后期温度/℃	21.0±3.7	20.4±2.0	24.4±3.0
X_4	旺长期温度/℃	21.0±1.8	22.5±1.5	24.7±1.9
X_5	移栽伸根期日照时数/h	188.3±51.9	143.8±67.2	155.1±58.5
X_6	成熟后期日照时数/h	164.8±42.7	137.6±43.6	191.3±23.6
X_7	旺长期降水/mm	189.3±50.3	169.2±46.0	174.0±84.6
X_8	成熟前期日照时数/h	144.5±22.8	172.3±18.4	199.9±27.5
X_9	成熟中后期降水/mm	214.0±55.1	163.2±56.6	122.3±29.1
X_{10}	移栽伸根期湿度/%	68.2±9.8	76.7±7.0	76.3±7.8

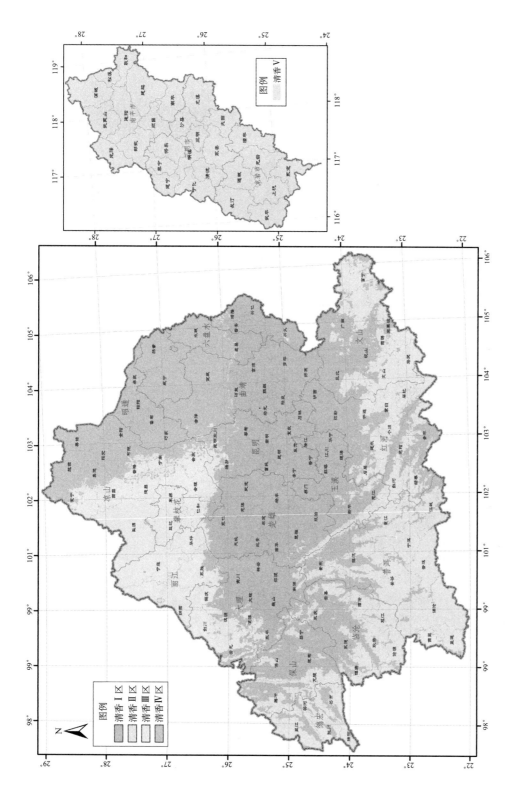

图7-11 清香型烤烟种植区亚区分布（另见彩图）

三、清香型生态分区

(一)分布

1. 基于气象因子评价的烤烟香型分区

图 7-9 是烤烟香型分区的技术路线,用于评价烤烟清香型亚型的气象数据,以 1km×1km 网格的格点作为评价单元,以 30 年平均气象数据为基础数据进行插值生成,插值方法采用逆距离反比法;气象数据取值起点和终点由产区县当前烤烟生产的生育期确定;判别方程由本章第二节清香型 Ⅰ～Ⅴ 区的 5 个方程组成;清香型亚区分布如图 7-11 所示。

2. 清香型烤烟亚区分布

根据图 7-11,对不同区域的清香型亚区分布区域进行统计,清香型 Ⅴ 亚区分布在福建,清香型亚区 Ⅰ～Ⅳ 分布区域见表 7-11。

表 7-11　清香型亚区 Ⅰ～Ⅳ 分布及耕地面积

省名	地/市/州	区/县	耕地面积/hm²			
			Ⅰ区	Ⅱ区	Ⅲ区	Ⅳ区
云南省	昆明	安宁市、呈贡区、富民县、晋宁县、东川区、官渡区、盘龙区、西山区、禄劝彝族苗族自治县、石林彝族自治县、嵩明县、寻甸回族彝族自治县、宜良县	393 128	1 777	10 322	21 361
云南省	玉溪	澄江县、峨山彝族自治县、华宁县、江川县、通海县、新平彝族傣族自治县、易门县、玉溪市红塔区、元江哈尼族彝族傣族自治县	270 416	36 545		
云南省	曲靖	富源县、会泽县、陆良县、罗平县、马龙县、麒麟区、师宗县、宣威市、沾益县	495 834	2 493	118	173 245
云南省	大理	宾川县、大理市、洱源县、鹤庆县、剑川县、弥渡县、南涧彝族自治县、巍山彝族回族自治县、祥云县、漾濞彝族自治县、永平县、云龙县	363 335	5 604	145 308	
云南省	楚雄	楚雄市、大姚县、禄丰县、牟定县、南华县、双柏县、武定县、姚安县、永仁县、元谋县	551 336	5 794	6 254	
云南省	红河	个旧市、河口瑶族自治县、红河县、建水县、金平苗族瑶族傣族自治县、开远市、泸西县、绿春县、蒙自县、弥勒县、屏边苗族自治县、石屏县、元阳县	312 869	177 966		
云南省	普洱	江城哈尼族彝族自治县、景东彝族自治县、景谷傣族彝族自治县、澜沧拉祜族自治县、孟连傣族拉祜族佤族自治县、墨江哈尼族自治县、宁洱哈尼族彝族自治县、思茅区、西盟佤族自治县、镇沅彝族哈尼族拉祜族自治县	183 180	559 080	32 066	

续表

省名	地/市/州	区/县	耕地面积/hm²			
			Ⅰ区	Ⅱ区	Ⅲ区	Ⅳ区
云南省	昭通	大关县、鲁甸县、巧家县、彝良县、永善县、昭通市昭阳区、镇雄县	195	91	25	304 829
云南省	文山	富宁县、广南县、麻栗坡县、马关县、丘北县、文山县、西畴县、砚山县	348 738	317 848		
云南省	保山	保山市、昌宁县、龙陵县、施甸县、腾冲县	258 477	64 048	4 889	
云南省	丽江	华坪县、宁蒗彝族自治县、永胜县	9 116		246 817	
云南省	临沧	沧源佤族自治县、凤庆县、耿马傣族佤族自治县、临翔区、双江拉祜族佤族布朗族傣族自治县、永德县、云县、镇康县	331 256	182 050		
云南省	德宏	梁河县、陇川县、芒市、瑞丽市、盈江县	123 018	118 133	2 461	
四川省	凉山	布拖县、德昌县、会东县、会理县、金阳县、雷波县、美姑县、冕宁县、木里藏族自治县、宁南县、普格县、西昌市、喜德县、盐源县、越西县、昭觉县	26 202	22 242	540 936	371 542
四川省	攀枝花	米易县、仁和区、盐边县	7 966		130 399	
贵州省	黔西南	普安县、晴隆县、兴仁县、兴义市	227 218	2 808	3 317	15 706
贵州省	毕节	毕节市、赫章县、威宁彝族回族苗族自治县				250 988
贵州省	六盘水	六枝特区、盘县、水城县	75 892	2 206		153 808

（二）能力与潜力

表 7-12 是根据土地利用图和清香型亚区图叠加分析后统计的不同清香型亚区的耕地面积。根据表 7-12，清香型亚区中云南省面积最大，为 440 万 hm²，福建省、四川省、贵州省清香型烤烟种植区耕地面积分别为 110 万 hm²、83 万 hm²、7 万 hm²。

表 7-12　清香型亚区种植潜力　　　　　（单位：万 hm²）

省名	清香型Ⅰ区	清香型Ⅱ区	清香型Ⅲ区	清香型Ⅳ区	清香型Ⅴ区
云南	243.79	120.23	33.68	42.68	
四川			50.01	33.97	
贵州	3.03			4.22	
福建					101.90
合计	246.82	120.23	83.69	80.87	101.90

（三）生态分区的可能偏差

烤烟香型分区的偏差：现有研究尚缺乏烟草行业认可的烤烟香型分布图，本书以生态决定特色为基本研究思路，选择对烤烟风格影响最大的气象因子作为生态指标，采用判别分析方法对全国烤烟进行香型区域划分，区域的合理性需要更多的研究来验证。

判别分析的本质是概率论，假如，某个产区根据其气象数据计算的清香型概率为 49%，中间香型的概率为 51%，该产区被判断为中间香型。这种情况和云南昭通、吉林、辽宁等部分区域非常接近，虽然以气象因子为唯一数据源建立的判别方程计算结果如此，然而，气象因子不是唯一的生态因子，土壤、地形地貌等因子也会对烤烟风格产生影响，况且品种和栽培措施对烤烟风格彰显也会发生作用，烤烟香型分布区域出现偏差是难免的，对香型分布的认识需要一个过程。

本书的烤烟香型分区是以当前烤烟的生育期和 30 年平均气象数据为基础计算的结果，随着全球气候变化（变暖），即使使用相同生育期和判别方程，也会产生新的烤烟香型分区，烤烟香型分布图是一个历史的过程。

移栽期对烤烟香型划分的影响：本书在烤烟香型计算过程中，移栽期使用产区实际农事操作的时间。对于同一产区，移栽期不同的情况下，烤烟生长季的气象资源分配不同，表现为烤烟生长的各生育期各气象因子的数据统计量不同。这种由于移栽期改变形成的气象资源分配不同产生的差异是否足够引起烤烟香型判别的结果产生差异，本研究针对福建省的气象数据做了试探性计算。福建烤烟产区移栽期设定为 2～3 月，模型计算出来的烤烟香型为清香型；如果把移栽期调整为 5 月，模型计算出来的烤烟香型为浓香型。福建烟区把移栽期调整到 5 月，是否种植出来的烤烟为浓香型，需要更多的研究来证实。不过，移栽期改变导致气象资源分配的差异，对烤烟品种的选择、烤烟烟叶物质积累、香气物质的合成会产生影响，影响程度是否达到香型改变，还需要更多的研究。

影响烤烟香型的气象因子：本书采用逐步判别分析方法，筛选出 10 个气象因子，其中温度因子 3 个、日照因子 4 个、降水因子 2 个、湿度因子 1 个。从生育期来看，移栽期 2 个因子，旺长期 2 个因子，成熟期有 6 个因子。从气象因子的角度，温度和日照时数在烤烟香型判别中发挥的作用更大，累积贡献率分别为 74.8%、15.6%；从生育期的角度，成熟期是最关键的时期。

参 考 文 献

毕淑峰, 朱显灵, 马成泽. 2007. 逐步判别分析在中国烤烟香型鉴定中的应用. 热带作物学报, 27(4): 104-107.

曹升赓. 1964. 江西地区红壤性水稻土形成的特点. 土壤学报, 2: 4.

常庆瑞, 冯立孝. 1999. 陕西汉中土壤氧化铁及其发生学意义研究. 土壤通报, 30(1): 14-16.

常寿荣, 吴涛, 罗华元, 等. 2010. 烤烟品种、部位及生态环境对烟叶致香物质的影响. 云南农业大学学报(自然科学版), 25(1): 58-62.

陈传孟, 陈继树, 谷堂生, 等. 1997. 南岭山区不同海拔烤烟品质研究. 中国烟草科学, (4): 8-12.

陈峰, 韩成云, 任春梅. 2010. 植物 WRKY 转录因子的分子生物学功能. 湖南农业科学, (19): 30-33.

陈瑞泰. 1989. 烟草种植区划. 济南: 山东科学技术出版社.

陈若星, 杨虹琦, 赵松义, 等. 2012. 土壤类型对烤烟生长及品质特征的影响. 中国烟草科学, 33(6): 33-38.

陈顺辉, 李文卿, 江荣风, 等. 2003. 施氮量对烤烟产量和品质的影响. 中国烟草学报, 9(B11): 36-40.

陈伟, 蒋卫, 梁贵林, 等. 2012. 光质对烤烟生长发育、主要经济性状和品质特征的影响. 生态环境学报, 20(12): 1860-1866.

陈伟, 蒋卫, 邱雪柏, 等. 2011. 光质对烟叶光合特性、类胡萝卜素和表面提取物含量的影响. 生态学报, 31(22): 6877-6885.

陈莹, 彭安. 1999. 稀土元素分馏作用研究进展. 环境科学进展, 7(1): 10-17.

陈永明, 陈建军, 邱妙文. 2010. 施氮水平和移栽期对烤烟还原糖及烟碱含量的影响. 中国烟草科学, 31(1): 34-36.

陈钊, 魏子全, 张骞, 等. 2011. 移栽期对烤烟品种龙江 851 生长规律的影响. 现代化农业, (8): 25-28.

程月琴, 杨林章, 孔荔玺, 等. 2008. 植稻年限对土壤铁锰氧化物的影响. 土壤, 40(5): 784-791.

崔保伟, 陆引罡, 张振中, 等. 2008. 烤烟生长发育及化学品质对水分胁迫的响应. 河南农业科学, (11): 55-58.

戴冕, 冯福华, 周会光. 1985. 光环境对烟草叶片的若干生理生态影响. 中国烟草, (1): 5-9.

戴冕. 1981. 烟草植物体中的烟碱(Nicotine)积累. 中国烟草, 1: 40-45.

戴冕. 2000. 我国主产烟区若干气象因素与烟叶化学成分关系的研究. 中国烟草学报, 1:27~34

戴亚, 施春华, 唐宏, 等. 2001. 烟草多酚氧化酶的分离提纯及性质研究. 中国烟草学报, 7(4): 7-12.

邓力超, 屠乃美. 2008. 烟草水分生理的研究进展. 作物研究, 21(5): 705-709.

邓铁金, 丁贤茂, 樊友安. 1980. 红壤新开稻田黄叶黑根的研究. 土壤通报, 4: 8.

邓小华. 2007. 湖南烤烟区域特征及质量评价指标间关系研究. 湖南农业大学博士学位论文.

丁金玲, 段承俐, 文国松, 等. 2005. 氮素用量对 K326 生理生化特性的影响. 云南农业大学学报, 20(2): 204-208.

丁瑞康. 1958. 卷烟工艺学. 北京: 食品工业出版社.

丁维新. 1990. 土壤中稀土元素总重含量及分布. 稀土, 1: 42-46.

丁燕芳, 李亚培, 张小全, 等. 2012. 基因型、环境及其互作对烤烟主要致香成分的影响. 西北农业学报, 21(3): 97-102.

窦玉青, 汤朝起, 王平, 等. 2009. 闽西、赣中不同香型烤烟主要化学成分对吸食品质的影响. 烟草科技, (11): 15-20.

杜娟. 2011. 曲靖清香型烤烟风格形成的土壤因素和烟叶品质特点分析. 河南农业大学硕士学位论文.

杜咏梅, 郭承芳. 2000. 水溶性糖、烟碱、总氮含量与烤烟吃味品质的关系研究. 中国烟草科学, 21(1): 7-10.

段玉琪, 金磊, 杨宇虹, 等. 2011. 短日照对烤烟花芽分化及生物学性状的影响. 中国农业科技导报, 13(3): 108-112.

范幸龙, 周冀衡, 周越, 等. 2014. 夜间保温对高海拔烤烟主要香气前体物及挥发性香气物含量的影响. 烟草科技, (9): 33-38.

冯跃华, 张杨珠, 邹应斌, 等. 2006. 井冈山土壤发生特性与系统分类研究. 土壤学报, 42(5): 720-729.

符云鹏, 刘国顺, 高致明. 1996. 土壤水分对香料烟发育及某些生理生化特性的影响. 河南农业大学学报, (2): 154-159.

高华军, 汪耀富, 邵孝侯. 2005. 烤烟节水灌溉的研究进展. 节水灌溉, (5): 34-125.

高华军. 2006. 烤烟节水灌溉制度与优化灌溉指标研究. 河南农业大学硕士学位论文.

宫长荣, 李艳梅, 杨立均. 2003. 水分胁迫下离体烟叶中脂氧合酶活性、水杨酸与茉莉酸积累的关系. 中国农业科学, 36(3): 269-272.

顾也萍, 黄宣正, 胡罗生, 等. 1991. 黄山土壤的特性及分类. 土壤, 23(5): 246-252.

郭汉华, 易建华, 孙在军. 2004. 低温胁迫对烟苗光合作用的后续影响. 烟草科技, (4): 31-33.

郭振升, 崔保伟, 陆引罡. 2012. 不同生育期水分胁迫对烤烟生长发育及化学品质的影响. 广东农业科学, 39(6): 41-44.

过伟民, 张艳玲, 蔡宪杰, 等. 2011. 光质对烤烟品质及光合色素含量的影响. 烟草科技, 9: 65-70.

韩富根, 沈铮, 李元实, 等. 2009. 施氮量对烤烟物理性状和香气质量的影响. 湖南农业大学学报(自然科学版), 35(1): 53-57.

韩富根, 宋鹏飞, 董祥洲, 等. 2010. 延边烟区不同土壤的根际土壤微生物生态效应研究. 土壤 (Soils), 42(1): 33-38.

韩锦峰. 1996. 烟草栽培生理. 北京: 中国农业出版社.

韩锦峰, 刘维群, 杨素勤, 等. 1993. 海拔高度对烤烟香气物质的影响. 中国烟草, (3): 1-3.

韩锦峰, 汪耀富. 1994. 干旱胁迫对烤烟化学成分和香气物质含量的影响. 中国烟草, (1): 35-38.

韩锦峰, 汪耀富, 岳翠凌, 等. 1994. 干旱胁迫下烤烟光合特性和氮代谢研究. 华北农学报, 9(2): 39-45.

韩锦峰, 汪耀富, 张新堂. 1992. 土壤水分对烤烟根系发育和根系活力的影响. 中国烟草, (3): 14-17.

韩锦峰, 汪耀富, 钱晓刚, 等. 2003. 烟草栽培生理. 北京: 中国农业出版社.

何群, 陈家坊. 1983. 土壤中游离铁和络合态铁的测定. 土壤, 15(6): 156-242.

贺升华. 2001. 烤烟气象. 昆明: 云南科技出版社.

侯小东, 刘新民, 杜咏梅, 等. 2013. 曲靖土壤类型分布及养分特征. 中国烟草科学, 34(1): 45-50.

侯小改, 段春燕, 刘素云, 等. 2007. 不同土壤水分条件下牡丹的生理特性研究. 华北农学报, 22(3):

80-83.

胡国松, 郑伟, 王震东, 等. 2000. 烤烟营养原理. 北京: 科学出版社.

胡钟胜, 杨春江, 施旭, 等. 2012. 烤烟不同移栽期的生育期气象条件和产量品质对比. 气象与环境学报, 28(2): 66-70.

黄成江, 张晓海, 李天福, 等. 2007. 植烟土壤理化性状的适宜性研究进展. 中国农业科技导报, 9(1): 42-46.

黄成敏, 龚子同. 2000. 土壤发育过程中稀土元素的地球化学指示意义. 中国稀土学报, 18(2): 150-155.

黄勇, 周冀衡, 郑明, 等. 2009. UV-B 对烟草生长发育及次生代谢的影响. 中国生态农业学报, 17(1): 140-144.

黄镇国. 1996. 中国南方红色风化壳. 北京:海洋出版社.

黄镇国, 张伟强, 陈俊鸿, 等. 1996. 中国南方红色风化壳. 北京: 海洋出版社: 119-121.

黄中艳, 范立张, 朱勇, 等. 2009. 基于 GIS 和烟叶品质的云南烤烟种植气候分区. 中国农业气象, 30(3): 370-374.

黄中艳, 朱勇, 邓云龙, 等. 2008. 云南烤烟大田期气候对烟叶品质的影响. 中国农业气象, 29(4): 440-445.

黄中艳, 朱勇, 王树会, 等. 2007. 云南烤烟内在品质与气候的关系. 资源科学, 29(2): 83-90.

惠伯棣. 2005. 类胡萝卜素化学及生物化学. 北京: 中国轻工业出版社.

季学军, 张国, 王道支, 等. 2011. 皖南不同土壤类型烤烟抗氧化能力差异分析. 中国烟草科学, 32(6): 26-31.

贾峰, 徐文, 刘卫群, 等. 2011. 温度与光照强度对烤烟番茄红素 β-环化酶基因表达的影响. 植物生理学报, 47(2): 189-192.

贾光林, 黄林芳, 索风梅, 等. 2012. 人参药材中人参皂苷与生态因子的相关性及人参生态区划. 植物生态学报, 36(4): 302-312.

简永兴, 杨磊, 谢龙杰, 等. 2005. 种植海拔对烤烟石油醚提取物及常规化学成分的影响. 烟草科技, (7): 3-6.

荐春晖, 袁治理, 刘荣田, 等. 2012. 不同移栽期对烤烟产量和质量的影响. 江西农业学报, 24(10): 83-84.

江力, 曹树青, 戴新宾, 等. 2005. 光强对烟草光合作用的影响. 中国烟草学报, 33(2): 338-343.

金磊, 晋艳, 周冀衡, 等. 2008. 烟草早花机理及控制的研究进展. 中国烟草学报, 14(1): 58-62.

晋艳, 杨宇虹, 华水金, 等. 2007. 低温胁迫对烟草保护性酶类及氮和碳化合物的影响. 西南师范大学学报(自然科学版), 32(3): 74-79.

柯学, 李军营, 李向阳, 等. 2011. 不同光质对烟草叶片生长及光合作用的影响. 植物生理学报, 47(5): 512-520.

柯学, 李军营, 徐超华, 等. 2012. 不同光质对烟草叶片组织结构及 Rubisco 羧化酶活性和 rbc、rca 基因表达的影响. 植物生理学报, 48(3): 251-259.

柯用春, 王建伟, 周凌云, 等. 2005. 土壤中水分对金银花品质的影响. 中草药, 36(10): 1557-1558.

雷东锋, 冯怡, 梅建生, 等. 2003. 烟草中多酚氧化酶的特征分析及应用展望. 中国烟草科学, 2: 1-4.

黎妍妍, 林国平, 李锡宏, 等. 2009. 湖北烤烟非挥发性有机酸含量及其与海拔高度的关系分析. 中国烟草科学, 30(6): 53-56.

李春艳, 宋清晓, 刘建宁, 等. 2010. 东方山羊豆肌醇-1-磷酸合酶基因的克隆与分析. 家畜生态学报, 31(5): 17-22.

李丹丹, 叶为民, 张延军, 等. 2011. 清香型原料产区烟叶主要化学成分变异分析. 广东农业科学, 38(19):33-35,62.

李德文, 崔之久. 2002. 湘桂黔滇藏红色岩溶风化壳的发育模式. 地理学报, 57(3): 293-300.

李德玉, 张保全, 黄广华, 等. 2014. 不同海拔垂直性地带烤烟品质的差异比较——以云南省曲靖市为例. 土壤通报, 45(6): 1305-1312.

李国芸. 2008. 水分胁迫对香料烟生理特性及品质的影响. 河南农业大学硕士学位论文.

李国芸, 李志伟, 甄焕菊, 等. 2007. 水分胁迫条件下烟草生理生化响应研究进展. 中国农学通报, 23(9): 298.

李继新, 袁有波, 苏贤坤, 等. 2008. 土壤水分对烤烟耗水特征及烟叶产量和品质的影响. 河海大学学报 (自然科学版), 36(4): 520-524.

李进平, 陈振国, 杨艳华, 等. 2007. 水分条件对烤烟生理指标的影响及适宜土壤水分指标研究. 灌溉排水学报, 26(1): 94-186.

李军营, 李大肥, 杨宇虹, 等. 2009. 烤烟幼苗响应温度胁迫的部位差异. 烟草科技, (11): 52-55.

李觅, 李天福, 杨焕文, 等. 2008. 弱光胁迫对不同烤烟品种生理效应的影响. 云南农业大学学报(自然科学版), 23(6): 759-764.

李敏, 杨天旭, 严锦申, 等. 2010. 烟草水肥耦合的研究进展. 天津农业科学, (4): 96-98.

李鹏飞, 周冀衡, 张建平. 2009. 烤烟成熟期土壤水分状况对烟叶挥发性香气物质及主要化学成分的影响. 中国烟草学报, 15(3): 44-45.

李鹏志, 罗贞宝, 胡玮, 等. 2011. 调光膜对烤烟漂浮育苗烟苗生长及生理的影响. 中国烟草科学, 32(6): 63-66.

李文卿, 陈顺辉, 柯玉琴, 等. 2013. 不同播栽期对烤烟生长发育及烤后烟叶质量风格的影响. 中国烟草学报, 19(4): 48-40.

李文卿, 陈顺辉, 李春俭, 等. 2010. 不同施氮水平对翠碧 1 号烤烟产质量的影响. 中国农学通报, 26(4): 142-146.

李文卿, 陈顺辉, 李春俭, 等. 2012. 不同施氮水平下烤烟多酚含量与烤后烟叶化学指标关系研究. 中国农学通报, 28(3): 282-289.

李学恒. 2001. 土壤化学. 北京: 高等教育出版社.

李亚培, 曹景林, 程君奇, 等. 2014. 生态与品种互作对烤烟新品系经济性状的影响. 中国农学通报, 30(1): 193-199.

李玉潜, 谢九生, 谭中文. 1995. 甘蔗叶片碳、氮代谢与产量、品质关系研究初探. 中国农业科学, 28(4): 46-53.

李章海, 王能如, 王东胜, 等. 2009. 不同生态尺度烟区烤烟香型风格的初步研究. 中国烟草科学, 30(5): 67-70.

李志刚. 2011. 烤烟不同香型烟叶质量特点及判别分析. 河南农业大学硕士学位论文.

李自强, 刘新民, 董建新, 等. 2010. 罗平县海拔高度和土壤类型与烟叶化学成分的关系. 中国烟草科学,

31(5): 44-48.

刘炳清, 翟欣, 许自成, 等. 2014. 贵州乌蒙烟区清甜香烤烟风格的区域分布及其气候特征分析. 河南农业大学学报, 48(5): 542-549.

刘德玉, 李树峰, 罗德华, 等. 2007. 移栽期对烤烟产量、质量和光合特性的影响. 中国烟草学报, 13(3): 40-46.

刘国顺. 2003a. 烟草栽培学. 北京: 中国农业出版社: 212.

刘国顺. 2003b. 烟草栽培学 EM3. 北京: 中国农业出版社: 224-227.

刘国顺, 乔新荣, 王芳, 等. 2007. 光照强度对烤烟光合特性及其生长和品质的影响. 西北植物学报, 27(9): 1833-1837.

刘国顺, 杨兴友, 位辉琴, 等. 2006. 光照强度对烤烟漂浮育苗成苗素质的影响. 烟草科技, (8): 51-54.

刘建新, 王鑫, 杨建霞. 2006. 覆草对果园土壤腐殖质组成和生物学特性的影响. 水土保持学报, 19(4): 93-95.

刘江, 黄成江, 李天福, 等. 2008. 有机肥与施氮量对烤烟生长发育的影响. 作物研究, 22(3): 178-180.

刘金霞, 李元实, 黄飞, 等. 2012. 不同香型烤烟化学成分含量的差异研究. 河南农业科学, 41(9): 50-52.

刘敏, 李荣贵, 范海, 等. 2007. UV-B 辐射对烟草光合色素和几种酶的影响. 西北植物学报, 27(2): 291-296.

刘鹏飞, 段宾宾, 韩富根, 等. 2012. 不同土壤类型对烤烟色素及其降解产物的影响. 西北农林科技大学学报(自然科学版), 40(5): 69-73.

刘荣森. 2007. 烤烟游离氨基酸的研究. 湖南农业大学硕士学位论文.

刘树杰. 1985. 土壤水分与烟草生长发育和产量品质的关系. 中国烟草, (3): 14-17.

刘霞, 张毅, 刘国顺, 等. 2008. 施氮量对烤烟中性致香物质含量的影响. 中国农学通报, 24(3): 200-204.

刘燕, 于良君, 赵正雄, 等. 2013. 高海拔地区烟田不同地膜管理的效果比较. 中国烟草学报, (6): 65-70.

刘玉青, 邵孝侯, 汪耀富, 等. 2006. 烟草适度亏水效应与生理灌溉指标研究. 河海大学学报 (自然科学版), 34(6): 11.

刘贞琦, 伍贤进, 刘振业. 1995. 土壤水分对烟草光合生理特性影响的研究. 中国烟草学报, 2(3): 44-49.

陆继锋, 龚跃平. 1999. 土壤湿度对香料烟叶片水分代谢影响的研究. 中国烟草科学, 2: 24-115.

罗勇, 陈永安, 潘文杰, 等. 2012. 气候与土壤对烤烟香气前体物和香型风格的影响. 贵州农业科学, 40(12): 76-79.

罗占春, 杜伟, 张卫星. 2009. 土壤水分与烟草生长发育和生理代谢的相关研究进展. 山地农业生物学报, 28(5): 446-451.

马德华, 庞金安. 1999. 黄瓜对不同温度逆境的抗性研究. 中国农业科学, 32(5): 28-35.

马二登, 李军营, 马俊红, 等. 2013. 土壤类型和有机无机肥配施比例对烟叶产质量的影响. 安徽农业科学, 41(35): 13546-13549.

莫建国, 唐远驹, 汪圣洪, 等. 2012. 贵州烤烟大田期可用日数与利用分析. 中国烟草科学, 33(1): 37-42.

牛路路. 2013. 不同海拔条件下毕节烤烟叶片组织结构及其碳氮代谢规律研究. 河南农业大学硕士学位论文.

牛育华, 李仲谨, 郝明德, 等. 2009. 植物硼素的作用机理及其研究进展. 安徽农业科学, 37(36): 17865-17867.

欧阳光察, 薛应龙. 1988. 植物苯丙烷类代谢的生理意义及其调控. 植物生理学通讯, 24(3): 9-16.

潘耀忠, 龚道溢, 邓磊, 等. 2004. 基于 DEM 的中国陆地多年平均温度插值方法. Acta Geographica Sinica, 59(3): 366-374.

逢涛, 林茜, 李勇. 2013. 云南烟区不同土壤类型对主栽品种烤烟主要化学成分的影响. 西南农业学报, 26(6): 2576-2580.

彭新辉, 易建华, 周清明. 2009. 气候对烤烟内在质量的影响研究进展. 中国烟草科学, 30(1): 68-72.

彭新辉. 2009. 土壤和气候及其互作对湖南优质烟区烤烟品质的影响. 湖南农业大学博士学位论文.

彭振兴, 徐向丽, 徐双红, 等. 2012. 弱光胁迫对云南烤烟碳水化合物代谢的影响. 安徽农业科学, 40(3): 1365-1367.

蒲文宣, 易建华, 孙在军, 等. 2008. 双转光膜对棚温及烟苗生长与生理特性的影响. 中国农学通报, 24(9): 407-411.

浦吉存, 陈坚, 李素华. 2006. 合理利用气候资源, 促进烤烟优质适产. 广西气象, 27(3): 45-49.

齐飞, 刘国顺, 史宏志, 等. 2011. 移栽期对烤烟化学成分及成熟烟叶组织结构的影响. 中国烟草学报, 17(3): 37-41.

齐永杰, 徐锦锦, 梁伟. 2008. 干旱胁迫对烟草腺毛密度及叶面分泌物的影响. 广东农业科学, (6): 39-41.

秦敏, 张文杰. 2008. 种植烤烟的气候条件分析. 黑龙江气象, 9(25 增刊): 32.

冉法芬, 王海涛, 许自成. 2009. 不同移栽期和土壤类型对烤烟品种 NC89 品质的影响. 江西农业学报, 21(11): 24-26.

任永浩, 马常力. 1994. 不同根际 pH 值下烤烟香气化学成分的研究. 华南农业大学学报, 15(1): 127-132.

阮海华. 2007. 植物 PP2C 蛋白磷酸酶负调控 ABA 信号转导途径研究进展. 安徽农业科学, 35(3): 652-653.

邵丽, 晋艳. 2002. 生态条件对不同烤烟品种烟叶产质量的影响. 烟草科技, (10): 40-45.

邵岩. 2006. 云南省烤烟轮作规划研究. 北京: 科学出版社.

邵岩. 2008. 基于 GIS 的云南烤烟种植生态适宜性区划. 湖南农业大学博士学位论文.

邵岩. 2009. 基于 GIS 的云南烤烟种植区划研究. 北京: 科学出版社.

沈笑天. 2008. 南阳烟区土壤生态与烟叶质量关系的研究. 河南农业大学博士学位论文.

沈永明, 杨劲松, 曾华, 等. 2008. 互花米草盐沼湿地土壤腐殖质的空间分布特征. 农业环境科学学报, 27(6): 2279-2284.

时向东, 王林枝, 满晓丽, 等. 2013. 不同光质对烤烟漂浮育苗中烟苗生长发育及光合特性的影响. 中国烟草学报, (1): 43-46.

史宏志. 1998. 烟草香味学. 北京: 中国农业出版社.

史宏志, 韩锦峰. 1999. 红光和蓝光对烟叶生长、碳氮代谢和品质的影响. 作物学报, 25(2): 215-220.

史宏志, 刘国顺. 1995. 烟草香味学. 北京: 中国农业出版社.

史宏志, 李志, 刘国顺, 等. 2009. 皖南不同质地土壤烤后烟叶中性香气成分含量及焦甜香风格的差异. 土壤, (6): 980-985.

宋碧清, 郑昀晔, 马文广, 等. 2013. 光照强度对光敏感型和光不敏感型烟草种子发芽的影响. 中国烟草科学, 34(5): 72~77.

苏德成. 2005. 中国烟草栽培学. 上海: 上海科学技术出版社.

孙国荣,阎秀峰,刘波，等．2002．烤烟旺长期气孔和非气孔限制对水分胁迫的反应.植物研究,22(2):179-183.

孙坤, 穆春生, 郑朝春, 等.1991.不同颜色光对烟草种子萌发的影响. 烟草科技, 6: 45-46.

孙梅霞, 陈义红.2002.烤烟不同水分条件下成熟期叶片植物学特性. 安徽农业科学,30(4): 604-1504.

孙晓伟.2015.毕节不同海拔条件对烤烟风格的响应. 中国烟草学报,20(6): 85-89.

孙晓伟, 赵铭钦, 翟欣, 等.2014.不同海拔烤烟游离氨基酸含量变化及其与感官质量关系. 西南农业学报, 27(5): 1912-1918.

孙在军, 易建华, 刘建福, 等.2008.双转光地膜对烟草生长与生理特性及地温的影响. 中国生态农业学报, 16(1): 155-159.

谭冬梅.2007.干旱胁迫对新疆野苹果及平邑甜茶生理生化特性的影响. 中国农业科学, 40(5): 980-986.

谭琨岭, 胡明瑜, 李先碧, 等.2009.棉花中一个钝叶醇 14α-脱甲基酶基因同源基因 (*GhCYP51G1*) 的克隆、序列特征和表达分析. 作物学报, 35(7): 1194-1201.

谭秀兰, 张山清, 李翔娟, 等.2012.基于 DEM 的乌鲁木齐地区气温时空变化分析. 干旱气象, 30(4): 593-599.

谭子笛, 陈建军, 吕永华, 等.2012.不同播期对烤烟品种烟叶主要化学成分及其经济性状的影响. 西南农业学报, 25(1): 91-96.

汤云峰, 尹力初, 周冀衡, 等.2009.不同水分条件和钾肥形态对烤烟生长及含钾量的影响. 湖南农业科学, (2): 64-66.

唐圣钧, 程志刚, 王东海, 等.2015.基于 DEM 的贵州山区气温和降水推算方法研究. 西南大学学报(自然科学版) ISTIC, 37(1): 128-137.

唐远驹.2008.烟叶风格特色的定位. 中国烟草科学, 29(3): 1-5.

唐远驹.2011.关于烤烟香型问题的探讨. 中国烟草科学, 32(3): 1-7.

万小荣, 李玲.2002.植物的 MYB 蛋白. 植物生理学通讯, 38(2): 165-170.

汪耀富, 王廷晓.1994.干旱胁迫下烤烟叶片水分代谢研究. 河南农业大学学报, 28(1): 50-54.

汪耀富, 王子杰.1994.土壤干旱对烤烟生长的影响及机理研究. 河南农业大学学报, 28(3): 250-256.

汪耀富, 高华军, 刘国顺, 等.2005.不同基因型烤烟叶片致香物质含量的对比分析. 中国农学通报, 21(5): 117-120.

汪耀富, 高华军, 刘国顺, 等.2006.氮、磷、钾肥配施对烤烟化学成分和致香物质含量的影响. 植物营养与肥料学报, 12(1): 76-81.

汪耀富, 孙德梅, 徐传快, 等.2004.干旱胁迫下烤烟养分含量与干物质积累关系的研究. 中国烟草学报, 10(3): 29-33.

王爱华, 王松峰, 宫长荣.2005.氮素用量对烤烟上部叶片多酚类物质动态的影响. 西北农林科技大学学报 (自然科学版), 33(3): 56-60.

王博.2009.气候因子对小麦品质的影响及贵州小麦品质区划. 贵州大学硕士学位论文.

王程栋, 王树声, 胡庆辉.2012.干旱胁迫对烤烟叶肉细胞超微结构的影响. 中国农学通报, 28(7): 104-108.

王广山, 陈卫华.2001.烟碱形成的相关因素分析及降低烟碱技术措施. 烟草科技, (2): 38-41.

王鹏翔.2008.干旱胁迫对烤烟形态结构, 主要生理指标及化学成分的影响. 贵州大学硕士学位论文.

王瑞新. 2003. 烟草化学. 北京: 中国农业出版社.

王世英, 卢红, 杨骥. 2007. 不同种植海拔高度对曲靖地区烤烟主要化学成分的影响. 西南农业学报, 20(1): 45-48.

王树会, 刘青丽. 2013. 云南主要植烟土壤不同土层氮矿化研究. 中国土壤与肥料, (1): 14-19.

王文超, 贺帆, 徐成龙, 等. 2012. 光质对烤烟成熟过程中碳水化合物和部分酶活性及其生长的影响. 西北植物学报, 32(10): 2089-2094.

王彦亭, 谢剑平, 李志宏. 2010. 中国烟草种植区划. 北京: 科学出版社.

王益奎, 李鸿莉, 王军, 等. 2005. 烟草水分胁迫研究进展. 中国烟草科学, 26(4): 33-36.

王逸群, 周发俊, 曾少娇. 2008. 淹水对烟草叶肉细胞伤害的超微结构观察. 重庆科技学院学报(自然科学版), 10(3): 35-37.

王毅, 钟楚, 陈宗瑜, 等. 2010. UV-B 辐射对烟草(Nicotiana tobacum)叶片总多酚含量和 PPO 活性的影响. 中国烟草学报, 16(1): 49-57.

王玉琦, 孙景信. 1991. 土壤中稀土元素的含量和分布. 环境科学, 12(5): 51-54.

王峥嵘, 魏建荣, 周兴华, 等. 2011. 不同光照强度对烤烟生长及品质的影响. 云南农业大学学报(自然科学版), 26(12): 14-20.

王中刚, 于学元, 赵振华. 1989. 稀土元素地球化学. 北京: 科学出版社.

韦成才, 马英明, 艾绥龙, 等. 2004. 陕南烤烟质量与气候关系研究. 中国烟草科学, (3): 38-41.

魏永胜, 梁宗锁. 2001. 钾与提高作物抗旱性的关系. 植物生理学通讯, 37(6): 576-580.

文锦芬, 柯学, 徐超华, 等. 2012. 光质对烟草叶片生长发育过程中抗氧化系统的影响. 西北植物学报, 31(9): 1799-1804.

邬春芳, 李军营, 李向阳, 等. 2011. 不同颜色薄膜遮光对烟草生长期质体色素含量的影响. 中国烟草学报, 17(6): 48-53.

吴丛锋, 陈颐, 裴晓东, 等. 2013. 增温补光育苗对浓香型烤烟大田生长和理化指标的影响. 作物研究, 27(6): 597-602.

吴凯, 周晓阳. 2007. 环境胁迫对植物超微结构的影响. 山东林业科技,(3): 80-83.

吴韶辉, 蔡妙珍, 石学根. 2010. 高温对植物叶片光合作用的抑制机理. 现代农业科技, (15): 16-18.

吴云平, 朱信, 王瑞, 等. 2011. 利用弱光延长光照时间对温室烟苗光合作用与生长的影响. 中国烟草学报, 17(5): 59-63.

伍贤进. 1994. 土壤水分对烤烟产量和化学成分的影响. 怀化师专学报, 13(1): 82-85.

伍贤进. 1998. 土壤水分对烤烟某些生理特性影响的研究. 吉林农业大学学报, 20(2): 22-25.

伍贤进, 白宝璋. 1997. 土壤水分对烤烟生理活动和产量品质的影响. 农业与技术, 6: 44-135.

向德恩, 时鹏, 申国明, 等. 2011. 不同移栽期对恩施烤烟产量和质量的影响. 中国烟草科学, 32(1): 57-62.

肖春生, 陈颐, 钟越峰, 等. 2013. 不同比例红蓝光对烟苗生长及碳氮代谢的影响. 中国农学通报, 29(22): 160-166.

肖金香. 1989. 气候生态因素对烤烟覆盖不同地膜的生育及产质形成的影响. 江西农业大学学报, 11(4): 31.

肖金香, 刘正和, 王燕, 等. 2003a. 气候生态因素对烤烟产量与品质的影响及植烟措施研究. 中国生态农业学报, 11(4): 158-160.

肖金香, 王燕, 李晖, 等. 2003b. 遮阳网覆盖对烤烟生长及产量的影响研究. 中国生态农业学报, 11(4): 152-154.

熊德中, 曾文龙. 1995. 福建主要烟区土壤肥力状况的研究. 土壤通报, 26(3): 117-119.

徐超华, 李军营, 崔明昆, 等. 2013. 延长光照时间对烟草叶片生长发育及光合特性的影响. 西北植物学报, 33(4): 763-770.

徐芬芬, 曾晓春, 叶利民. 2008. 环境条件对植物叶片气孔的影响. 安徽农学通报, (7): 38-41.

徐晓燕, 孙五三. 2003. 烟草多酚类化合物的合成与烟叶品质的关系. 中国烟草科学, 24(1): 3-5.

徐迎春, 张佳宝, 蒋其鳌, 等. 2006. 水分胁迫对忍冬生长与金银花质量的影响. 中药材, 29(5): 420-423.

徐照丽. 2008. 云南生态环境与云南烤烟香气品质关系的探讨. 中国农学通报, 24(8): 196-200.

许振柱, 周广胜. 2004. 植物氮代谢及其环境调节研究进展. 应用生态学报, 15(3): 511-516.

许自成, 黎妍妍, 肖汉乾, 等. 2008. 湘南烟区生态因素与烤烟质量的综合评价. 植物生态学报, 32(1): 226-234.

闫克玉. 2003. 烟叶分级. 北京: 中国农业出版社.

颜合洪, 赵松义. 2001. 生态因子对烤烟品种发育特性的影响. 中国烟草科学, 22(2): 15-18.

颜合洪. 2005. 水分条件对烤烟主要化学成分的影响研究. 中国生态农业学报, 13(1): 101-103.

杨红旗. 2005. 中国烤烟主要香气前体物的研究. 湖南农业大学博士学位论文.

杨虹琦, 周冀衡, 杨述元, 等. 2005. 不同产区烤烟中主要潜香型物质对评吸质量的影响研究. 湖南农业大学学报(自然科学版), 31(1): 11-14.

杨继松, 于君宝, 刘景双, 等. 2006. 三江平原典型湿地土壤腐殖质的剖面分布及其组成特征. 土壤通报, 37(5): 865-868.

杨霞, 王学明, 戴林森. 1991. 不同光温条件对烟草种子发芽率的影响. 农业科技通讯, 8: 13.

杨兴友, 刘国顺. 2007. 成熟期降低光强对烤烟理化特性和致香成分含量的影响. 生态学报, 27(8):3450-3456.

杨兴友, 刘国顺, 伍仁军, 等. 2007a. 不同生育期降低光强对烟草生长发育和品质的影响. 生态学杂志, 26(7):1014-1020.

杨兴友, 叶协峰, 刘国顺. 2007b. 光强对烟草幼苗形态和生理指标的影响. 应用生态学报, 18(11):2642-2645.

杨兴友, 崔树毅, 刘国顺, 等. 2008. 弱光环境对烟草生长、生理特性和品质的影响. 中国生态农业学报, 3: 22.

杨永霞, 石冰瑾, 王霄龙, 等. 2012. 不同海拔高度的烤烟淀粉合成动态研究. 湖南农业大学学报(自然科学版), 38(1): 22-26.

杨园园, 史宏志, 杨军杰, 等. 2014. 基于移栽期的气候指标对烟叶品质风格的影响. 中国烟草科学, 35(6): 21-26.

易迪, 彭海峰, 屠乃美. 2008. 施氮量及留叶数与烤烟产质量关系的研究进展. 作物研究, 22(5): 476-479.

易建华, 孙在军. 2004. 烟草光合作用对低温的响应. 作物学报, 30(6): 582-588.

易建华, 贾志红, 孙在军. 2008. 不同根系土壤温度对烤烟生理生态的影响. 中国生态农业学报, 16(1): 62-66.

易克, 徐向丽, 卢向阳, 等. 2013. 光对烟草生长发育、生理代谢活动及品质形成影响的研究进展. 化学与生物工程, 30(5): 11-16.

殷全玉, 郭夏丽, 赵铭钦, 等. 2012. 延边地区三种类型植烟土壤酶活力、速效养分根际效应研究. 土壤, 44(6): 960-965.

尹光庭, 周冀衡, 匡勇, 等. 2011. 土壤类型对烤烟非挥发性有机酸组成含量的影响——以云南保山施甸为例. 江西农业大学学报, 33(6): 1050-1055.

于天仁. 1982. 水稻土的发生和类型. 土壤, 14(2): 41-45.

余华盛, 南成虎, 田良才. 1995. 中国普通小麦生态区划及生态分类 I 中国普通小麦生态区划. 华北农学报, 10(4): 6-13.

俞震豫. 1984. 关于土壤普查中土壤分析资料的整理和应用问题. 土壤通报, 15(5): 224-227.

喻晓丽, 蔡体久, 宋丽萍, 等. 2007. 火炬树对水分胁迫的生理生化反应. 东北林业大学学报, 35(6): 10-12.

云南省烟草农业科学研究院. 2009. 基于 GIS 的云南烤烟种植区划研究. 北京: 科学出版社.

曾乃燕, 梁厚果. 2000. 低温胁迫期间水稻光合膜色素与蛋白水平的变化. 西北植物学报, 20(1): 8-14.

查宏波, 黄韡, 钱文有. 2004. 不同烤烟品种干物质的积累动态. 烟草科技, (1): 39-40.

张春同. 2012. 中国酿酒葡萄气候区划及品种区域化研究. 南京信息工程大学硕士学位论文.

张聪, 徐继先, 杨志新, 等. 2008. 夜温对云南烤烟三个不同生育时期含钾量的影响. 云南农业大学学报(自然科学版), 23(5): 595-598.

张丰收, 程传策, 李伟, 等. 2012. 品种和栽培模式及其互作对烤烟生长和主要质量性状的影响. 江西农业学报, 24(4): 129-134.

张国, 朱列书, 王奎武, 等. 2006. 主要气象因子对烟草生长发育影响研究进展. 作物研究, 20(5): 486-489.

张洪亮, 邓自旺. 2002. 基于 DEM 的山区气温空间模拟方法. 山地学报, 20(3): 360-364.

张华, 赵百东, 冀浩, 等. 2008. 水分胁迫对烤烟腺毛超微结构的影响. 中国烟草学报, 14(5): 45-47.

张家智. 2000. 云烟优质适产的气候条件分析. 中国农业气象, 21(2): 17-21.

张晓海, 蔡寒玉, 汪耀富, 等. 2005a. 干旱胁迫对烤烟幼苗生长及抗性生理的影响. 中国农学通报, 21(11): 189-192.

张晓海, 苏贤坤, 廖德智, 等. 2005b. 不同生育期水分调控对烤烟烟叶产质量的影响. 烟草科技, (6): 36-38.

张艳艳, 梁晓芳, 张本强, 等. 2013. 光质对烟草幼苗色素含量和光合特性的影响. 中国烟草学报, 19(2): 42-46.

张玉华, 张春元, 高月忠. 2013. 云南省清香型烤烟形成的气象条件分析. 云南农业科技, (3): 7-10.

张泽岑, 陈昌辉, 余宗国, 等. 2004. 雅安市茶叶区划设计研究. 四川农业大学学报, 22(3): 228-232.

章明奎. 1999. 我国主要富铝化土壤砂粒矿物特征及其发生学意义. 土壤通报, 30(6): 245-247.

招启柏, 吕冰, 王广志, 等. 2008. 苗期低温对烤烟叶数及现蕾时间的影响. 中国烟草学报, 14(3): 27-31.

招启柏, 宋平, 王广志, 等. 2001. 光, 温, 激素对烟草种子萌发和幼苗生长的影响. 中国烟草学报, 7(4): 29-32.

赵会杰, 刘国顺. 1993. 干旱胁迫下烤烟光合特性和氮代谢的研究. 中国烟草, 1: 1-3.

赵会杰, 林学梧, 刘国顺. 1993. 干旱胁迫对香料烟叶片生理特性的影响. 中国烟草, (1): 1-3.

赵静, 钟春玖. 2009. 转酮醇酶的研究进展. 神经科学通报(英文版), 2: 94-99.

赵铭钦, 杨磊, 李元实, 等. 2009. 不同施氮水平对烤烟中性致香成分及评吸质量的影响. 云南农业大学学报(自然科学版), 24(1): 16-21.

赵月, 周冀衡, 左敏, 等. 2012. 不同地域烤烟品种对 UV-C 胁迫的适应性. 烟草科技, (11): 66-70.

赵正雄 刘于. 2013. 高海拔地区烟田不同地膜管理的效果比较. 中国烟草学报, 19(6): 65-70.

郑景云, 尹云鹤, 李炳元. 2010. 中国气候区划新方案. 地理学报, 65(1): 3-12.

郑明, 周冀衡, 黄勇. 2009. 光照强度对烤烟烟苗生长和代谢产物含量的影响. 作物研究, 23(3): 181-183.

钟越峰, 陈颐, 杨虹琦, 等. 2013. 补光对烟苗生长及主要生理指标的影响. 中国农学通报, 29(7): 76-81.

周芳芳, 詹军, 郝永生, 等. 2014. 云南烟区气候因子及化学成分对烤烟感官质量的影响. 河南农业大学学报, 48(5): 555-560.

周冀衡. 1996. 光温条件对烟草种子萌发和烟苗素质的影响. 烟草科技, (4): 41-42.

周冀衡, 朱小平. 1996. 烟草生理与生物化学. 合肥: 中国科学技术大学出版社.

周冀衡, 杨虹琦, 林桂华, 等. 2004. 不同烤烟产区烟叶中主要挥发性香气物质的研究. 湖南农业大学学报(自然科学版), 30(1): 20-23.

周静, 陈巍, 方明, 等. 2003. 我国中部沿海陆域与海岛土壤属性差异的研究. 40(3): 407-413.

周昆, 周清明, 胡晓兰. 2008. 烤烟香气物质研究进展. 中国烟草科学, 29(2): 58-61.

周顺亮, 徐巧初, 冯敏玉, 等. 2007. 土壤水分对烤烟农艺性状和产量及叶绿素的影响研究. 江西农业学报, 19(4): 1-3.

朱显灵, 潘文杰, 李章海, 等.2014. 气候、土壤和品种对烤烟鲜叶表面腺毛含量影响.农业科学与技术（英文版）,(11):1838-1843.

朱祖祥. 1983. 土壤学(上册). 北京: 农业出版社.

朱尊权. 2009-01-02. "中华"卷烟的研制和生产. 东方烟草报(金周刊)[2015-7-21].

庄楚强, 吴亚森. 2006. 应用数理统计基础. 广州: 华南理工大学出版社.

宗浩. 2012. 云南大理特色优质烤烟品质差异化及区划研究. 中国农业科学院博士学位论文.

祖艳群, 高红武, 范家友, 等. 2009. 昆明市城郊蔬菜地表层土壤 Pb、Cu 和 Zn 的小尺度空间分布特征. 第三届全国农业环境科学学术研讨会论文集: 219-228.

左敏, 周冀衡, 何伟, 等. 2010. 不同品种烤烟对不同时间 UV-C 胁迫的适应性研究. 中国烟草科学, 31(6): 17-19.

左天觉, 朱尊权. 1993. 烟草的生产、生理和生物化学. 上海: 上海远东出版社.

左亚军. 2007. 环境因素和培养条件对类胡萝卜素表达的影响. 上海化工, 32(2): 22-27.

Amrita K, Brian E Ellis. 2001. The phenylalanine ammonia-lyase gene family in raspberry. Structure, expression, and evolution.Plant Physiology,127(1):230-239.

Andersen R, Kasperbauer M. 1973. Chemical composition of tobacco leaves altered by near-ultraviolet and intensity of visible light. Plant Physiology, 51(4): 723-726.

Ayala-Ochoa A, Vargas-Suárez M, Loza-Tavera H, et al. 2004. In maize, two distinct ribulose 1, 5-bisphosphate carboxylase/oxygenase activase transcripts have different day/night patterns of expression. Biochimie, 86(7): 439-449.

Boccalandro H E, Mazza C A, Mazzella M A, et al. 2001. Ultraviolet B radiation enhances a phytochrome-B-mediated photomorphogenic response in Arabidopsis. Plant Physiology, 126: 780-788.

Bonneau L, Ge Y, Drury G E, et al. 2008. What happened to plant caspases? Journal of Experimental Botany, 59(3): 491-499.

Boyton W V. 1984. Geochemistry of the rare earth elements: meteorite studies.Dev. Geochem, 2: 63.

Bozhkov P, Filonova L, Suarez M, et al. 2004. VEIDase is a principal caspase-like activity involved in plant programmed cell death and essential for embryonic pattern formation. Cell Death & Differentiation, 11(2): 175-182.

Chory J, Wu D. 2001. Weaving the complex web of signal transduction. Plant Physiology, 125(1): 77-80.

Cornish K, Zeevaart J A. 1986. Abscisic acid accumulation by *in situ* and isolated guard cells of *Pisum sativum* L. and *Vicia faba* L. in relation to water stress. Plant Physiology, 81(4): 1017-1021.

Davis D L, Nielsen M T. 1999. Tobacco: Production, Chemistry and Technology. Blackwell Science Ltd.

DeRidder B P, Salvucci M E. 2007. Modulation of rubisco activase gene expression during heat stress in cotton (*Gossypium hirsutum* L.) involves post-transcriptional mechanisms. Plant Science, 172(2): 246-254.

Franklin K A. 2009. Light and temperature signal crosstalk in plant development. Current Opinion in Plant Biology, 12(1): 63-68.

Gent J A, Ballard R, Hassan A E. 1983. The impact of harvesting and site preparation on the physical properties of Lower Coastal Plain forest soils. Soil Sci Soc Am J, 47:595-598.

Gent M. 1988. Effect of diurnal temperature variation on early yield and fruit size of greenhouse tomato. Applied Agricultural Research (USA), (5): 257-263.

Goumenaki E, Taybi T, Borland A, et al. 2010. Mechanisms underlying the impacts of ozone on photosynthetic performance. Environmental and Experimental Botany, 69(3): 259-266.

Grudkowska M, Zagdanska B. 2004. Multifunctional role of plant cysteine proteinases. Acta biochimica polonica -English Edition, 51(3): 609-624.

Harari-Steinberg O, Ohad I, Chamovitz D A. 2001. Dissection of the light signal transduction pathways regulating the two early light-induced protein genes in Arabidopsis. Plant Physiology, 127(3): 986-997.

Hetherington S E, Öquist G. 1988. Monitoring chilling injury: A comparison of chlorophyll fluorescence measurements, post-chilling growth and visible symptoms of injury in Zea mays. Physiologia Plantarum, 72(2): 241-247.

Huber S C, Rufty T W, Kerr P S. 1984. Effect of photoperiod on photosynthate partitioning and diurnal rhythms in sucrose phosphate synthase activity in leaves of soybean (*Glycine max* L. [Merr.]) and tobacco (*Nicotiana tabacum* L.). Plant Physiology, 75(4): 1080-1084.

Hukkanen J, Jacob P, Benowitz N L. 2005. Metabolism and disposition kinetics of nicotine. Pharmacological Reviews, 57(1): 79-115.

Ishida T, Kawashima S. 1993. Use of cokriging to estimate surface air temperature from elevation. Theoretical and Applied Climatology, 47(3): 147-157.

Janne H, Peyton J, Neal L.2005. Metabolism and disposition kinetics of nicotine. Pharmcologic Reviews,57:79-115

Kallianos A. 1976. Phenolics and acids in leaf and their relationship to smoking quality and aroma. Recent Advances in Tobacco Science, 2: 61-79.

Kasperbauer M, Peaslee D. 1973. Morphology and photosynthetic efficiency of tobacco leaves that received end-of-day red and far red light during development. Plant Physiology, 52(5): 440-442.

Kasperbauer M. 1971. Spectral distribution of light in a tobacco canopy and effects of end-of-day light quality on growth and development. Plant Physiology, 47(6): 775-778.

Kinoshita T, Yamada K, Hiraiwa N, et al. 1999. Vacuolar processing enzyme is up-regulated in the lytic vacuoles of vegetative tissues during senescence and under various stressed conditions. The Plant Journal, 19(1): 43-53.

Kishor P K, Hong Z, Miao G H, et al. 1995. Overexpression of delta 1-pyrroline-5-carboxylate synthetase increases proline production and confers osmotolerance in transgenic plants. Plant Physiology, 108(4): 1387-1394.

Kumar A, Ellis B E. 2001. The phenylalanine ammonia-lyase gene family in raspberry, structure, expression, and evolution. Plant Physiology, 127(1): 230-239.

Lefingwell J C, Leffingwell D.1988. Chemical and sensory aspects of tobacco flavor. Recent advances in tobacco science ,14:169-218.

McDaniel C N, Singer S R, Smith S M. 1992. Developmental states associated with the floral transition. Developmental Biology, 153(1): 59-69.

Meyer R, Boyer J. 1981. Osmoregulation, solute distribution, and growth in soybean seedlings having low water potentials. Planta, 151(5): 482-489.

Miyake C, Amako K, Shiraishi N, et al. 2009. Acclimation of tobacco leaves to high light intensity drives the plastoquinone oxidation system-relationship among the fraction of open PS II centers, non-photochemical quenching of Chl fluorescence and the maximum quantum yield of PS II in the dark. Plant and Cell Physiology, 50(4): 730-743.

Miyake C, Horiguchi S, Makino A, et al. 2005. Effects of light intensity on cyclic electron flow around PS I and its relationship to non-photochemical quenching of Chl fluorescence in tobacco leaves. Plant and Cell Physiology, 46(11): 1819-1830.

Moe R, Heins R. 1989. Control of plant morphogenesis and flowering by light quality and temperature. Symposium on Bedding and Pot Plant Culture, 272: 81-90.

Moe R, Heins R D, Erwin J E. 1991. Effect of day and night temperature lterations, and plant growth regulators on stem elongation and flowering of the long-day plant Campanula isophylla. Morettii. Scientia Hort, 48: 141-151.

Nakaune S, Yamada K, Kondo M, et al. 2005. A vacuolar processing enzyme, δVPE, is involved in seed coat formation at the early stage of seed development. The Plant Cell Online, 17(3): 876-887.

Neff M M, Fankhauser C, Chory J. 2000. Light: an indicator of time and place. Genes & Development, 14(3): 257-271.

Piccolo A. 2002. The supramolecular structure of humic substances: a novel understanding of humus chemistry and implications in soil science. Advances in Agronomy, 75: 57-134.

Renier A L，Hoorn A D. 2008.Plant proteases: From phenotypes to molecular mechanisms. Annu. Rev. Plant Biol.，59:191-223.

Ristic Z, Momčilović I, Fu J, et al. 2007. Chloroplast protein synthesis elongation factor, EF-Tu, reduces thermal aggregation of rubisco activase. Journal of Plant Physiology, 164(12): 1564-1571.

Roberts D L, Rohde W A. 1972. Isolation and identification of flavor components of burley tobacco. Tobacco Science, (16): 107-112.

Roulin S, Feller U. 1998. Dithiothreitol triggers photooxidative stress and fragmentation of the large subunit of ribulose-1, 5-bisphosphate carboxylase/oxygenase in intact pea chloroplasts. Plant Physiology and Biochemistry, 36(12): 849-856.

Saab S C, Martin-Neto L. 2004. Studies of semiquinone free radicals by ESR in the whole soil, HA, FA and humin substances. Journal of the Brazilian Chemical Society, 15(1): 34-37.

Seibert M, Wetherbee P J, Job D D. 1975. The effects of light intensity and spectral quality on growth and shoot initiation in tobacco callus. Plant Physiology, 56(1): 130-139.

Severson R F, Arrendale R F, Chortyk O T, et al. 1984. Quantitation of the major cuticular components from green leaf of different tobacco types. Journal of Agricultural and Food Chemistry, 32(3): 566-570.

Stevenson F J. 1994. Humus Chemistry: Genesis Composition，Reactions. New York: John Wiley & Sons.

Tso T, Kasperbauer M, Sorokin T. 1970. Effect of photoperiod and end-of-day light quality on alkaloids and phenolic compounds of tobacco. Plant physiology, 45(3): 330-333.

Van der Hoorn R A. 2008. Plant proteases: from phenotypes to molecular mechanisms. Annu Rev Plant Biol, 59: 191-223.

Weeks W. 1985. Chemistry of tobacco constituents influencing flavor and aroma. Rec Adv Tob Sci, 11(2): 175-200.

Whitney S M, Andrews T J. 2001. Plastome-encoded bacterial ribulose-1, 5-bisphosphate carboxylase/ oxygenase (RubisCO) supports photosynthesis and growth in tobacco. Proceedings of the National Academy of Sciences, 98(25): 14738-14743.

Wool I G. 1979. The structure and function of eukaryotic ribosomes. Annual review of biochemistry, 48(1): 719.

Yamada K, Shimada T, Nishimura M, et al. 2005. A VPE family supporting various vacuolar functions in plants. Physiologia Plantarum, 123(4): 369-375.

Zhao J, Ke X, Xu C H, et al. 2012. Effects of different light qualities on activity and gene expression of caspase-like proteases in tobacco leaves. Agricultural Science & Technology-Hunan, 13(2): 276-279, 338.

Zucker M, Ahrens J F. 1958. Quantitative assay of chlorogenic acid and its pattern of distribution within tobacco leaves. Plant Physiology, 33(4): 246-249.

彩　　图

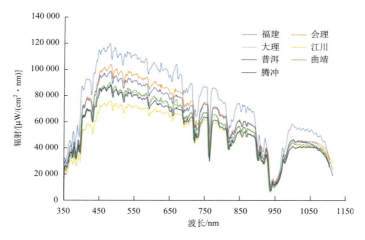

图1-13 清香型烟区光质特征

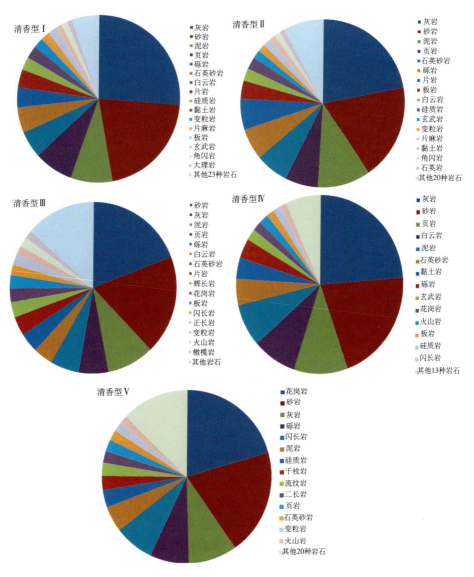

图1-16 清香型烟叶产区的岩石露头

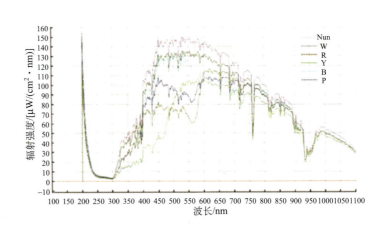

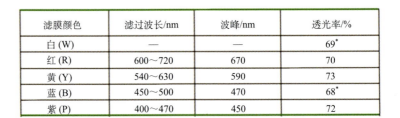

滤膜颜色	滤过波长/nm	波峰/nm	透光率/%
白 (W)	—	—	69*
红 (R)	600～720	670	70
黄 (Y)	540～630	590	73
蓝 (B)	450～500	470	68*
紫 (P)	400～470	450	72

图3-1 不同光质处理效果图及不同颜色滤膜下的光谱参数

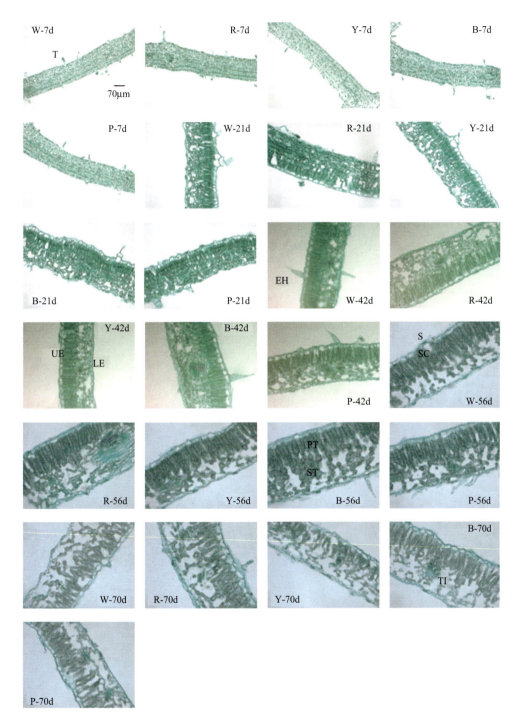

图3-5　不同光质（滤膜）处理下不同叶龄烟叶的切片（400×）

标识范例：W-7d.表示白膜处理烟叶叶龄7d时的切片

T.腺毛；EH.表皮毛；UE.上表皮；LE.下表皮；S.气孔；SC.孔下室；PT.栅栏组织；ST.海绵组织；TI.组织空隙

图3-6　不同颜色的LED光质处理烟草效果

Y. 黄膜；P. 紫膜；R. 红膜；B. 蓝膜；G.绿膜；W. 白膜

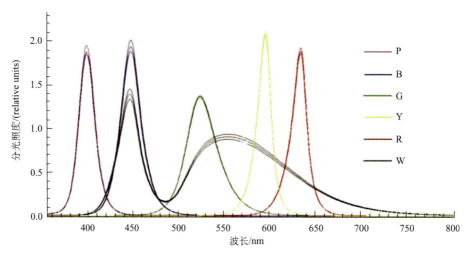

图3-7　不同颜色的LED下的光谱参数

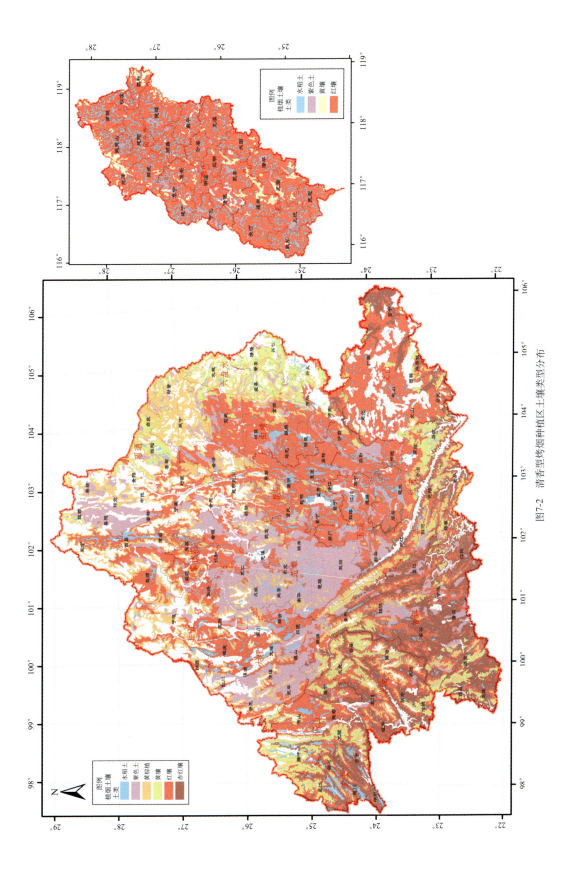

图7-2 清香型烤烟种植区土壤类型分布

图例
植烟土壤
土类
水稻土
紫色土
黄壤
红壤

图例
植烟土壤
土类
水稻土
紫色土
黄综壤
黄壤
红壤
赤红壤

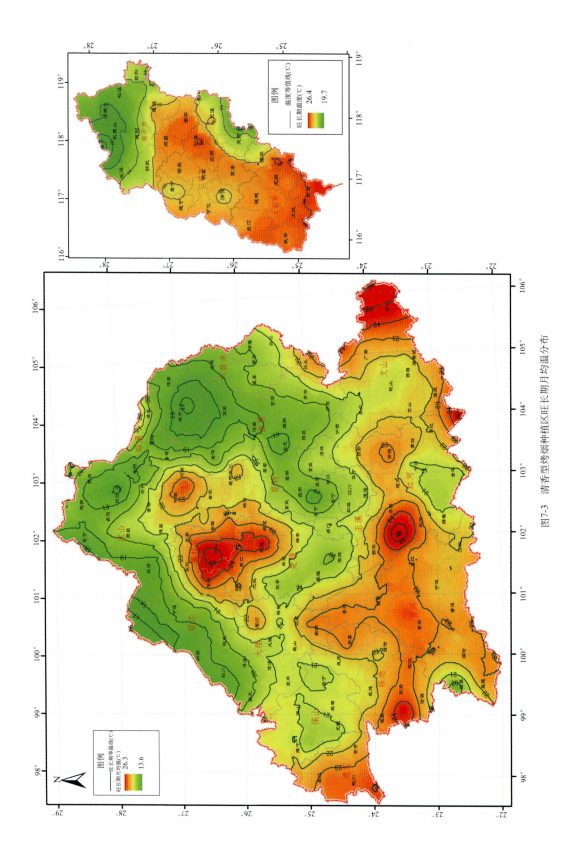

图7-3 清香型烤烟种植区旺长期月均温分布

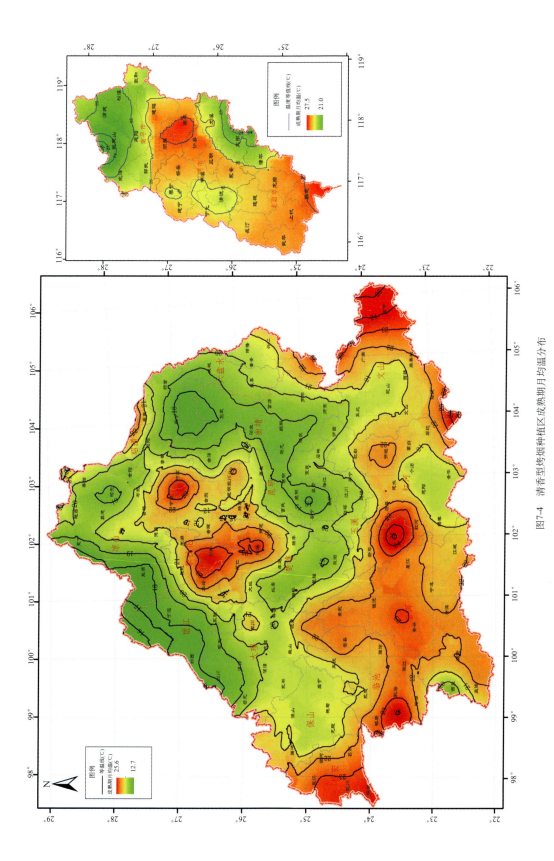

图7-4 清香型烤烟种植区成熟期月均温分布

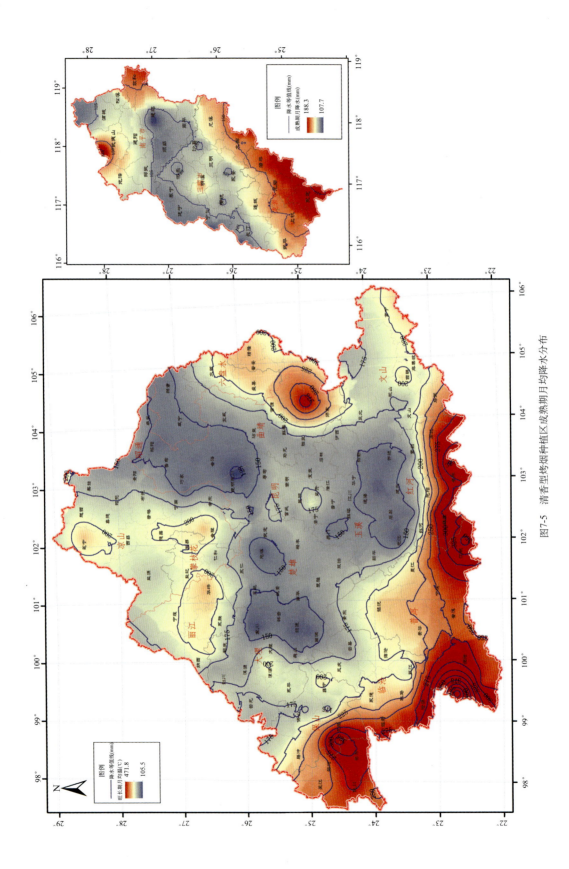

图7-5 清香型烤烟种植区成熟期月均降水分布

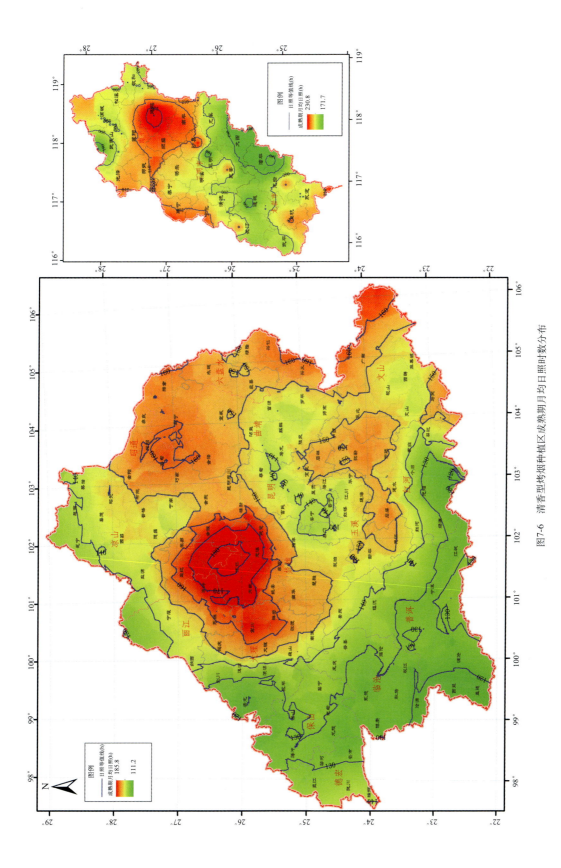

图7-6　清香型烤烟种植区成熟期月均日照时数分布

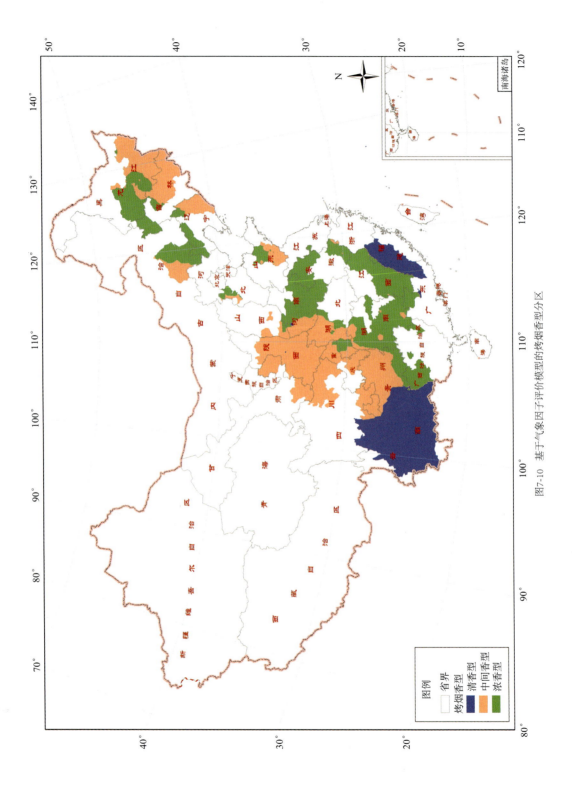

图例

省界

烤烟香型

□ 清香型
■ 中间香型
■ 浓香型

图7-10 基于气象因子评价模型的烤烟香型型分区

南海诸岛

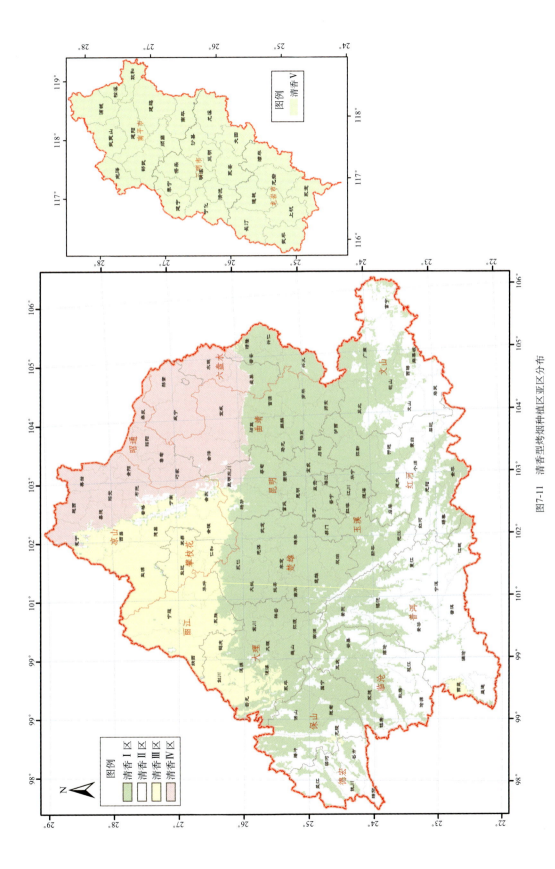

图7-11 清香型烤烟种植区亚区分布